西门子工业自动化系列教材

# 西门子 S7-300/400 PLC 编程与应用

## 第2版

刘华波 何文雪 王 雪 编著

机械工业出版社

本书由浅入深地全面介绍了西门子公司广泛应用的大中型 PLC——S7-300/400 的编程与应用，注重示例，强调应用。全书共 14 章，分别介绍了 S7 系统概述、硬件安装与维护、编程基础、基本指令、符号功能、测试功能、数据块、结构化编程、模拟量处理及闭环控制、组织块、故障诊断、文档处理和通信网络等。

本书可作为高等院校自动化、电气控制、计算机控制及相关专业的教材，也适合职业学校学生及工程技术人员培训及自学使用，对西门子自动化系统的用户也有一定的参考价值。

本书配有电子课件，需要的教师可登录 www.cmpedu.com 免费注册、审核通过后下载或联系编辑索取（QQ：308596956，电话：010-88379753）。

**图书在版编目（CIP）数据**

西门子 S7-300/400 PLC 编程与应用 / 刘华波，何文雪，王雪编著. —2 版. —北京：机械工业出版社，2015.4（2023.7 重印）
西门子工业自动化系列教材
ISBN 978-7-111-50141-1

Ⅰ. ①西… Ⅱ. ①刘… ②何… ③王… Ⅲ. ①plc 技术－教材
Ⅳ. ①TM571.6

中国版本图书馆 CIP 数据核字（2015）第 091982 号

机械工业出版社（北京市百万庄大街 22 号 邮政编码 100037）
策划编辑：时 静
责任编辑：时 静 刘 悦 责任校对：张艳霞
责任印制：郜 敏
北京富资园科技发展有限公司印刷
2023 年 7 月第 2 版 • 第 6 次印刷
184mm×260mm • 21.5 印张 • 529 千字
标准书号：ISBN 978-7-111-50141-1
ISBN 978-7-89405-829-4（光盘）
定价：49.80 元（含 1DVD）

凡购本书，如有缺页、倒页、脱页，由本社发行部调换

电话服务
服务咨询热线：010-88379833
读者购书热线：010-88379649

网络服务
机 工 官 网：www.cmpbook.com
机 工 官 博：weibo.com/cmp1952
教育服务网：www.cmpedu.com
金 书 网：www.golden-book.com

# 前　言

西门子 S7 系列 PLC 广泛应用于工业生产。S7-300/400 系列大中型 PLC 作为其典型代表深受广大用户欢迎。本书第 1 版已问世五年多，在此期间，西门子公司又针对市场需求开发了部分新产品，编程软件版本也有了升级改进，故对此书进行修订是很有必要的。

本书仍由 14 章组成，全面介绍了 S7-300/400 PLC 的硬件、编程和维护及应用等。第 1 章介绍了全集成自动化和 S7 家族产品以及编程软件和授权的安装与设置等，增加了新产品 S7-200 SMART、S7-1200 和 S7-1500 的介绍；第 2 章介绍了 S7-300/400 PLC 的硬件组成、安装维护步骤等；第 3 章介绍了 S7-300/400 PLC 编程的基础知识，包括 PLC 的工作原理、存储区寻址、数据类型、编程方法、编程原则等；第 4 章通过一个简单的实例介绍了 SIMATAIC 管理器的使用、硬件组态的步骤及仿真软件的使用等；第 5 章介绍了 S7-300/400 PLC 的指令系统；第 6 章和第 7 章分别介绍了符号功能和测试功能；第 8 章介绍了数据块的使用；第 9 章介绍了编程方法，重点是模块化编程和结构化编程，增加了部分实例；第 10 章介绍了模拟量的处理及闭环控制；第 11 章介绍了组织块的使用；第 12 章介绍了故障诊断的各种工具及方法；第 13 章简要介绍了文档处理和项目管理的内容；第 14 章介绍了 S7-300/400 PLC 的通信网络及组态步骤。

第 2 版仍由刘华波、何文雪和王雪编写。刘华波进行了第 1、3、4、8、9、12、14 章的修订工作，何文雪进行了第 2、5、6、7 章的修订工作，王雪进行了第 10、11、13 章的修订工作，全书由刘华波统稿。

自本书第 1 版以来，西门子（中国）有限公司的各位同仁皆给予了大力支持，提供了大量资料，提出了宝贵建议。此外，机械工业出版社编辑也提出了很多有价值的建议，在此一并表示衷心的感谢。

本书的编写注重理论和实践相结合，强调基本知识与操作技能相结合。书中提供了大量的实例，读者在阅读过程中应结合实践加强练习，举一反三，系统掌握。

因作者水平有限，书中难免有错漏及疏忽之处，恳请读者批评指正。

作者 E-mail：liuhuabo1979@qdu.edu.cn。

编者

# 目　录

# 第 1 章　S7 系统概述

## 1.1　全集成自动化（TIA）

西门子公司作为全球领先的自动化系统集成商，一直以其先进的自动化技术与产品向用户提供可靠的自动化解决方案。全集成自动化技术（Totally Integrated Automation，TIA）是西门子公司自动化系统技术与产品的核心思想和主导理念。

已有的自动控制解决方案混合了许多不同的技术和厂商，系统使用完全不同形式的软件和用户界面，时常会导致通信问题的发生，而且数据需要多次进行读写，这就迫切需要一种相容的技术来解决这些问题。全集成自动化立足于一种新的概念以实现工业自动控制任务，解决现有的系统瓶颈。

TIA 是西门子公司于 1997 年提出的崭新的革命性的概念，将所有的设备和系统都完整地嵌入到一个彻底的自动控制解决方案中，采用共同的组态和编程、共同的数据管理和共同的通信。图 1-1 所示为全集成自动化示意图。

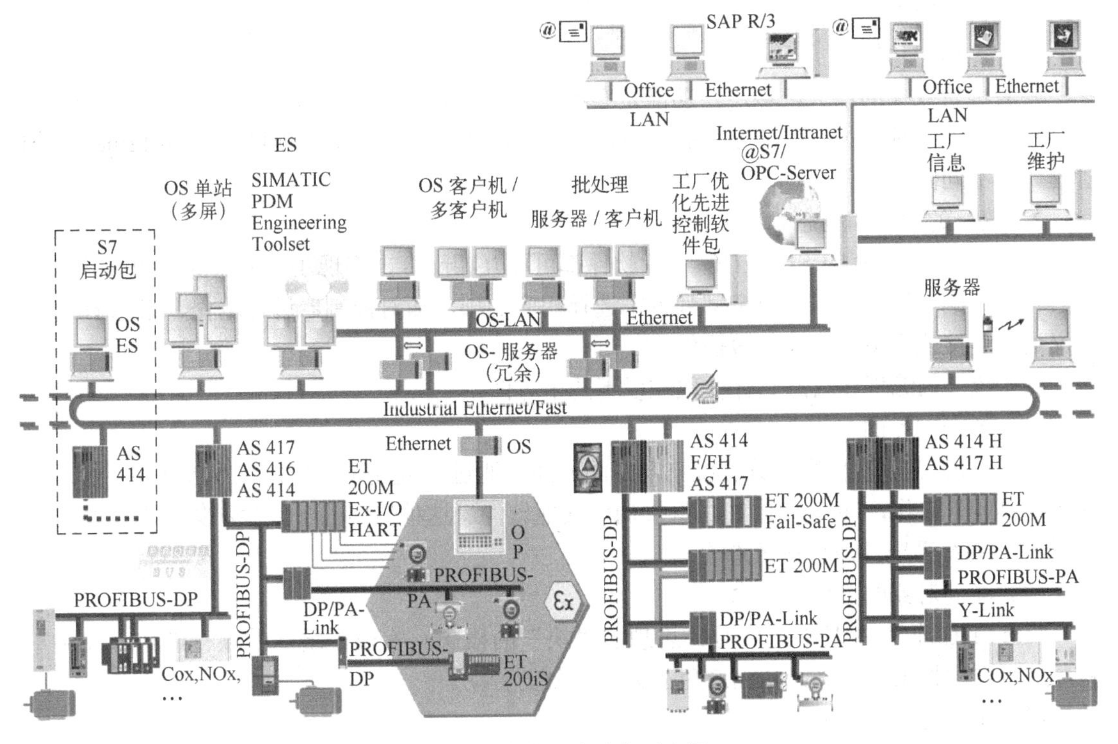


图 1-1　全集成自动化示意图

TIA 集高度的统一性和充分的开放性于一身，标准化的网络体系结构、统一的编程组态环境和高度一致的数据集成，使 TIA 为企业实现了横向和纵向的信息集成；领先的通信标准、基于组件的自动化技术（CBA）与 IT 集成，使 TIA 对全球自动化市场的产品和服务范围真正开放。

### 1.1.1 TIA 的统一性

通过全集成自动化，可以实现从自动化系统及驱动技术到现场设备整个产品范围的高度集成，其高度集成的统一性主要体现在以下三个方面。

**1．统一的数据管理**

TIA 采用全局统一的数据库，数据只被写入一次，然后由系统为用户管理，SIMATIC 工业软件家族都从一个全局共享的统一的数据库中获取数据。这种统一的数据管理机制，不仅可以减少输入阶段的费用，还可以降低出错率，提高系统诊断效率，从而对工厂的平稳运行产生积极作用，节省了用于数据格式一致性检查的费用。

TIA 统一的数据管理功能具体体现在以下几个方面。

（1）TIA 统一的符号表

无论使用 SIMATIC 家族中的哪个组态软件，都可以通过全局数据库共享一个统一的符号表。

（2）变量名自动映射

SIMATIC HMI 工具可以自动识别和使用 STEP 7 中定义的变量，并可以与 STEP 7 中变量的改变自动同步。

（3）多用户功能

随着项目规模的增大，多用户功能是必不可少的。TIA 可以方便地实现多用户在同一个项目下工作，同时还可以保证项目的一致性。另外，TIA 还提供了多项目（Multi Project）的管理，使不同团队的分工协作更加方便。

**2．统一的编程和组态**

在 TIA 中，所有的 SIMATIC 工业软件都可以互相配合，实现了高度集成。组态和编程工具也出自同一模式，只需从全部列表中选择相应的项，即对控制器进行编程、组态 HMI、定义通信连接或实现动作控制等操作。

TIA 统一的编程和组态具体体现在以下几个方面。

（1）统一的界面

SIMATIC 工业软件家族具有统一友好的界面。通过集成安装，可以在 SIMATIC 管理器的统一界面下工作，在 STEP 7 中直接调用其他软件。这种界面的一致性和集成性大大方便了对整个 TIA 系统的编程和组态。

（2）面向对象的“块”概念

SIMATIC 软件中基于面向对象思想的“块”的概念，实现了统一的项目结构，使用户程序的可重用性大大提高，从而避免了大量重复的劳动。

（3）平台无关的编程

统一的编程还实现了平台的无关性，用户程序在基于 PLC 的控制系统和基于 PC 的控制系统中都能运行。这给程序的移植带来了很大的方便，也使得用户在选择解决方案时可以更加灵活。

**3．统一的通信网络**

TIA 实现了从控制级到现场级协调一致的通信，采用不同功能的总线涵盖了几乎所有的应用：工业以太网和 PROFIBUS 网络是安装技术集成的重要扩展，而 EIB 用于楼宇控制系统的集成。

TIA 统一的通信具有以下特点。

（1）工业以太网和 PROFIBUS 统一的网络组态

在 SIMATIC 中，工业以太网和 PROFIBUS 采用统一的组态，当网络连接发生改变时，可以方便地进行修改。

（2）基于 PROFIBUS 的分布式 I/O

基于 PROFIBUS 的分布式 I/O 与本地 I/O 的组态采用了统一的方式，因此在编程时无需分辨 I/O 类型，而是可以像使用本地 I/O 一样方便地使用分布式 I/O。

（3）系统中集成的路由功能

TIA 中的各种网络可以进行互联。TIA 中集成的路由功能可以方便地实现跨网络的下载、诊断等，使整个系统的安装调试更加容易。

（4）集成的系统诊断和报告功能

TIA 系统集成了自动诊断和错误报告功能，诊断和故障信息可以通过网络自动发送到相关设备而无需编程。

## 1.1.2 TIA 的开放性

TIA 是一个高度集成和统一的系统，同时也是一个高度开放的系统。TIA 的开放性体现在以下几个方面。

**1．对所有类型的现场设备开放**

通过 PROFIBUS，TIA 对范围极广的现场设备开放。目前，该总线已经实现了在防爆环境的应用和与驱动设备同步。开关类产品和安装设备还可以通过 AS-I 总线接入自动化系统作为 PROFIBUS 总线的扩展。楼宇自动化与生产自动化的连接则可以通过 EIB 实现。

**2．对办公系统开放并支持 Internet**

以太网通过 TCP/IP 将 TIA 与办公自动化应用及 Internet/Intranet 相连接。TIA 采用 OPC 作为访问过程数据的标准接口，通过该接口，可以很容易地建立所有基于 PC 的自动化系统与办公应用之间的连接，而不论它们所处的物理位置如何。Internet 技术使在任意位置对工厂进行远程操作和监视成为可能。

**3．对新型自动化结构开放**

自动化领域中的一个明显的技术趋势就是系统的模块化程度大大提高，即由带有智能功能的技术模块组成的自动化结构。这些模块可以预先进行组态、启动和测试。这样，实现整个工厂的投运要快得多，更改系统也不会影响到生产运行。通过 PROFINET，TIA 使用与厂商无关的通信、自动化和工程标准，系统使用智能仪表非常容易，不必关心它们是否与 PROFIBUS 或者以太网相连接。通过新的工程工具，TIA 实现了对这种结构简单而集成化的组态。

## 1.2 SIMATIC S7 系列概述

SIMATIC 是西门子自动化系统的缩写，为西门子公司的注册商标。SIMATIC 包括 SIMATIC 控制器、SIMATIC PG 和 PC 等编程设备、SIMATIC HMI 人机界面、SIMATIC DP 以及 SIMATIC NET 等，如图 1-2 所示。

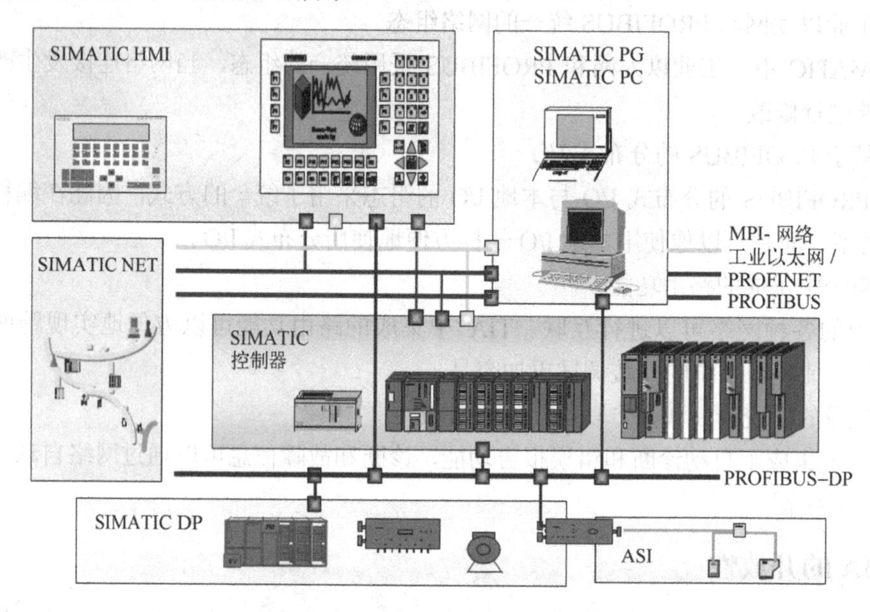


图 1-2 SIMATIC 家族示意图

SIMATIC 控制器包括 SIMATIC S7/C7/M7 及 WinAC 等控制器。SIMATIC S7 PLC 是在 S5 系列 PLC 基础上于 1995 年陆续推出的，后面将详细介绍。

SIMATIC M7 PLC 系统将 AT 兼容机的性能引入 PLC 或将 PLC 的功能加入计算机中并保持熟悉的编程环境。M7-300 和 M7-400 自动化计算机通过开放硬件和软件平台的方法扩展了 PLC 的功能，它们包括一个 AT 兼容机，并在实时多任务操作系统 RMOS 支持下工作。M7 总是用于需要高的计算性能、数据管理和显示的场合。目前，西门子公司已经不再推广该产品。

SIMATIC C7 系列的完整系统是由一个 PLC（S7-300）、一个 HMI 操作面板和过程监视系统组成，它将 PLC 与操作面板集成在一起，可使整个控制设备体积更小、价格更优。

WinAC 是一个基于计算机的解决方案，用于各种控制任务（控制、显示、数据处理）都由计算机完成的场合，主要包括 3 种产品：WinAC Basic 是纯软件的解决方案（PLC 作为 Windows 的任务）；WinAC Pro 是硬件解决方案（PLC 作为 PC 卡）；WinAC FI Station Pro 是完全解决方案（SIMATIC PC FI25）。

SIMATIC S7 PLC 主要包括 S7-200 微型 PLC、S7-300 较低性能 PLC 和 S7-400 中高性能 PLC。S7 系列 PLC 具有模块化、无风扇的结构，使之成为各种由小规模到大规模应用的首选产品，提供了完成控制任务既方便又经济的解决方案。

### 1.2.1 S7-200 PLC

S7-200 PLC 是整体式结构的具有很高性价比的小型 PLC。其结构紧凑，可靠性高，可以采用梯形图、语句表和功能块等 3 种方式来编程；指令丰富，指令功能强大，易于掌握，操作方便，无论是独立运行还是连成网络都能实现复杂的控制功能，广泛应用于木材加工、纺织机械、印刷机械、灌装及包装机械、生产线控制、电梯控制、空调控制等场合。

**1．S7-200 PLC 的基本结构**

S7-200 PLC 是一款整体式结构的功能强大的微型 PLC。S7-200 CPU 本机集成了输入输出接口和 24V 的负载电源，可以选择不同的电源电压和控制电压，具有高速计数和高速脉冲输出功能，其内部集成了电源、高级电容和实时时钟，如图 1-3 所示。

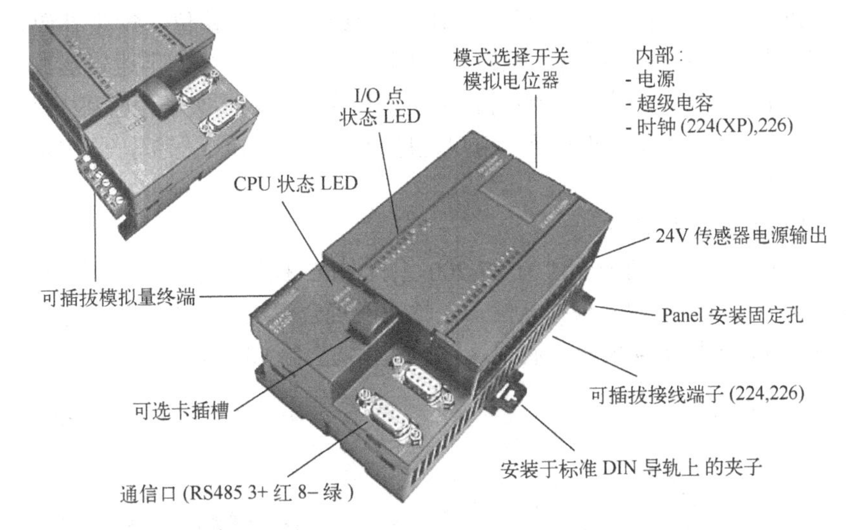


图 1-3　S7-200 CPU 概貌

S7-200 系列 PLC 有如下几种 CPU 模块：CPU221、CPU222、CPU224、CPU224XP、CPU226、CPU226XM。其性能指标见表 1-1。其中，CPU221 主要适用于小点数场合，没有扩展功能。CPU224XP 是 CPU224 的改进型，CPU 本机增加了一个通信口以及 2 输入 1 输出的模拟量通道。

**表 1-1　S7-200 系列 CPU 的性能指标**

| CPU 型号 | CPU221 | CPU222 | CPU224 | CPU224XP | CPU226 | CPU226XM |
|---|---|---|---|---|---|---|
| 用户程序区/KB | 4 | 4 | 8 | 12 | 16 | 16 |
| 数据存储区/KB | 2 | 2 | 8 | 10 | 10 | 10 |
| 内置 DI / DO 点数 | 6/4 | 8/6 | 10/14 | 10/14 | 24/16 | 24/16 |
| AI / AO 点数 | 无 | 16/16 | 32/32 | 32/32 | 32/32 | 32/32 |
| 一条指令扫描时间/μs | 0.37 | 0.37 | 0.37 | 0.37 | 0.37 | 0.37 |
| 最大 DI/DO 点数 | 256 | 256 | 256 | 256 | 256 | 256 |
| 位存储区 | 256 | 256 | 256 | 256 | 256 | 256 |

（续）

| CPU 型号 | CPU221 | CPU222 | CPU224 | CPU224XP | CPU226 | CPU226XM |
|---|---|---|---|---|---|---|
| 计数器/个 | 256 | 256 | 256 | 256 | 256 | 256 |
| 计时器/个 | 256 | 256 | 256 | 256 | 256 | 256 |
| 时钟功能 | 可选 | 可选 | 内置 | 内置 | 内置 | 内置 |
| 数字量输入滤波 | 标准 | 标准 | 标准 | 标准 | 标准 | 标准 |
| 模拟量输入滤波 | N/A | 标准 | 标准 | 标准 | 标准 | 标准 |
| 高速计数器 | 4 个 30kHz | 4 个 30kHz | 6 个 30kHz | 4 个 30kHz | 6 个 30kHz | 6 个 30kHz |
| 脉冲输出 | 2 个 20kHz | 2 个 20kHz | 2 个 20kHz | 2 个 20kHz | 2 个 20kHz | 2 个 20kHz |
| 通信口 | 1×RS-485 | 1×RS-485 | 1×RS-485 | 2×RS-485 | 2×RS-485 | 2×RS-485 |

注：由于产品更新换代的原因，此表所列数据仅供参考。

S7-200 CPU 的指令功能强，有传送、比较、移位、循环移位、产生补码、调用子程序、脉冲宽度调制、脉冲序列输出、跳转、数制转换、算术运算、字逻辑运算、浮点数运算、开平方、三角函数和 PID 控制指令等，采用主程序、最多 8 级子程序和中断程序的程序结构，可使用 1～255ms 的定时中断。用户程序可设置多级口令保护，监控定时器（看门狗）的定时时间为 300ms。

**2．S7-200 PLC 的扩展模块**

为满足不同的应用，西门子公司为 S7-200 系列 PLC 提供了丰富的扩展模块，主要包括数字量输入、输出和混合模块，模拟量输入、输出及混合模块，测温模块，通信模块，定位模块，称重模块等，如图 1-4 所示。利用这些扩展模块会给 CPU 增加许多附加的功能。

图 1-4　扩展模块示意图

S7-200 系列 PLC 不同规格 CPU 的最大扩展能力受到一定的限制，其中 CPU221 不允许扩展，CPU222 最多允许扩展 2 个模块，CPU224 和 226 最多允许扩展 7 个模块。

（1）I/O 模块

数字量扩展模块为使用除了本机集成的数字量输入/输出点外更多的输入/输出提供了途径。模拟量扩展模块提供了模拟量输入/输出的功能。

模拟量的输入输出有多种量程可以选择，比如 0～10V、0～5V、0～1V、0～500mV、0～100mV、0～50mV、±10V、±5V、±2.5V、±1V、±500mV、±250mV、±100mV、±50mV、±25mV、0～20mA 等，使用时可以根据需要进行选用和设置。

S7-200 还提供了专门用于测温的热电偶和热电阻扩展模块。

（2）位置控制模块

定位模块 EM253 可以实现单轴、开环位置控制，提供高速控制，脉冲频率为 12Hz～200kHz；支持急停（S 曲线）或线性的加速、减速功能；控制系统的测量单位既可以使用工程单位（如英寸或厘米）也可以使用脉冲数；提供螺距补偿功能；支持绝对、相对和手动的工作模式；提供连续操作；提供多达 25 组的移动包络，每组最多可有 4 种速度，提供 4 种不同的参考点寻找模式，每种模式都可对起始的寻找方向和最终的接近方向进行选择；提供可拆卸的现场接线端子便于安装和拆卸。

定位模块 EM253 提供了 5 个数字量输入和 4 个数字量输出与运动控制应用连接。

（3）称重模块

SIWAREX MS（微量秤）是一种多用途的、灵活的称量模块。其优点如下：分辨率高达 16 位的重量测量或力测量，0.05%的高准确性，20ms 或 33ms 的快速测量时间，极限值的监视，使用 SIWATOOL MS 软件通过 RS-232 接口即可实现称重模块的设置，不需要使用调整重量就可实现理论设置，模块更换方便，无需重新设置等。

SIWAREX MS 作为 S7-200 PLC 的一个扩展模块，可以与系统的其他扩展模块一起工作。称重模块包含：称重传感器接口、电源接口、TTY 接口和 RS-232 接口等扩展接口。其中，TTY 接口用于连接远程数字显示器，RS-232 接口用于连接计算机来使用 SIWATOOL MS 设置称重模块。

SIWAREX MS 的主要任务是测量实际的重量值。SIWAREX MS 集成在 SIMATIC 中，能够将处理后的重量值直接传送给 S7-200 PLC。

在需要记录来自应变仪传感器或称重传感器信号的所有场合，SIWAREX MS 是最佳选择。具体可以应用到以下场合：非自动化的称量仪表、间断与连续的称重过程、筒仓或料仓的填充料位监视、起重机及缆绳负荷的测量、工业电梯或轧机机组的负荷测量、在爆炸危险区域内的称量（利用 SIWAREX IS 或 PI 防爆接口，在区域 2 或区域 1 内），监视传动带张力以及力的测量、容器磅秤、平台磅秤、起重机秤等。

（4）通信模块

通信模块具体介绍如下：

1）通信处理器 EM277。EM277 是连接 PROFIBUS-DP 现场总线的通信模块。使用 EM277 可以将 S7-200 CPU 作为现场总线 PROFIBUS-DP 的从站接到网络中。EM277 有一个 RS-485 接口，传输速率包括 9.6kbit/s、19.2kbit/s、45.45kbit/s、93.75kbit/s、187.5kbit/s、500kbit/s、1Mbit/s、1.5Mbit/s、3Mbit/s、6Mbit/s、12Mbit/s 等，可自动设置；连接电缆长度：93.75kbit/s 以下为 1200m，187.5kbit/s 为 1000m，500kbit/s 为 400m，1～1.5Mbit/s 为 200m，3～6Mbit/s 为 100m；网络能力：站地址设定 0～99（由拨码开关设定）；每个段最多

可连接的站数为 32 个；每个网络最多可连接的站数为 126 个，最大为 99 个 EM277 站。

2）通信处理器 EM241。EM241 是一个支持 V.34 标准（33.6kbit/s）的 10 位调制解调器，其上设置了标准的 RJ-11 电话接口，可作为扩展模块挂在 S7-200 CPU 上。该模块只能用在模拟音频电话系统中而不能用在数字系统（如 ISDN）中，电话系统可以是公共电话网，也可以是小交换机系统。但 EM241 模块不支持与 11 位调制解调器通信。EM241 的主要功能包括：

- 通过电话网进行远程的编程、诊断等工作，编程计算机上必须安装调制解调器。
- 通过电话网进行 S7-200 CPU 之间的数据通信。
- 通过电话网进行 S7-200 CPU 与上位计算机软件间的通信。

使用时，应根据设备应用的地点设置 EM241 上的国家代码，国家代码设置好后将在模块上电后起作用。

3）通信处理器 CP243-1/ CP243-1 IT。通过以太网扩展模块（CP243-1）或互联网扩展模块（CP243-1 IT），S7-200 PLC 将能支持 TCP/IP 以太网通信，传输速率为 10/100Mbit/s，半工/全双工通信，有一个标准的 RJ-45 接口，完全支持 TCP/IP，支持标准的网络设备（如集线器、路由器等）。CP 243-1 IT 因特网模块是用于连接 S7-200 PLC 系统到工业以太网（IE）的通信处理器。可以使用 STEP 7 Micro/WIN，通过以太网对 S7-200 PLC 进行远程组态、编程和诊断。S7-200 PLC 也可以通过以太网和其他 S7-200 PLC、S7-300 PLC 和 S7-400 PLC 进行通信，还可以和 OPC 服务器进行通信。

4）通信处理器 CP243-2。CP243-2 是 S7-200 PLC 的 AS-I 主站，通过连接 AS-I 可显著地增加 S7-200 PLC 的数字量输入/输出点数。每个主站最多可连接 31 个 AS-I 从站，S7-200 PLC 同时可以处理最多 2 个 CP243-2，每个 CP243-2 的 AS-I 上最大有 124DI/124DO。

5）无线通信模块 MD720-3。SINAUT MICRO 基于 S7-200 PLC 和 GPRS（通用分组无线业务），可经济地扩展监控和远程控制任务，尤其适用于必须通过无线连接传输少量数据的场合。使用 SINAUT MICRO，可最多有 256 个 S7-200 站，采用 GPRS 移动无线网络，可简便、安全地相互通信，并且永久保持在线。由于可以继续利用现有移动无线网络，节省了无线系统的设计和维护成本。

使用 SINAUT MICRO SC 软件和 SINAUT MD720-3 GPRS 调制解调器，可通过 GPRS 进行 S7-200 PLC 的通信。SINAUT MICRO SC 是一种具有特殊通信功能的 OPC 服务器，支持远程 S7-200 PLC 服务器连接。这些 PLC 需要配备 MD720-3 调制解调器，可使用 GSM 网络（全球移动通信系统）的 GPRS 服务。使用这些 GPRS 连接，远程 S7-200 PLC 可与 SINAUT MICRO SC 软件本身或与其他通过 SINAUT MICRO SC 软件连接的 S7-200 PLC 进行通信。但从 GPRS 网络必须始终能够访问安装 MICRO SC 软件的计算机。因此，它必须通过专线直接连接到 GPRS 网络，或通过 ADSL 等固定连接到因特网。

### 1.2.2 S7-300 PLC

S7-300 是模块化的中小型 PLC 系统，能满足中等性能要求的应用，广泛应用于专用机床、纺织机械、包装机械、通用机械、机床、楼宇自动化、电器制造等生产制造领域。S7-300 PLC 提供了多种性能递增的 CPU 和丰富的 I/O 扩展模块，各种功能模块可以极好地满足和适应自动控制任务，用户可以完全根据实际应用选择合适的模块，且当控制任务增加而愈加复杂时，可随时附加模块对 PLC 进行扩展，系统扩展灵活。

S7-300 PLC 具有如下显著特点：

1）循环周期短、指令处理快。0.1～0.6μs 的指令处理时间在中低性能要求范围内开辟了全新的应用领域。

2）指令功能强大，可用于复杂功能。

3）产品设计紧凑，可用于空间有限的场合；模块化的结构，适合于密集安装。

4）不同档次的 CPU 及各种功能的扩展模块，可根据实际需要进行选择。

5）CPU 的智能化诊断系统可连续监控系统的功能是否正常，记录错误和特殊的系统事件（如超时、模块更换等）。

6）多级口令保护可以高度、有效地保护技术机密，防止未经允许的复制和修改。模式选择开关像钥匙一样，当拔出时，不能改变操作方式，以防止非法删除或改写用户程序。

**1．S7-300 PLC 的家族**

S7-300 PLC 家族现在包括标准型 CPU、紧凑型 CPU、户外型 CPU、故障安全型 CPU 及具有运动控制功能的 T-CPU（Technology CPU）等。表 1-2 列出了市面上常见的各种 CPU。随着产品的不断更新，部分旧型号逐渐被新一代 CPU 取代。

**表 1-2　S7-300 家族**

| 标准型 CPU | 紧凑型 CPU | 户外型 CPU | 故障安全型 CPU | T-CPU |
|---|---|---|---|---|
| CPU 312<br>CPU 314<br>CPU 315-2 DP<br>CPU 317-2 DP<br>CPU 318-2 DP | CPU 312C<br>CPU 313C<br>CPU 313C-2 PtP<br>CPU 313C-2 DP<br>CPU 314C-2 PtP<br>CPU 314C-2 DP | CPU 312 IFM<br>CPU 314 IFM<br>CPU 314 | CPU 315F-2 DP<br>CPU 317F-2 DP | CPU 315T-2 DP<br>CPU 317T-2 DP |

注：由于产品更新换代的原因，此表所列数据仅供参考。

标准型 CPU 主要面向生产制造领域，如图 1-5 所示。新一代标准型 CPU 进行了全面革新，缩短了指令的执行时间，降低了工程费用和运行费用，减小了外形尺寸。

图 1-5　标准型 CPU

紧凑型 CPU 根据不同的型号分别集成了 I/O、通信接口以及计数、测量、PID 控制、定位控制等功能，如图 1-6 所示。其中 CPU 型号中的 “-2” 表示该 CPU 自带两个通信端口，后面的“DP”或“PtP”表示这两个端口除了 MPI 接口外，分别是“DP”或“PtP”，即 CPU 313C-2 DP 表示该 CPU 带“MPI”和“DP”两个通信口。

图 1-6　紧凑型 CPU

故障安全型 CPU 如图 1-7 所示，当故障发生时立即达到安全状态以避免事故和损害，确保最高等级的人身、机械设备和环境安全。故障安全型 CPU 主要用于汽车工业、交通运输、传送系统等场合。故障安全系统（F 系统）超越了常规安全工程，启用了全部扩展至电子驱动和测量系统的远程智能系统。

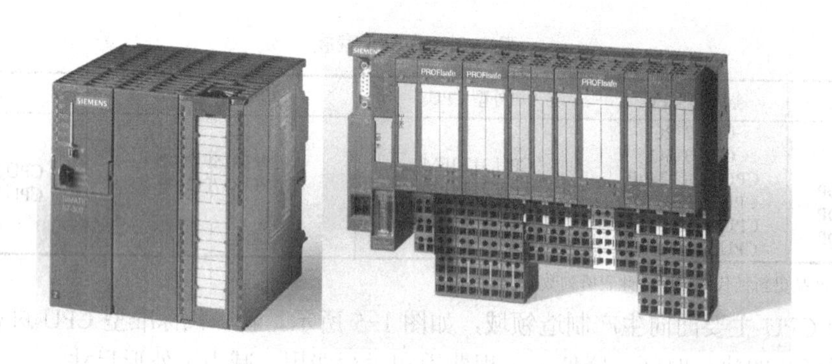


图 1-7　故障安全型 CPU

图 1-8 所示为专门用于运动控制的功能强大的 SIMATIC S7-300 T-CPU。它除了可以完成普通的 PLC 过程控制、逻辑控制任务以外，不需要增加额外的运动控制模板即能通过 PROFIBUS-DP 总线组成分布式的伺服控制系统，实现单轴或者多轴的速度控制、位置控制，完成复杂的同步多轴运动控制任务，如电子齿轮、电子凸轮盘、实轴耦合联结虚拟轴运动、实轴间的电子耦合联结运动、电子凸轮开关输出、印刷标记点修正等。分布式的伺服控制系统，实现了现场设备的灵活部署，大大减少了现场控制器和伺服驱动装置间的大量接线。同时，现场总线的分布模式，提供了控制系统的最佳防护，使接地、安装及机柜整体设计的过程变得更加简单、方便。

图 1-8　T-CPU

T-CPU 分布式的智能化伺服控制技术使用户在一个相同的开发环境中既可以完成 PID 控制、机械设备的联锁逻辑控制、顺序过程控制，还可以同时完成复杂运动控制任务、调整伺服驱动器参数、优化位置环等。T-CPU 的使用大大节省了编程、调试和维护时间。接口 PROFIBUS-DP（Drive）的时钟同步性特点能够高质量地保证高速、实时运动控制的稳定性和高精度，该接口优化了 PROFIBUS-DP 的报文结构，通过了 PROFIDRIVE 行规的 V3 认证，用于直接连接驱动系统组成分布式的运动控制系统，可以实现高速生产过程的高质量控制。

T-CPU 的整个工艺组态过程通过简便、友好的对话框实现，只需进行必要的设置即可，如机械数据、驱动系统的选择，运动控制系统的设置等。T-CPU 符合国际标准，工程、组态和系统维护极为容易；SIMATIC T-CPU 的易用性，减少了工程投资费用，节省了编程、调试和维护时间，减少了培训成本；T-CPU 可以和其他 S7-300 PLC 的程序同时使用。除了准确的单轴定位功能以外，还可以用于 3～8 轴，最多 32 轴的速度控制、位置控制；T-CPU 还适用于复杂的同步运动工序。T-CPU 具有统一的 SIMATIC 诊断工具和实时位置轨迹跟踪调试工具，方便用户的使用。

S7-300 PLC 针对不同的应用条件提供了丰富的 CPU 模块。表 1-3 给出了部分常用 CPU 的性能指标。

**表 1-3　S7-300 部分 CPU 的性能指标**

| | CPU312 | CPU312C | CPU313C -2 PtP | CPU313C -2 DP | CPU314 | CPU315 -2 DP | CPU317 -2 PN/DP |
|---|---|---|---|---|---|---|---|
| 用户内存/KB | 32 | 32 | 64 | 64 | 96 | 128 | 1024 |
| 最大 MMC/MB | 4 | 4 | 8 | 8 | 8 | 8 | 8 |
| 自由编址 | Yes | Yes | Yes | Yes | Yes | Yes | Yes |
| DI/DO/个 | 256/256 | 266/262 | 1008/1008 | 8064/8064 | 1024/1024 | 1024/1024 | 65536/65536 |
| AI/AO/路 | 64/64 | 64/64 | 248/248 | 503/503 | 256/256 | 1024/1024 | 4096/4096 |
| 处理时间/1k 位指令/ms | 0.2 | 0.2 | 0.1 | 0.1 | 0.1 | 0.1 | 0.05 |
| 位存储器/B | 128 | 128 | 256 | 256 | 256 | 2048 | 4096 |
| 计数器/个 | 128 | 128 | 256 | 256 | 256 | 256 | 512 |
| 定时器/个 | 128 | 128 | 256 | 256 | 256 | 256 | 512 |
| 集成通信连接 | | | | | | | |
| MPI/DP/PtP/PN | Y/N/N/N | Y/N/N/N | Y/N/Y/N | Y/Y/N/N | Y/N/N/N | Y/Y/N/N | Y/Y/N/Y |
| 集成的 I/O | | | | | | | |
| DI/DO/个 | -/- | 10/6 | 16/16 | 16/16 | -/- | -/- | -/- |
| AI/AO/路 | -/- | -/- | -/- | -/- | -/- | -/- | -/- |
| 集成的技术功能 | - | 计数，频率测量 | 计数，频率测量，PID 控制 | 计数，频率测量，PID 控制 | - | - | - |

注：由于产品更新换代的原因，此表所列数据仅供参考。

**2．S7-300 PLC 的基本结构**

S7-300 PLC 功能强、速度快、扩展灵活，具有紧凑的、无槽位限制的模块化结构，其系统构成如图 1-9 所示。S7-300 PLC 的主要组成部分包括导轨（RACK）、电源模块（PS）、中央处理单元（CPU）模块、接口模块（IM）、信号模块（SM）、功能模块（FM）等，通过 MPI 接口可以直接与编程器（PG）、按键式面板（OP）和其他 S7 系列 PLC 相连。

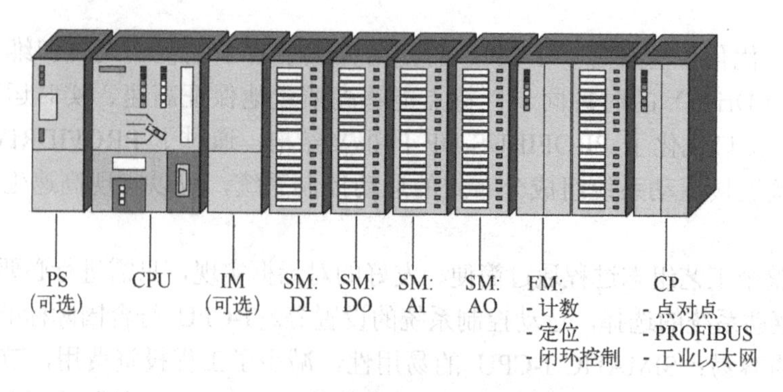


图 1-9 S7-300 PLC 的基本结构

导轨是安装 S7-300 PLC 各类模块的机架，是特制不锈钢异型板，其长度有 160mm、482mm、530mm、830mm、2000mm 五种，可根据实际需要选择。电源模块、CPU 及其他信号模块都可方便地安装在导轨上。S7-300 PLC 采用背板总线方式将各模块从物理上和电气上连接起来。

除 CPU 模块外，每块信号模块都带有总线连接器，安装时先将总线连接器装在 CPU 模块并固定在导轨上，然后依次将各模块装入。

电源模块 PS 307 输出 DC 24V，它与 CPU 模块和其他信号模块之间通过电缆连接，而不是通过背板总线连接。

中央处理单元 CPU 模块除完成执行用户程序的主要任务外，还为 S7-300 PLC 背板总线提供 DC 5V 电源，并通过 MPI（多点接口）与其他中央处理器或编程装置通信。

接口模块 IM 是用于机架扩展，将在第 2 章中介绍。

信号模块 SM 使不同的过程信号电平和 S7-300 PLC 的内部信号电平相匹配，主要有数字量输入/输出模块 SM321、SM322、SM323 等，模拟量输入/输出模块 SM331、SM332、SM334 和 SM335 等。每个信号模块都配有自编码的螺紧型前连接器，外部过程信号可方便地连在信号模块的前连接器上。特别指出的是，其模拟量输入模块独具特色，它可以接入热电偶、热电阻、4～20mA 电流、0～10V 电压等多种不同的信号，输入量程范围很宽。

功能模块（FM）主要用于实时性强、存储计数量较大的过程信号处理任务，如快进和慢进驱动定位模块 FM351、电子凸轮控制模块 FM352、步进电动机定位模块 FM353、伺服电动机位控模块 FM354、智能位控模块 SINUMERIKFM-NC 等。

通信处理器（CP）是一种智能模块，它用于 PLC 间或 PLC 与其他装置间连网以实现数据共享，如具有 RS-232C 接口的 CP340，与 PROFIBUS 现场总线连网的 CP342-5DP 等。

### 1.2.3 S7-400 PLC

SIMATIC S7-400 PLC 是具有中高档性能的 PLC，采用模块化无风扇设计，坚固耐用，易于扩展，通信能力强大，适用于对可靠性要求极高的大型复杂的控制系统，如图 1-10 所示。

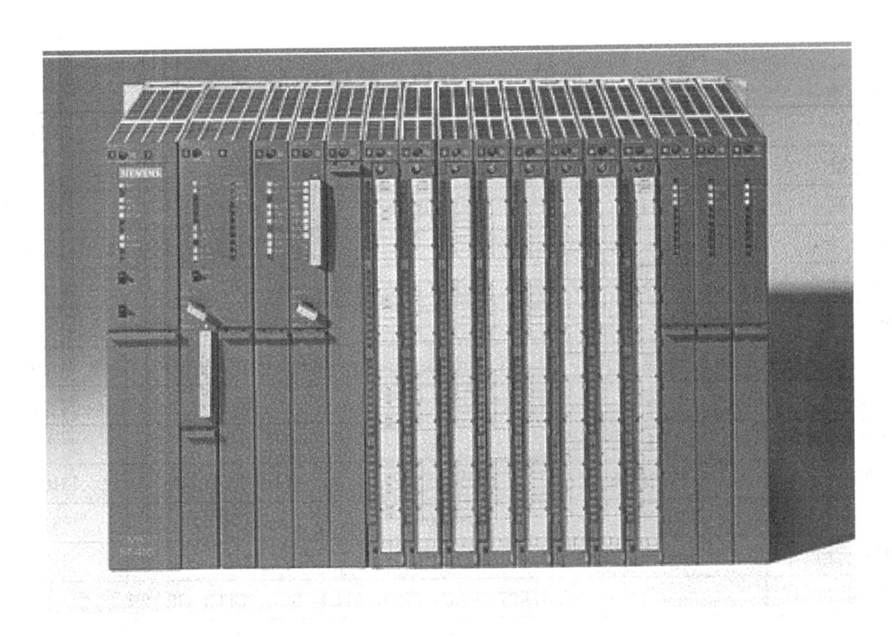

图 1-10　S7-400 PLC

S7-400 PLC 有很强的通信功能，CPU 模块集成有 MPI 和 DP 通信接口，另有 PROFIBUS-DP 和工业以太网的通信模块以及点对点通信模块。通过 PROFIBUS-DP 或 AS-I 现场总线，可以周期性地自动交换 I/O 模块的数据。

S7-400 PLC 的模块插座焊在机架中的总线连接板上，模块插在模块插座上，有不同槽数的机架供用户选用，如果一个机架容纳不下所有的模块，可以扩展一个或数个机架，各机架之间用接口模块和通信电缆交换信息。

S7-400 PLC 提供了多种级别的 CPU 模块和种类齐全的通用功能模块，使用户能根据需要组成不同的专用系统。S7-400 PLC 采用模块化设计，性能范围宽广的不同模块可以灵活组合，扩展十分方便。可以扩展多达 300 个模块，背板总线集成在模块内，没有插槽限制，支持多处理器计算（在中央机架上可以使用多达 4 个 CPU）。模块具有很高的电磁兼容性和抗冲击、耐振动性能，并可带电插拔。

S7-400 PLC 有多种不同型号的 CPU，如：CPU412-1、CPU412-2、CPU414-2、CPU414-3、CPU416-2、CPU416-3 以及 CPU417-4 等。它们分别适用于不同等级的控制要求。

CPU412-1 和 CPU412-2 用于中等性能的经济型中小型项目，集成的 MPI 允许 PROFIBUS-DP 总线操作。CPU412-2 有两个 PROFIBUS-DP 接口。

CPU414-2 和 CPU414-3 具有中等性能，适用于对程序规模、指令处理速度及通信要求较高的场合。

CPU417-4 DP 适用于最高性能要求的复杂场合，有两个插槽供 IF 接口模块（串口）使用。CPU417H 用于 S7-400H 容错控制 PLC。

通过 IF964DP 接口子模块，CPU414-3 和 CPU416-3 可以扩展一个 PROFIBUS-DP 接口，CPU 417-4 可以扩展两个 PROFIBUS-DP 接口。

除了 CPU 412-1 之外，集成的 DP 接口使 CPU 可作为 PROFIBUS-DP 的主站。

表 1-4 列出了几种 S7-400 系列 PLC 的 CPU 技术规范。

表 1-4　几种 S7-400 系列 PLC 的 CPU 技术规范

| CPU 型号 | CPU412-2 | CPU414-2 | CPU416-2 | CPU417-4 |
|---|---|---|---|---|
| 程序存储器 | 72KB | 128KB | 0.8MB | 2MB |
| 数据存储器 | 72KB | 128KB | 0.8MB | 2MB |
| S7 定时器/个 | 256 | 256 | 512 | 512 |
| S7 计时器/个 | 256 | 256 | 512 | 512 |
| 位存储器/KB | 4 | 8 | 16 | 16 |
| 时钟存储器 | 8（1 个标志字节） | 8（1 个标志字节） | 8（1 个标志字节） | 8（1 个标志字节） |
| 输入/输出/KB | 4/4 | 8/8 | 16/16 | 16/16 |
| 过程 I/O 映像/KB | 4/4 | 8/8 | 16/16 | 16/16 |
| 数字量通道/个 | 32768/32768 | 65536/65536 | 131072/131072 | 131072/131072 |
| 模拟量通道/路 | 2048/2048 | 4096/4096 | 8192/8192 | 8192/8192 |
| CPU/扩展单元/个 | 1/21 | 1/21 | 1/21 | 1/21 |
| 编程语言 | STEP7（LAD、FBD、STL）、SCL、CFC、GRAPH | | | |
| 执行时间/定点数/ns | 75 | 45 | 30 | 18 |
| 执行时间/浮点数/ns | 225 | 135 | 90 | 54 |
| MPI 连接数量/个 | 32 | 32 | 44 | 44 |
| GD 包的大小/B | 54 | 54 | 54 | 54 |
| 传输速率 | 最高 12Mbit/s | | | |

注：由于产品更新换代的原因，此表所列数据仅供参考。

S7-400 PLC 由机架、电源模块（PS）、中央处理单元（CPU）、数字量输入/输出（DI/DO）模块、模拟量输入/输出（AI/AO）模块、通信处理器（CP）、功能模块（FM）和接口模块（IM）组成，如图 1-11 所示。DI/DO 模块和 AI/AO 模块统称为信号模块（SM）。

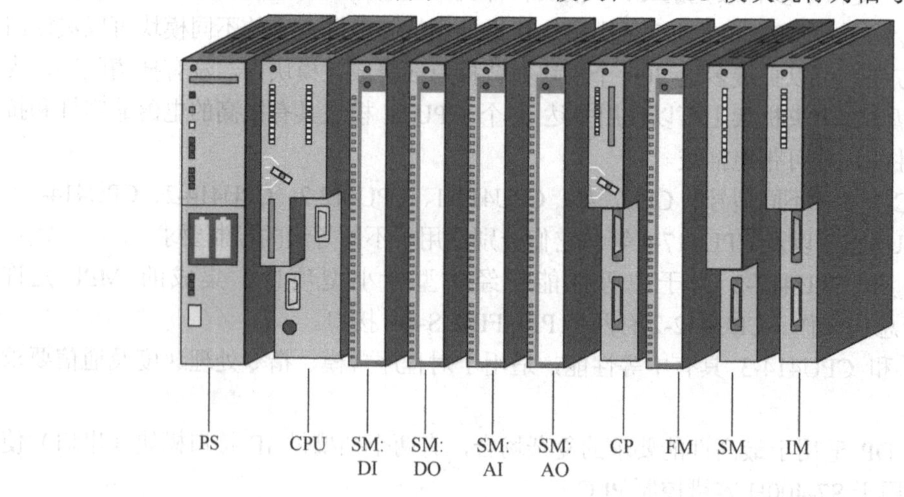


图 1-11　S7-400 PLC 的基本结构

## 1.2.4　S7-200 SMART PLC

SIMATIC S7-200 SMART PLC 是西门子公司针对中国小型自动化市场设计研发的一款高

性价比的小型 PLC 产品，与 SMART LINE 触摸屏、SINAMICS V90 伺服系统和 SINAMICS V20 变频器完美整合，为用户带来高性价比的小型自动化解决方案，满足其对自动控制、人机交互、伺服定位、变频调速的全方位需求，如图 1-12 所示。

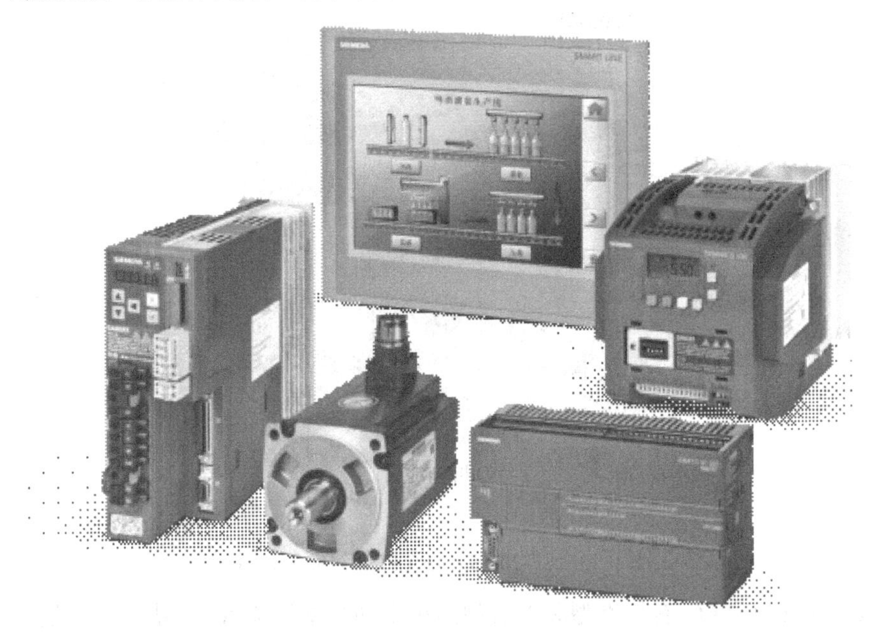

图 1-12 高性价比的小型自动化解决方案

S7-200 SMART PLC 配备西门子专用高速处理器芯片，基本指令的执行时间可达 0.15μs，能够从容应对烦琐的程序逻辑和复杂的工艺要求。

S7-200 SMART CPU 模块集成以太网接口，可以实现以太网通信功能。一根普通的网线即可将程序下载到 PLC 中，方便快捷，省去了专用编程电缆。通过以太网接口还可以与其他 CPU 模块、触摸屏、计算机等进行通信，组网轻松。

S7-200 SMART CPU 模块本体最多集成 3 路高速脉冲输出，频率高达 100kHz，支持 PWM/PTO 输出方式以及多种运动模式，可自由设置运动包络；配以方便易用的向导设置功能，可以快速实现设备调速、定位等功能。

S7-200 SMART CPU 集成 Micro SD 卡插槽，使用市面上通用的 Micro SD 卡即可实现恢复出厂默认设置、程序更新和 PLC 固件升级等功能，极大方便了工程师对用户的远程支持，也省去了因 PLC 固件升级返场服务的不便。

S7-200 SMART 的编程软件小巧精干，安装方便，提供更多向导，且无缝集成 V90 V-Assistant 伺服配置工具。在继承西门子编程软件强大功能的基础上，融入了更多人性化的设计，如新颖的带状式菜单、全移动式界面窗口、方便的程序注释功能等，让用户在体验强大功能的同时，大幅提高开发效率，缩短产品上市时间。

此外，S7-200 SMART PLC 还保留了西门子小型自动化产品的一贯特点，如通信状态指示灯提供通信及运行状态，工作状态一目了然；模块端子可拆卸，便于调试和维护；插针式连接，模块连接更加紧密、方便；内置超级电容，掉电时可保持数据并维持时钟运行；模块安装便捷，支持导轨式和螺钉式安装等。

**1．S7-200 SMART PLC 的基本结构**

S7-200 SMART PLC 是整体式结构的一款功能强大的微型 PLC，其组成示意图如图 1-13 所示。

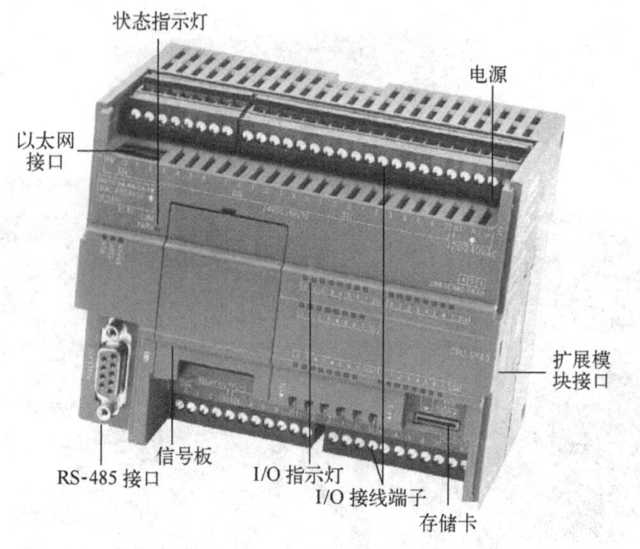


图 1-13　S7-200 SMART PLC 组成示意图

S7-200 SMART PLC 有标准型和经济型两种不同类型的 CPU 模块，以满足不同行业、不同客户、不同设备的各种需求。标准型为可扩展 CPU 模块，可满足对 I/O 规模有较大需求，逻辑控制较为复杂的应用；经济型为不可扩展 CPU 模块，直接通过 CPU 本体满足相对简单的控制需求。S7-200SMART 系列 CPU 的性能指标见表 1-5。

**表 1-5　S7-200 SMART 系列 CPU 的性能指标**

| CPU 类型 | CPU SR20/ST20 | CPU SR30/ST30 | CPU SR40/ST40 | CPU SR60/ST60 | CPU CR40 | CPU CR60 |
|---|---|---|---|---|---|---|
| 集成的 DI/DO | 12/8 | 18/12 | 24/16 | 36/24 | 24/16 | 36/24 |
| 最大本地 DI/DO | 108/104 | 114/108 | 120/112 | 132/120 | 24/16 | 36/24 |
| 最大本地 AI/AO | 24/12 | 24/12 | 24/12 | 24/12 | — | |
| 可扩展的模块数 | 最多 6 个 | | | | — | |
| 程序存储器/KB | 12 | 18 | 24 | 30 | 12 | |
| 数据存储器/KB | 8 | 12 | 16 | 20 | 8 | |
| 保持性存储器/KB | 10 | | | | | |
| 位存储器/bit | 256 | | | | | |
| 过程 I/O 映像/bit | 256/256 | | | | | |
| AI/AO 映像/w | 56/56 | | | | — | |
| 集成高速计数器 | 4 | | | | | |
| 单相 | 4 @ 200 kHz | | | | 4 @ 100 kHz | |
| 两相 AB 正交 | 2 @ 100 kHz | | | | 2 @ 50 kHz | |
| 高速脉冲轴数 | —/2×100 kHz | —/3×100 kHz | —/3×100 kHz | —/3×100 kHz | — | — |

注：由于产品更新换代的原因，此表所列数据仅供参考。

**2．S7-200 SMART PLC 的扩展模块**

S7-200 SMART PLC 提供各种选件扩展 CPU 的性能，能够提供更加经济、灵活的解决方案，如图 1-14 所示。除数字量和模拟量扩展模块外，还提供信号板用于扩展 CPU 的功能。新颖的信号板设计可扩展通信端口、输入输出和电池卡，在不额外占用电控柜空间的前提下，信号板扩展能更加贴合用户的实际配置，提升产品的利用率，降低用户的扩展成本。

图 1-14　扩展模块和信号板

目前，S7-200 SMART PLC 共提供了 12 种不同的扩展模块，具体见表 1-6。通过扩展模块，可以很容易地扩展控制器的本地 I/O，以满足不同的应用需求。S7-200 SMART 系列 PLC 分别提供了数字量/模拟量模块以提供额外的数字量/模拟量 I/O 通道。

**表 1-6　S7-200 SMART PLC 的扩展模块**

| 序号 | 类　型 | 型　号 | 描　述 |
|---|---|---|---|
| 1 | 数字量输入 | EM DI08 | DI 8×DC 24V |
| 2 | 数字量输出 | EM DR08 | DO 8×RLY DC 30V/AC 250V @ 2A |
| 3 | 数字量输出 | EM DT08 | DO 8×DC 28.8 V @ 0.75A |
| 4 | 数字量输入/输出 | EM DR16 | DI 8×DC 24V<br>DO 8×RLY DC 30V/AC 250 V @ 2A |
| 5 | 数字量输入/输出 | EM DR32 | DI 16×DC 24V<br>DO 16×RLY DC 30V/AC 250V @ 2A |
| 6 | 数字量输入/输出 | EM DT16 | DI 8×DC 24V<br>DO 8×DC 24V@ 0.75 A |
| 7 | 数字量输入/输出 | EM DT32 | DI 16×DC 24V<br>DO 16×DC 24V @ 0.75A |
| 8 | 模拟量输入 | EM AI04 | AI 4×12bit<br>DC ± 10 V, DC ± 5 V,<br>DC± 2.5 V 或 0～20 mA |
| 9 | 模拟量输出 | EM AQ02 | AO 2×11 bit<br>DC±10V 或 0～20 mA |
| 10 | 模拟量输入/输出 | EM AM06 | AI 4×12 bit<br>DC ± 10 V, DC ± 5 V, DC ± 2.5 V 或 0～20 mA<br>AO 2×11 bit<br>DC±10 V 或 0～20 mA |
| 11 | 温度测量模块 | EM AR02 | AI 2×RTD×16 bit |
| 12 | 温度测量模块 | EM AT04 | AI 4×TC×16 bit |

注：由于产品更新换代的原因，此表所列数据仅供参考。

S7-200 SMART PLC 共提供了 4 种不同的信号板，具体见表 1-7。需要指出的是，通过扩展的 CM01 信号板，加上 CPU 本体集成的一个以太网接口和一个 RS-485 串口，S7-200

SMART PLC 通信端口数量最多可增至 3 个，能够满足小型自动化设备连接触摸屏、变频器等第三方设备的众多需求。以太网接口支持西门子 S7 协议。RS-485 串口支持 PPI 协议、USS 驱动协议和 Modbus RTU 协议以及自由口通信。CM01 通信信号板（Signal Board）支持 RS-232 或 RS-485 的连接，在软件中可自由设置。

**表 1-7　S7-200 SMART PLC 的信号板**

| 序号 | 类　型 | 型　号 | 描　述 |
|---|---|---|---|
| 1 | 数字量扩展 | SB DT04 | DC 2×24V 输入/DC 2×24V 输出 |
| 2 | 模拟量扩展 | SB AQ01 | 1×12 位模拟量输出 |
| 3 | 串行通信 | SB CM01 | 通信信号板，RS-485/RS-232 |
| 4 | 电池扩展 | SB BA01 | 支持 CR1025 纽扣电池，保持时钟约 1 年 |

注：由于产品更新换代的原因，此表所列数据仅供参考。

### 1.2.5　S7-1200 PLC

S7-1200 PLC 作为西门子公司新推出的紧凑型 PLC，定位在原有的 SIMATIC S7-200 和 S7-300 产品之间。S7-1200 CPU 将微处理器、集成电源、输入电路和输出电路组合到一个设计紧凑的外壳中以形成功能强大的 PLC。S7-1200 PLC 作为紧凑型自动化产品的新成员，目前有 5 款 CPU，分别为 CPU1211C、CPU1212C、CPU1214C、CPU1215C 和 CPU1217C，如图 1-15 所示。

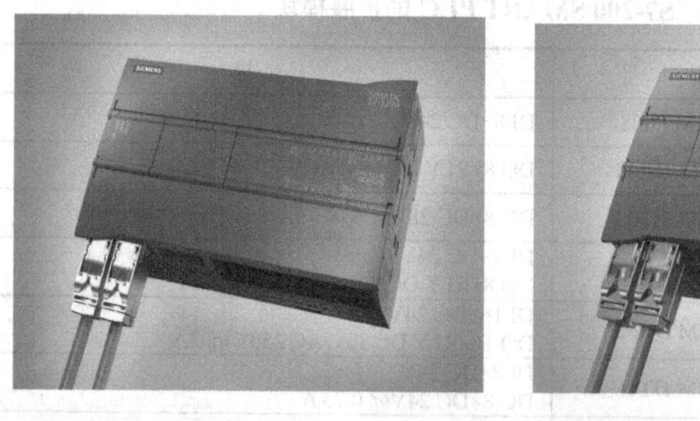

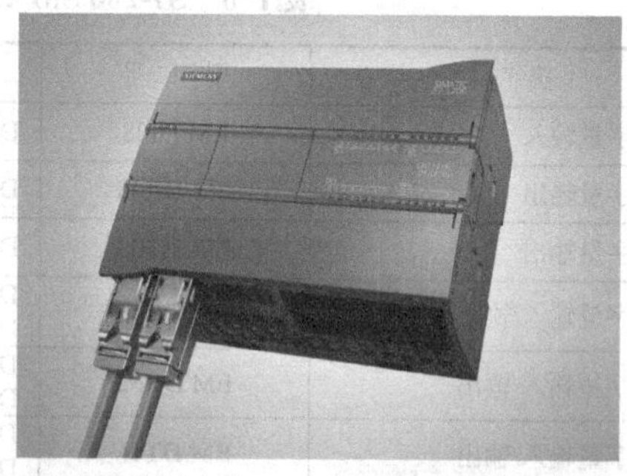

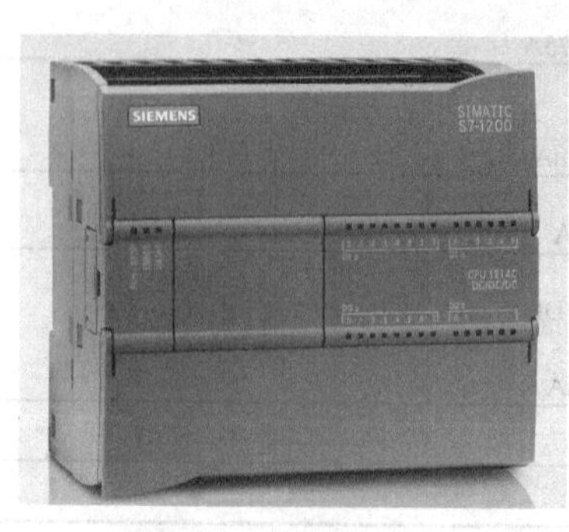


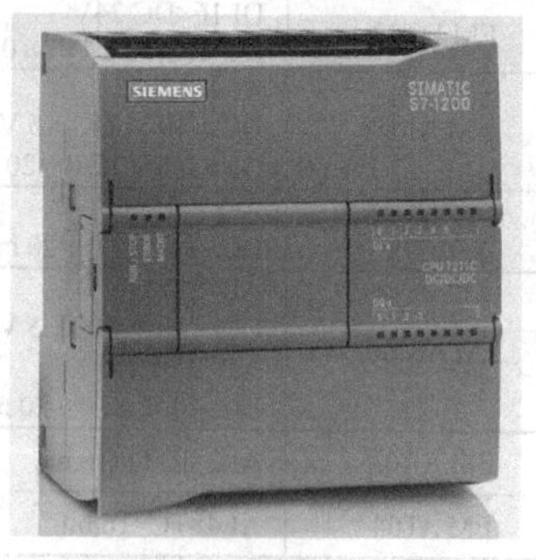

图 1-15　S7-1200 PLC 的 5 款 CPU 图片

每款 CPU 根据电源信号和输入/输出信号的类型各有三种型号。5 款 CPU 本机自带数字量输入/输出点数有所差异。

S7-1200 CPU 支持扩展最多一个信号板，而信号模块（Signal Module）CPU1211C 不支持，CPU1212C 支持 2 个，CPU1214C 支持最多 8 个。CPU1211C、CPU1212C 和 CPU1214C 都自带一个 PROFINET 接口，新模块 CPU1215C 和 CPU1217C 带 2 个 PROFINET 接口。S7-1200 PLC 支持最多 3 个扩展通信模块。

S7-1200 PLC 的附件还包括存储卡、电源和以太网交换机等。通过存储卡，将一个程序转移到多个 CPU，只需简单地将内存卡安装到 CPU 中并执行一个上电周期，处理过程中 CPU 的用户程序不会丢失。

**1. S7-1200 的 CPU 模块**

S7-1200 不同型号的 CPU 面板是类似的。图 1-16 所示为 CPU1214C 的面板示意图。

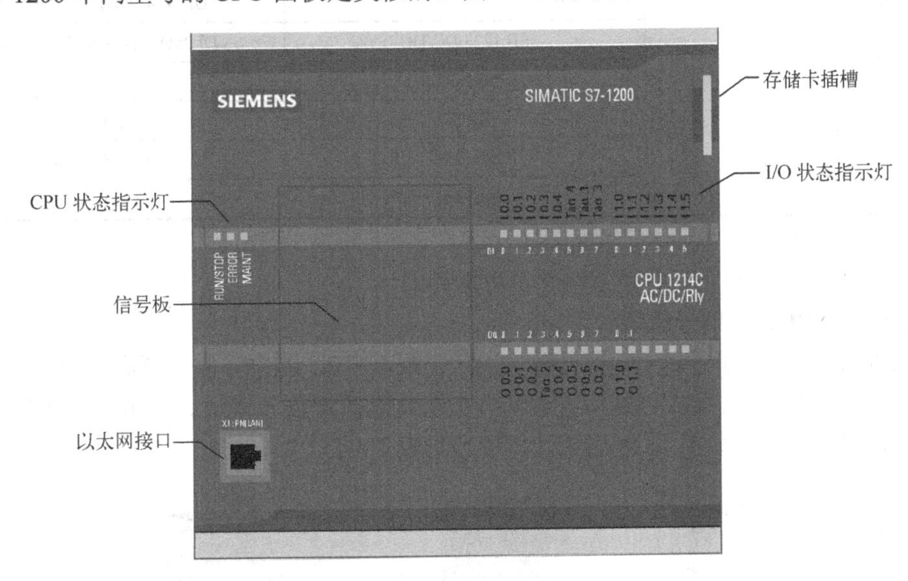


图 1-16 CPU 面板示意图

CPU 有 3 类状态指示灯，用于提供 CPU 模块的运行状态信息，分别如下：

1）STOP/RUN 指示灯。该指示灯以纯橙色指示 STOP 模式，纯绿色指示 RUN 模式，绿色和橙色交替闪烁指示 CPU 正在启动。

2）ERROR 指示灯。该指示灯以红色闪烁指示有错误，如 CPU 内部错误、存储卡错误或组态错误（模块不匹配）等，纯红色指示硬件出现故障。

3）MAINT 指示灯。该指示灯在每次插入存储卡时闪烁。

CPU 模块上的 I/O 状态指示灯用来指示各数字量输入/输出的信号状态。

CPU 模块上提供一个以太网通信接口用于实现以太网通信，还提供了两个可指示以太网通信状态的指示灯。其中，“Link”（绿色）点亮指示连接成功，“Rx/Tx”（黄色）点亮指示传输活动。

拆下 CPU 上的挡板可以安装一个信号板，如图 1-17 所示。通过信号板可以在不增加空间的前提下给 CPU 增加 I/O。目前，信号板有 8 种，包括数字量输入、数字量输出、数字量输入/输出

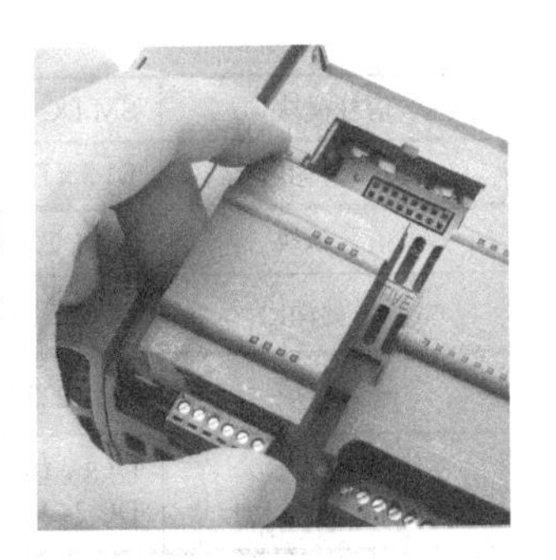

图 1-17 信号板的使用

以及模拟量输出等类型，具体见表 1-8。

**表 1-8　S7-1200 PLC 的信号板**

| 信号板类型 | 编　号 | 类　型 |
|---|---|---|
| 数字量输入 | SB 1221 DC 200kHz | DI 4xDC 24V |
| | | DI 4xDC 5V |
| 数字量输出 | SB 1222 DC 200kHz | DQ 4xDC 24V 0.1A |
| | | DQ 4xDC 5V 0.1A |
| 数字量输入/输出 | SB 1223 DC/DC 200kHz | DI 2xDC 24V/DQ 2xDC 24V |
| | | DI 2xDC 5V/DQ 2xDC 5V |
| | SB 1223 DC/DC | DI 2xDC 24V/DQ 2xDC 24V |
| 模拟量输出 | SB1232 | AQ 1 |
| | SB1231 | AI 1 |
| | SB1231 | AI 1×热电偶 |
| | SB1231 | AI 1×RTD |

注：由于产品更新换代的原因，此表所列数据仅供参考。

另外，S7-1200 PLC 的 I/O 接线端子是可拆卸的。

**2．S7-1200 PLC 的信号模块**

S7-1200 PLC 提供了各种 I/O 信号模块用于扩展其 CPU 能力。信号模块包括数字量输入模块、数字量输出模块、数字量输入/输出模块以及模拟量输入模块、模拟量输出模块、模拟量输入/输出模块等，如图 1-18 所示，其参数见表 1-9。

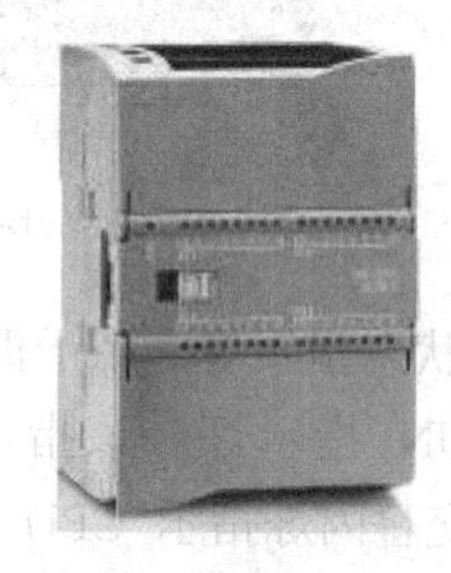

图 1-18　S7-1200 PLC 信号模块

**表 1-9　S7-1200 PLC 数字量信号模块**

| 信号模块 | SM DC 1221 | SM 1221 DC | | |
|---|---|---|---|---|
| 数字量输入 | DI 8 x DC 24V | DI 16 x DC 24V | | |
| 信号模块 | SM DC 1222 | SM 1222 DC | SM 1222 RLY | SM 1222 RLY |
| 数字量输出 | DO 8 x DC 24V 0.5A | DO 16 x DC 24V 0.5A | DO 8 x RLY DC 30V / AC 250V 2A | DO 16 x RLY DC 30V / AC 250V 2A |
| 信号模块 | SM 1223 DC/DC | SM 1223 DC/DC | SM 1223 DC/RLY | SM 1223 DC/RLY |
| 数字量输入 /输出 | DI 8 x DC 24V / DO 8 x DC 24 V 0.5A | DI 16 x DC 24V /DO 16 x DC 24V 0.5A | DI 8 x DC 24V /DO 8 x RLY DC 30V/ AC 250V 2A | DI 16 x DC 24V/DO 16 x RLY DC 30V/AC 250V 2A |
| 信号模块 | SM 1231 AI | SM 1231 AI | | |

（续）

| 模拟量输入 | AI 4 x 13 bit DC±10V / 0～20mA | AI 8 x 13 bit DC±10V / 0～20mA | | |
|---|---|---|---|---|
| 信号模块 | SM 1232 AQ | SM 1232 AQ | | |
| 模拟量输出 | AQ 2 x 14 bit DC±10V / 0～20mA | AQ 4 x 14 bit DC±10V / 0～20mA | | |
| 信号模块 | SM 1234 AI/AQ | | | |
| 模拟量输入 / 输出 | AI 4 x 13 bit DC±10V / 0～20mA AQ 2 x 14 bit DC±10V / 0～20mA | | | |

注：由于产品更新换代的原因，此表所列数据仅供参考。

各数字量信号模块还提供了指示模块状态的诊断指示灯。其中，绿色指示模块处于运行状态；红色指示模块有故障或处于非运行状态。

各模拟量信号模块为各路模拟量输入和输出提供了 I/O 状态指示灯。其中，绿色指示通道已组态且处于激活状态；红色指示个别模拟量输入或输出处于错误状态。此外，各模拟量信号模块还提供有指示模块状态的诊断指示灯。其中，绿色指示模块处于运行状态，而红色指示模块有故障或处于非运行状态。

**3．S7-1200 PLC 的定位**

S7-1200 PLC 作为新推出的紧凑型 PLC，定位在原有的 SIMATIC S7-200 PLC 和 S7-300 PLC 产品之间。它与 S7-200 PLC 和 S7-300 PLC 的区别和差异主要体现在硬件、通信、工程、存储器、功能块、计数器、定时器、工艺功能等几个方面。

在硬件扩展方面，S7-200 PLC 最多支持 7 个扩展模块，S7-300 PLC 主机架最多支持 8 个扩展模块，且扩展模块全部在 CPU 的右侧（若水平放置），而 S7-1200 PLC 支持扩展最多 8 个信号模块和 3 个通信模块，其对比示意图如图 1-19 所示。

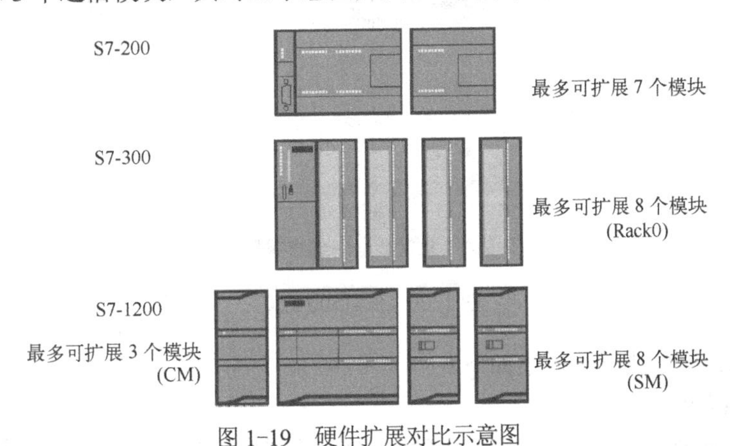


图 1-19　硬件扩展对比示意图

在 CPU 本机输入输出点及其信号面板上，以 CPU224XP、CPU313C 和 CPU1214C 为例来说明，S7-1200 PLC 支持通过信号面板来根据需要增加 I/O 点，而 S7-200 PLC 和 S7-300 PLC 则是固定的。

硬件组态方面，S7-200 PLC 的地址自动分配，不能改变；而 S7-1200 PLC 和 S7-300 PLC 的地址可以由用户手动重新分配。

通信方面，S7-200 PLC、S7-300 PLC 和 S7-1200 PLC 都支持通过 RS-232 和 RS-485 实现点对点通信，支持 ASCII、USS 和 Modbus 等通信协议。S7-200 PLC 需要 RS-232 转换器实现串口通信，S7-300 PLC 需要选用带 PtP 接口的 CPU 或者 CP 模块实现 RS-232 的串口通信，而 S7-1200 PLC 通过 RS-232 通信模块即可实现。S7-1200 PLC 本机集成了 PROFINET 以太网接口，支持与编程设备、HMI 和其他 CPU 的通信。S7-1200 PLC 可以在编程软件博途（TIA Portal）中配置为 AS-I 主站；允许将 CANopen 设备连接并配置为主站或从站；可以快速集成 I/O Link 设备，如 SIRIUS 软启动器产品和 RFID 阅读器；支持 GPRS 通信处理器。

### 1.2.6 S7-1500 PLC

SIMATIC S7-1500 PLC 是西门子公司为中高端设备和工厂自动化设计的新一代 PLC，拥有更加紧凑的外形和创新的模块设计，如图 1-20 所示。作为 S7-300/400 PLC 下一代的自动化系统，S7-1500 PLC 的系统性能有了大幅提升；同时，I/O 模块种类大幅减少，应用和维护更加方便。

图 1-20 S7-1500 PLC

S7-1500 PLC 的主要特点概述如下。

（1）更为强大的 CPU

资源更为丰富充足。以 CPU1516-3 PN 为例，其块的总数最多为 6000 个，数据块最大为 5MB，FB、FC、OB 最大为 512KB，用于程序的工作存储器为 5MB，用于数据的工作存储器为 1MB。定时器、计数器分别有 2048 个，IEC 定时器、计数器的数量不受限制。位存储器为 16KB。I/O 模块最多 8192 个，过程映像分区最多 32 个，过程映像输入、输出分别为 32KB，每个机架最多 32 个模块。运动控制功能最多支持 20 个速度控制轴、定位轴和外部编码器，有高速计数和测量功能。插槽式装载存储器最大为 2GB，可存储项目数据、归档、配方和有关的文档。

运算速度更快。以 CPU1516-3 PN 为例，位操作指令的处理时间典型值为 10ns，浮点数运算指令的处理时间典型值为 64ns。AI、AO 模块的分辨率均为 16 位，8 点 AI 模块每个模块的转换时间为 125μs。数字量输入模块具有 50μs 的超短输入延时。用于计数、测量和定位输入的工艺模块 TM PosInput 的最高信号频率为 1MHz，4 倍速时为 4MHz。可用 RS-422 接口连接脉冲编码器，支持等式模式、诊断中断和硬件中断。采用 PROFINET IRT 通信可以保证确定的反应时间和高精度的系统响应，最短循环时间为 250μs。

（2）集成各种工艺功能

S7-1500 PLC 的运动控制功能集成在 CPU 模块中，不需要附加的运动控制模块。通过编程软件博途创建项目和组态工艺对象，利用博途软件提供的符合 PLCopen 标准的运动控制指令控制工艺对象。运动控制可以使用具有 PROFINET IO IRT 和 PROFIdrive 接口的驱动器，或使用模拟量设定值的驱动器。运动控制功能支持速度控制轴、定位轴和外部编码器工艺对象。

S7-1500 的 CPU 都有集成的跟踪（Trace）和逻辑分析器功能，跟踪功能可循环记录最多 16 个变量，便于查找偶发错误，对程序和动作进行实时诊断，用于调试和优化用户程序，尤其适用于运动控制和优化驱动器。记录数据保存在设备上，在需要时可以用编程设备读出和永久保存。可以用曲线图和信号表来评估测量的结果，也可以将测量结果作为一个文件导出和导入。

S7-1500 CPU 集成的 PID 控制器有 PID 参数自整定功能。PID 3 步（3-Step）控制器是脉冲宽度调制输出的控制器，此外还有适用于带积分功能的外部执行器（如阀门）的 PI 步进控制器。使用 F 型控制器，可实现故障安全自动化，故障安全程序和标准程序使用同样的工程设计和操作理念，可以用安全管理编辑器定义和修改安全参数。

（3）更全面的安全保护机制

S7-1500 PLC 提供全面的安全保护机制和加密算法，可以有效防范未经授权的访问和修改，避免设备被仿造。可通过绑定 SIMATIC 存储卡或 CPU 的序列号，确保程序无法在其他设备中运行。这样的程序不能复制，只能在指定的存储卡或 CPU 上运行。访问保护功能提供一种全面的安全保护功能，可防止未经授权的项目计划更改，专有的数据校验机制可识别修改过的工程数据。可为各用户组分别设置访问密码，确保具有不同级别的访问权限。使用带有安全功能的工业以太网模块 CP1543-1，加强了集成防火墙的访问保护。系统对传输到控制器的数据进行保护，以防止通过 HMI 进行未经授权的访问。控制器可以识别发生变更的工程组态数据或者来自陌生设备的工程组态数据。

S7-1500 PLC 通过 CPU 内置的显示屏，可快速访问各种文本信息和详细的诊断信息，便于全面了解工厂的所有信息，从而实现全工厂透明化。支持在运行过程中对显示屏进行热插拔操作，可以通过博途软件设置显示屏的操作密码。

（4）更好的兼容性

通过集成的移植工具，S7-300/400 PLC 的项目可以移植到 S7-1500 PLC，实现对现有专有知识的投资保护。可以通过复制功能将 S7-1200 PLC 的程序转换到 S7-1500 PLC。通过将硬件数据上传到工程组态，可实现各种硬件的快速准确识别。可上传包括符号和注释的整个项目，维修操作时无需打开当前项目。可通过 Web 浏览器或 SD 读卡器，快速访问设备组态数据，与控制器进行双向数据交换。

S7-1500 PLC 的存储卡（SIMATIC Memory Card，SMC）功能强大，使用方便，可以用普通的 SD 读卡器读写 SMC 卡，实现对 PLC 程序的下载。SMC 最大为 2GB，可以装载除程序以外的其他文件，如项目的备份、说明书、各种 PDF 或 Excel 文件等。此外，也可以用作固件升级卡和程序传输卡。

**1. S7-1500 PLC 家族**

S7-1500 PLC 家族包括标准型和故障安全型两种不同类型的 CPU 模块，具体见表 1-10。凭借其快速的响应时间、集成的 CPU 显示面板以及相应的调试和诊断机制，S7-1500 的 CPU 极大地提升了生产效率，降低了生产成本。随着产品的不断更新，将有更多新型 CPU 推出。

**表 1-10 S7-1500 PLC 家族**

| 型号 | CPU1511-1 PN | CPU1513-2 PN | CPU1515-2 PN | CPU1516-3 PN/DP | CPU1518-4 PN/DP | CPU1516F-3 PN/DP | CPU1518F-4 PN/DP |
|---|---|---|---|---|---|---|---|
| 尺寸 W×H×D/$mm^3$ | 35×147×129 | 35×147×129 | 70×147×129 | 70×147×129 | 175×147×129 | 70×147×129 | 175×147×129 |
| 集成工作内存 | 150KB | 300KB | 500KB | 1MB | 3MB | 1.5MB | 4.5MB |
| 集成数据存储/MB | 1 | 1.5 | 3 | 5 | 10 | 5 | 10 |
| 指令执行时间：位运算/ns | 60 | 40 | 30 | 10 | 1 | 10 | 1 |
| 字运算/ns | 72 | 48 | 36 | 12 | 2 | 12 | 2 |
| 定点运算/ns | 96 | 64 | 48 | 16 | 2 | 16 | 2 |
| 浮点运算/ns | 384 | 256 | 192 | 64 | 6 | 64 | 6 |
| S7 定时器/计数器 | 2048 | | | | | | |
| 位存储器/KB | 16 | | | | | | |
| PROFINET 接口数量/个 | 1 | 1 | 1 | 2 | 3 | 2 | 3 |
| PROFIBUS 接口数量/个 | — | — | — | 1 | 1 | 1 | 1 |
| DB 最大数量/个 | 2000 | 2000 | 6000 | 6000 | 10000 | 6000 | 10000 |
| DB 最大大小/MB | 1 | 1.5 | 3 | 5 | 10 | 5 | 10 |
| FB 最大数量/个 | 1998 | 1998 | 5998 | 5998 | 9998 | 5998 | 9998 |
| FB 最大大小/KB | 150 | 300 | 500 | 512 | 512 | 512 | 512 |
| FC 最大数量/个 | 1999 | 1999 | 5999 | 5999 | 9999 | 5999 | 9999 |
| FC 最大大小/KB | 150 | 300 | 500 | 512 | 512 | 512 | 512 |

注：由于产品更新换代的原因，此表所列数据仅供参考。

**2. 基本结构**

作为 S7-300/400 PLC 下一代的自动化系统，S7-1500 PLC 也是模块化的结构。S7-1500 PLC 的主要组成部分包括导轨（RACK）、电源模块（PS/PM）、中央处理单元（CPU）模块、接口模块（IM）、信号模块（SM）、工艺模块（FM）等，如图 1-21 所示。

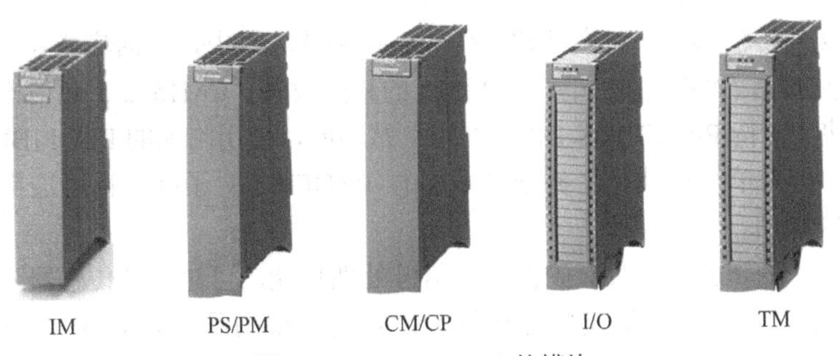


图 1-21　S7-1500 PLC 的模块

S7-1500 PLC 的电源模块分为 PS 电源模块和 PM 电源模块。PS 电源模块为系统电源模块，连接到背板总线并专门为背板总线提供内部所需的系统电源。这种系统电源可为模块电子元件和 LED 指示灯供电，支持固件更新、标识数据 I&M0～I&M4、在 RUN 模式下组态、诊断报警和诊断中断。PM 电源模块为高性能的负载电源模块，为 CPU/IM、I/O 模块、PS 电源等提供高效、稳定、可靠的 DC 24V 电源，输入 AC 120V/230V 自适应；优秀的输入抗过压性能和输出过压保护功能，有效提高了系统的运行安全、稳定性和可靠性；优异的 EMC 兼容性能，完全符合 S7-1500 PLC 系统的 TIA 集成测试要求。

S7-1500 PLC 的接口模块与中央处理器采用相同的 I/O 模块，为整个系统提供更好的扩展性能。改进的硬件设计和功能组合，使选型更加简单；相同的模板类型使用相同的引脚定义以及螺钉压线方式；采用高速背板通信。

S7-1500 PLC 的信号模块包括数字量和模拟量的输入/输出模块，种类更加优化，集成更多功能并支持通道级诊断，采用统一的前连接器，具有预接线功能，这些模块既可以直接在 CPU 进行集中式处理，也可以通过 ET200MP 系统进行分布式处理。模块设计紧凑，I/O 模板最窄处为 25mm；集成 Din 型导轨，安装更加灵活；中央机架最多可扩展 32 个模板；实现快速处理功能，模块背板总线通信速度提升 40 倍；诊断高效，支持快速故障修复；人性化设计，统一 40 针前连接器，集成短接片，简化接线操作，自带电路接线图；集成电子屏蔽功能，电源线与信号线分开走线。

值得一提的是，SIMATIC ET 200SP 分布式 I/O 模块作为 ET 200 分布式 I/O 家族的新成员，是一款面向过程自动化和工厂自动化的创新产品，可以帮助用户有效提高过程效率和工厂生产力。ET 200SP 具有体积小、使用灵活、性能突出的特点，支持 PROFINET 和 PROFIBUS；设计紧凑，单个模块最多支持 16 通道；各种模块任意组合，组装更加方便，运行中可以更换模块（热插拔）。ET 200SP 一个站点的基本配置包括：支持 PROFINET 或 PROFIBUS 的 IM 通信接口模块、各种 I/O 模块、功能模块以及所对应的基座单元，最右侧用于完成配置的服务模块（无需单独订购，随接口模块附带）。

S7-1500 PLC 的通信模块集成有各种接口，可与不同接口类型设备进行通信，而通过具有安全功能的工业以太网模块，可以极大提高连接的安全性。PtP 通信模块通过点对点连接实现串行通信，可连接数据读卡器或特殊传感器，带有各种物理接口，如 RS-232、RS-422 或者 RS-485，可预定义 3964（R）、Modbus RTU 或 USS 等协议，可使用基于 Freeport 的应用特定协议（ASCII），诊断报警可用于简单故障修复。CP1543-1 通信模块可以实现带有安全功能的工业以太网连接，除 CPU 密码保护之外，还可通过状态监测防火墙确保工业以太网连接的安全性，可分别组态本地访问权限和远程访问权限，通过电子邮件实现简单报警，并通过 FTP（文件传输协议）将产品数据传输到控制计算机中，灵活集成在基于 IPv6 的架构中，支持网络分段，可构建具有同一 IP 地址的相同设备。CM1542-5 通信模块为高性能的 PROFIBUS 模块，支持 PROFIBUS DP 主站和从站功能，使用附加的 PROFIBUS 电缆，实现系统快速扩展，可为单个自动化任务分隔不同的 PROFIBUS 子网，也可连接其他供应商提供的 PROFIBUS 从站。

S7-1500 PLC 的工艺模块具有硬件级的信号处理功能，可对各种传感器进行快速计数、测量和位置记录。支持定位增量式编码器和 SSI 绝对值编码器，可在 S7-1500 CPU 集中操作，也可在 ET 200MP I/O 中分布式操作。

**3．通信功能**

S7-1500 PLC 遵循通信领域的国际标准，特别是提供了基于以太网的 PROFINET 作为其主要通信网络，如图 1-22 所示。S7-1500 PLC 将 PROFINET 作为 CPU 的标准配置，同时还推出了使用 PROFINET 的分布式 I/O ET 200MP 和 ET 200SP。

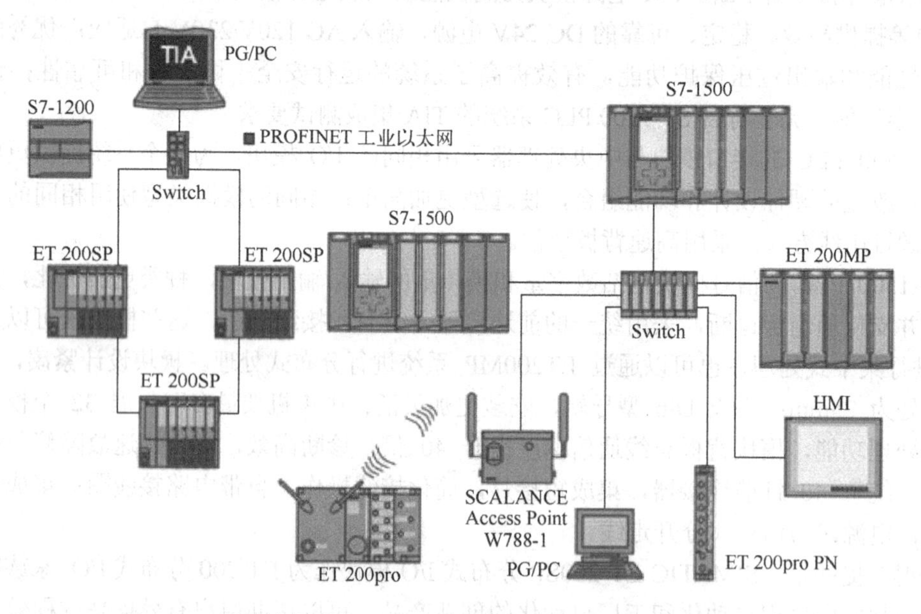


图 1-22　基于以太网的 PROFINET 为 S7-1500 PLC 的主要通信网络

S7-1500 的 CPU 都集成了带双端口交换机的 PROFINET 接口，CPU 1516-3PN 还有另外一个以太网接口。PROFINET 接口集成了等时同步实时（IRT）功能，可作 PROFINET IO 控制器、PROFINET IO 设备（分布式现场设备）和 Web 服务器，可实现 SIMATIC 通信和开放式 IE 通信，有介质冗余功能。通过一个标准的网络浏览器，就能随时查询 CPU 的状态。图形化的过程量和用户自定义的网页简化了信息的采集。PROFINET 可提供的通信服务有 PG/OP（编程器/操作员面板）通信、S7 路由、等时同步模式、开放式 IE 通信、IRT（等时同步实时）、MRP（介质冗余协议）和 PROFIenergy。IRT 功能用于高性能的同步运动控制，响应时间最小为 250μs。PROFIenergy 通过启用或禁用设备的暂停功能来实现节能。开放式 IE 通信可使用 TCP、IP /ISO-on-TCP（RFC 1006）、DHCP、SNMP、DCP 和 LLDP。动态主机配置协议（DHCP）用于自动分配 IP 地址，可在设备正在运行时分配 IP 地址。SNMP 是用于网络参数分配和诊断的简单网络管理协议。DCP（发现和基本组态协议）用于检测网络中的结点，并为其分配基本参数，如 IP 地址和系统名称等。LLDP（链路层发现协议）用于在相邻设备之间交换信息。CPU 作为 Web 服务器，可使用 HTTP（超文本传输协议）和 HTTPS（安全超文本传输协议）。PROFINET 的“优先化启动”功能在“通电”之后或站故障/站恢复之后，可以大幅缩短循环用户数据交换的启动时间。用户程序可用指令 TMAIL_C 通过电子邮件发送过程报警。带有 PROFINET 接口的 CP（通信处理器）可通过 FTP 进行文件管理和文件访问，CP 既能作 FTP 客户端，也可以作 FTP 服务器。S7-1516 的通信接口的最大连接数为 256，集成接口的连接数为 128，为 ES/HMI/Web 预留了 10 个连接，支持 DP 和以太网（通过网络时间协议 NTP）的时间同步。

CPU 1516-3PN 有一个集成的 PROFIBUS 接口，可作 PROFIBUS-DP 主站或从站，提供的通信服务有 PG/OP 通信、S7 路由、等式同步模式、恒定总线循环时间、激活/取消激活 DP 从站。

S7-1500 PLC 最多可插入 8 块 PROFIBUS、PROFINET 和以太网通信模块。

CP 1543-1 是带安全功能的工业以太网模块。除了 CPU 密码保护之外，还可以通过状态监测防火墙确保工业以太网连接的安全性，可以分别组态本地访问权限和远程访问权限，通过电子邮件实现简单报警，并通过 FTP 将产品数据传输到控制计算机中。可灵活集成在基于 IPv6 的架构中，支持网络分段，可构建具有同一 IP 地址的相同设备，还可在博途软件中构建包含安全功能在内的整体项目。

CM 1542-5 模块支持 PROFIBUS-DP 主站和从站功能。发生故障时，网络分隔技术可降低模块替换成本。

S7-1500 PLC 可连接的点对点通信模块的数量仅受可用插槽的限制，4 种 PtP 模块分别有 RS-232 和 RS-422/485 两种接口。支持自由口协议和 3964（R）协议，有两种模块支持 Modbus RTU 主站和从站协议。

## 1.3 编程设备

西门子公司提供用于对 S7-300/400 PLC 进行编程的设备有 PG720、PG740 和 PG760 等。PG720 是工业级的编程设备，功能强大且易于使用，不仅可以用于维护和服务，而且可以用于编程和组态设备，是工业现场应用的理想工具。它拥有笔记本或计算机的尺寸、独立的电源、AT 兼容、完善的硬件，配备了所有必需的 SIMATIC 接口。PG740 是一款便携式编程设备，自动化项目应用的理想选择和强大功能的工业计算机，高级系统性能，优良的扩展能力，TFT-显示，防滑设计，配备所有必需的 SIMATIC 接口。PG760 是多功能的桌面编程设备，可以在办公室进行组态和编程，其良好的系统性能、灵活的扩展能力和完善的功能使其成为所有自动化项目的理想办公工具。

采用普通计算机时，对操作系统的要求是请参考编程软件的说明手册等；另外，重要的是在计算机中安装通信卡，如 CP5611、CP5613、CP5614、CP5511 等，用于连接计算机与 S7 PLC。

CP5611 和 CP5613 都是安装在台式计算机中的通信卡，CP5611 无通信处理器，CP5613 和 CP5614 集成了通信处理器，因此 CP5613 和 CP5614 的通信速度要比 CP5611 快。CP5614 和 CP5613 比较，前者多了一个 PROFIBUS 接口，同时前者支持 DP 主站和从站模式，而后者只支持DP主站模式。

CP5511和CP5512是用于带有PCMCIA插槽的编程器和便携式计算机的，支持DP主站和从站，具备网络诊断功能。

此外，还可以使用PC适配器（PC Adapter），它一端连接计算机的RS-232口或USB口，一端连接PLC的MPI接口，没有网络诊断功能。

在通信卡代码中，5代表PCMCIA接口，6代表PCI总线，3代表有处理器。

如果需要在计算机上向EPROM中存储程序，则还需要一个外部编程设备。

## 1.4 编程软件

对于S7-300/400 PLC系统，采用STEP 7软件进行编程组态。它是西门子SIMATIC工业软件的组成之一。STEP 7提供了几种不同的版本以适应不同的应用，下面分别介绍：

1）STEP 7 Lite适用于S7-300和C7系列PLC、ET200X和ET200S系列分布式I/O的编程、组态软件包。

2）STEP 7 Basis适用于S7-300/400、M7-300/400和C7系列的编程、组态标准软件包。

3）STEP 7 Professional除包含标准软件包的组件外，还包括扩展软件包，如SCL、GRAPH和PLCSIM等。

4）STEP 7标准软件包可以通过可选软件包进行扩展，可选软件包包括的功能范围很广泛，按照其功能可分为以下三个软件类别：

- 工程工具（Engineering Tool）：指相对较高层次的编程语言以及面向工艺的软件。
- 运行版软件（Run-Time Software）：用于生产过程的集成了一些现成的功能的运行版软件。
- 人机接口（Human Machine Interface，HMI）：用于操作员控制和监视的软件。

### 1.4.1 工程工具

工程工具是面向任务的工具，主要包括供编程人员使用的高级语言（如S7-SCL、S7-GRAPH和S7-HiGraph等），供技术人员使用的图形语言CFC以及用于诊断、模拟、远程维护、设备文档制作等功能的扩展软件（如DOCPRO、HARDPRO、M7 ProC/C++、S7 PDIAG、S7 PLCSIM和Teleservice等），下面分别介绍：

- S7-SCL、S7-GRAPH、S7-HiGraph和CFC等高级语言和图形语言作为可选软件包，主要用于SIMATIC S7 PLC的编程。
- 在扩展软件中，Borland C++（只用于M7）包含了Borland开发环境。
- DOCPRO可以将用STEP 7生成的全部组态数据构造为接线手册，使得组态数据的管理更为容易。
- HARDPRO是S7-300硬件组态系统，它支持用户对复杂的自动化任务的大范围的组态。
- M7-ProC/C++（只用于M7），允许将编程语言C和C++的Borland开发环境集成到STEP 7的开发环境中。
- S7 PLCSIM（只用于S7）模拟S7可编程控制器连接到编程器或计算机，方便进行测试。

- S7 PDIAG（只用于 S7），可以标准化组态 SIMATIC S7-300/S7-400 过程诊断，可以检测可编程控制器之外的故障和故障状态（如未到达限位开关等）。
- TeleService 软件可以使用编程器或计算机，通过电话网对 S7 和 M7 可编程控制器作远程在线编程和服务。

### 1.4.2 运行版软件

运行版软件指可以由用户程序调用并执行的现成的解决方案，包括集成到 SIMATIC S7 控制器中的标准 PID 控制软件包、模块化 PID 控制软件包和模糊控制软件包、连接可编程控制器及 Windows 应用程序的工具 PRODAVE MPI 和 M7-DDE Server，以及 SIMATIC M7 的一个实时操作系统 M7-SYS RT。

标准 PID 控制软件包提供一种预编程且可以进行参数设置的控制器结构，即连续控制器、脉冲控制器及步进控制器标准系统功能块，它们可以理想地应用于温度、压力、流量或物位相关的中小型自动化任务。参数设置工具可以在很短的时间内将控制器设置为最优模式。

如果简单的 PID 控制器无法满足任务要求，则可以使用模块化 PID 控制软件包，它是一种具有 27 种标准功能块的模块化系统，可以针对 SIMATIC S7/C7 创建全方位的控制结构。可以提供的控制器类型有连续作用 PID 控制器、脉冲作用控制器和步进作用控制器。

当工业过程具有非线性或无法用数学模型来准确描述但具有过程运行的经验时，可以采用模糊控制软件包生成模糊逻辑系统。

连接 Windows 的工具有用于 SIMATIC S7、SIMATIC M7 和 SIMATIC C7 之间过程数据通信的工具箱 PRODAVE MPI。它通过多点接口（MPI）自行管理数据通信；使用 M7-DDE（动态数据交换）服务器，无需另外编程就可将 Windows 应用程序连接到 SIMATIC M7 的过程变量。

M7-SYS RT 包含 M7 RMOS 32 操作系统和系统程序，只有安装本实时操作系统，SIMATIC M7 软件包才可以使用 M7-ProC/C++和 CFC。

### 1.4.3 人机接口（HMI）

HMI 是专门用于 SIMATIC 中操作员控制和监视的软件。其中：

- SIMATIC WinCC 作为一个基本开放的过程监视系统，包括了所有重要的操作员控制和监视功能，可应用于任何工业系统。
- SIMATIC ProTOOL 和 SIMATIC ProTOOL/Lite 是用于组态操作员面板（OP）、触摸屏（TP）以及 SIMATIC C7 紧凑型设备的工具，现在已被 WinCC Flexible 取代。
- ProAgent 通过建立有关故障原因和位置的相关信息来实现对控制系统和设备的快速过程诊断。

### 1.4.4 TIA 博途软件

S7-1500 PLC 的编程采用一个全新的软件平台——TIA Portal (TIA 博途)。该平台基于西门子全集成自动化的概念，目前集成了 STEP 7、WinCC 和 Startdrive，将来还会集成更多软件，是适用于所有自动化任务的创新型工程设计框架。TIA 博途软件平台可以对控制器、

HMI 设备和驱动设备进行同步组态，并提供统一的操作方案。将所有面向未来的硬件组件集成到框架中，实现统一的数据保存，确保了整个项目中的数据稳定性。通过 TIA 博途软件平台对故障安全功能进行工程设计时，相同的编程组态环境能够节省时间，提高安全性。

需要指出的是，STEP 7 V13 可用于 S7-1200 PLC、S7-300/400 PLC 和 S7-1500 PLC 的组态编程；WinCC V13 包含了 WinCC flexible（HMI 的组态软件）和 WinCC（上位机组态软件）的全部功能；Startdrive V13 用于驱动设备的组态和监控。

对比本书讲述的 STEP 7 软件，TIA 博途软件使用的是多窗口标准化的界面，如图 1-23 所示。

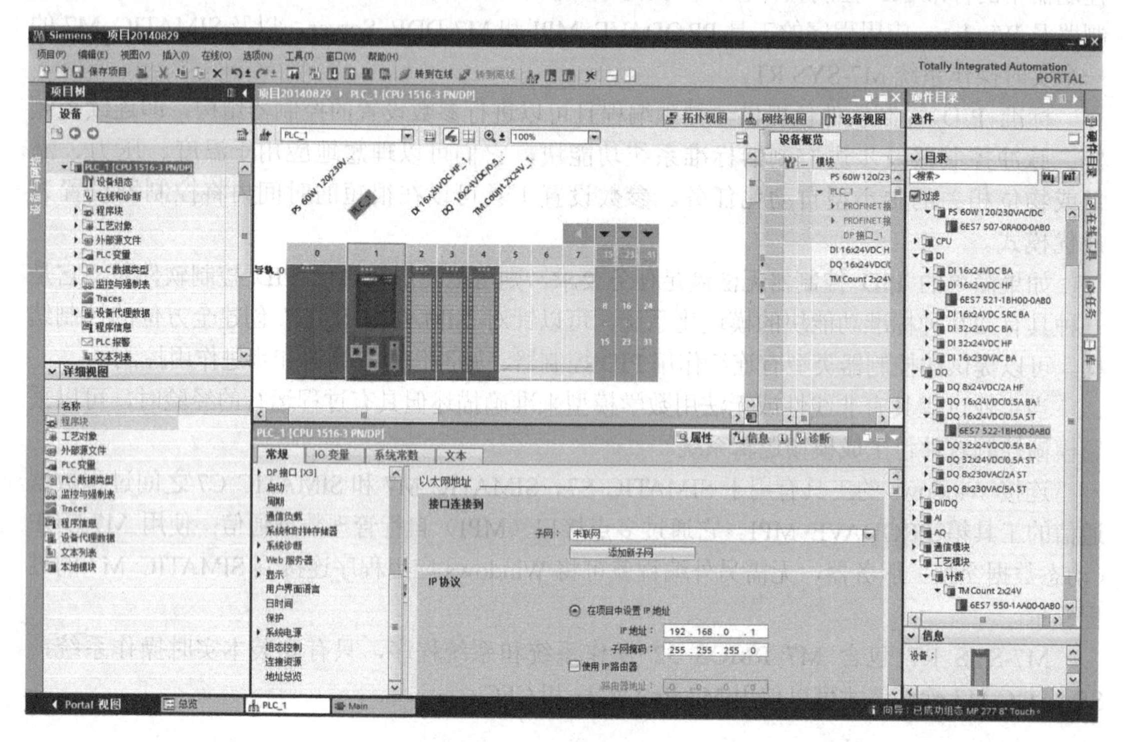


图 1-23　TIA 博途软件界面

TIA 博途软件界面的左边是项目树和详细视图，中间是工作区。工作区可以同时打开几个编辑器，但一般只能在工作区同时显示一个当前打开的编辑器。工作区的下面是巡视窗口，巡视窗口有属性、信息和诊断 3 个选项卡。界面的右边是任务卡，其功能与编辑器有关，可以通过任务卡进行进一步或附加操作，例如从指令列表、库或硬件目录中选择对象，搜索与替代项目中的对象，将预定义的对象拖放到工作区。最右边竖条上的按钮可以用来切换任务卡显示的内容。

TIA 博途软件具有统一风格的界面，可以使用拖曳功能，可以随意调节、关闭和打开某些窗口，以扩展工作区的面积。具备 STEP 7 软件应用基础的用户可以很容易入门和掌握 TIA 博途软件的使用方法。

TIA 博途软件中的 STEP 7 语言采用全符号编程，提高了程序的可读性和编译器的性能，缩短了程序的循环时间，增加了很多数据类型，所有的 IEC 语言支持 64 位数据类型，使编程语句更为精准。CALCULATE（计算）指令可以用很简单的方法实现复杂的数学运算过程。另外，可以下载 S7-1200 PLC 和 S7-1500 PLC 的程序注释。通过在线模块状态可以进行高效的调试和简单的编程错误查找，从而缩短停机时间，提高设备可用度。

## 1.5 授权文件

使用 STEP 7 软件需要安装授权，授权类似于一个“电子钥匙”，用来保护西门子公司和用户的权益，没有经过授权的软件是无法使用的。授权可以通过西门子公司授权管理软件在计算机本地硬盘和移动存储设备之间进行转移。

### 1.5.1 授权的分类

西门子软件授权分为授权（Authorzation）和许可证密钥（License Key）两种。早期的授权只能在最初的黄色和红色的软盘上保存和修复，并且只能在计算机的本地硬盘或网络驱动器上安装，而不能在 USB 存储器上安装。该授权只对一种特定版本的软件有效。一个授权许可证号有 10 位数字，软盘标签上有“ID：KYE”标识。可以使用授权管理软件 AuthorsW 或 Automation License Manager 进行管理。

许可证密钥是西门子公司启用的新授权。它不能在提供密钥的软盘上恢复，只能在其实际所在的 PC/PG 上修复。许可证密钥对相同软件的早期版本也是有效的。一个许可证密钥的许可证号有 20 位数字。可以使用 Automation License Manager 进行管理，不能使用 AuthorsW。许可证密钥的存储介质包括软盘和 U 盘。

区别授权和许可证密钥的最佳方法是许可证号的长度。在 Automation License Manager 中可以查看许可证号。一个授权许可证号有 10 位数字，而一个许可证密钥的许可证号为 20 位数字。

授权分为标准授权和紧急授权两种。标准授权的使用时间无限制，可以在硬盘或网络驱动器上安装，不能在 USB 存储器上安装，保存在黄色或红色的软盘上；紧急授权使用时间限制为 14 天，从首次启动相应软件开始计时，当标准授权损坏并修复期间，可以使用紧急授权代替。

许可证密钥有几种类型，具体见表 1-11，可以根据实际应用要求进行选择，不同类型的许可证使软件具有不同的实际性能。

表 1-11 许可证类型

| 授权类型 | 说明 |
|---|---|
| 单用户许可证（Single License） | 软件只能在单独的计算机上使用，使用时间不限，可以保存在 USB 存储器上，不能通过网络传输使用 |
| 浮动许可证（Floating License） | 软件可以在一个计算机网络共享使用（远程使用），使用时间和次数不限，但是同一时刻只能在一台计算机上使用 |
| 试验许可证（Trial License） | 从第一次使用后的全部运行天数最多为 14 天，主要用于测试使用，试验许可证不能恢复或移动 |
| 租赁许可证（Rental License） | 允许使用 50h，从软件启动时开始计时，停止该软件时停止计时，适合偶尔使用相关软件的情况 |
| 升级许可证（Upgrade License） | 可以使用升级授权将老版本的软件升级为新版本的软件，相比重新购买费用较低 |
| POWERPACK 许可证 | 该许可证的功能根据具体情况而定 |
| Unlock Copy License | 去除了许可证数量的限制，可在多台计算机上多次安装，目前国内不订货 |

## 1.5.2 使用授权和许可证密钥

旧版的西门子授权管理软件为 AuthorW，最新版西门子授权管理软件为 Automation License Manager 5.3，如图 1-24 所示。

在 SIMATIC 软件的安装过程中，安装程序会提示安装授权，可以选择立即安装，此时插入授权软盘按照提示操作即可；也可以选择跳过以后再安装授权。

SIMATIC 软件安装后，打开 Automation License Manager 软件，在左侧目录中选择希望传输的授权所在的盘符，在右侧的窗口中选择希望传输的授权，单击鼠标右键选择“Transfer（传输）”，打开传输授权对话框，选择希望的盘符即将授权传送到选择的盘符中。

图 1-24 所示的授权管理软件中，右侧窗口的“Status（状态）”栏中的图标表示该授权正在被使用。

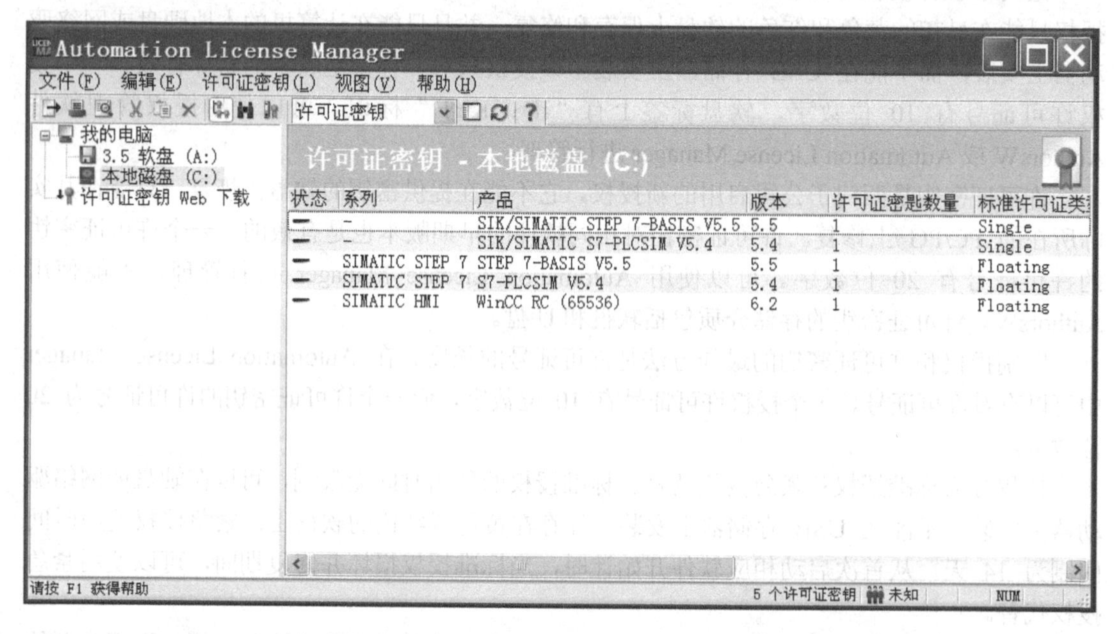


图 1-24　Automation License Manager 5.1 授权管理软件

在 Automation License Manager 5.1 中可以对授权和许可证进行传输、升级、网络传输、网络共享、离线传输等操作。

为避免丢失授权和许可证密钥，需要注意以下事项：

1）在格式化、压缩或恢复驱动器、安装新的操作系统之前，将硬盘上的授权转移至软盘或其他盘中。

2）当卸载、安装、移动或升级密钥时，应先关闭任务栏可见的所有后台程序，如防病毒程序、磁盘碎片整理程序、磁盘检查程序、硬盘分区以及压缩和恢复等。

3）使用优化软件优化系统或加载硬盘备份前，应保存授权和许可证密钥。

4）授权和许可证密钥文件保存在隐藏目录“AX NF ZZ”中。

## 1.6 设置 PG/PC 接口

要使编程计算机与 S7-200/300/400 PLC 进行通信，不仅需要实际的物理连接，还需要通过“控制面板”中的“Setting PG/PC Interface（设置 PG/PC 接口）”对话框对通信参数进行设置，如图 1-25 所示。

图 1-25a 中，“应用程序访问点”项显示选择的编程软件及通信接口和协议，如“S7ONLINE（STEP 7）→PC Adapter（MPI）”表示 S7-300/400 PLC 的编程软件 STEP 7 通过 PC Adapter 以 MPI 协议与 S7-300/400 PLC 进行通信，若要修改为其他的通信接口或协议，则在“为使用的接口分配参数”列表框中选择希望的通信设备和协议，如图 1-25b 所示；单击“属性”按钮打开选择的通信设备和协议的属性对话框，可以设置相应的通信参数，注意选择正确的连接端口。

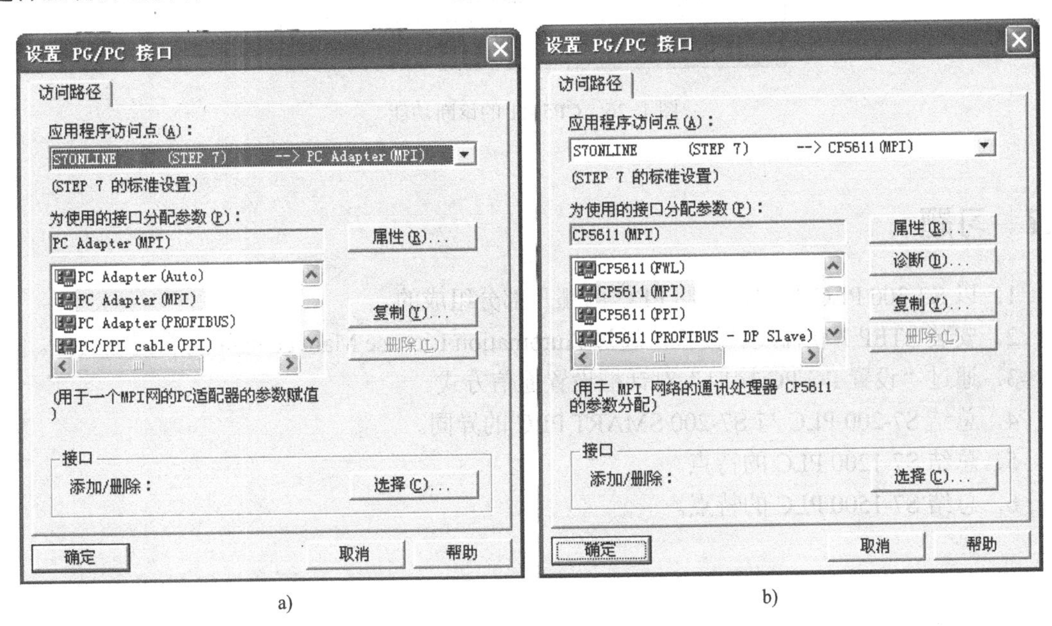


图 1-25 “设置 PG/PC 接口”对话框

若编程计算机要与 S7-200 PLC 通信，则应在“应用程序访问点”中选择“Micro/Win”软件，并在“为使用的接口分配参数”列表框中选择希望的通信方式，如“PC/PPI cable（PPI）”等。

图 1-26b 显示的是通过即插即用型通信卡 CP5611 与 PLC 进行通信时的设置。需要注意的是，CP5611 支持诊断功能，即当选择通信设备为 CP5611 时，可以单击“设置 PG/PC 接口”对话框右侧的“诊断”按钮打开“诊断”对话框，如图 1-26 所示，单击“读取”按钮可以读取当前连接到网络上的站地址，其中“0”为编程计算机的站地址，“2”为 S7 PLC 站地址，“3”为从站地址。

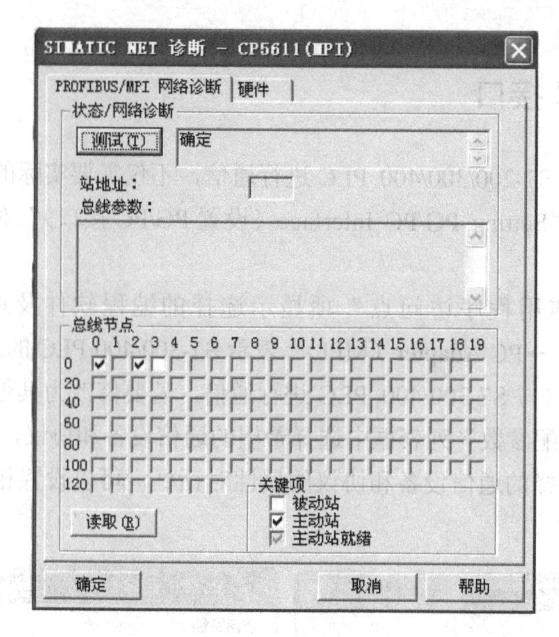


图 1-26　CP5611 的诊断功能

## 1.7　习题

1．以 S7-300 PLC 为例，说明 PLC 由哪几部分组成的。
2．安装 STEP 7 软件及其授权，通过 Automation License Management 查看授权文件。
3．通过“设置 PG/PC 接口”对话框设置通信方式。
4．总结 S7-200 PLC 与 S7-200 SMART PLC 的异同。
5．总结 S7-1200 PLC 的特点。
6．总结 S7-1500 PLC 的特点。

# 第2章 硬件安装与维护

## 2.1 S7-300 PLC 的硬件组成

S7-300 PLC 是模块化的 PLC，其组成部件见表 2-1。其中，铝质导轨可用来固定和安装电源、CPU、接口模块和最多 8 个信号模板。

表 2-1 S7-300 PLC 的组成部件

| 部 件 | 功 能 |
| --- | --- |
| 导轨 | S7-300 PLC 的机架 |
| 电源（PS） | 将电网电压 120V/220V 变换为 S7-300 PLC 所需的 DC 24V 工作电压 |
| 中央处理单元（CPU） | 执行用户程序，附件包括存储器模块和后备电池 |
| 接口模块（IM） | 连接两个机架的总线 |
| 信号模块（SM） | 把不同的过程信号与 S7-300 PLC 相匹配，附件包括总线连接器和前连接器 |
| 功能模块（FM） | 完成高速计数、定位、称重和闭环控制等功能 |
| 通信处理器（CP） | PLC 之间、PLC 与计算机和其他智能设备之间的通信 |
| 其他附件 | 包括电缆、软件、接口模块等 |

S7-300 PLC 电源的输出是 DC 24V，有 2A、5A 和 10A 三种型号。输出电压是隔离的，且具有短路保护。电源模块上有一个 LED 指示灯用来指示电源是否正常工作，当输出电压过载时，LED 指示灯闪烁。使用时需根据不同的供电电压（120V 或 230V）拨动电源模块上的选择开关。

### 2.1.1 S7-300 PLC 的 CPU 模块

S7-300 PLC 有各种型号的 CPU 适用于不同等级的控制要求。CPU 内的元件封装在一个牢固而紧凑的塑料机壳内，面板上有状态和故障 LED 指示灯、模式选择开关和通信接口。旧式 CPU 还有后备电池盒，存储器插槽可以插入 Flash EPROM 微存储卡（简称 MMC），用于掉电后程序和数据的保存。

图 2-1 所示为 CPU 314 和 CPU 315-2 DP 的面板。可以看出，不同类型的 CPU 其面板是有一定差异的。

CPU 的模式选择开关用来确定 CPU 的工作模式。S7-300 PLC 有 4 种工作模式，具体见表 2-2。

CPU 的模式选择开关是一种钥匙开关，使用时需要插入钥匙。钥匙开关各位置的意义如下：

1）RUN-P（编程状态下的运行）位置。CPU 不仅执行用户程序，在运行时还可以通过编程软件读出和修改用户程序以及改变运行方式。在此位置不能拔出钥匙开关。

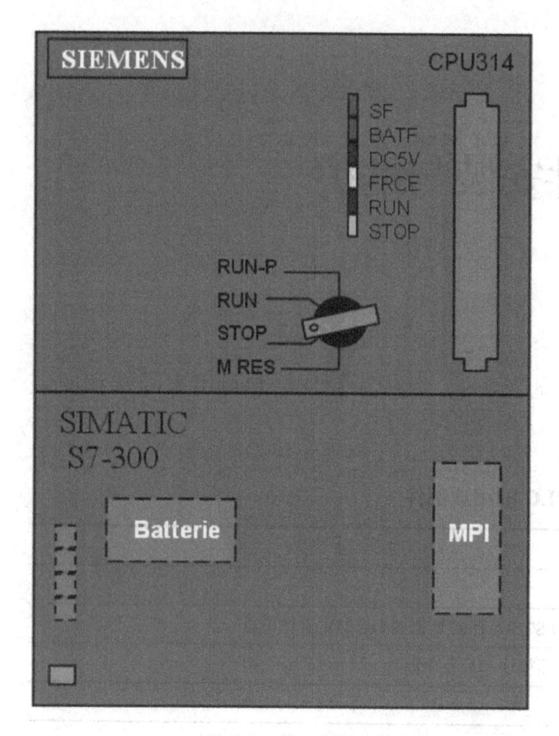

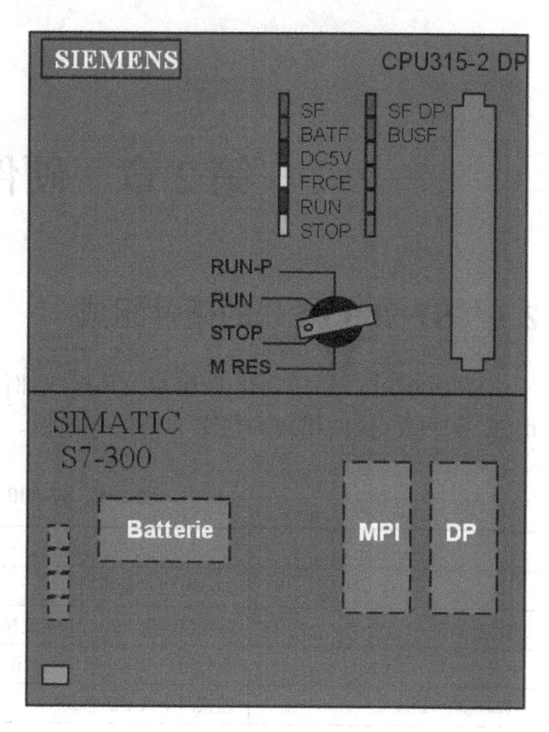


图 2-1　CPU 面板

**表 2-2　S7-300 PLC 的工作模式**

| 模　　式 | 说　　明 |
|---|---|
| STOP（停止） | CPU 模块通电后自动进入 STOP 模式，该模式不执行用户程序，可以接收全局数据和检查系统 |
| STARTUP（启动） | 如果模式选择开关在 RUN 或 RUN-P 位置，通电时自动进入启动模式 |
| RUN（运行） | 执行用户程序，刷新输入和输出，处理中断和故障信息服务 |
| HOLD（保持） | 在启动和运行模式执行程序时遇到调试用的断点，用户程序的执行被挂起（暂停），定时器被冻结 |

2）RUN（运行）位置。CPU 执行用户程序，可以通过编程软件读出用户程序，但是不能修改用户程序，在这个位置可以取出钥匙开关。

3）STOP（停止）位置。不执行用户程序，通过编程软件可以读出和修改用户程序，在这个位置可以取出钥匙开关。

4）MRES（复位存储器）位置。MRES 位置不能保持。将钥匙开关从 STOP 状态转到 MRES 位置，可复位存储器，使 CPU 回到初始状态。工作存储器、RAM 装载存储器中的用户程序和地址区被清除，全部存储器位、定时器、计数器和数据块均被删除，即复位为零，包括有保持功能的数据。CPU 检测硬件、初始化硬件和系统程序的参数，系统参数、CPU 和模块的参数被恢复为默认设置，MPI 参数被保留。如果有 MMC 卡，CPU 在复位后将它里面的用户程序和系统参数复制到工作存储区。

复位存储器（MRES）的操作步骤：将模式选择开关拨到 MRES 并保持，直到 STOP 指示灯第二次亮起并持续点亮，再释放模式选择开关；在 3s 内，将模式选择开关拨回 MRES，STOP 指示灯开始快速闪烁，CPU 存储器被复位，这时可松开模式选择开关。当

STOP 指示灯再次恢复常亮时，CPU 存储器复位完成。

存储器卡被取掉或插入时，CPU 发出系统复位请求，STOP 指示灯以 0.5Hz 的频率闪动。此时应将模式选择开关扳到 MRES 位置，执行复位操作。

CPU 模块面板上的 LED（发光二极管）的含义见表 2-3。

**表 2-3 CPU 模块面板上的 LED 含义**

| LED | 颜 色 | 含 义 |
| --- | --- | --- |
| SF | 红色 | CPU 硬件故障或软件错误 |
| BATF | 红色 | 电池电压低或没有电池 |
| DC5V | 绿色 | CPU 和 S7-300 总线的 5 V 电源正常 |
| FRCE | 黄色 | 至少有一个 I/O 被强制 |
| RUN | 绿色 | CPU 处于 RUN 状态 |
| STOP | 黄色 | CPU 处于 STOP、HOLD 状态或重新启动 |
| BUSF | 红色 | PROFIBUS-DP 接口硬件或软件故障 |
| SF DP | 红色 | DP 接口错误 |

S7-300 CPU 上的 MMC 用于在断电时保存用户程序和某些数据，可用来扩展 CPU 的存储器容量。目前新型的 S7-300 CPU，包括紧凑型 CPU 和由标准型更新的新型 CPU，都必须使用 MMC 卡作为装载存储器保存用户数据。而 2002 年以前的含有内置 RAM 装载存储器的老式 S7-300 CPU 可以通过 FEPROM 卡来扩充装载存储器。MMC 卡需要根据用户程序的大小单独订货。

MMC 卡严禁带电插拔，以免烧坏。读写以及格式化 MMC 卡需要通过西门子公司的 PG 或西门子公司专有的读卡器进行操作。

对于新型免维护 S7-300 PLC，使用模式选择开关 MRES 无法删除 MMC 卡中的数据，只能删除工作存储器中的内容，并复位所有的 M、T、C 及 DB 块中的实际值。

所有的 CPU 模块都有一个 MPI（多点接口），用于实现 PLC 与其他西门子公司 PLC、PG/PC（编程/计算机）、OP（操作员接口）的通信。此外，根据型号的不同，S7-300 CPU 上还有 PROFIBUS-DP 接口或 PtP 接口或 PROFINET 接口。

电池盒用于安装锂电池，以保证断电时实时时钟的正常运行，并可以在 RAM 中保存用户程序和更多的数据，保存的时间为 1 年。新型的 CPU 是免维护的，用户程序保存在 MMC 卡中，不需要电池。

电源模块上的 L+和 M 端子分别是 DC 24V 输出电压的正极和负极，用专用的电源连接器或导线连接电源模块和 CPU 模块的 L+和 M 端子。

## 2.1.2 S7-300 PLC 的信号模块

信号模块（SM）是 S7-300/400 CPU 中输入/输出模块的总称，它们使不同的过程信号电压或电流与 PLC 内部的信号电平匹配。信号模块主要有数字量输入模块 SM321、数字量输出模块 SM322 和数字量输入/输出模块 SM323，模拟量输入模块 SM331、模拟量输出模块 SM332 和模拟量输入/输出模块 SM334 和 SM335 等。模拟量输入模块可以输入热电阻、热电偶、DC 4～20mA 和 DC 0～10V 等多种不同类型和不同量程的模拟量信号。每个模块需要一个背板总线连接器用于连接这些模块，现场的过程信号连接到前连接器的端子上。

**1. 数字量模块**

（1）数字量输入模块

数字量输入模块 SM321 用于采集现场过程的数字信号电平（直流信号或交流信号），并把它转换为 PLC 内部的信号电平。一般数字量输入模块连接外部的机械触点和电子数字式传感器。数字量模块的输入/输出电缆最大长度为 1000m（屏蔽电缆）或 600m（非屏蔽电缆）。

用于采集直流信号的模块称为直流输入模块，其名称含有 DC V，额定输入电压为 DC 24V；用于采集交流信号的模块称为交流输入模块，其名称含有 AC V，额定输入电压为 AC 120V 或 AC 230V。以数字量输入模块“SM321 DI16×DC24V”为例，它包含有 16 路额定输入电压为直流 24V 的数字量输入。如果信号线不是很长，PLC 所处的物理环境较好，电磁干扰较轻，则应考虑优先选用 DC 24V 的直流输入模块。交流输入方式适合在有油雾、粉尘的恶劣环境下使用。

数字量输入模块 SM321 有 4 种型号的模块可供选择，分别是 DC16 点输入、DC32 点输入、AC16 点输入、AC8 点输入模块。

数字量输入模块与电源、CPU 等安装在导轨上后，需要通过接线为其供电。模块上每个输入点的状态通过 SM321 模块上对应的发光二极管进行显示。数字量输入模块接线示意图如图 2-2 所示。

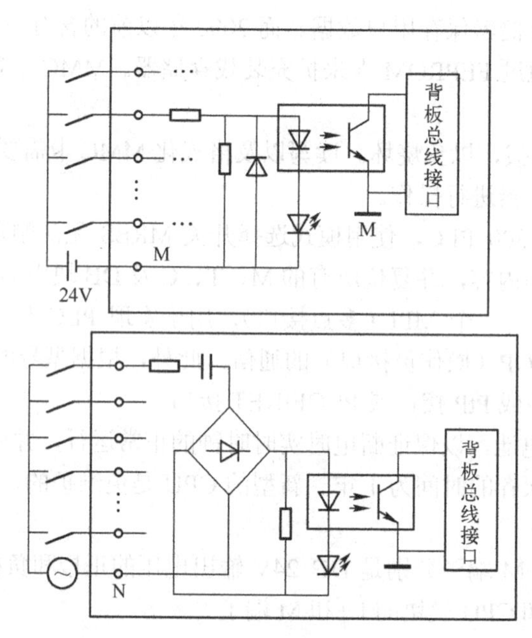


图 2-2　数字量输入模块接线示意图

（2）数字量输出模块

数字量输出模块 SM322 将 PLC 内部信号电平转换成外部过程所需的信号电平，同时具有隔离和功率放大的作用。数字量输出模块能连接继电器、电磁阀、接触器、小功率电动机、指示灯和电动机软启动器等负载。

按负载回路使用的电源不同，数字量输出模块可以分为直流输出模块、交流输出模块和交直流两用输出模块。按输出开关器件的种类不同，又可分为晶体管输出方式、晶闸管输出方式和继电器触点输出方式。晶体管输出方式的模块只能带直流负载，属于直流输出模块；晶闸管输出方式的模块属于交流输出模块；继电器触点输出方式的模块属于交直流两用输出模块。从响应速度上看，晶体管响应最快，继电器响应最慢；从安全隔离效果及应用灵活性角度看，继电器输出型的性能是最好的。

以数字量输出模块“SM322 DO32×DC 24V/0.5A”为例，它含有 32 个直流输出点，最大输出电流为 0.5A，8 点为一组，具有组隔离功能，适用于电磁阀、直流接触器和指示灯。

一般情况下采用继电器型的数字量输出模块，其额定负载电压范围较宽，输出直流最小是 DC 24V，最大可达 DC 120V；输出交流的范围是 AC 48～230V。

使用数字量输出模块需要接线为其供电，模块上每个输出点的状态通过其上对应的发光二极管进行显示。数字量输出模块接线示意图如图 2-3 所示。

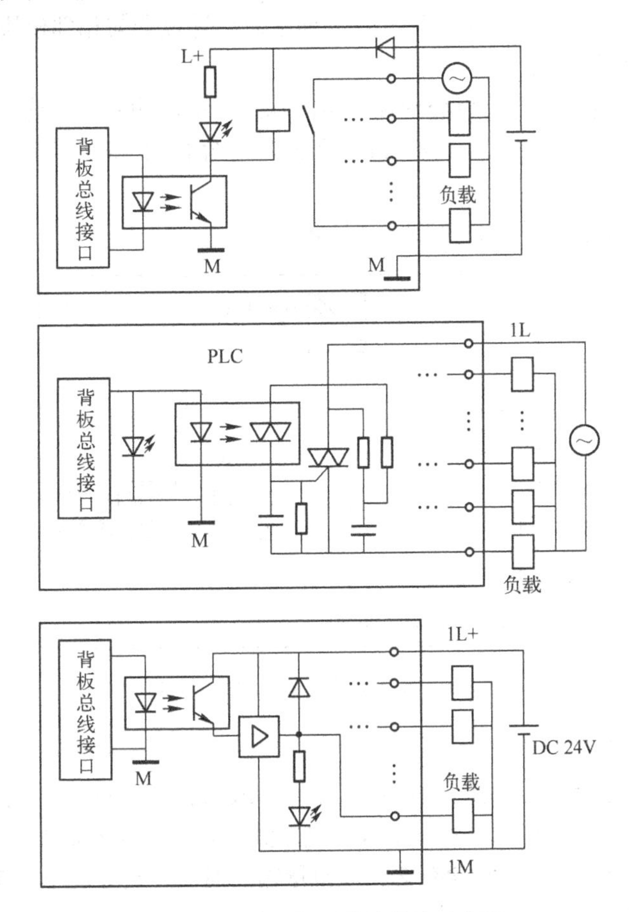


图 2-3　数字量输出模块接线示意图

（3）数字量输入/输出模块

数字量输入/输出模块 SM 323 上兼有数字量输入和输出通道，其额定的输入电压和负载电压都是 DC 24V，不能用于交流场合。以“SM323 DI16/DO16×DC 24V/0.5A”为例，它含有 16 路数字量输入和 16 路数字量输出通道。

**2．模拟量模块**

（1）模拟量输入模块

生产过程中大量连续变化的模拟量信号需要由 PLC 采集处理，包括如温度、压力、流量、液位、成分（例如气体中的含氧量）和频率等非电量，如发电机组的电流、电压、有功功率、无功功率、功率因数等强电量，需要通过变送器将传感器提供的电量或非电量信号转换为标准的直流电流或电压信号，如 DC 0～10V 或 DC 4～20mA 等。

模拟量输入模块 SM331 用于将模拟量信号转换为 CPU 内部处理用的数字信号，其主要组成部分是 ADC（模-数转换器）。模拟量输入模块的输入信号一般是模拟量变送器输出的标准直流电压、电流信号。SM331 也可以直接连接温度传感器（热电偶或热电阻），省去温度变送器，节约了硬件成本，控制系统的结构也更加紧凑。

模拟量输入模块塑料机壳面板上的指示灯用于显示故障和错误，打开前门是前连接器，前面板上有标签。模块安装在标准导轨上，并通过总线连接器与相邻模块连接，输入通道的地址由模块所在的位置决定。

SM331 模块中的各个通道可以分别使用电流输入或电压输入，并选用不同的量程，有多种分辨率可供选择。以“SM331 AI2×12bit”为例，它含有 2 路模拟量输入通道，其分辨率为 12 位。

模拟量输入模块的接线示意图如图 2-4 所示。

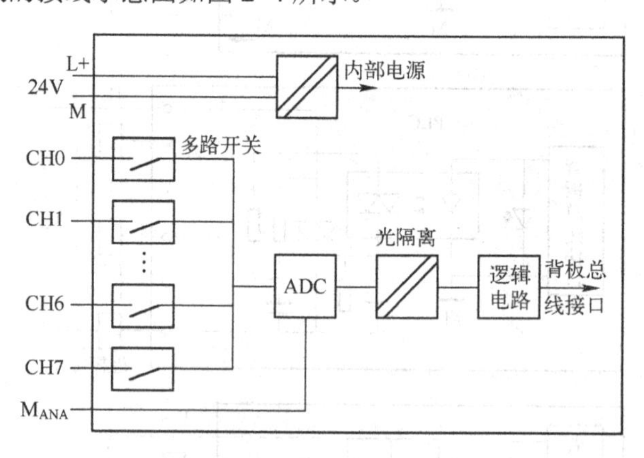


图 2-4　模拟量输入模块接线示意图

（2）模拟量输出模块

S7-300 PLC 的模拟量输出模块 SM332 用于将 CPU 送给它的数字信号转换为成比例的电流信号或电压信号，对执行机构进行调节或控制，其主要组成部分是 DAC（数-模转换器）。以“SM332 AO2×12bit”为例，它含有 2 路模拟量输出通道，其分辨率为 12 位。

SM332 的各种模拟量输出模块均有诊断中断功能，用指示灯显示组故障，可以读取诊断信息。额定负载电压均为 DC 24V。模块与背板总线有光隔离，使用屏蔽电缆时最大距离为 200m。模块具有短路保护，最大短路电流为 25mA，最大开路电压为 18V。

模拟量输出模块为负载和执行器提供电流和电压，模拟信号应使用屏蔽电缆或双绞线电缆传送。

模拟量输出模块的接线示意图如图 2-5 所示。

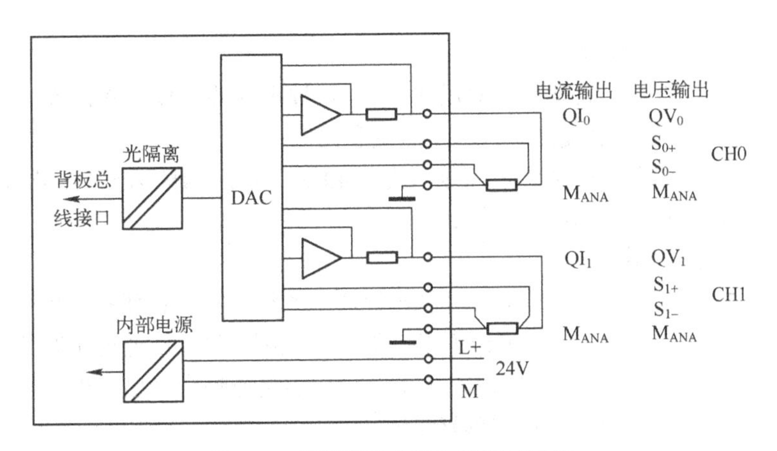


图 2-5 模拟量输出模块接线示意图

（3）模拟量输入/输出模块

模拟量输入/输出模块 SM334 和 SM335 兼有模拟量输入和输出通道。以快速模拟量输入/输出模块“SM335 AI4/AO4×14bit/12bit”为例，它含有 4 路模拟量输入和 4 路模拟量输出通道，其分辨率分别为 14 位和 12 位。

关于模拟量模块的详细内容将在第 10 章进行介绍。

**3．数字量仿真模块 SM374**

仿真模块 SM374 常用于调试程序和实验中，直接用模块上的开关模拟数字量输入/输出信号，同时用指示灯显示输入/输出的状态。SM374 模块上有 16 个点，可以工作在 4 种模式下：16 点输入、16 点输出、8 点输入和 8 点输出。通过旋转模块上功能设置开关的位置实现工作模式的选择。

需要注意的是，在 STEP 7 软件的硬件组态中，没有直接给出模块 SM374 的型号和订货号，所以需要根据模块的工作模式选择其组态。如将 SM374 设置为 8 点输入和 8 点输出，则选择一个 8 点输入、8 点输出的数字量模块订货号（如 6ES7 323-1BH00-0AA0）即可。

### 2.1.3 S7-300 PLC 的其他模块

除了 I/O 模块，S7-300 PLC 还有用于各种实时性和存储容量要求较高控制任务的功能模块，如计数器模块、位置控制模块、闭环控制模块、称重模块等。

**1．计数器模块**

计数器均为 0～32 位或 31 位加减计数器，可以判断脉冲的方向，模块给编码器供电。有比较功能，达到比较值时，通过集成的数字量输出响应信号或通过背板总线向 CPU 发出中断。可以 2 倍频和 4 倍频计数，4 倍频是指在两个互差 90° 的 A、B 相信号的上升沿、下降沿都计数。通过集成的数字量输入直接接收启动、停止计数器等数字量信号。

（1）FM 350-1 计数器模块

FM 350-1 是智能化的单通道计数器模块，可以检测最高达 500kHz 的脉冲，有连续计数、单向计数、循环计数 3 种工作模式。有 3 种特殊功能：设定计数器、门计数器和用门功能控制计数器的启/停。达到基准值、过零点和超限时可以产生中断。有 3 个数字量输入和 2 个数字量输出。

（2）FM 350-2 计数器模块

FM 350-2 是 8 通道智能型计数器模块，有 7 种不同的工作方式：连续计数、单次计数、周期计数、频率测量、速度测量、周期测量和比例运算。

对于 24V 增量编码器，计数的最高频率为 10kHz，对于 24V 方向传感器、24V 启动器和 NAMUR 编码器，计数的最高频率为 20kHz。

（3）CM35 计数器模块

CM35 是 8 通道智能计数器模块，可以执行通用的计数和测量任务，也可以用于最多 4 轴的简单定位控制。CM35 有 4 种工作方式：加计数或减计数、8 通道定时器、8 通道周期测量和 4 轴简易定位。8 个数字量输出点用于对模块的高速响应输出，也可以由用户程序指定输出功能，计数频率每通道最高为 10kHz。

**2．位置控制与位置检测模块**

（1）FM 351 快速/慢速进给驱动位置控制模块

FM 351 双通道定位模块用于控制对动态调节特性要求高的轴的定位，该模块用于控制变极调速电动机或变频器。FM 351 是双通道定位模块，可以控制两个相互独立的轴的定位。

（2）FM 352 高速电子凸轮控制器

FM 352 高速电子凸轮控制器是机械式凸轮控制器的低成本替代产品，它有 32 个凸轮轨迹，13 个集成的数字输出端用于动作的直接输出，采用增量式编码器或绝对式编码器。

FM 352 用编码器检测位置，通过集成的输出端触发控制指令。S7-300 CPU 用于顺序控制、凸轮处理的启动和停止、凸轮参数的传输和凸轮轨迹分析。凸轮个数可以设置为 32 个、64 个和 128 个。凸轮可以被定义为位置凸轮或时间凸轮，可以改变凸轮的方向，为每个凸轮提供动态补偿。FM 352 具有下列特殊功能：长度测量、设定基准点和实际值、零点补偿、改变凸轮的轨迹，可以进行仿真。

（3）FM 352 高速布尔处理器

FM 352 高速布尔处理器用于高速地进行布尔控制（即数字量控制），集成了 12 点数字量输入和 8 点数字量输出。指令集包括位指令、定时器、计数器、分频器、频率发生器和移位寄存器指令。一个通道用于连接 24V 增量式编码器，一个 RS-422 串口用于连接增量式或绝对式编码器。

（4）FM 353 步进电动机定位模块

FM 353 是在高速机械设备中使用的步进电动机定位模块。它可以满足从简单的点到点定位，到对响应、精度和速度有极高要求的复杂运动模式。它将脉冲传送到步进电动机的功率驱动器，通过脉冲数量控制移动距离，用脉冲的频率控制移动速度。

FM 353 有使用按钮的点动模式和增量模式，有手动数据输入功能，自动/单段控制用于运行复杂的定位路径。FM 353 具有下列特殊功能：长度测量、变化率限制、运行中设置实际值、通过高速输入使定位运动启动或停止。

（5）FM 354 伺服电动机定位模块

FM 354 是在高速机械设备中使用的伺服电动机的智能定位模块，用于从点到点定位任务到对响应、精度和速度要求极高的复杂运动方式。它用模拟驱动接口（−10～10V）控制驱动器，利用编码器检测的轴位置来修正输出电压。FM 354 与 FM 353 的工作模式和定位功能相同。

建议时钟脉冲频率高、对动态调节特性要求高的定位系统选用 FM 353 步进电动机定位模块；而对动态性能和精度都要求高的定位系统，最好使用 FM 354 伺服电动机定位模块。

（6）FM 357-2 定位和连续路径控制模块

FM357-2 模块用于从独立的单独定位轴控制到最多 4 轴直线、圆弧插补连续路径控制，可以控制步进电动机或伺服电动机。4 个测量回路用于连接伺服轴、步进驱动器或外部主轴。

模块可以通过联动运动或曲线图表（电子曲线盘）进行轴同步，也可以通过外部主信号实现。模块采用编程或软件加速的运动控制和可转换的坐标系统，有高速再启动的特殊急停程序。模块有点动、增量进给、参考点、手动数据输入、自动、自动单段等工作方式。

FM 357 可以用于最多 4 个插补轴的协同定位，既能用于伺服电动机也能用于步进电动机。

此外，FM STEPDRIVE 步进电动机功率驱动器可与 FM 353、FM 357-2 定位模块配套使用，用来控制 5～600W 的步进电动机。

在定位控制系统中，定位模块控制步进电动机或伺服电动机的功率驱动器，CPU 模块用于顺序控制和启动、停止定位操作，通过 STEP 7 对定位模块进行参数设置，并建立运动程序，设置的数据存储在定位模块中。操作面板在运行时用来实现人机接口和故障诊断功能。CPU 或组态软件选择目标位置或移动速度，定位模块完成定位任务，用模块集成的数字量输出点来控制快速进给、慢速进给和运动方向等。根据与目标的距离，确定慢速进给或快速进给，定位完成后给 CPU 发出一个信号。定位模块的定位功能独立于用户程序。

**3．闭环控制模块**

（1）FM 355 闭环控制模块

FM 355 有 4 个闭环控制通道，用于压力、流量、液位等控制，有自优化温度控制算法和 PID 算法。FM 355C 是有 4 个模拟量输出的连续控制器，FM 355S 是有 8 个数字输出点的步进或脉冲控制器。CPU 停机或出现故障后 FM 355 仍能继续运行，控制程序存储在模块中。

FM 355 的 4 个模拟量输入用于采集模拟量数值和前馈控制，附加的一个模拟量输入用于热电偶的温度补偿。模块可以使用不同的传感器，例如热电偶、Pt100 热电阻、电压传感器和电流传感器。FM 355 有 4 个单独的闭环控制通道，可以实现定值控制、串级控制、比例控制和 3 分量控制，几个控制器可以集成到一个系统中使用。模块有自动、手动、安全、跟随、后备这几种操作方式，12 位分辨率时的采样时间为 20～100ms，14 位分辨率时为 100～500ms。

自优化温度控制算法存储在模块中，当设定点变化大于 12%时自动启动自优化；可以使用组态软件包对 PID 控制算法进行优化。

CPU 有故障或 CPU 停止运行时控制器可以独立地继续控制。为此在“后备方式”功能中，设置了可调的安全设定点或安全调节变量。

可以读取和修改模糊温度控制器的所有参数或在线修改其他参数。

（2）FM 355-2 闭环控制模块

FM 355-2 是适用于温度闭环控制的 4 通道闭环控制模块，可以方便地实现在线自优化温度控制，包括加热、冷却控制，以及加热、冷却的组合控制。FM 355-2C 是有 4 个模拟量输出的连续控制器，FM 355-2S 是有 8 个数字输出的步进或脉冲控制器。CPU 停机或出现故障后 FM 355 仍能继续运行。

**4．称重模块**

（1）SIWAREX U 称重模块

SIWAREX U 是紧凑型电子称，用于化学工业和食品工业等行业测定料仓和储斗的料位，对起重机载荷进行监控，对传送带载荷进行测量或对工业提升机、轧机超载进行安全防护等。可以作为功能模块集成到 S7-300 PLC 中，也可以通过 ET200M 连接到 S7 系列 PLC。

SIWAREX U 有下列功能：衡器的校准、重量值的数字滤波、重量测定、衡器置零、极限值监控和模块的功能监视，以及有多种诊断功能。

SIWAREX U 有单通道和双通道两种型号，分别连接一台或两台平衡器。SIWAREX U 有两个串行接口，RS-232C 接口用于连接设置参数用的计算机，TTY 接口用于连接最多四台数字式远程显示器。模块的参数可以用组态软件 SIWATOOL 设置并保存。

（2）SIWAREX M 称重模块

SIWAREX M 是有校验能力的电子称重和配料单元。可以用它组成多料秤称重系统。SIWAREX M 可以准确无误地关闭配料阀，达到最佳的配料精度。它可作为功能模块集成到 S7-300 PLC，也可以通过 ET200M 连接到 S7 系列 PLC。

SIWAREX M 有下列功能：置零和称皮重、自动零点追踪、设置极限值（Min/Max/空值/过满）、操纵配料阀（粗/精配料）、称重静止报告和配料误差监视。

SIWAREX M 可以安装在易爆区域，可选的 Ex-I 接口保证对称重传感器的馈电符合本征安全条件。SIWAREX M 还可以作为独立于 PLC 的现场仪器使用。它有一个称重传感器通道，3 个数字输入和 4 个数字输出用于选择称重功能，1 个模拟量输出用于连接模拟显示器或在线记录仪等。RS-232C 串行接口用于连接计算机或打印机，TTY 串行接口用于连接有校验能力的数字远程显示器或主机。

## 2.2　S7-300 PLC 的安装和维护

### 2.2.1　S7-300 PLC 的硬件安装

S7-300 PLC 允许的安装位置包括水平安装和垂直安装两种。水平安装时，电源模块在最左侧，向右依次为 CPU、接口模块和其他模块等；垂直安装时，电源模块在最下端，向上依次为 CPU、接口模块和其他模块。建议选用水平安装。

PLC 控制柜的温度限制在不同的安装位置是不同的。水平安装的允许温度为 0～60℃，垂直安装为 0～40℃。

导轨是 S7-300 PLC 的机械安装铝质机架。通过 M6 螺钉将导轨固定在墙上或机柜中，所有模块均直接用螺钉紧固在导轨上。注意：要通过导轨上的保护地螺钉将导轨接地。

在安装导轨时，其周围应留有足够的空间，用于散热和安装其他元器件和模块。尤其在系统中有扩展机架时，更应注意其每个机架的位置安排。

从 CPU 开始，每个模块都带有一个总线连接器。安装前把总线连接器插入模板之中，按顺序把模板挂到导轨上，最后一个模板不需要总线连接器。

将前连接器插入信号模板可连接现场信号。在模板和前连接器之间是一个机械编码器，可以避免以后把前连接器混淆。

### 2.2.2 S7-300 PLC 的硬件接线

**1. 电源模块的连接**

电源模块为系统提供了稳定的 DC 24V 电压。将交流电接入到电源模块上的“L1、N、接地”三个端子上，再将通过两个端子“L+”和“M”输出的 DC 24V 电源线引出，为其他模块供电。

电源模块和 CPU 的接线步骤如下：

1）打开电源模块和 CPU 模块面板上的前盖。

2）松开电源模块上接线端子的夹紧螺钉。

3）将进线电缆连接到端子上，并注意绝缘。

4）上紧接线端子的夹紧螺钉。

5）用连接器将电源模块与 CPU 模块连接起来并上紧螺钉。

6）关上前盖。

7）检查进线电压的选择开关把槽号插入前盖。

**2. 信号模块的接线**

前连接器用于将系统中的传感器和执行元件连接至 S7-300 PLC。模块由插入式前连接器与传感器和执行器接线，接好后插入模块。第一次插入连接器时，有一个编码元件与之啮合，该连接器以后就只能插入同样类型的模块中。更换模块时，前连接器的接线状况无需改变就可用于同样类型的新模块。

系统提供 20 针和 40 针两种端子数量的前连接器，分别用于具有 16 点和 32 点的模块。其插入模块的方法不同：20 针的前连接器上带有一个开启机构，40 针的前连接器插入只需将其上的固定螺钉旋紧即可。

前连接器的接线步骤如下：

1）打开信号模块的前盖。

2）将前连接器放在接线位置。

3）将夹紧装置插入前连接器中。

4）剥去电缆的绝缘层（6 mm 长度）。

5）将电缆连接到端子上。

6）用夹紧装置将电缆夹紧。

7）将前连接器放在运行位置。

8）关上前盖。

9）填写端子标签并将其压入前盖中。

10）在前连接器盖上粘贴槽口号码。

在使用 SM 模块前，必须先给模块供电，否则将不能正常使用。以“输入模块 SM321 DI 32×DC 24V”为例，需要把电源模块的 L+和 M 与模块的相应两个接线端子连接好。

### 2.2.3 S7-300 PLC 的扩展能力

由前面可知，S7-300 PLC 机架上最多可以放置 8 个 I/O 模块。当所需控制点数超过一个机架所能放置的 I/O 模块总点数时，可以对机架进行扩展，可以扩展 1～3 个机架。每个扩展机架最多可以安装 8 个 I/O 模块，放置在机架的 4～11 槽。S7-300 PLC 的机架扩展示意图如图 2-6 所示。

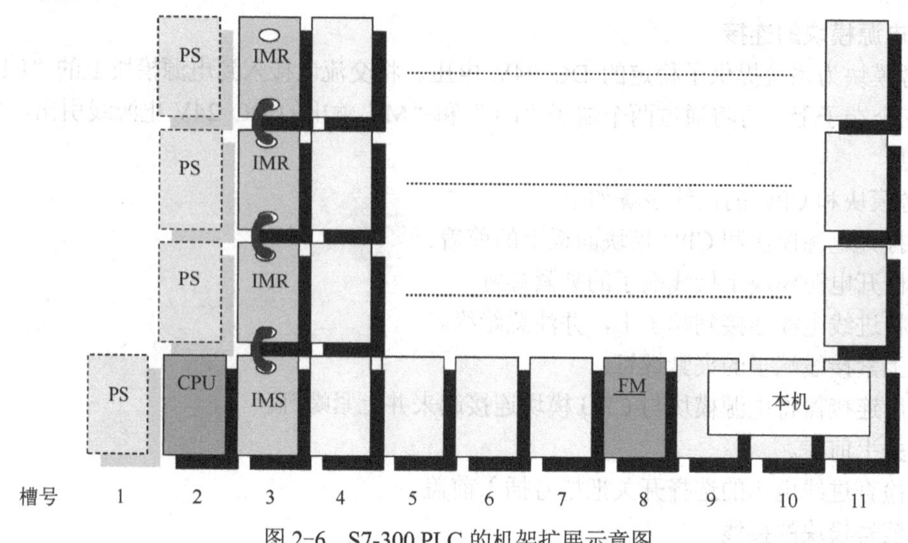


图 2-6 S7-300 PLC 的机架扩展示意图

进行机架扩展时，需要使用接口模块 IM，其作用是将 S7-300 PLC 背板总线从一个机架扩展到下一个机架。IMS 接口代表发送，IMR 接口代表接收。安装有 CPU 的机架称为主机架或 0 号机架。

S7-300 PLC 进行机架扩展时分为两种情况，具体见表 2-4。

**表 2-4 S7-300 PLC 的机架扩展**

| 特　　点 | 双线和多线配置 | 低成本双线配置 |
| --- | --- | --- |
| 0 号机架上的发送接口模块 | IM360 | IM365 |
| 1～3 号机架上的接收接口模块 | IM361<br>外接 DC 24V 电源 | IM365<br>由发送 IM365 供电 |
| 扩展机架的最大数量 | 3 | 1 |
| 连接电缆长度/m | 1、2.5、5、10 | 1 |
| 总线 | P 总线（外设总线，I/O）<br>C 总线（通信总线，也称 K 总线） | P 总线（外设总线，I/O） |

由表 2-4 可以看出，当扩展机架上安装 FM、CP 模块时，需要选择 IM360/361 扩展方式，因为 IM365 方式仅支持 P 总线，故扩展机架上只能放置信号模块。

## 2.2.4 S7-300 PLC 的维护

### 1. 更换 S7-300 PLC 的后备电池

S7-300 PLC 的后备电池用于断电情况下备份保持用户存储区的数据，其更新周期为一年。更换 S7-300 PLC 后备电池的步骤如图 2-7 所示，具体如下：

1）打开 CPU 前盖。

2）用螺钉旋具把旧的后备电池拉出电池盒。

3）凹槽向左把新电池的连接器插入电池插座，并把电池推入电池盒。

4）盖上 CPU 前盖。

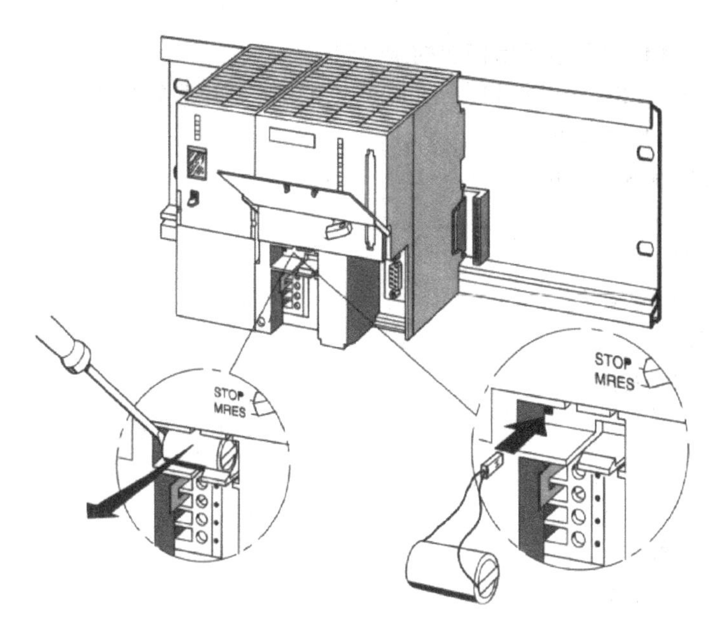


图 2-7　更换 S7-300 PLC 后备电池

**注意：**只能在 S7-300 PLC 系统通电时才能更换电池，否则用户存储器区的数据将会丢失。当 CPU 上的“BATF”指示灯亮时，必须更换电池，否则断电后程序将丢失。

对于老式的标准型 CPU，为了保持系统时钟和其他数据，需要安装后备电池。此类 CPU 正逐步被 S7-300 PLC 新型 CPU 取代，它使用 MMC 卡作为装载存储器，不需要后备电池，免维护。

可充电的后备时钟电池在 CPU 断电时仅能保持 CPU 的内部时钟，不能对 CPU 中的程序和数据进行保持。所以仅使用后备时钟电池而没有使用后备电池时，当 CPU 断电后仅有 CPU 的时钟是保持的，用户程序将丢失。

**2. 更换信号模块**

S7-300 的信号模块更换步骤如下：

1）把 CPU 切换到 STOP 状态。

2）切断负载供电电源。

3）打开前盖。

4）松开前连接器并取下。

5）松开模板上的紧固螺钉。

6）摘下模块。

7）在新模块上，取下编码器的上半部分。

8）把新模板插入，并固定在导轨上。

9）将接好线的前连接器插入模板并把它放到正常工作位置。

10）关上前盖。

11）重新接通负载电源。

12）执行一次 CPU 的完全再启动。

**3. 更换 S7-300 PLC 数字量输出模块的熔体管**

SM322 DO16×AC 120V 和 SM322 DO8×AC 230V 数字量输出模块有熔丝管，应使用 8A/250V 的熔丝管。更换步骤如下：

1）把 CPU 切换到 STOP 状态。

2）切断负载电源。

3）取下前连接器。

4）松开模板上的紧固螺钉。

5）把模板取下。

6）拧下模板的熔丝管座。

7）更换熔丝管。

8）重新拧紧熔丝管座。

9）安装模板。

10）插入前连接器。

11）重新接上负载电源。

## 2.3 S7-400 PLC 的硬件组成

S7-400 是具有中高档性能的 PLC，采用模块化无风扇设计，适用于对可靠性要求极高的大型复杂控制系统。S7-400 采用大模块结构，多数模块的尺寸为 25mm（宽）×290mm（高）×210mm（深）。其组成部件见表 2-5。

**表 2-5 S7-400 PLC 的组成部件**

| 部　件 | 功　能 |
| --- | --- |
| 导轨 | 用于固定模块并实现模块间的电气连接 |
| 电源（PS） | 将进线电压转换为模块所需的 DC 24V 和 DC 5V 工作电压 |
| 中央处理单元（CPU） | 执行用户程序，附件还有存储器卡和后备电池 |
| 信号模块（SM） | 把不同的过程信号与 S7-400 PLC 相匹配，附件还有前连接器 |
| 功能模块（FM） | 完成高速计数、定位和闭环控制等功能 |
| 通信处理器（CP） | 连接可编程控制器，附件还有电缆、软件、接口模块等 |
| 接口模块（IM） | 连接其他机架，附件还有连接电缆、终端等 |

### 2.3.1 S7-400 PLC 的 CPU 模块

S7-400 PLC 有 7 种不同型号的 CPU，此外 S7-400H PLC 还有两种 CPU，分别适用于不同等级的控制要求。

S7-400 PLC 的 CPU 模块内的元件封装在一个牢固而紧凑的塑料机壳内，面板上有状态和故障指示 LED、方式选择有钥匙开关和通信接口。大多数 CPU 还有后备电池盒，存储器插槽可插入多达数兆字节的存储器卡。不同型号的 CPU 面板上的元件不完全相同，如图 2-8 所示。

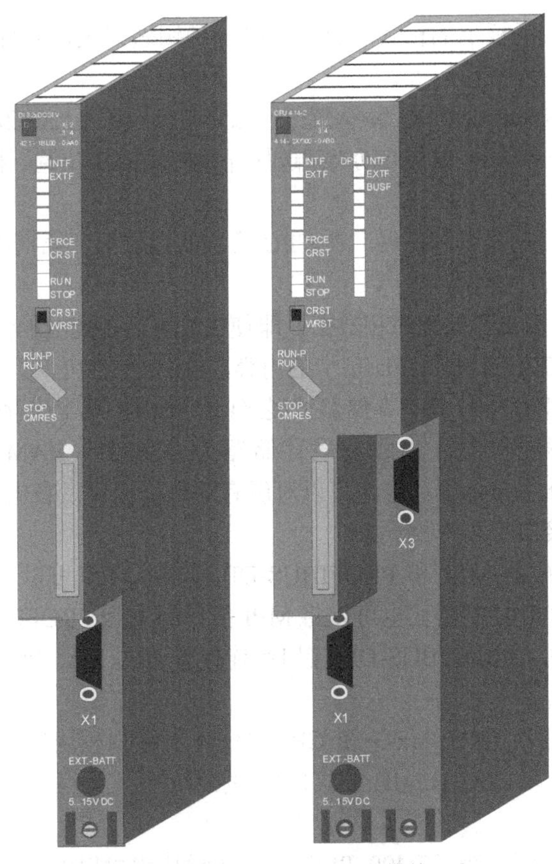


图 2-8　S7-400 PLC 的 CPU 模块

### 1．S7-400 PLC CPU 的指示灯与模式选择开关

S7-400 PLC CPU 模块面板上的 LED 指示灯的功能见表 2-6，有的 CPU 只有部分指示灯。

**表 2-6　S7-400 PLC CPU 面板指示灯含义**

| 指示灯 | 颜色 | 说明 |
|---|---|---|
| INTF | 红色 | 内部故障，如用户程序运行超时 |
| EXTF | 红色 | 外部故障，如电源故障、模块故障 |
| FRCE | 黄色 | 有输入/输出处于强制状态 |
| RUN | 绿色 | 运行模式 |
| STOP | 黄色 | 停止模式 |
| BUS1F | 红色 | MPI/PROFIBUS-DP 接口 1 的总线故障 |
| BUS2F | 红色 | MPI/PROFIBUS-DP 接口 2 的总线故障 |
| MSTR | 黄色 | CPU 处理 I/O，仅用于 CPU 41x-4H |
| REDF | 红色 | 冗余错误，仅用于 CPU 41x-4H |
| RACK0 | 黄色 | CPU 在机架 0 中，仅用于 CPU 41x-4H |
| RACK1 | 黄色 | CPU 在机架 1 中，仅用于 CPU 41x-4H |
| IFM1F | 红色 | 接口子模块 1 故障 |
| IFM2F | 红色 | 接口子模块 2 故障 |

S7-400 CPU 模块面板上的模式选择开关是一种钥匙开关，其外形和使用方法以及各位置的意义与 S7-300 的完全相同。

模式选择开关从 STOP 拨到 RUN 位置时，如果 CPU 模块上的启动类型选择开关在 CRST 位置，执行全启动（冷启动）；如果启动类型选择开关在 WRST 位置，执行一个热启动。

**2．存储器卡插槽**

CPU 417 的工作存储器可以扩展，在 CPU 模块的存储器卡插槽内插入 RAM 存储卡，可以增加装载存储器的程序容量。

Flash EPROM 卡用来存储程序和数据，即使在没有后备电池的情况下，其内容也不会丢失。可以在编程器或 CPU 上编写 Flash 卡的内容，Flash 卡也可以扩展 CPU 装载存储区的容量。CPU 417-4 和 CPU 417-4H 还有存储器扩展接口，可以扩展工作存储器。

集成式 RAM 不能扩展，集成装载存储器为 256KB（RAM），用存储器卡可扩展 FEPROM 和 RAM 最大各 64MB。电池可以对所有的数据提供后备电源。

**3．CPU 的通信接口**

CPU 模块上有集成的 MPI 和 PROFIBUS-DP 接口。MPI 可以连接计算机、按键式面板和其他 S7-400 或 S7-300 控制器。也可以将 MPI 接口组态为 PROFIBUS-DP 主站接口，最多可连接 32 个 DP 从站。PROFIBUS-DP 接口可连接分布式 I/O、PG（编程器）/OP（按键式面板）和其他 DP 主站。

可以将接口模块插入 CPU 41x-3 及 CPU 41x-4 的接口模块插槽中，也可以将 H-SYNC 模块插入 CPU 414-4H 和 CPU 417-4H 的接口模块插槽中。

**4．后备电源**

根据模块类型的不同，在 S7-400 PLC 的电源模块中可以使用一个或两个后备电池，为存储在内置的装载存储器和外部装载存储器、工作存储器的 RAM 中的用户程序和内部时钟提供后备电源，保持存储器中的存储器位、定时器、计数器、系统数据和数据块中的变量。

也可以通过“EXT.-BATT”（外接电池）插口提供 DC 5～15V 外部后备电源，插口的直径为 2.5mm，“EXT.-BATT”具有反极性保护。在更换电源模块时，如果想保存存储在 RAM 中的用户程序和数据，需要通过“EXT.-BATT”插座提供外部后备电源。

S7-400 PLC 的电源模块通过背板总线向其提供 DC 5V 和 DC 24V 电源。输出电流额定值有 4A、10A 和 20A。PS 405 的输入为直流电压，PS 407 的输入为直流电压或交流电压，S7-400 PLC 有带冗余功能的电源模块。如果没有使用传送 5V 电源的接口模块，每个扩展机架都需要一块电源模块。

S7-400 PLC 电源模块上的 LED 指示灯和开关含义见表 2-7。

**表 2-7 电源模块上的 LED 指示灯和开关**

| 名　称 | 含　义 |
|---|---|
| LED “INTF” | 内部故障 |
| LED “BAF” | 电池故障，背板总线上的电池电压过低 |
| LED “BATT1F” 和 “BATT2F” | 电池 1 或电池 2 接反、电压不足或电池不存在 |
| LED “DC 5V” 和 “DC 24V” | 相应的直流电源电压正常时亮 |
| FMR 开关 | 故障解除后用于确认和复位故障信息的开关 |
| ON/OFF 保持开关 | 通过控制电路把输出的 DC 24V/5V 电压切断，LED 灯熄灭。在进线电压没有切断时，电源处于待机模式 |

### 2.3.2　S7-400 PLC 的信号模块

S7-400 PLC 的信号模块主要包括数字量输入模块 SM421 和数字量输出模块 SM422，模拟量输入模块 SM431 和模拟量输出模块 SM432 等。

数字量输入模块的技术参数见表 2-8，表中的“允许最大静态电流”是接收接近开关输出的“0”信号时允许的最大电流。如果实际电流超出允许值，将会出现错误的输入信号。使用的无屏蔽电缆最大长度为 600m，有屏蔽电缆最大长度为 1000m。

**表 2-8　数字量输入模块的技术参数**

| 6ES7 421- | 7BH00-0AB0 | 1BL01-0AA0 | 1EL00-0AA0 | 1FH20-0AA0 | 7DH00-0AB0 | 5EH00-0AA0 |
|---|---|---|---|---|---|---|
| 输入点数 | 16 | 32 | 32 | 16 | 16 | 16 |
| 中断 | 过程中断<br>诊断中断 | — | — | — | 过程中断<br>诊断中断 | — |
| 诊断 | 内部/外部中断 | — | — | — | 内部/外部中断 | — |
| 额定输入电压 | DC 24V | DC 24V | AC/DC 120V | AC/DC<br>120V/230V | AC/DC 24～<br>60V | AC 120V |
| 频率 | — | — | 47～63Hz | 47～63Hz | 47～63Hz | 47～63Hz |
| 隔离，分组数 | 有隔离，8 组 | 有隔离，32 组 | 有隔离，8 组 | 有隔离，4 组 | 有隔离，1 组 | 有隔离，1 组 |
| 输入电流/mA | 6～8 | 7 | 2～5 | 14，AC 230V | 4～10 | 6～20 |
| 输入延迟时间/ms | 0.1/0.5/3<br>可组态 | 3 | 10/20 | 25 | 0.5/3/10/20<br>可组态 | 2～15 |
| 允许最大静态电流/mA | 3 | 1.5 | 1 | 5 | 2 | 4 |

注：由于产品更新换代原因，此表所列数据仅供参考。

数字量输出模块的技术参数见表 2-9。

**表 2-9　数字量输出模块的技术参数**

| 6ES7 422- | 1FH00-0AA0 | 1HH00-0AB0 | 5EH00-0AB0 | 1BH11-0AA0 | 5EH10-0AB0 | 1BL00-0AA0 | 7BL00-0AB0 |
|---|---|---|---|---|---|---|---|
| 输出点数 | 16 | 16，继电器型 | 16 | 16 | 16，诊断中断 | 32 | 32 |
| 诊断 | — | — | — | — | 内部外部故障 | — | 内部外部故障 |
| 额定负载电压 | AC 120V/230V | AC 230V/DC 60V | AC 20～120V | DC 24V | DC 20～125V | DC 24V | DC 24V |
| 分组数，隔离 | 4，有隔离 | 2，有隔离 | 1，有隔离 | 8，有隔离 | 8，有隔离 | 32，有隔离 | 8，有隔离 |
| 最大输出电流/A | 2 | 5 | 2 | 2 | 1.5 | 0.5 | 0.5 |
| 总输出电流（60℃） | 2A，4 个相邻 | — | 7A | 2A，2 个相邻 | 8A | 2A，2 个相邻 | 2A/组 |
| 最大灯负载/W | 25 | — | — | 10 | 8 | 5 | 5 |
| 阻性负载最大输出频率/Hz | 10 | 10 | — | 100 | 100 | 100 | 100 |
| 感性负载最大输出频率/Hz | 0.5 | 0.5 | — | 0.1 | 0.1 | 0.5 | 2 |
| 短路保护 | 熔断器 | — | — | 电子式 | 电子式 | 电子式 | 电子式 |

注：由于产品更新换代原因，此表所列数据仅供参考。

模拟量输入模块的技术参数见表 2-10。

**表 2-10　模拟量输入模块的技术参数**

| 6ES7 431- | 0HH00-0AB0 | 1KF00-0AB0 | 1KF10-0AB0 | 1KF20-0AB0 | 7QH00-0AB0 | 7KF00-0AB0 | 7KF10-0AB0 |
|---|---|---|---|---|---|---|---|
| 输入点数<br>用于电阻测量 | 16<br>— | 8<br>4 | 8<br>4 | 8<br>4 | 16<br>8 | 8<br>— | 8<br>8 |
| 极限值中断<br>诊断中断 | —<br>— | —<br>— | —<br>— | —<br>— | 可组态<br>可组态 | 可以<br>可以 | 可以<br>可以 |
| 额定输入电压<br>反极性保护 | DC 24V<br>有 | —<br>— | DC 24V<br>有 | DC 24V<br>有 | DC 24V<br>有 | —<br>— | —<br>— |
| 输入量程/输入阻抗 | ±1V/10MΩ<br>±10V/100kΩ<br>1～5V/100kΩ<br>±20mA/50Ω<br>4～20mA/50Ω | ±1V/200kΩ<br>±10V/100kΩ<br>1～5V/200 kΩ<br>±20mA/80Ω<br>4～20mA/80Ω<br>0～600Ω | ±80mV/1MΩ<br>±250mV/1MΩ<br>±500mV/1MΩ<br>±1V/1MΩ<br>±2.5V/1MΩ<br>±5V/1MΩ<br>1～5V/1MΩ<br>±10V/1MΩ<br>0～20mA/50Ω<br>4～20mA/50Ω<br>0～48Ω<br>0～150Ω<br>0～300Ω<br>0～600Ω<br>0～6000Ω<br>热电偶 B，R，S，T，E，J，K，N，U，L<br>Pt100，Pt200<br>Pt500，Pt1000<br>Ni100，Ni1000 | ±1V/10MΩ<br>±10V/10MΩ<br>1～5V/10MΩ<br>±5V/10MΩ<br>±20mA/50Ω<br>4～20mA/50Ω<br>0～600Ω | ±25mV/1MΩ<br>±50mV/1MΩ<br>±80mV/1MΩ<br>±250mV/1MΩ<br>±500mV/1MΩ<br>±1V/1MΩ<br>±2.5V/1MΩ<br>±5V/1MΩ<br>1～5V/1MΩ<br>±10V/100kΩ<br>0-20mA/50Ω<br>±5mA/50Ω<br>±10mA/50Ω<br>±20mA/50Ω<br>4～20mA/50Ω<br>0～48Ω，0～150Ω<br>0～300Ω<br>0～600Ω<br>0～6000Ω<br>热电偶 B，R，S，T，E，J，K，N，U，L<br>Pt100，Pt200<br>Pt500，Pt1000<br>Ni100，Ni1000 | ±25mV/1MΩ<br>±50mV/2MΩ<br>±80mV/2MΩ<br>±100mV/2MΩ<br>±250mV/2MΩ<br>±500mV/2MΩ<br>±1V/2MΩ<br>±2.5V/2MΩ<br>±5V/2MΩ<br>±10V/2MΩ<br>1～5V/2MΩ<br>±5mA/50Ω<br>±10mA/50Ω<br>±20mA/50Ω<br>±3.2mA/50Ω<br>0～20mA/50Ω<br>4～20mA/50Ω<br>热电偶 B，R，S，T，E，J，K，N，U，L | Pt100，Pt200<br>Pt500，Pt1000<br>Ni100，Ni1000 |
| 2 线电流变送器<br>4 线电流变送器 | 可以<br>可以 | 带外部变送器<br>可以 | 可以<br>可以 | 可以<br>可以 | 可以<br>可以 | —<br>可以 | —<br>— |
| 内部/外部隔离<br>通过通道隔离 | 无<br>无 | 有<br>无 | 有<br>无 | 有<br>无 | 有<br>无 | 有<br>有 | 有<br>无 |
| 基本转换时间 | 55ms，56ms | 23rm，25ms | 20.1ms/23.5ms | 52μs | 6ms/21.1ms/23.5ms | — | — |
| 分辨率 | 12 位+符号位/13 位 | 13 位 | 14 位 | 14 位 | 16 位 | 15 位+符号位/16 位 | 15 位+符号位/16 位 |
| 干扰抑制频率/Hz | 60/50 | 60/50 | 60/50 | 400/60/50 | 400/60/50 | 400/60/50 | 60/50 |
| 运行误差极限<br>对应输入范围 | ±0.65%<br>1.0%<br>(1～5V) | ±1.25% | ±0.5% | ±0.9% | ±0.4% | 根据需要 | ±1℃ |
| 基本误差，25℃对应输入范围 | ±0.25%<br>0.5%<br>(1～5V) | ±0.8% | ±0.3% | ±0.75% | ±0.3% | 根据需要 | ±2℃ |

注：由于产品更新换代原因，此表所列数据仅供参考。

模拟量输出模块 SM 432 只有一个型号，订货号为 6ES7 432-1HF00-0AB0。输出点数为 8 点，额定负载电压 DC 24V，输出电压范围为±10V，0～10V 和 1～5V；输出电流范围为±20mA，0～20mA 和 4～20mA。电压输出的最小负载阻抗为 1kΩ，有短路保护，短路电流为 28mA；电流输出的最大阻抗为 500Ω，开路电压最大为 18V。在模拟量部分、总线和屏蔽之间有隔离，每通道最大转换时间为 420μs。运行误差极限（0～60℃，对应输出范围）为±0.5%（电压）和±1%（电流）。基本误差（25℃，对应输出范围）为±0.2%（电压）和±0.3%（电流）。

S7-400 PLC 的部分输入/输出模块具有与 S7-300 PLC 类似的对信号进行监视（诊断）和对过程信号进行监视（过程中断）的智能功能。

### 2.3.3 S7-400 PLC 的其他模块

S7-400 PLC 有许多功能模块的技术规范与 S7-300 的几乎完全相同，或者差别很小，模块编号最低两位也相同，如 FM351 和 FM451，这类模块的对应关系见表 2-11。

**表 2-11 S7-400 与 S7-300 功能模块的对比**

| 功 能 模 块 | S7-300 系列 | S7-400 系列 |
|---|---|---|
| 计数器模块 | FM350-1 | FM450-1 |
| 定位模块 | FM351，双通道 | FM451，3 通道 |
| 定位模块 | FM353，双通道 | FM453，3 通道 |
| 电子凸轮控制器 | FM352，13 个数字量输出 | FM452，16 个数字量输出 |
| 闭环控制模块 | FM355，4 通道 | FM455，16 通道 |

注：由于产品更新换代原因，此表所列数据仅供参考。

**1．FM453 定位模块**

FM453 可以控制 3 个独立的伺服电动机或步进电动机，以高时钟频率控制机械运动，用于简单的点到点定位到对响应、精度和速度有极高要求的复杂运动控制。从增量式或绝对式编码器输入位置信号，步进电动机作执行器时可以不用编码器。控制伺服电动机时输出-10～+10V 模拟信号，控制步进电动机时输出的是脉冲和方向信号。每个通道有 6 点数字量输入，4 点数字量输出。

FM453 有使用按钮的点动模式和增量模式，有手动数据输入功能，自动/单段控制用于运行复杂的定位路径。FM453 具有下列特殊功能：长度测量、变化率限制、运行中设置实际值、通过高速输入使定位运动启动或停止。

**2．FM455 闭环控制模块**

12 位分辨率时的采样时间为 20～180ms，14 位分辨率时为 100～1700ms，与实际使用的模拟量输入的数量有关，有 16 点数字量输入。

**3．FM458-1DP 应用模块**

FM458-1DP 是为自由组态闭环控制设计的，有包含 300 个功能块的库函数和 CFC 连续功能图图形化组态软件，带有 PROFIBUS-DP 接口。

FM458-1DP 的基本模块可以执行计算、开环和闭环控制，通过扩展模块可以对 I/O 和通信进行扩展。

EXM438-1 I/O 扩展模块是 FM458-1DP 的可选插入式扩展模块，用于读取和输出有时间要求的信号。有数字量模拟量输入/输出模块，可连接增量式和绝对式编码器。有 4 个 12 位模拟量输出。

EXM448 通信扩展模块是 FM458-1DP 的可选插入式扩展模块。可以使用 PROFIBUS-DP 或 SIMOLINK 进行高速通信，带有一个备用插槽，可以插入 MASTERRIVES 可选模块，用于建立 SIMOLINK 光纤通信。

FM458-1DP 还有一些附件接口模块，包括数字量输入、数字量输出和程序存储模块。

**4．S5 智能 I/O 模块**

S5 智能 I/O 模块可以用于 S7-400 PLC，配置专门设计的适配器后，可以直接插入 S7-400 PLC。可以使用 IP 242B 计数器模块，IP 244 温度控制模块，WF 705 位置解码器模块，WF 706 定位、位置测量和计数器模块，WF707 凸轮控制器模块，WF721 和 WF 723A/B/C 定位模块。

智能 I/O 模块的优点是能完全独立地执行实时任务，减轻了 CPU 的负担，使其能将精力完全集中于更高级的开环或闭环控制任务上。

## 2.4 S7-400 PLC 的安装和维护

### 2.4.1 S7-400 PLC 的硬件安装

安装 S7-400 PLC 时必须保证如下的最小间距：机架左右间距为 20mm，机架上方间距为 40mm，机架下方间距为 22mm，机架之间间距为 110mm。S7-400 PLC 中电源模块必须插在机架的最左侧（1 号槽），接口模块必须插在机架的最右侧。要保证机架与安装部分具有较小的电阻（例如通过垫圈连接），机架与保护地的连接导线截面积至少为 $10mm^2$ 。S7-400 PLC 机架的槽中插有槽盖，安装模块时要取下。

首先用 M6 螺钉把机架固定到安装部位；再把机架连到保护地，导线的最小截面积为 $10mm^2$。注意 S7-400 PLC 的机架可用于墙上安装、框架安装和柜式安装。

机架安装好后，安装模板步骤如下：

1）取下插槽盖。

2）拿住指定位置的槽盖，向前拉即可取下此盖。

3）挂上第一个模板，并用螺钉固定。

4）把模板上下的螺钉拧紧。注意占三槽的模板和电源的上部和下部都有两个螺钉。

5）按照上面的步骤安装其他模板。

### 2.4.2 S7-400 PLC 的硬件接线

电源的接线步骤如下：

1）打开电源盖。

2）调整电源选择开关，选择合适的电源电压。

3）用螺钉旋具松开电源插头。

4）拔下电源插头。

5）把两个电源线（不是保护地）剪短到 10mm。

6）剥去绝缘皮 7mm。

7）打开电源插头和电缆固定座。

8）连接导线并压紧电缆固定座。

9）合上电源插头盖。

10）把电源插头推入电源上的导入凹槽，然后推到底。

S7-400 PLC 的前连接器有三种不同类型：卷圈连接、螺钉端子连接和弹簧连接。只有安装好模板并拧紧后，才能把前连接器插入。

前连接器的接线步骤如下：

1）将前连接器盖从下部撬起并拉开。

2）剥去导线的绝缘层。

3）连接导线。

4）将电缆固定在前连接器下侧的线夹上。

5）填写标签条，并插入前连接器。

6）合上前连接器盖。

7）将前连接器挂在相应模块下部的编码器上。

8）向上旋转前连接器。

9）把前连接器紧固到位。

### 2.4.3 S7-400 PLC 的扩展能力

S7-400 PLC 具有很强的机架扩展能力，其机架扩展示意图如图 2-9 所示。

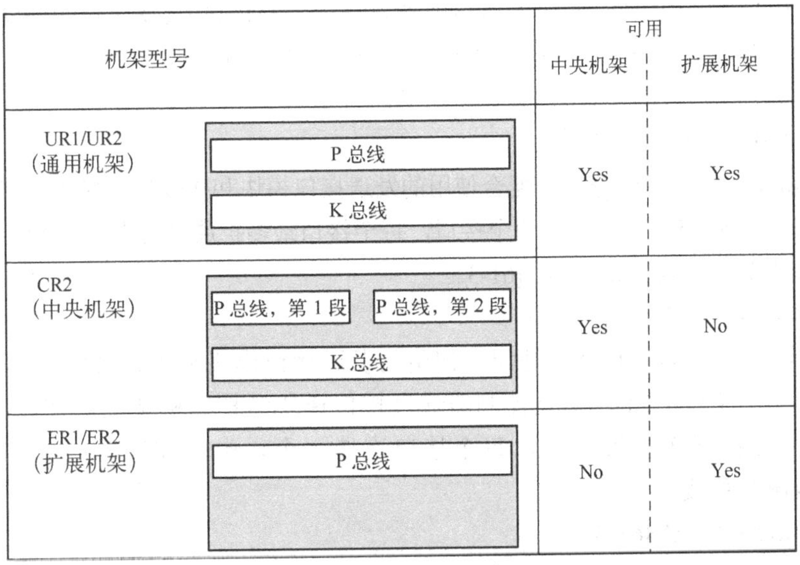

| 机架型号 | | 可用 | |
|---|---|---|---|
| | | 中央机架 | 扩展机架 |
| UR1/UR2<br>（通用机架） | P 总线<br>K 总线 | Yes | Yes |
| CR2<br>（中央机架） | P 总线，第 1 段　P 总线，第 2 段<br>K 总线 | Yes | No |
| ER1/ER2<br>（扩展机架） | P 总线 | No | Yes |

图 2-9　S7-400 PLC 机架扩展

**1．S7-400 PLC 的机架**

S7-400 PLC 的模块是用机架上的总线连接起来的。机架上的 P 总线（I/O 总线）用于 I/O 信号的高速交换和对信号模块数据的高速访问。C 总线（通信总线，或称 K 总线）用于在 C 总线各站之间的高速数据交换，C 和 K 分别是英语单词 Communication 和德语单词 Kommunikation（通信）的缩写。两种总线分开后，控制和通信分别有各自的数据通道，通信任务不会影响控制的快速性。

（1）通用机架 URl/UR2

UR1（18 槽）和 UR2(9 槽)有 P 总线和 K 总线，可以用作中央机架（CC）和扩展机架（EU）。它们作为中央机架时，可以安装除接收 IM 外的所有 S7-400 PLC 模块。

（2）中央机架 CR2/CR3

CR2 是 18 槽的中央机架，P 总线分为两个本地总线段，分别有 10 个插槽和 8 个插槽。两个总线段都可以对 K 总线进行访问。CR2 需要一个电源模块和两个 CPU 模块，每个 CPU 有其自己的 I/O 模块，它们能相互操作和并行运行。

CR3 是 4 槽的中央机架，有 I/O 总线和通信总线。

（3）扩展机架 ER1/ER2

ER1 和 ER2 是扩展机架，分别有 18 槽和 9 槽，只有 I/O 总线，未提供中断线，没有给模块供电的 24 V 电源，可以使用电源模块、接收 IM 模块和信号模块。但是电源模块不能与 IM461-1 接收模块一起使用。

（4）UR2-H 机架

UR2-H 机架用于在一个机架上配置一个完整的 S7-400H 冗余系统，也可以用于配置两个具有电气隔离的独立运行的 S7-400 CPU，每个 CPU 均有自己的 I/O。UR2-H 需要两个电源模块和两个冗余 CPU 模块。

**2．接口模块**

S7-400 PLC 用于机架扩展的接口模块非常丰富。IM 460-x 是用于中央机架 UR1、UR2 和 CR2 的发送接口模块；IM 461-x 是用于扩展机架 UR1、UR2 和 ER1、ER2 的接收接口模块。

（1）IM 460-0 和 IM 461-0

IM 460-0 和 IM 461-0 分别是配合使用的发送接口模块和接收接口模块，属于集中式扩展，最大距离为 3m。IM 460-0 有两个接口，每个接口最多扩展 4 个机架，模块最多可扩展 8 个机架，中央机架可以插 6 块 IM 461-3。

（2）IM 460-1 和 IM 461-1

IM 460-1 和 IM 461-1 分别是配合使用的发送接口模块和接收接口模块，属于集中式扩展，最大距离为 1.5m。中央控制器通过接口模块给扩展机架提供 5V 电源（最大 5A），最多能连接两个扩展机架，每个接口连接一个，中央控制器最多使用两块 IM 460-1，只传输 P 总线。

（3）IM 460-3 和 IM 461-3

IM 460-3 和 IM 461-3 分别是配合使用的发送接口模块和接收接口模块，属于分布式扩展，最大距离为 100m，传输 C 总线和 P 总线。IM 460-3 有两个接口，每个接口最多扩展 4 个机架，模块最多扩展 8 个机架，中央机架可以插 6 块 IM 461-3。

（4）IM 460-4 和 M 461-4

IM 460-4 和 M 461-4 分别是发送接口模块和接收接口模块，它们必须配合使用，属于分布式扩展，最大距离为 605m，通过 P 总线传输数据。IM 460-4 有两个接口，每个接口最多扩展 4 个机架，模块最多可扩展 8 个机架，中央机架可以插 6 块 IM 461-4。

（5）IM463-2

IM463-2 是发送接口模块，用于 S5 扩展机架的分布式扩展，最大距离为 600m，有两个接口，最多可扩展 8 个 S5 扩展机架，每个接口最多扩展 4 个机架，只能与 IM 314 配合使用。中央机架最多插 4 块 IM463-2。

（6）IM 467 和 IM 467 FO

IM 467 和 IM 467 FO 将 S7-400 PLC 作为主站接入 PROFIBUS-DP 网络，可以将多达 14 条 DP 线连接到 S7-400 PLC，IM 467 FO 集成了光纤接口。它们提供 PROFIBUS-DP 通信服务和 PG/OP 通信，以及通过 PROFIBUS-DP 的编程和组态。支持 SYNC/FREEZE、等距离和站点间通信功能。

上面所述的 IM460-0/461-0 和 IM460-1/461-1 属于局部接口模块。用 IM460-0/461-0 接口连接距离不大于 3m，不提供 5V 电源，但传递通信总线；用 IM460-1/461-1 接口连接距离不大于 1.5m，提供 5V 电源，但不传递通信总线。

IM460-3/461-3 属于远程接口模块，接口连接距离不大于 100m，不提供 5V 电源，但传递通信总线。

### 2.4.4 S7-400 PLC 的维护

**1．更换 S7-400 PLC 的后备电池**

一般应在使用一年后更换锂电池，只能在系统通电时更换，否则会丢失用户存储器中的程序和数据。其步骤如下：

1）打开电源盖。

2）用带子把电池拉出电池盒。

3）插入新电池，并注意电池极性。

4）设定 BATT INDIC 开关监视电池。其中，“BAT”位置为单宽度电源模块（只占一个槽位），“1BAT”位置用于双宽度或三宽度电源模块和一个电池，“2BAT”位置用于双宽度或三宽度电源模块和两个电池。

5）用 FMR 确认按钮取消错误信息。

6）关上电源盖。

**2．更换 S7-400 PLC 的信号模块**

1）把 CPU 切换到 STOP 状态，或确保用户程序允许模板可以在 RUN 状态下更换。

2）松开前连接器的紧固螺钉，并取下前连接器。

3）松开模板上的紧固螺钉，并把模板取出。

4）挂上新模板，并向下旋转。

5）用两个螺钉把模板向下拧紧。

6）取下编码器的上半部分。

7）将已经接线的前连接器插入模板并旋紧。

8）把 CPU 切换到 RUN 状态。

## 2.5 习题

1．S7-300 PLC 的组成模块有哪些？

2．S7-300 PLC 的机架扩展方式有哪几种？

3．S7-400 PLC 的组成模块有哪些？

4．S7-400 PLC 的机架扩展方式有哪几种？

# 第 3 章　PLC 编程基础

## 3.1　PLC 的基本结构

从结构形式上看，PLC 可分为整体式和模块式两大类。不论哪种类型的 PLC，其基本结构都是相同的，示意图如图 3-1 所示。

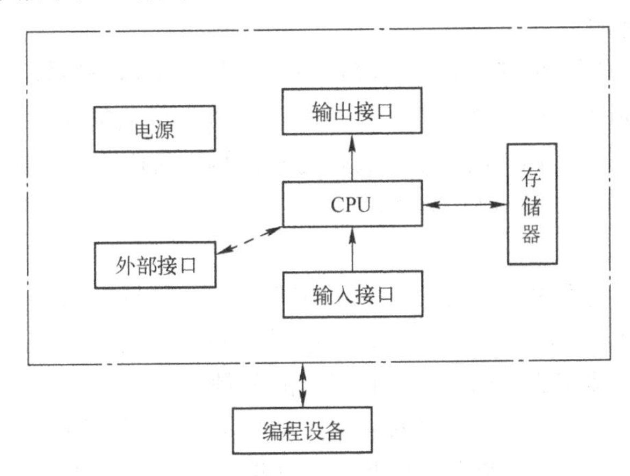


图 3-1　PLC 的基本结构示意图

### 1．CPU

与通用计算机的 CPU 一样，PLC 中的 CPU 也是整个系统的核心部件，主要由运算器、控制器、寄存器及实现它们之间联系的地址总线、数据总线和控制总线构成。此外，还有外部芯片、总线接口及有关电路。CPU 在很大程度上决定了 PLC 的整体性能，如整个系统的控制规模、工作速度和内存容量等。

CPU 中的控制器控制 PLC 工作，由它读取指令，解释并执行命令。工作的时序（节奏）则由振荡信号控制。

CPU 中的运算器用于完成算术或逻辑运算，在控制器的指挥下工作。

CPU 中的寄存器参与运算，并存储运算的中间结果。它也是在控制器的指挥下工作。

作为 PLC 的核心，CPU 的功能主要包括以下几个方面：

1）CPU 接收从编程器或计算机输入的程序和数据，并送入用户程序存储器中存储。

2）监视电源、PLC 内部各个单元电路的工作状态。

3）诊断编程过程中的语法错误，对用户程序进行编译。

4）在 PLC 进入运行状态后，从用户程序存储器中逐条读取指令，并分析、执行该指令。

5）采集由现场输入装置送来的数据，并存入指定的寄存器中。

6）按程序进行处理，根据运算结果，更新有关标志位的状态和输出状态或数据寄存器的内容。

7）根据输出状态或数据寄存器的有关内容，将结果送到输出接口。

8）响应中断和各种外围设备（如编程器、打印机等）的任务处理请求。

当 PLC 处于运行状态时，首先以扫描的方式接收现场各输入装置的状态和数据，并分别存入相应的输入缓冲区。然后从用户程序存储器中逐条读取用户程序，经过命令解释后，按指令的规定执行完毕之后，最后将 I/O 缓冲区的各输出状态或输出寄存器内的数据传送到相应的输出装置。如此循环运行，直到 PLC 处于停机状态，用户程序停止运行。

CPU 模块一般都有相应的状态指示灯，如电源指示、运行停止指示、输入/输出指示和故障指示等。总线接口用于扩展连接 I/O 模块或特殊功能模块，内存接口用于外部存储器，外设接口用于连接编程器等外部设备，通信接口则用于通信。此外，CPU 模块上还有用来设定工作方式和内存区等的设定开关。

CPU 模块的工作电压一般是 5V，而 PLC 的 I/O 信号电压一般较高，有 DC 24V 和 AC 220V，在使用时，要防止外部尖峰电压和干扰噪声侵入，以免损坏 CPU 模块中的部件或影响 PLC 正常工作。因此，CPU 模块不能直接与外部输入/输出装置相连接，I/O 模块除了传递信号外，还需进行电平转换与噪声隔离。

**2．存储器**

PLC 的内部存储器分为系统程序存储器和用户程序及数据存储器。系统程序存储器用于存放系统工作程序(或监控程序)、调用管理程序以及各种系统参数等。系统程序相当于个人计算机的操作系统，能够完成 PLC 设计者规定的各种工作。系统程序由可编程序控制器生产厂家设计并固化在 ROM（只读存储器）中，用户不能读取。用户程序及数据存储器主要存放用户编制的应用程序及各种暂存数据和中间结果，使 PLC 完成用户要求的特定功能。

可编程序控制器使用以下几种物理存储器：

（1）随机存取存储器（RAM）

用户可以用可编程序装置读出 RAM 中的内容，也可以将用户程序写入 RAM，因此 RAM 又叫读/写存储器。它是易失性的存储器，电源中断后，储存的信息将会丢失。

RAM 的工作速度快，价格便宜，改写方便。在关断 PLC 的外部电源后，可用锂电池保存 RAM 中的用户程序和某些数据。锂电池可用 2～5 年，需要更换锂电池时，由可编程序控制器发出信号，通知用户。现在部分可编程序控制器仍用 RAM 来储存用户程序。

（2）只读存储器（ROM）

ROM 的内容只能读出，不能写入。它是非易失的，电源消失后，仍能保存储存的内容。ROM 一般用来存放可编程序控制器的系统程序。

（3）可电擦除可编程序的只读存储器（EEPROM 或 $E^2$PROM）

它是非易失性的，但是可以用编程装置对它编程，兼有 ROM 的非易失性和 RAM 的随机存取等优点，但是将信息写入它所需的时间比 RAM 长得多。EEPROM 用来存放用户程序以及需要长期保存的重要数据。

**3．输入/输出电路**

输入模块和输出模块简称为 I/O 模块，是联系外部设备与 CPU 的桥梁。

（1）输入模块

输入模块一般由输入接口、光电耦合器、PLC 内部电路输入接口和驱动电源等四部分组成。输入模块可以用来接收和采集两种类型的输入信号：一种是由按钮、选择开关、数字拨码开关、限位开关、接近开关、光电开关、压力继电器或速度继电器等提供的开关量（或数字量）输入信号；另一种是由电位器、热电偶、测速发电机或各种变送器等提供的连续变化的模拟信号。

各种 PLC 输入电路结构大都相同，其输入方式有两种类型：一种是直流输入（DC 12V 或 DC 24V），其外部输入器件可以是无源触点，如按钮、行程开关等，也可以是有源器件，如各类传感器、接近开关，光电开关等。在 PLC 内部电源容量允许的前提下，有源输入器件可以采用 PLC 输出电源，否则必须外接电源。另一种是交流输入（AC 100～120V 或 AC 200～240 V）。

当输入信号为模拟量时，信号必须经过专用的模拟量输入模块进行 A-D 转换，然后通过输入电路进入 PLC。输入信号通过输入端子经 RC 滤波、光电隔离进入内部电路。

（2）输出模块

数字量输出模块用来控制接触器、电磁阀、电磁铁、指示灯、数字显示装置和报警装置等设备。为适应不同负载需要，各类 PLC 的数字量输出都有三种方式，即继电器输出、晶体管输出、晶闸管输出。继电器输出方式最常用，适用于交、直流负载，其特点是带负载能力强，但动作频率与响应速度慢；晶体管输出适用于直流负载，其特点是动作频率高，响应速度快，但带负载能力小；晶闸管输出适用于交流负载，响应速度快，带负载能力不大的场合。

模拟量输出模块用来控制调节阀、变频器等执行装置。

输入/输出模块除了传递信号外，还具有电平转换与隔离的作用。此外，输入/输出点的通断状态由发光二极管显示，外部接线一般接在模块面板的接线端子上，或使用可拆卸的插座型端子板，不需断开端子板上的外部连线，就可以迅速地更换模块。

**4. 编程装置**

编程装置是用来对 PLC 进行编程和设置各种参数的。通常 PLC 编程有两种方法：一是采用手持式编程器，其体积小，价格便宜，但只能输入和编辑指令表程序，又叫做指令编程器，便于现场调试和维护；另一种方法是采用安装有编程软件的计算机和连接计算机与 PLC 的通信电缆，这种方式可以在线观察梯形图中触点和线圈的通断情况及运行时 PLC 内部的各种参数，便于程序调试和故障查找。程序编译后下载到 PLC，也可将 PLC 中的程序上载到计算机。程序可以存盘或打印，通过网络，还可以实现远程编程和传送。

**5. 电源**

可编程序控制器使用 AC 220V 电源或 DC 24V 电源。内部的开关电源为各模块提供 5V、±12V、24V 等直流电源。小型 PLC 一般都可以为输入电路和外部的电子传感器（如接近开关等）提供 24V 直流电源，驱动 PLC 负载的直流电源一般由用户提供。

**6. 外围接口**

通过各种外围接口，PLC 可以与编程器、计算机、PLC、变频器、EEPROM 写入器和打印机等连接，总线扩展接口用来扩展 I/O 模块和智能模块等。

## 3.2 PLC 的工作原理

PLC 采用循环执行用户程序的方式，称为循环扫描工作方式，其运行模式下的扫描过程如图 3-2 所示。可以看出：当 PLC 上电或者从停止模式转为运行模式时，CPU 执行启动操作，消除没有保持功能的位存储器、定时器和计数器，清除中断堆栈和块堆栈的内容，复位保存的硬件中断等；此外还要执行用户可以编写程序的启动组织块，即启动程序，完成用户设定的初始化操作；然后，进入周期性循环运行。一个循环扫描过程周期可分为输入采样、程序执行、输出刷新三个阶段。

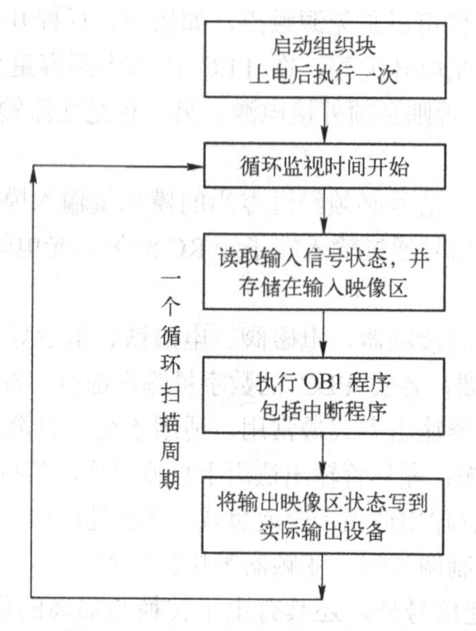


图 3-2　PLC 循环扫描工作过程

（1）输入采样阶段

此阶段 PLC 依次读入所有输入信号的状态和数据，并将它们存入 I/O 映像区中的相应单元内。输入采样结束后，转入用户程序执行和输出刷新阶段。在这两个阶段中，即使输入状态和数据发生变化，I/O 映像区中的相应单元的状态和数据也不会改变。因此，如果输入是脉冲信号，则该脉冲信号的宽度必须大于一个扫描周期，才能保证在任何情况下，该输入均能被读入。

（2）程序执行阶段

PLC 按照从左到右、从上至下的顺序对用户程序进行扫描，并分别从输入映像区和输出映像区中获得所需的数据进行运算、处理，再将程序执行的结果写入寄存执行结果的输出映像区中保存。这个结果在程序执行期间可能发生变化，但在整个程序未执行完毕之前不会送到输出端口。

（3）输出刷新阶段

在执行完用户所有程序后，PLC 将输出映像区中的内容送到寄存输出状态的输出锁存器中，这一过程称为输出刷新。输出电路要把输出锁存器的信息传送给输出点，再去驱动实际设备。

由上可以看出 PLC 的工作特点如下：

1）所有输入信号在程序处理前统一读入，并在程序处理过程中不再变化，而程序处理的结果也是在扫描周期的最后时段统一输出，将一个连续的过程分解成若干静止的状态，便于面向对象的思维。

2）PLC 仅在扫描周期的起始时段读取外部输入状态，该时段相对较短，抗输入信号串入的干扰极为有利。

3）PLC 循环扫描执行输入采样、程序执行、输出刷新“串行”工作方式，这样既可避免继电器、接触器控制系统因“并行”工作方式存在的触点竞争，又可提高 PLC 的运算速度，这是 PLC 系统可靠性高、响应快的原因。但是，对于高速变化的过程可能漏掉变化的信号，也会带来系统响应的滞后。为克服上述问题，可利用立即输入/输出、脉冲捕获、高速计数器或中断技术等。

图 3-2 所示的工作过程是简化的过程，实际的 PLC 工作流程还要复杂些。除了 I/O 刷新及运行用户程序外，还要做一些公共处理工作，如循环时间监控、外设服务及通信处理等。

PLC 一个循环扫描周期的时间是指操作系统执行一次图 3-2 所示的循环操作所需的时间，包括执行 OB1 中的程序和中断该程序的系统操作时间。循环扫描周期时间与用户程序的长度、指令的种类和 CPU 执行指令的速度有关系。当用户程序比较大时，指令执行时间在循环时间中占相当大的比例。

在 PLC 处于运行模式时，利用 STEP 7 编程软件的监控功能，在 OB1 的局部数据表中，可以获得最大循环时间、最小循环时间和上一次的循环时间。循环时间会由于以下事件而延长：中断处理、诊断和故障处理、测试和调试功能、通信、传送和删除块、压缩用户程序存储器、读/写微存储器卡等。

结合 PLC 的循环扫描工作方式分析图 3-3 所示的梯形图程序，I0.0 代表外部的按钮，可知：当按钮动作后，左面的程序只需要一个扫描周期就可完成对 M0.4 的刷新，而右面的程序要经过四个扫描周期才能完成对 M0.4 的刷新。

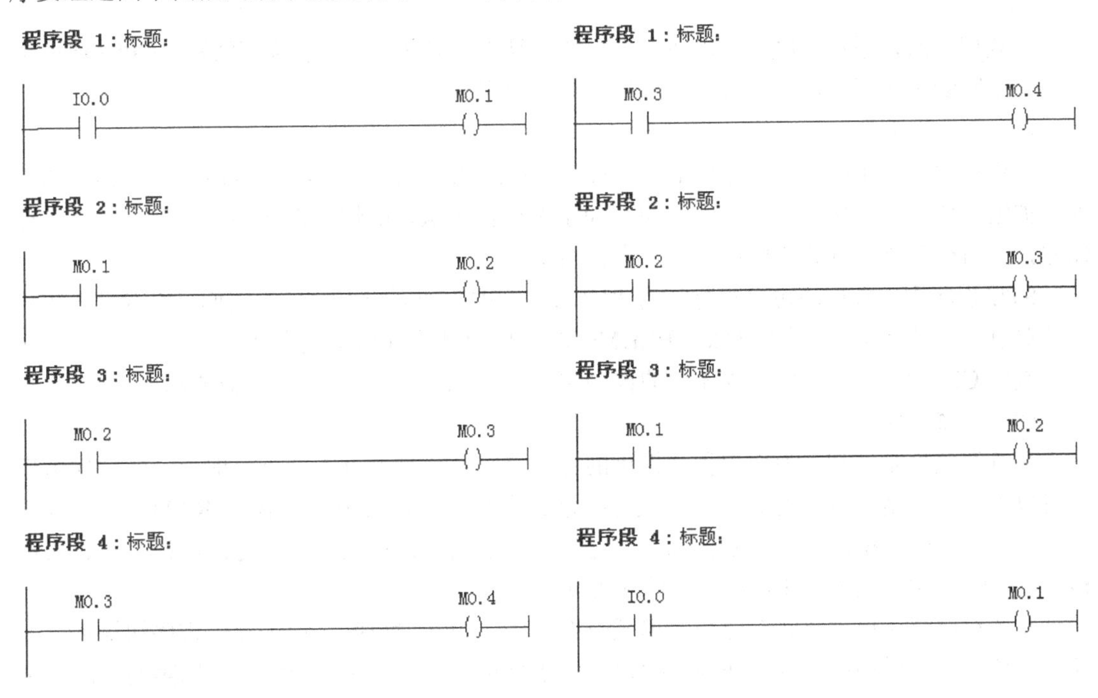


图 3-3　梯形图程序例子

## 3.3 存储器及其寻址

### 3.3.1 CPU的存储区

S7 CPU 的存储区包括三个基本区域，即装载存储器，工作存储器 RAM 和系统存储器 RAM，具体见表 3-1。

表 3-1 S7 CPU 的存储区

<table>
<tr><td rowspan="2">装载存储器</td><td>动态装载存储器 RAM</td></tr>
<tr><td>可保持装载存储器 EEPROM</td></tr>
<tr><td>工作存储器 RAM</td><td>用户程序，如逻辑块、数据块</td></tr>
<tr><td rowspan="4">系统存储器 RAM</td><td>过程映像 I/O 表</td></tr>
<tr><td>位存储器、定时器、计数器</td></tr>
<tr><td>局域数据堆栈、块堆栈</td></tr>
<tr><td>中断堆栈、中断缓冲区</td></tr>
</table>

（1）装载存储器

装载存储器可以是 RAM 或 MMC，用于存储用户程序和系统数据（组态、连接和模块参数等），但不包括符号地址赋值和注释。部分 CPU 有集成的装载存储器，有的需要用 MMC 来扩展，CPU31xC 的用户程序只能装入插入式的 MMC 中。断电时数据保存在 MMC 中，因此数据块的内容基本上被永久保留。新型免维护 S7-300 PLC 是唯一的装载存储器。

下载程序时，用户程序（逻辑块和数据块）被下载到 CPU 的装载存储器，CPU 把可执行部分复制到工作存储器，符号表和注释保存在编程设备中。

（2）工作存储器

工作存储器是集成的高速存取的 RAM 存储器，用于存储 CPU 运行时的用户程序和数据，如组织块、功能块、功能和数据块。为了保证程序执行的快速性和不过多地占用工作存储器，只与程序执行有关的块被装入工作存储器中。

STL 程序中的数据块可以被标识为“UNLINKED”（与执行无关），它们只是存储在装载存储器中。可以用系统功能 SFC20“BLKMOV”将它们复制到工作存储器。

复位 CPU 的存储器时，RAM 中的程序被清除，MMC 中的程序不会被清除。

（3）系统存储器

系统存储器是 CPU 为用户程序提供的存储器组件，被划分为若干个地址区域。使用指令可以在相应的地址区内对数据直接进行寻址。系统存储器为不能扩展的 RAM，用于存放用户程序的操作数据，如过程映像输入、过程映像输出、位存储器、定时器和计数器、块堆栈（B 堆栈）、中断堆栈（I 堆栈）和诊断缓冲区等。

系统存储器还提供临时存储器（局域数据堆栈，即 L 堆栈），用来存储程序块被调用时的临时数据。访问局域数据比访问数据块中的数据更快。用户生成块时，可以声明临时变量（TEMP），它们只在执行该块时有效，执行完后就被覆盖了。

S7 CPU 的系统存储器分为表 3-2 所示的地址区。在用户程序中使用相应的指令可以在相应的地址区直接对数据进行寻址。

**表 3-2　系统存储区的地址区**

| 地　址　区 | 说　　明 |
|---|---|
| 输入过程映像 I | 输入映像区每一位对应一个数字量输入点，在每个扫描周期的开始，CPU 对输入点进行采样，并将采样值存于输入映像寄存器中。CPU 在接下来的本周期各阶段不再改变输入过程映像寄存器中的值，直到下一个扫描周期的输入处理阶段进行更新 |
| 输出过程映像 Q | 输出映像区的每一位对应一个数字量输出点，在扫描周期的末尾，CPU 将输出映像寄存器的数据传送给输出模块，再由后者驱动外部负载 |
| 位存储区 M | 用来保存控制继电器的中间操作状态或其他控制信息 |
| 定时器 T | 定时器相当于继电器系统中的时间继电器，用定时器地址（T 和定时器号，如 T5）来存取当前值和定时器状态位，带位操作数的指令存取定时器状态位，带字操作的指令存取当前值 |
| 计数器 C | 用计数器地址（C 和计数器号，如 C20）来存取当前值和计数器状态位，带位操作数的指令存取计数器状态位，带字操作的指令存取当前值 |
| 局部数据 L | 可以作为暂时存储器或给子程序传递参数，局部变量只在本单元有效 |
| 数据块 DB | 在程序执行的过程中存放中间结果，或用来保存与工序或任务有关的其他数据 |

（4）外设 I/O 存储区

通过外设 I/O 存储区（PI 和 PQ），可以不经过过程映像输入和过程映像输出，直接访问输入模块和输出模块。注意不能以位（bit）为单位访问外设 I/O 存储区，只能以字节、字和双字为单位访问。

### 3.3.2　CPU 中的寄存器

（1）累加器（ACCUx）

32 位累加器是用于处理字节、字或双字的寄存器。S7-300 PLC 有两个累加器 ACCU1 和 ACCU2，S7-400 PLC 有四个累加器 ACCU1～ACCU4。可以把操作数送入累加器，并在累加器中进行运算和处理，保存在 ACCU1 中的运算结果可以传送到存储区。处理 8 位或 16 位数据时，数据放在累加器的低位，即右对齐。

（2）地址寄存器

两个地址寄存器作为指针用于寄存器间接寻址。

（3）数据块寄存器

DB 和 DI 寄存器分别用来保存打开的共享数据块和背景数据块的编号。

（4）诊断缓冲区

诊断缓冲区是系统状态列表的一部分，包括系统诊断事件和用户定义的诊断事件的信息。这些信息按它们出现的顺序排列，第一行中是最新的事件。

诊断事件包括模块的故障、写处理的错误、CPU 中的系统错误、CPU 的运行模式切换错误、用户程序中的错误和用户基于系统功能 SFC52 定义的诊断错误。

（5）状态字寄存器

状态字是一个 16 位的寄存器，用于存储 CPU 执行指令的状态，如图 3-4 所示。状态字中的某些位用于决定某些指令是否执行和以什么样的方式执行，执行指令时可能改变状态字中的某些位，通过位逻辑指令和字逻辑指令可以访问和检测它们。状态字的 9～15 位未使用。

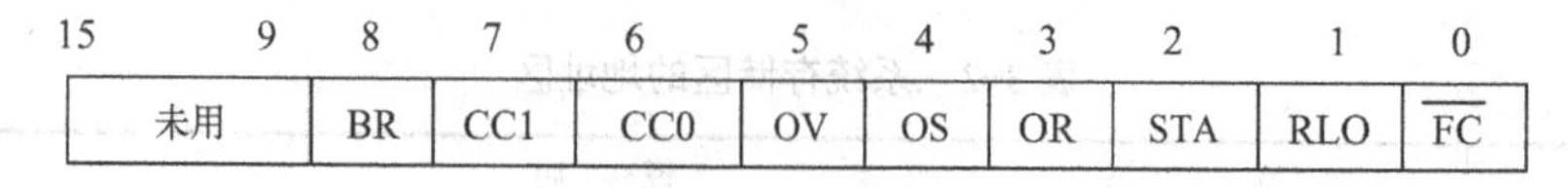


图 3-4 状态字结构

1）首次检测位。状态字的第 0 位称为首次检测位（FC）。若该位的状态为 0，则表明一个梯形逻辑网络的开始，或指令为逻辑串的第一条指令。对逻辑串第一条指令的检测（称为首次检测）产生的结果直接保存在状态字的 RLO 位中，经过首次检测存放在 RLO 中的 0 或 1 称为首次检测结果。该位在逻辑串的开始时总是 0，在逻辑串指令执行过程中该位为 1，输出指令或与逻辑运算有关的转移指令（表示一个逻辑串结束的指令）时将该位清 0。

2）逻辑运算结果。状态字的第 1 位称为逻辑运算结果（Result of Logic Operation，RLO），该位用来存储执行位逻辑指令或比较指令的结果。RLO 的状态为 1，表示有能流流到梯形图中运算点处；为 0 则表示无能流流到该点。例如，一串逻辑指令中的某个指令检查触点的信号状态，并根据布尔逻辑运算规则将检查的结果（状态位）与 RLO 位进行逻辑门运算，然后逻辑运算结果又存在 RLO 位中。

3）状态位。状态字的第 2 位称为状态位（STA），执行位逻辑指令时，STA 总是与该位的值一致。状态位用于保存被寻址位的值。状态位总是向扫描指令（A，AN，O，…）或写指令（=，S，R）显示寻址位的状态（对于写指令，保存的寻址位状态是本条写指令执行后的该寻址位的状态）。

4）或位。状态字的第 3 位称为或位（OR），在先逻辑“与”后逻辑“或”的逻辑运算中，OR 位暂存逻辑“与”的操作结果，以便进行后面的逻辑“或”运算。先前执行的逻辑“与”操作产生的值为“1”，于是，逻辑“或”操作的执行结果就已被确定为“1”。其他指令将 OR 位复位。

5）溢出状态保持位。状态字的第 4 位称为溢出状态保持位（OS），它是与 OV 位一起被置位的，而且在更新算术指令之后，它能够保持这种状态，也就是说，它的状态不会由于下一个算术指令的结果而改变。这样，即使是在程序的后面部分，也还有机会判断数字区域是否溢出或者指令是否含有无效实数。这样可以用于指明前面的指令执行过程中是否产生过错误。只有 JOS（OS=1 时跳转）指令、块调用指令和块结束指令才能复位 OS 位。

6）溢出位。状态字的第 5 位称为溢出位（OV），如果算术运算或浮点数比较指令执行时出现错误（如溢出、非法操作和不规范的格式），溢出位被置 1。后面的同类指令执行结果正常时该位被清 0。

7）条件代码 1 和条件代码 0。状态字的第 7 位和第 6 位称为条件代码 1（CC1）和条件代码 0（CC0）。这两位综合起来用于表示在累加器 1 中产生的算术运算或逻辑运算的结果与 0 的大小关系、比较指令的执行结果或移位指令的移出位状态。

8）二进制结果位。状态字的第 8 位称为二进制结果位（BR）。它将字处理程序与位处理联系起来，在一段既有位操作又有字操作的程序中，用于表示字操作结果是否正确。

梯形图中几个指令框可以在一行中串联，只有前一个指令框被正确执行，后一个才能被执行。BR 位用于表明方框指令是否被正确执行：如果执行出现了错误，BR 位为 0；如果指令被正确执行，BR 位为 1。

编写程序时，必须对 BR 位进行管理，FB 或 FC 正确执行后，用 SET 指令和 SAVE 指令将 BR 置为 1；否则用 CLR 和 SAVE 指令将 BR 置为 0。

状态字的各位可以作为一个触点在程序中使用，图 3-5 所示即为 STEP 7 指令树中的状态位。

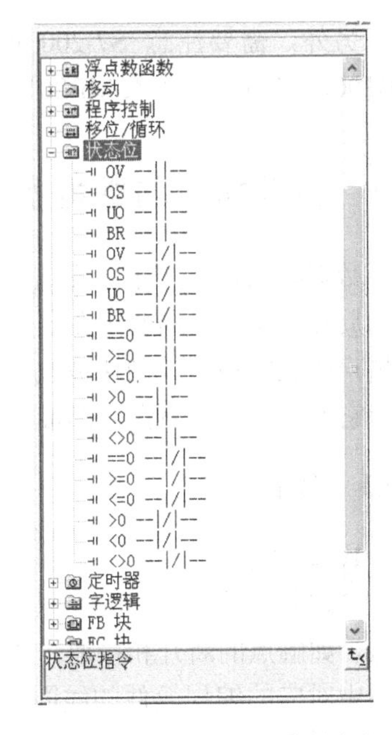


图 3-5　STEP 7 中状态字的各位

### 3.3.3　寻址

SIMATIC S7 CPU 中可以按照位、字节、字和双字对存储单元进行寻址。

位存储单元的地址由字节地址和位地址组成，如 I3.2，其中的区域标识符 “I” 表示输入（Input），字节地址为 3，位地址为 2，这种存取方式称为 “字节.位” 寻址方式，如图 3-6 所示。

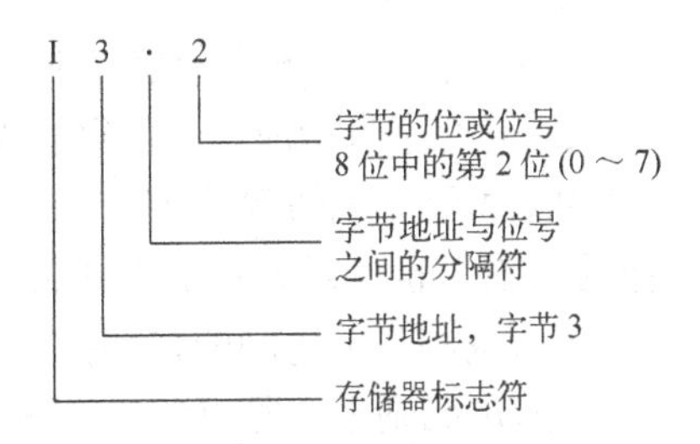


图 3-6　位寻址举例

输入字节 IB3（B 是 Byte 的缩写）由 I3.0～I3.7 这 8 位组成。相邻的两个字节组成一个字，MW200 表示由 MB200 和 MB201 组成的一个字，MW200 中的 V 为区域标识符，W 表示字（Word），200 为起始字节的地址。MD200 表示由 MB200～MB203 组成的双字，M 为区域标示符，D 表示存取双字（Double Word），200 为起始字节的地址。位、字节、字和双字示意如图 3-7 所示。

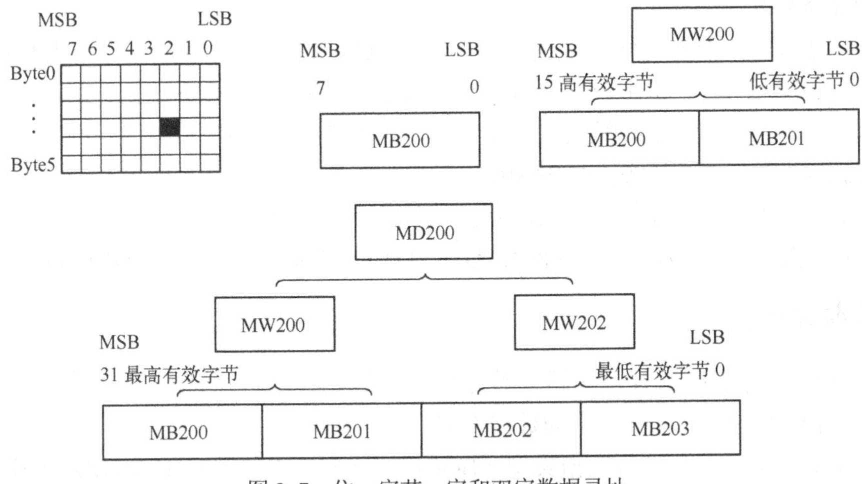


图 3-7　位、字节、字和双字数据寻址

由图 3-7 可以看出，M200.2、MB200、MW200 和 MD200 等地址有重叠现象，在使用时一定注意，以免引起错误。

另外，需要注意 S7-200 PLC 中的“高地址，低字节”的规律，如果将 16#12 送入 MB200，将 16#34 送入 MB201，则 MW200=16#1234。

## 3.4 数据格式与数据类型

数据在用户程序中以变量形式存储，是唯一的。根据访问方式的不同，变量分为全局变量和局部变量，全局变量在全局符号表或全局数据块中声明，局部变量在 OB、FC 和 FB 的变量声明表中声明。当块被执行时，变量永久地存储在过程映像区、位存储器区或数据块，或者它们动态地建立在局部堆栈中。

### 3.4.1 数制

**1．二进制数**

二进制数的 1 位（bit）只有 0 和 1 两种取值，可用来表示开关量（或称数字量）的两种状态，如触点的断开和接通、线圈的通电和断电等。如果该位为 1，则正逻辑情况下表示梯形图中对应的编程元件的线圈“通电”，其常开触点接通，常闭触点断开，反之相反。二进制常数用 2#表示，如 2#1111_0110_1001_0001 是一个 16 位二进制常数等。

**2．十六进制数**

十六进制数的 16 个数字是由 0～9 十个数字以及 A、B、C、D、E、F（对应于十进制数 10～15）6 个字母构成，其运算规则为逢 16 进 1，在 SIMATIC 中 B#16#、W#16#、DW#16# 分别用来表示十六进制字节、十六进制字和十六进制双字常数，例如 W#16#2C3F。在数字后面加“H”也可以表示十六进制数，例如 16#2C3F 可以表示为 2C3FH。

十六进制与十进制的转换按照其运算规则进行，例如 B#16#1F=1×16+15=31；十进制转换为十六进制则采用除 16 的方法，即 $1234=4\times16^2+13\times16+2$=4D2H。十六进制与二进制的转换则注意十六进制中每个数字占二进制数的 4 位就可以了，如 4D2H=0100_1101_0010。

**3．BCD 码**

BCD 码是将一个十进制数的每一位都用 4 位二进制数表示，即 0～9 分别用 0000～1001 表示，而剩余 6 种组合（1010～1111）则没有在 BCD 码中使用。

BCD 码的最高 4 位二进制数用来表示符号，16 位 BCD 码字的范围为-999～999。32 位 BCD 码双字的范围为-9999999～9999999。

BCD 码实际上是十六进制数，但是各位之间的关系是逢十进一。十进制数可以很方便地转换为 BCD 码，例如十进制数 296 对应的 BCD 码为 W#16#296，或 2#0000_0010_1001_0110。

### 3.4.2 基本数据类型

数据类型决定数据的属性，如要表示元素的相关地址及其值的允许范围等，数据类型也决定了所采用的操作数。STEP 7 中的数据类型有下面几种：

1）基本数据类型，包括位数据类型（BOOL、BYTE、WORD、DWORD、CHAR），算术数据类型（INT、DINT、REAL），时间数据类型（S5TIME、TIME、DATE、TIME_OF_DAY）。

2）通过组合基本数据类型生成的复杂数据类型，包括时间型（DATE_AND_TIME）、数组型（ARRAY）、结构型（STRUCT）、字符串型（STRING）和用户自定义数据类型（UDT数据类型，长度大于32位）。

基本数据类型根据 IEC 1131-3 来定义，数据类型决定了需要的存储器空间。基本数据类型不超过32位，可以装入S7处理器的累加器中，利用STEP 7基本指令处理，具体见表3-3。

**表3-3　基本数据类型说明**

| 数据类型 | 大小（位） | 说　明 |
|---|---|---|
| 布尔 BOOL | 1 | 位，范围：是或非 |
| 字节 BYTE | 8 | 字节，范围：0～255 |
| 字 WORD | 16 | 字，范围：0～65，535 |
| 双字 DWORD | 32 | 双字，范围：0～（$2^{32}$-1） |
| 字符 CHAR | 8 | 字符，任何可打印的字符（ASCⅡ码大于31），除去DEL和" |
| 整型 INT | 16 | 整数，范围：-32，768～32，767 |
| 双整型 DINT | 32 | 双字整数，范围：-$2^{31}$～（$2^{31}$-1） |
| 实数 REAL | 32 | IEEE 浮点数 |
| 时间 TIME | 32 | IEC 时间，间隔为 1ms |
| 日期 DATE | 32 | IEC 日期，间隔为1天 |
| 每天时间 TIME-OF-DAY-TOD | 32 | 每天时间间隔为 1ms：小时（0～23），分（0～59），秒（0～59），毫秒（0～999） |
| S5 系统时间 S5TIME | 32 | 定时器的预置时间范围：OH-OM-OS-OMS～2H-46M-30S-0MS |

### 1．位数据类型

位（bit）数据的数据类型为BOOL（布尔）型，位数据值1和0常用英语单词TRUE（真）和FALSE（假）来表示。

8位二进制数组成一个字节（Byte），其中的第0位为最低位（LSB）、第7位为最高位（MSB）；两个字节组成一个字（Word），两个字组成一个双字（Double Word）。

可以看出：字节、字和双字数据类型都是无符号数，其取值范围分别为B#16#00～FF，W#16#0000～FFFF和DW#16#0000_0000～FFFF_FFFF。

字节、字和双字数据类型中的特殊形式是BCD数据、用于连接计数功能的计数值以及以ASCII码形式表示一个字符的CHAR类型。

### 2．算术数据类型

16位整数（Integer，INT）是有符号数，整数的最高位为符号位，最高位为0时为正数，为1时为负数，取值范围为-32768～32767。整数用补码来表示，正数的补码就是它的本身，将一个正数对应的二进制数的各位求反码后加1，可以得到绝对值与它相同的负数的补码。

32位整数（Double Integer，DINT）的最高位是符号位，最高位为0时为正数，为1时为负数，取值范围为-2147483648～2147483647，和16位整数一样可以用于整数的运算。

32位浮点数又称实数（REAL），浮点数表示的基本格式为$1.m\times2^{e}$，例如123.4可表示为$1.234\times10^{2}$。图3-8所示为浮点数的格式，可以看出，浮点数共占用一个双字（32位），其最高位（第31位）为浮点数的符号位，最高位为0时是正数，为1时是负数；8位指数占用第23～30位；因为规定尾数的整数部分总是为1，只保留了尾数的小数部分$m$（第0～22位）。标准浮点数格式为：

$$S\times(1.m)\times2^{e-127}$$

其中，$S$ 为符号位（0 对应于+，1 对应于-）；$m$ 为 23 位尾数，最高有效位 MSB = $2^{-1}$ 及最低有效位 LSB =$2^{-23}$；$e$ 为二进制整数形式的指数（$0<e<255$）。

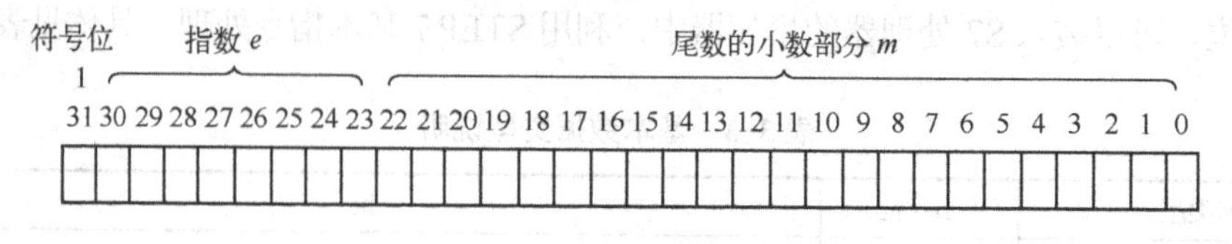


图 3-8　浮点数的格式

浮点数的表示范围为$-3.402823\times10^{38}$～$-1.175495\times10^{-38}$，$1.175495\times10^{-38}$～$3.402823\times10^{38}$。

浮点数的优点是用很小的存储空间（4 个字节）可以表示非常大和非常小的数。PLC 输入和输出的数值大多是整数（例如模拟量输入值和模拟量输出值），用浮点数来处理这些数据需要进行整数和浮点数之间的相互转换，需要注意的是，浮点数的运算速度比整数运算慢得多。

**3．时间数据类型**

在定时器功能中，定时器值要求是 S5TIME 数据类型的变量，即 S5TIME 数据类型用于在定时器功能中指定定时时间，可以分别以小时、分钟、秒或毫秒为单位指定时间值。向定时器输入时间值时，可以使用带下划线（1h_4m）的值，也可以使用不带下划线（1h4m）的值。

TIME 数据类型变量占据双字的地址空间，用来在 IEC 定时器功能中指定定时值。TIME 数据类型变量的内容被视为一个以毫秒为单位的 DINT 数字，并且可正可负，如：T#1s=L#1000，T#24d20h31m23s647ms = L#214748647。

DATE 数据类型变量是以无符号整数形式存储在一个字的地址空间中，其内容表示的是自 1990 年 01 月 01 日以来的天数值，如 D#2168-12-31 = W#16#FF62。

TIME_OF_DAY 数据类型变量占据双字的地址空间，它包含了自当日起（零点）所经过时间的毫秒值，该值是一个无符号整型数，如 TOD#23：59：59.999 = DW#16# 0526_5B77。

## 3.4.3　复杂数据类型

通过组合基本数据类型构成复杂数据类型，这对于组织复杂数据十分有用。用户可以生成适合特定任务的数据类型，将基本的、逻辑上有关联的信息单元组合成一个拥有自己名称的“新”单元，如电动机的数据记录，将其描述为一个属性（性能、状态）记录，包括速度给定值、速度实际值、起停状态等各种信息。另外，通过复杂数据类型可以使复杂数据在块调用中作为一个单元被传递，也即在一个参数中传递到被调用块，符合结构化编程的思想。这种方式使众多基本信息单元高效而简洁地在主调用块和被调用块之间传递，同时保证了已编制程序的高度可重复性和稳定性。

复杂数据类型见表 3-4，包括以下几种：

1）数组（ARRAY）：将一组同一类型的数据组合在一起，形成一个单元。

2）结构（STRUCT）：将一组不同类型的数据组合在一起，形成一个单元。

3）字符串（STRING）：最多有 254 个字符（CHAR）的一维数组。

4）日期-时间（DATE_AND_TIME）：用于存储年、月、日、时、分、秒、毫秒和星期，占用 8 个字节，用 BCD 格式保存。星期天的代码为 1，星期一～星期六的代码为 2～7。例如 DT#2004-07.15-12：30：15.200 表示 2004 年 7 月 15 日 12 时 30 分 15.2 秒。

5）用户定义的数据类型（User-defined DataTypes，UDT）：由用户将基本数据类型和复杂数据类型组合在一起，形成新的数据类型。通过将大量数据组织到 UDT 中，在生成数据块或在变量声明表中声明变量时，利用 UDT 数据类型输入更加方便。

**表 3-4　复杂数据类型说明**

| 数据类型 | 说　明 |
|---|---|
| 日期-时间<br>DATE_AND_TIME | 定义 64 位区（8 字节），存储如下信息（BCD）：年-字节 0，月-字节 1，日-字节 2，小时-字节 3，分-字节 4，秒-字节 5，毫秒-字节 6 和字节 7 的一半，一周中的第几天-字节 7 的另一半 |
| 字符串 STRING | 可定义多达 254 个字符，字符串的默认大小为 256 个字节，存放 254 个字符，外加两个双字节字头，可以定义字符实际数目来减少预留值，如 String[7]'Siemens' |
| 数组 ARRAY | 定义一种数据格式的多维数组（基本数据类型或者复式数据类型）。如 "ARRAY[1...2,1..3]OF INT" 表示 2×3 的整数数组；通过下标（"[2，2]"）访问数组中的数据。可以定义到 6 维数组，下标可为任意整数（-32768～32767） |
| 构造 STRUCT | 定义多种数据类型组合的数组（可以定义构造中的数组，也可以是构造中的构造和数组） |

复杂数据类型只能结合全局数据块的变量声明使用。装入指令不能把复杂数据类型完全装入累加器，可以使用库中的标准块（"IEC" S7 程序）处理复杂数据类型。

关于复杂数据类型将在后面的数据块章节中详细介绍。

### 3.4.4　参数类型

参数类型是为在逻辑块之间传递参数的形参（Formal Parameter，形式参数）定义的数据类型，包括：

1）TIMER（定时器）和 COUNTER（计数器）：指定执行逻辑块时要使用的定时器和计数器，对应的实参（Actual Parameter，实际参数）应为定时器或计数器的编号，例如 T3、C21。

2）BLOCK（块）：指定一个块用作输入和输出，参数声明决定了使用块的类型，例如 FB、FC、DB 等。块参数类型的实参应为同类型块的绝对地址编号（例如 FB2）或符号名（例如 "Motor"）。

3）POINTER（指针）：指针指向一个变量的地址，即用地址作为实参。例如 P#M50.0 是指向 M50.0 的双字地址指针。

4）ANY：用于实参的数据类型未知或实参可以使用任意数据类型的情况，占 10B。

参数也可是用户自定义的数据类型。表 3-5 所示是参数类型表。

**表 3-5　参数类型表**

| 参　数 | 大　小 | 说　明 |
|---|---|---|
| 定时器（Timer） | 2B | 在被调用的逻辑块内定义一个定时器格式<br>格式：T1 |
| 计数器（Counter） | 2B | 在被调用的逻辑块内定义一个计数器格式<br>格式：C1 |
| 块 Block-FB<br>块 Block- FC | 2B | 在被调用的逻辑块内定义一个块格式<br>格式：FC101:DB42 |

（续）

| 参　数 | 大　小 | 说　明 |
|---|---|---|
| 块 Block-DB<br>块 Block SDB | | |
| 指针(Pointer) | 6B | 定义内存单元<br>格式：P#M50.0 |
| ANY | 10B | 当实参的数据类型未知时使用<br>格式：P#50.0byte 10<br>　　　P#100.0word 5 |

在程序设计中，各指令涉及的数据类型格式是以其标记体现的。大多数标记对应于特定的数据类型或参数类型，有些标记可表示几种数据类型。STEP7 提供下列数据格式的标记：

1）时间/日期标记。时间/日期标记见表 3-6，这些时间/日期标记不仅用来为 CPU 输入日期和时间，也可为定时器赋值。

**表 3-6　时间/日期标记表**

| 标　记 | 数据类型 | 说　明 | 示　例 |
|---|---|---|---|
| T#（Time#） | 时间（Time） | T#天 D 小时 H-分钟 M-秒 S 毫秒 MS | T#0D-1H-10M22S0MS |
| D#（DATE） | 日期（Date） | D#年-月-日 | D#1995-2-15 |
| TOD<br>(Time-of day#) | 当天时间<br>(Time of day#) | TOD#小时：分钟：秒．毫秒 | TOD#13：24：33.555 |
| S5T#（ST5ime#） | S5 时间（S5Time#） | S5T#天 D-小时 H-分钟 M-秒 S-毫秒 MS | S5T#12M-22S-100MS |
| DT#<br>(Date-and-time#) | 日期和时间<br>(Date-and-time#) | DT#年-月-日-小时-分钟-秒.毫秒 | DT#1995-3-15-17：10：3.335 |

2）数值标记。数值标记见表 3-7，这些标记提供了数值的不同格式，可用来输入常数或监测数据。它包括二进制格式、布尔格式（真或假）、字节格式（输入字或双字的每个字节中的值）、计数器常数格式、十六进制数、带符号的整数格式（含 16 位和 32 位）、实数格式（浮点数）。

**表 3-7　数值标记表**

| 标　记 | 数据类型 | 说　明 | 示　例 |
|---|---|---|---|
| 2# | WORD<br>DWORD | 二进制：16 位（字）<br>　　　　32 位（双字） | 2#0001-1011-0001-1111<br>2#0001-1100-1111-0101-1010-1100-0011-0001 |
| True/False | BOOL | 布尔值（真=1，假=0） | TRUE |
| B#（…）<br>Byte#（…） | WORD<br>DWORD | 字节：16 位（字）<br>　　　32 位（双字） | B#（10，20）<br>B#（1，14，100，114） |
| B#16# Byte#16# | BYTE | 十六进制：8 位（字节） | B#16#4F |
| W#16#Word#16# | WORD | 十六进制：16 位（字） | B#16#FF12 |
| DW#16#DWord#16# | DWORD | 十六进制：32 位（双字） | DW#16#09A2-FF12 |
| Integer | INT | IEC 整数格式：<br>16 位，位 15 放符号 | 612<br>-1234 |
| L# | DINT | “长”整数格式：<br>32 位，位 31 放符号 | L#34560<br>L#334488 |
| Real number | REAL | IEC 实数（浮点数）格式：<br>32 位 | 3.14<br>1.234567E+13 |
| C# | WORD | 计数器常数：<br>16 位 0～999（BCD 格式） | C#500 |

3）字符/文字标记。STEP7 允许输入字符/文字信息，表 3-8 是字符/文字标记。

**表 3-8　字符/文字标记表**

| 标　记 | 数 据 类 型 | 说明和有效数据类型 | 示　例 |
|---|---|---|---|
| 'Character' | CHAR | ASCⅡ字符：8 位 | 'A' |
| 'String' | STRING | IEC 字符串格式：可达 254 个字符 | 'Siemens' |

4）参数类型的标记。参数类型定义在结构化程序中传递给逻辑块的特定数据。表 3-9 列出了参数类型的标记。

**表 3-9　参数类型的标记表**

| 标　记 | 说　明 | 示　例 |
|---|---|---|
| 定时器 | Tnn（nn 为定时器号） | T10 |
| 计数器 | Cnn（nn 为计数器号） | C23 |
| FB 块 | FBnn（nn 为 FB 号） | FB100 |
| FC 块 | FCnn（nn 为 FC 号） | FC22 |
| DB 块 | DBnn（nn 为 DB 号） | DB110 |
| SDB 块 | SDBnn（nn 为 SDB 号） | SDB210 |
| 指针 | P#存储区地址 | P#M50.0 |
| 任意参数 | P#存储区地址-数据类型 | P#M10.0word5 |

## 3.5　程序结构

STEP 7 编程采用块的概念，即将程序分解为独立的、自成体系的各个部件，块类似于子程序的功能，但类型更多、功能更强大。在工业控制中，程序往往是非常庞大和复杂的，采用块的概念便于大规模程序的设计和理解，可以设计标准化的块程序进行重复调用，程序结构清晰明了，修改方便，调试简单。采用块结构显著地增加了 PLC 程序的组织透明性、可理解性和易维护性。

STEP 7 程序提供了多种不同类型的块，具体见表 3-10。

**表 3-10　STEP 7 用户程序中的块**

| 块（Block） | 简 要 描 述 |
|---|---|
| 组织块（OB） | 操作系统与用户程序的接口，决定用户程序的结构 |
| 功能块（FB） | 用户编写的包含经常使用的功能的子程序，有存储区 |
| 功能（FC） | 用户编写的包含经常使用的功能的子程序，无存储区 |
| 背景数据块（DI） | 调用 FB 和 SFB 时用于传递参数的数据块，在编译过程中自动生成数据 |
| 共享数据块（DB） | 存储用户数据的数据区域，供所有的块共享 |
| 系统功能块（SFB）<br>系统功能（SFC） | 存储在 CPU 操作系统中，由用户调用的一些重要的系统功能和系统功能块 |
| 系统数据块（SDB） | 用于配置数据和参数的数据块 |

从块的功能、结构及应用角度来看，块是用户程序的一部分。根据其内容，可以将STEP 7块划分为两类：

1）用户块。用户块包括组织块（OB）、功能块（FB）、功能（FC）以及数据块（DB）。用户将用于进行数据处理或过程控制的程序指令存储在OB、FB和FC块中，将程序执行期间产生的数据保存在DB中，以备后来使用。用户块是在编程设备中创建的，并从编程设备下载到CPU中。

2）系统块。系统块包括系统功能块（SFB）、系统功能（SFC），以及系统数据块（SDB）。SFB和SFC集成在CPU的操作系统中，可以用于解决PLC需要频繁处理的标准任务。SDB包含用做参数分配的数据，这些数据只能由CPU进行处理。SDB是在将装载参数分配数据期间由硬件组态编辑器或NETPRO等工具创建编写的，用户程序不能创建编写。SDB的下载操作只能在STOP（停机）模式下进行。

STEP 7采用块的思想除便于结构化编程外，还便于在CPU运行期间修改STEP 7中的用户块（OB、FB、FC及DB）并在运行期间将其下载到CPU中。比如，可在运行期间升级系统软件，或者清除所发生的（软件方面的）错误等。

OB、FB、FC、SFC、SFB也称为逻辑块。每个CPU中所包含的上述各种块的数量以及块的长度由CPU类型决定，表3-11是S7-300 PLC不同类型CPU所包含各种块的数量。

**表3-11　S7-300 PLC不同类型CPU所包含各种块及数量**

| CPU类型 | FC | FB | DB | OB |
|---|---|---|---|---|
| CPU312C | 64 | 64 | 63 | OB1，10，20，35，40，100，102，80，…，82，85，87，121，122 |
| CPU313C | 128 | 128 | 127 | OB1，10，20，35，40，100，102，80，…，82，85，87，121，122 |
| CPU313C-2 PtP | 128 | 128 | 127 | OB1，10，20，35，40，100，102，80，…，82，85，87，121，122 |
| CPU313C-2 DP | 128 | 128 | 127 | OB1，10，20，35，40，100，102，80，…，82，85，86，87，121，122 |
| CPU314C-2 PtP | 128 | 128 | 127 | OB1，10，20，35，40，100，102，80，…，82，85，87，121，122 |
| CPU314C-2 DP | 128 | 128 | 127 | OB1，10，20，35，40，100，102，80，…，82，85，87，121，122 |
| CPU312 IFM | 32 | 32 | 63 | OB1，40，100 |
| CPU313 | 128 | 128 | 127 | OB1，40，35，10，100 |
| CPU314 | 128 | 128 | 127 | OB1，40，35，10，100 |
| CPU314 IFM | 128 | 128 | 127 | OB1，40，35，10，100 |
| CPU315 | 192 | 192 | 255 | OB1，40，35，10，100 |
| CPU315-2 DP | 192 | 192 | 255 | OB1，40，35，10，100 |
| CPU316-2 DP | 512 | 256 | 511 | OB1，40，35，10，100 |
| CPU318-2 DP | 1024 | 1024 | 2047 | OB10，11，20，21，32，35，40，41，90，100，80，81，82，84，87，121，122 |

**1．组织块**

组织块（OB）是CPU中操作系统与用户程序的接口，由操作系统调用，用于控制用户程序扫描循环和中断程序的执行、PLC的启动和错误处理等。

OB1是用于扫描循环处理的组织块，相当于主程序，操作系统调用OB1来启动用户程序的循环执行，每一次循环中调用一次组织块OB1。在项目中插入PLC站并进行硬件组态后OB1自动在STEP 7项目管理器的“S7程序”目录中生成，双击打开即可编写程序。

组织块中除 OB1 作为用于扫描循环处理主程序的组织块以外，还包括启动组织块，如 OB100、OB101、OB102，定期的程序执行组织块，如日期时间中断 OB10-17 和循环中断 OB30-38 等，以及事件驱动的程序执行组织块，包括延时中断组织块 OB20-23，硬件中断组织块 OB40-47，异步错误组织块 OB80-87，同步错误组织块 OB121、OB122 等。

有关组织块的详细信息将在后续章节进行介绍。

**2．功能**

功能（Function，FC）是属于用户编程的块，是一种不带“存储区”的逻辑块。FC 的临时变量存储在局域数据堆栈中，当 FC 执行结束后，这些临时数据就丢失了；要将这些数据永久存储，FC 可以使用共享数据块。

FC 类似于子程序，在被其他程序调用时才执行，因而可以简化程序代码和减少扫描时间。用户可以将不同的任务编写到不同的 FC 中，同一 FC 可以在不同的地方被多次调用。

由于 FC 没有自己的存储区，所以必须为其指定实际参数，不能为一个 FC 的局域数据分配初始值。

调用功能时需要用实际参数（实参）代替形式参数（形参），如将实参 I0.0 赋值给形参“Start”。形参是实参在逻辑块中的名称，FC 不需要背景数据块。FC 用输入（IN）、输出（OUT）和输入/输出（IN_OUT）参数作指针，指向调用它的逻辑块提供的实参。FC 被调用后，可以为调用它的块提供一个数据类型为 RETURN 的返回值。

**3．功能块**

功能块（Function Block，FB）也属于用户编程的块，与 FC 一样，类似于子程序，但 FB 是一种带“存储功能”的块。数据块（DB）作为存储器（DI，背景数据块）被分配给 FB。传递给 FB 的参数和静态变量都保存在背景数据块中，临时变量存在本地数据堆栈中。

当 FB 执行结束时，存在 DI 中的数据不会丢失。但是，当 FB 的执行结束时，存在本地数据堆栈中的数据将丢失。

在编写调用 FB 的程序时，必须指定 DI 的编号，调用时 DI 被自动打开。在编译 FB 时自动生成 DI 中的数据，可以在用户程序中或通过人机界面接口访问这些背景数据。

一个 FB 可以有多个 DI，使 FB 用于不同的被控对象，称为多重背景模型。关于多重背景模型的内容将在后续章节详细介绍。

用户可以在 FB 的变量声明表中给形参赋初始值，它们被自动写入相应的 DI 中。在调用 FB 时，CPU 将实参分配给形参的值存储在 DI 中。如果调用 FB 时没有提供实参，将使用上一次存储在 DI 中的参数。

与 FC 一样，FB 可以直接在“S7 程序”目录中“块”文件夹下进行插入。

**4．数据块**

数据块（DB）是用于存放执行用户程序时所需的变量数据的数据区。用户程序以位、字节、字或双字操作访问数据块中的数据，可以使用符号或绝对地址。数据块与临时数据不同，当逻辑块执行结束时或数据块关闭时，数据块中的数据不被覆盖。数据块同逻辑块一样占用用户存储器的空间，但不同于逻辑块的是，数据块中没有指令而只是一个数据存储区，STEP 7 按数据生成的顺序自动地为数据块中的变量分配地址。数据块分为共享数据块和背景数据块。

（1）共享数据块

共享数据块（Share Block）存储的是全局数据，所有逻辑块都可以对共享数据块进行数据的读取和写入操作。CPU 可以同时打开一个共享数据块和一个背景数据块。如果某个逻辑块被调用，它可以使用临时局域数据区（即 L 堆栈）。逻辑块执行结束后，其局域数据区中的数据丢失，但是共享数据块中的数据不会被删除。当建立一个共享数据块时，需要输入在 DB 中要保存的变量（名称和数据类型），所输入的数据的顺序决定了 DB 中的数据结构。

（2）背景数据块

背景数据块（Instance Data Block）总是分配给特定的 FB，仅在所分配的 FB 中使用。背景数据块中的数据是自动生成的，它们是 FB 的变量声明表中的数据（临时变量 TEMP 除外）。背景数据块用于传递参数，FB 的实参和静态数据存储在背景数据块中。调用 FB 时，应同时指定背景数据块的编号或符号，背景数据块只能被指定的 FB 访问。

编程时，应首先生成 FB，然后生成它的背景数据块。在生成背景数据块时，应指明它的类型为背景数据块，并指明它的功能块的编号。

背景数据块为 FB 提供了数据传递的存储器空间。当数据块关闭时，所存储的数据并不清除（和功能或功能块中的局部数据不同，当数据块关闭时，功能或功能块中的局部数据要清除）。一个功能块可以分配几个背景数据块。

关于数据块的内容将在后续章节进行详细介绍。

**5. 系统功能块、系统功能和系统数据块**

系统功能块（SFB）和系统功能（SFC）是集成在 S7 CPU 的操作系统中已编好程序的逻辑块，可以在用户程序中调用，但用户不能修改。SFB 和 SFC 作为操作系统的一部分，不占用程序空间。SFB 有存储功能，其变量保存在指定给它的背景数据块中，SFB 需要分配背景数据块，数据块必须作为用户程序的一部分下载到 CPU；而 SFC 没有存储功能。

S7 CPU 提供以下功能的 SFB：计数功能、脉冲、延时、数据的接收发送、对远程装置的操作、高速计数器、频率计、顺序控制器、与块相关的报文、定位功能、PID 控制器、从 DP 从站读写数据并组态连接用于通信及其他特殊功能等。

S7 CPU 提供以下功能的 SFC：复制，块功能，检查程序，处理时钟和运行时间计数器，数据传送，在多 CPU 模式的 CPU 之间传送事件，处理日期时间中断、延时中断，处理同步错误、中断错误和异步错误，有关静态和动态系统数据的信息，过程映像刷新和位域处理，模块寻址，分布式 I/O，全局数据通信，非组态连接的通信，生成与块相关的信息等。

关于 SFB、SFC 的详细信息将在后续章节详细介绍。

系统数据块（SDB）是由 STEP 7 产生的程序存储区，包含系统组态数据，如硬件模块参数和通信连接参数等用于 CPU 操作系统的数据。

## 3.6 编程方法

STEP 7 提供了 3 种程序设计方法，即线性化编程、模块化编程和结构化编程。

### 3.6.1 线性化编程

线性化编程类似于硬件继电接触器控制电路，整个用户程序放在循环控制组织块 OB1

（主程序）中，如图 3-9 所示。循环扫描时不断地依次执行 OB1 中的全部指令。线性化编程具有不带分支的简单结构，即一个简单的程序块包含系统的所有指令。这种方式的程序结构简单，不涉及功能块、功能、数据块、局域变量和中断等较复杂的概念，容易入门。

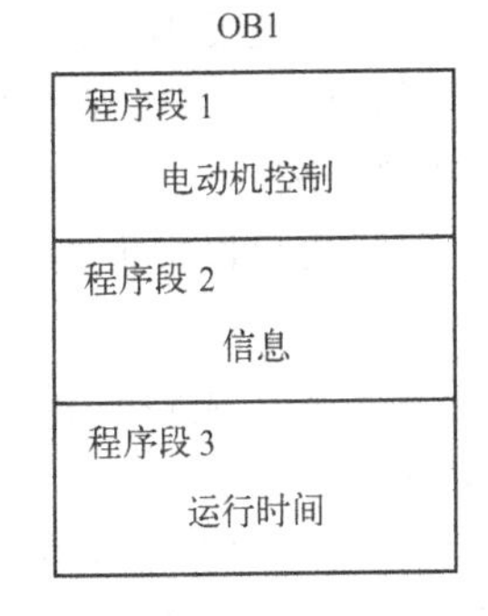

图 3-9　线性化编程示意图

由于所有的指令都在一个块中，即使程序中的某些部分代码在大多数时候并不需要执行，但循环扫描工作方式中每个扫描周期都要扫描执行所有的指令，CPU 额外增加了不必要的负担，没有充分利用。此外如果要求多次执行相同或类似的操作，线性化编程的方法需要重复编写相同或类似的程序。

通常不建议用户采用线性化编程的方式，除非是初学者或者程序非常简单。

### 3.6.2　模块化编程

模块化编程是将程序分为不同的逻辑块，每个块中包含完成某部分任务的功能指令。组织块 OB1 中的指令决定块的调用和执行，被调用的块执行结束后，返回到 OB1 中程序块的调用点，继续执行 OB1，该过程如图 3-10 所示。模块化编程中 OB1 起着主程序的作用，功能（FC）或功能块（FB）控制着不同的过程任务，如电动机控制，电动机相关信息及其运行时间等，相当于主循环程序的子程序。模块化编程中被调用块不向调用块返回数据。

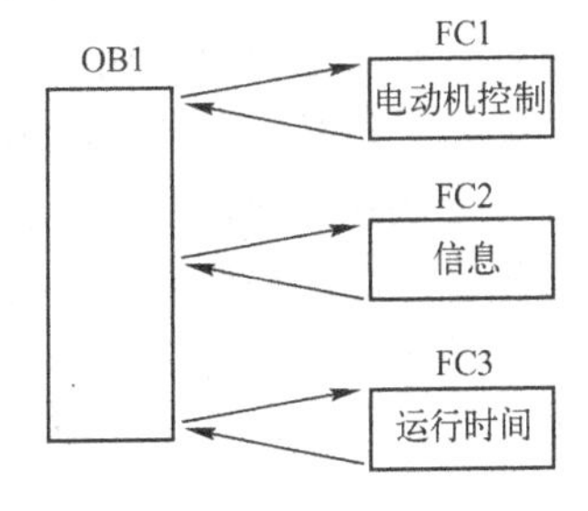

图 3-10　模块化编程示意图

模块化编程中，在主循环程序和被调用的块之间没有数据的交换。同时，控制任务被分成不同的块，易于几个人同时编程，而且相互之间没有冲突，互不影响。此外，将程序分成若干块，将易于程序的调试和故障的查找。OB1 中的程序包含有调用不同块的指令，由于每次循环中不是所有的块都执行，只有需要时才调用有关的程序块，这样，将有助于提高 CPU 的利用效率。

建议用户在编程时采用模块化编程，这样的程序结构清晰，可读性强，调试也方便。

### 3.6.3　结构化编程

结构化编程是通过抽象的方式将复杂的任务分解成一些能够反映过程的工艺、功能或可以反复使用的可单独解决的小任务，这些任务由相应的程序块（或称逻辑块）来表示，程序运行时所需的大量数据和变量存储在数据块中。某些程序块可以用来实现相同或相似的功能。这些程序块是相对独立的，它们被 OB1 或其他程序块调用。

在块调用中，调用者可以是各种逻辑块，包括用户编写的组织块（OB）、FB、FC 和系统提供的 SFB 与 SFC，被调用的块是 OB 之外的逻辑块。调用 FB 时需要为它指定一个背景数据块，后者随 FB 的调用而打开，在调用结束时自动关闭，如图 3-11 所示。

和模块化编程不同，结构化编程中通用的数据和代码可以共享。结构化编程具有如下一些优点：

1）各单个任务块的创建和测试可以相互独立地进行。

2）通过使用参数，可将块设计得十分灵活。例如，可以创建一个钻孔程序块，其坐标和钻孔深度可以通过参数传递进来。

3）块可以根据需要在不同的地方以不同的参数数据记录进行调用。

4）在预先设计的库中，能够提供用于特殊任务的“可重用”块。

建议用户在编程时，根据实际工程特点采用结构化编程方式来实现，通过传递参数使程序块重复调用，结构清晰，调试方便。

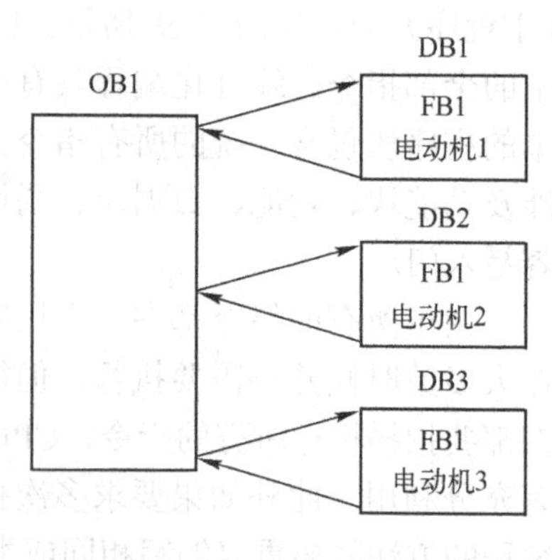

图 3-11　结构化编程示意图

结构化编程中用于解决单个任务的块使用局部变量来实现对其自身数据的管理。它仅通过其块参数来实现与“外部”的通信，即与过程控制的传感器和执行器，或者与用户程序中的其他块之间的通信。在块的指令段中，不允许访问如输入、输出、位存储器或DB中的变量这样的全局地址。

局部变量分为临时变量和静态变量。临时变量是当块执行时，用来暂时存储数据的变量，局部变量可以应用于所有的块（OB、FC、FB）中。那些在块调用结束后还需要保持原值的变量则必须存储为静态变量，静态变量只能用于FB中。

当块执行时，临时变量被用来临时存储数据，当退出该块时这些数据将丢失，这些临时数据都存储在局部数据堆栈（L Stack）中。

临时变量的定义是在块的变量声明表中定义的，在“temp”行中输入变量名和数据类型，临时变量不能赋初值。当块保存后，地址栏中将显示该临时变量在局部数据堆栈中的位置。可以采用符号地址和绝对地址来访问临时变量，但为了使程序可读性强，最好采用符号地址来访问。

程序编辑器可以自动地在局部变量名前加上#号进行标识以区别于全局变量，局部变量只能在变量表中对其进行定义的块中使用。

在给 FB 编程时使用的是“形参”（形式参数），调用它时需要将“实参”（实际参数）赋值给形参。形式参数有三种类型：输入参数 In 类型、输出参数 Out 类型和输入/输出参数 In_Out 类型。In 类型参数只能读，Out 类型参数只能写，In_Out 类型参数可读可写。在一个项目中，可以多次调用同一个块，例如在调用控制电动机的块时，将不同的实参赋值给形参，就可以实现对类似但是不完全相同的被控对象（如水泵 1、水泵 2 等）的控制。

结构化编程的详细内容将在后续章节中介绍。

### 3.6.4　块的调用

块调用即子程序调用，调用者可以是 OB、FB、FC 等各种逻辑块和系统提供的 SFB、SFC，被调用的块是除 OB 之外的逻辑块。调用 FB 时需要指定背景数据块。块可以嵌套调用，即被调用的块又可以调用别的块，允许嵌套调用的层数（嵌套深度）与 CPU 的型号有关。块嵌套调用的层数还受到 L 堆栈大小的限制。每个 OB 需要至少 20 B 的 L 内存。当块 A 调用块 B 时，块 A 的临时变量将压入 L 堆栈。

图 3-12 中，OB1 调用了 FB1，FB1 又调用了 FC1，应创建块的顺序是：先创建

FC1，然后创建 FB1 及其背景数据块 IDB1，也就是说在编程时要保证被调用的块已经存在了。图 3-12 中，OB1 还调用了 FB2，FB2 调用了 FB3，FB3 调用了 SFC1，这些都是嵌套调用的例子。

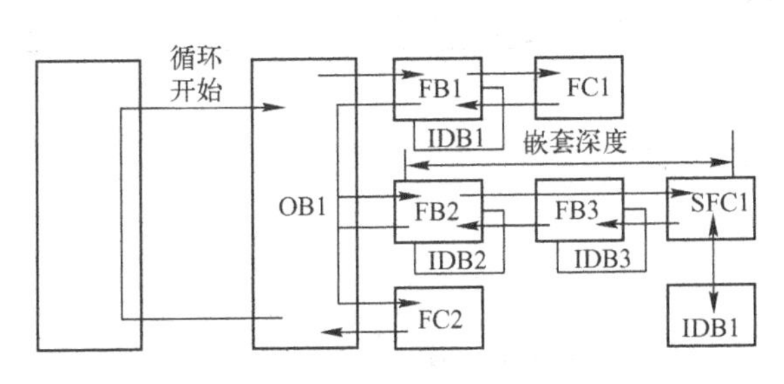


图 3-12　块调用的分层结构示意图

## 3.7　编程语言

IEC（国际电工委员会）1994 年 5 月公布的可编程序控制器标准（IEC 1131）的第三部分（IEC 1131-3）编程语言部分说明了 5 种编程语言的表达方式，即顺序功能图（Sequential Function Chart，SFC），梯形图（Ladder Diagram，LAD），功能块图（Function Block Diagram，FBD），指令表（Instruction List）和结构文本（Structured Text，ST）。

STEP 7 标准软件包配置了梯形图、语句表（即 IEC 1131-3 中的指令表）和功能块图三种基本编程语言，通常它们在 STEP 7 中可以相互转换。此外，STEP 7 还有多种编程语言作为可选软件包，如 CFC、SCL（西门子中的结构文本）、S7 Graph 和 S7 HiGraph。这些编程语言中，LAD、FBD 和 S7 Graph 为图形语言，STL、SCL 和 S7 HiGraph 为文字语言，CFC 则是一种结构块控制程序流程图。

### 3.7.1　梯形图编程语言

梯形图（LAD）是国内使用最多的 PLC 编程语言。梯形图与继电接触器控制电路图很相似，直观易懂，很容易被熟悉继电接触器控制的工厂电气人员掌握，特别适用于开关量逻辑控制。

梯形图由触点、线圈和用方框表示的功能块组成。触点代表逻辑输入条件，如外部的开关、按钮和内部条件等。线圈通常代表逻辑输出结果，用来控制外部的指示灯、交流接触器和内部的输出条件等。功能块用来表示定时器、计数器或者数学运算等附加指令。图 3-13 为梯形图编程的例子。

### 3.7.2　功能块图编程语言

功能块图（FBD）是一种类似于数字逻辑门电路的编程语言，有数字电路基础的人很容易掌握。该编程语言用类似与门、或门的方框来表示逻辑运算关系，方框的左侧为逻辑运算的输入变量，右侧为输出变量，输入、输出端的小圆圈表示“非”运算，方框被“导线”连接在一起，信号自左向右流动。图 3-14 中的控制逻辑与图 3-13 中的相同。西门子公司的

"LOGO"系列微型可编程序控制器就使用功能块图编程语言。

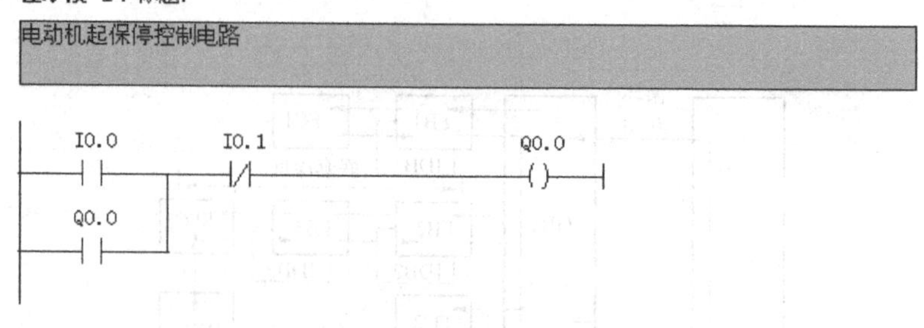

程序段 1：标题：
电动机起保停控制电路
I0.0
I0.1
Q0.0
Q0.0


图 3-13　梯形图编程例子

程序段 1：标题：
电动机起保停控制电路
>=1
I0.0
Q0.0
&
I0.1
Q0.0
=


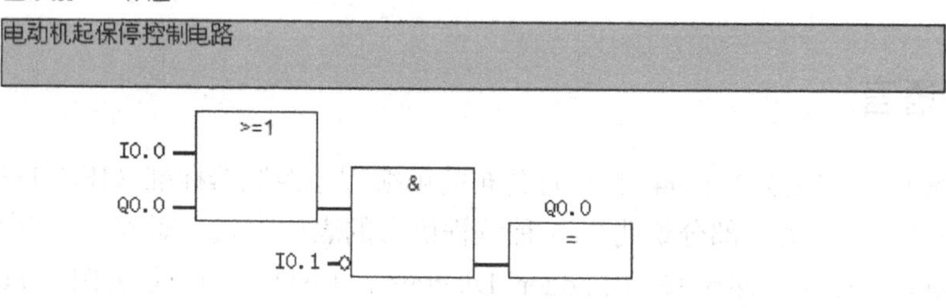

图 3-14　功能块图编程例子

### 3.7.3　语句表编程语言

S7 系列 PLC 将指令表称为语句表（STL），它是一种与微机的汇编语言的指令相似的助记符表达式，类似于机器码，如图 3-15 所示。每条语句对应 CPU 处理程序中的一步，CPU 执行程序时按每一条指令一步一步地执行。为方便编程，语句表已进行了扩展，还包括一些高层语言结构（如结构数据的访问和块参数等）。

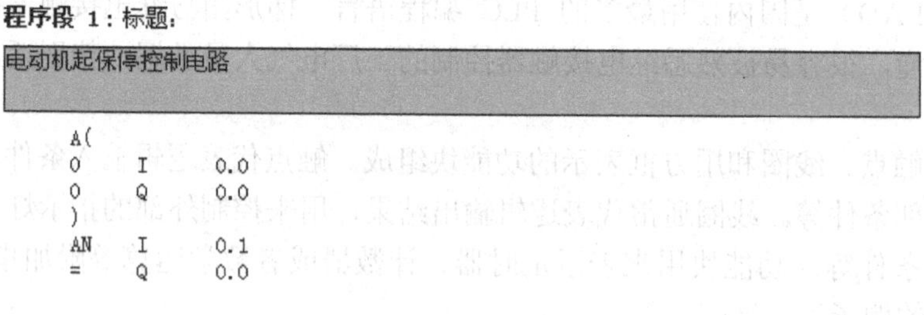

程序段 1：标题：
电动机起保停控制电路
A(
O　I　0.0
O　Q　0.0
)
AN　I　0.1
=　Q　0.0


图 3-15　语句表编程例子

语句表比较适合熟悉可编程序控制器和逻辑程序设计的经验丰富的程序员，语句表可以实现某些不能用梯形图或功能块图实现的功能。

### 3.7.4　S7 Graph 编程语言

S7 Graph 是用于编制顺序控制的编程语言，它包括将工业过程分割为步，即生成一系列顺序步，确定每一步的内容，即每一步中包含控制输出的动作，以及步与步之间的转换条件等主要内容。S7 Graph 编程语言中编写每一步的程序要用特殊的类似于语句表的编程语言，转换条件则是在梯形逻辑编程器中输入（梯形逻辑语言的流线型版本）。图 3-16 是 S7 Graph 的编辑界面。

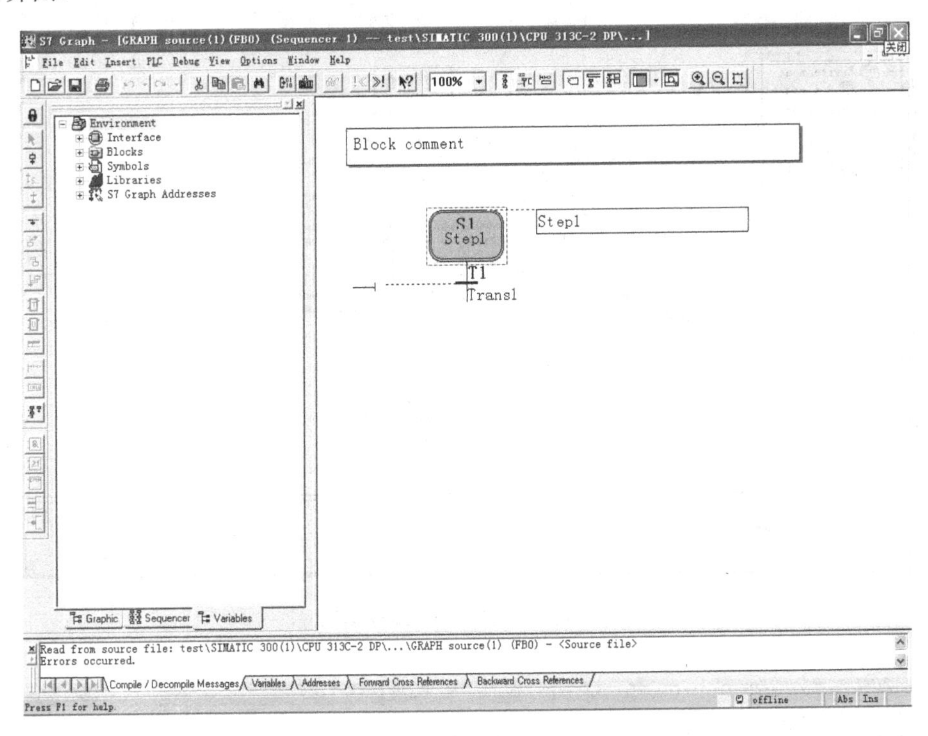


图 3-16　S7 Graph 的编程界面

S7 Graph 表达复杂的顺序控制非常清晰，用于编程及故障诊断非常有效。

### 3.7.5　S7 HiGraph 编程语言

S7 HiGrahp 是以状态图的形式描述异步、非顺序过程的编程语言。S7 HiGraph 将项目分成不同的功能单元，每个单元有不同的状态。不同状态之间的切换要定义转换条件。用类似于语句表的放大型语言来描述赋给状态的功能以及状态之间转换的条件。每个功能单元都用一个图形来描述该单元的特性。整个项目的各个图形组合起来为图形组。各功能单元的同步信息可在图形之间交换。各功能单元的状态条件的清晰表示，使得系统编程成为可能，故障诊断简单易行。与 S7 Graph 不同，在 S7 HiGraph 中任何时候只能一个状态（在 S7 Graph 中，即为“步”）是激活的。

图 3-17 是 S7 HiGraph 编程实例。

### 3.7.6　S7 SCL 编程语言

编程语言 SCL（结构化控制语言）是按照国际电工技术委员会 IEC 1131-3 标准定义的高级的文本语言，语言结构类似于 PASCAL 语言，在编写诸如回路和条件分支时，用其高级语言指令要比 STL 编程语言容易。因此，SCL 适合于公式计算、复杂的最优化算法、管理大量的数据或重复使用的功能等。SIMATIC S7 SCL 程序是在源代码编辑器中编写的，如图 3-18 所示。

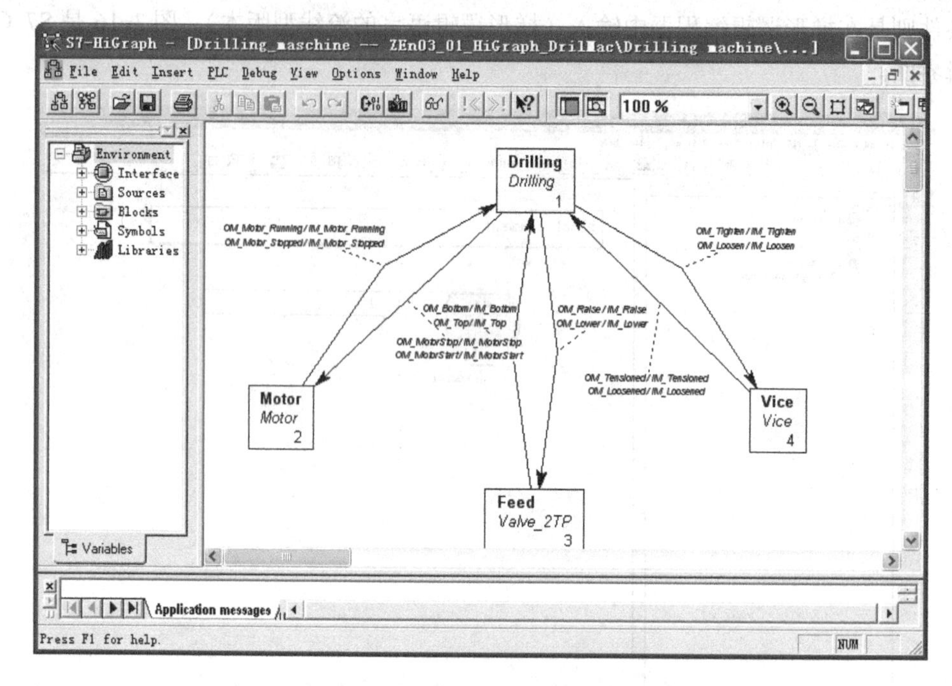


图 3-17　S7 HiGraph 编程实例

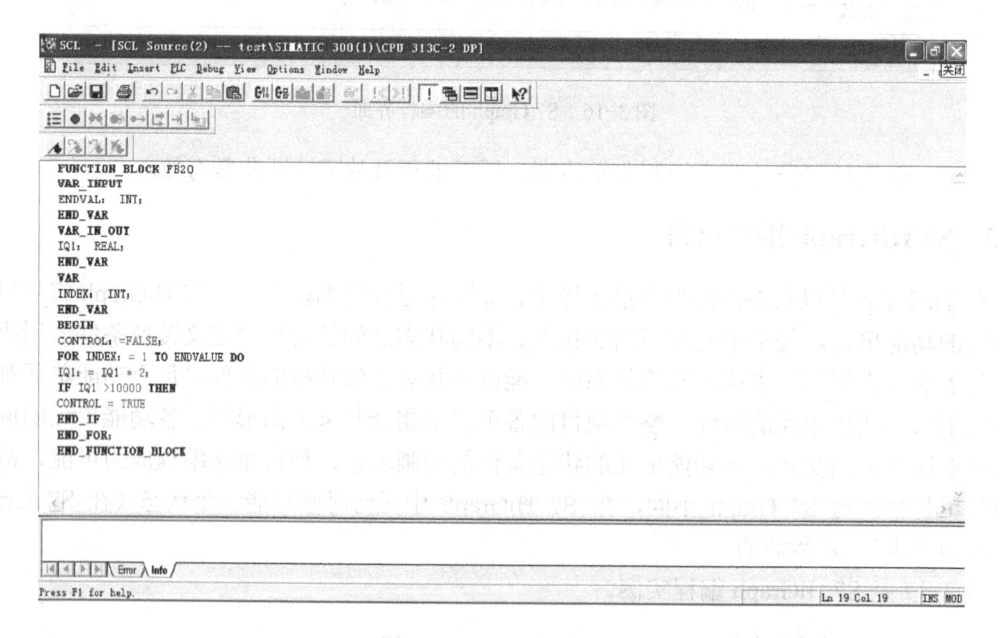


图 3-18　SCL 编程实例

在 STEP 7 项目管理器“S7 程序”目录中单击右键“插入新对象”，选择“SCL source”，即可插入 SCL 编程模块，双击“Sources”源文件中的 SCL 文件，可以自行打开 SCL 编辑器。

### 3.7.7 S7 CFC 编程语言

CFC 编程语言（Continuous Function Chart，连续功能图），是一种用图形的方法连接复杂功能的编程语言，如图 3-19 所示。程序提供了大量的标准功能块（如逻辑、算术、控制和数据处理等功能）的程序库，无需编程，用户只需要具有行业所必需的工艺技术方面的知识而将这些标准功能块连接起来就可以了。

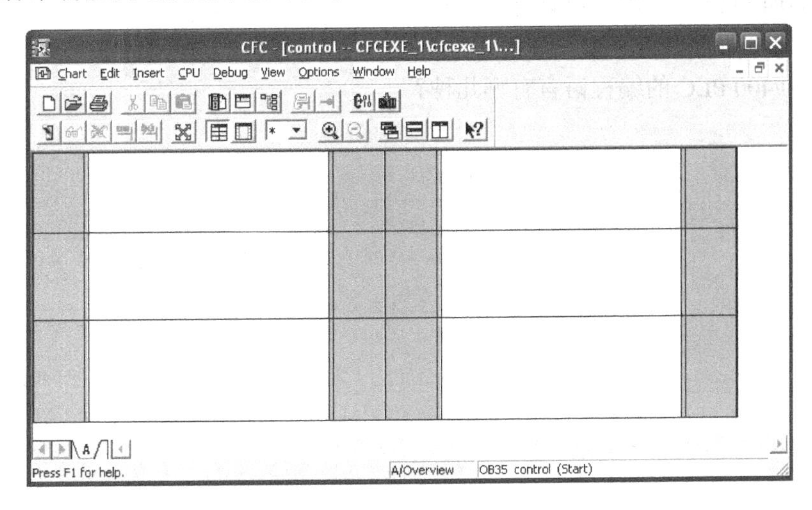


图 3-19 CFC 编程界面

用户生成的程序块可按自己的意愿进行连接，连接的方法分不同的情况，如果用 SIMATIC S7，可用 S7 编程语言中的任一种，如果是用于 SIMATIC M7，则用 C/C++编程语言。程序是按 CFC 图表生成并存储。这些程序存在“S7 程序”下面的“Charts”文件夹中。这些图表可编译成用户程序中的 S7 程序块。

## 3.8 PLC 的编程原则

PLC 是由继电接触器控制发展而来的，但是与之相比，PLC 的编程应该遵循以下基本原则。

1）外部输入、输出、内部继电器（位存储器）、定时器、计数器等器件的触点可多次重复使用。

2）梯形图每一行都是从左侧母线开始，线圈接在最右边，触点不能放在线圈的右边。

3）线圈不能直接与左侧母线相连。

4）同一编号的线圈在一个程序中使用两次及以上（称为双线圈输出）容易引起误操作，应尽量避免双线圈输出。

5）梯形图程序必须符合顺序执行的原则，从左到右，从上到下地执行，如不符合顺序执行的电路不能直接编程。

6）在梯形图中串联触点、并联触点的使用次数没有限制，可无限次地使用。

## 3.9 习题

1．叙述 PLC 的基本工作原理。
2．S7 系列 PLC 的存储器有哪些类型，其寻址方式如何？
3．S7 PLC 中的数据类型有哪些？
4．S7-300/400 PLC 的用户块有哪几种？
5．S7 PLC 的程序结构有哪几种？
6．S7-300/400 PLC 的编程语言有哪几种？

# 第4章 项 目 入 门

## 4.1 SIMATIC 管理器概述

STEP 7 标准软件包不是一个单一的应用程序，而是集成了一系列的应用程序（基本工具），包括 SIMATIC 管理器、NETPRO 通讯网络组态编辑器、硬件组态编辑器、符号编辑器、硬件诊断及 LAD/FBD/STL 程序编辑器等，如图 4-1 所示。使用时，不必将这些工具分别打开，而只需选择相应功能或打开某一个对象时，相应的工具就会自行启动。

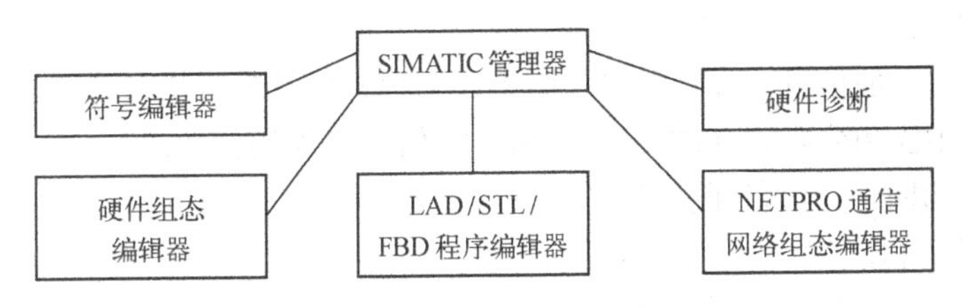


图 4-1 STEP 7 标准软件包组成

### 1. SIMATIC 管理器

SIMATIC 管理器用于管理一个自动化项目的所有数据，同 WinCC 一样都是以项目管理的方式来管理整个项目的数据，图 4-2 即为 SIMATIC 管理器的界面图。

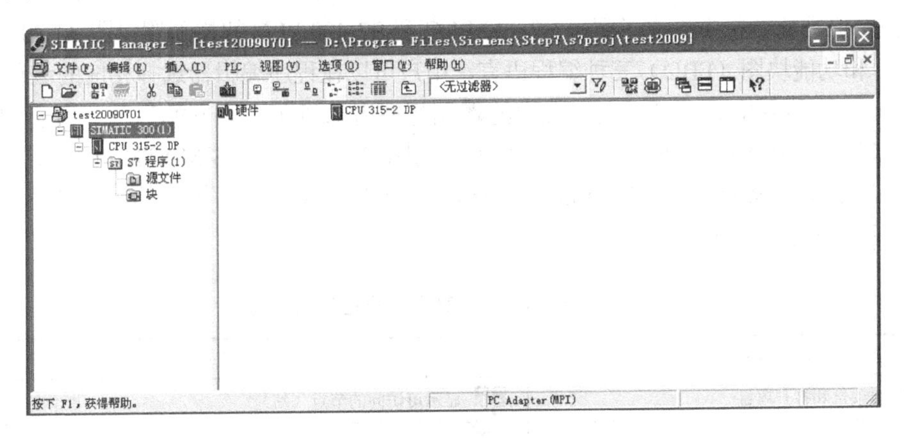


图 4-2 SIMATIC 管理器

在项目中，数据在分层结构中以对象的形式保存。图 4-2 中，第一层为项目，第二层为站，站是硬件组态的起点，S7 程序文件夹是编写程序的起点。选中某一层的对象，管理器右边工作区将显示该文件夹内的对象和下一级的文件夹。

### 2. NETPRO

NETPRO（通信网络组态编辑器）用来组态整个项目中的网络，包括以下功能：选择建立通信网络的类型、网络上连接的站点类型、设置通信连接、网络组态及通信连接的下载等。

**3．硬件组态编辑器**

硬件组态编辑器用于对项目的硬件设备进行组态和设置参数，当组态的站为 PLC 时，需选择一个机架，并在机架中将选中的模板安排在相应的槽上。CPU 参数及输入/输出模板、功能模板的参数设置都在此工具中进行。

**4．符号编辑器**

符号编辑器可以管理所有的共享符号，具有以下功能：为输入/输出信号、位存储器和各种块设定符号名和注释，排序功能，导入/导出符号等。符号编辑器生成的符号提供给其他工具使用，例如，可以将 STEP 7 中的变量导入到组态软件 WinCC 中直接使用，因此一个符号属性的变化可以在整个项目中自动更新。

**5．硬件诊断工具**

硬件诊断工具存储了 PLC 的状态信息，指示每个模板是否正常或有故障，双击可以显示有关故障的详细信息，主要包括：

1）有关模板的一般信息（如订货号、版本、名称）以及模板状态（如故障）。

2）显示中央 I/O 和分布式（DP）从站的模板信息（如通信故障）。

3）显示来自诊断缓存区的消息报文。

对于 CPU，还可显示以下附加信息：

1）用户程序处理过程中的故障原因。

2）显示循环时间（最长的、最短的和最近一次的）。

3）MPI 的通信可能性及负载。

4）显示性能数据（可能的输入/输出、位存储、计数器、定时器和块的数量）等。

**6．LAD/STL/FBD 编程工具**

STEP 7 标准软件包中集成了用于 S7-300 PLC 和 S7-400 PLC 的梯形逻辑图（LAD）、语句表（STL）和功能块图（FBD）三种编程语言，用户可以在程序编辑器选择相应的编程语言。

STEP 7 安装完毕后，可以双击桌面的图标或者通过单击“开始”→“所有程序”→“SIMATIC”→“SIMATIC Manager”命令来启动图 4-2 所示的 SIMATIC 管理器。可以看到，SIMATIC 管理器的界面非常 Windows 化，便于熟悉 Windows 操作的用户快速掌握，其工具栏图标含义见表 4-1。

**表 4-1 SIMATIC 管理器工具栏按钮含义**

| Windows 图标 | STEP 7 图标 |
|---|---|
| 新建项目和打开项目 | 显示可访问的节点（站） |
| 剪切、复制和粘贴 | S7 存储器卡 |
| 各种显示查看方式 | 下载到 PLC |
| 窗口排列方式 | < No Filter > 过滤器及其选择 |
| 帮助 | 仿真模块（S7-PLCSIM） |
| | 在线离线 |

注意：将鼠标放到工具栏相应的图标上将显示其功能提示。

在线状态和离线状态在 SIMATIC 管理器的窗口下显示的内容是不同的。离线查看显示编程器硬盘上的项目结构，“S7 程序”文件夹包含“源文件（Source Files）”和“块（Blocks）”，“块”文件夹包含硬件组态所产生的系统数据和 LAD/STL/FBD 编辑器所产生的块，即系统数据块（SDB）、用户块（OB、FC、FB）和系统块（SFC、SFB），可以在线查看显示存储在 CPU 中的项目结构。

单击 SIMATIC 管理器中的“选项（Options）”→“自定义（Customize...）”命令，打开图 4-3 所示的“自定义”对话框，它包含多个选项卡，主要用于定义 SIMATIC 管理器的基本设置。其中“常规（General）”选项卡用于定义用户建立的项目/多项目以及库的默认存储地址，还可以根据需要在此勾选管理器的界面设置等；“语言（Language）”选项卡用于设置软件的界面语言及助记符的格式（一般选择英语）等；“日期时间（Date and Time of Day）”选项卡用于设置日期和时间的显示格式；“视图（View）”选项卡用于设置在线时窗口的背景颜色、文本颜色以及勾选相应的设置等；“列（Columns）”选项卡用于设置“树形项目”中各部分内容的可见性等；“消息数（Message Numbers）”选项卡用于定义新项目的默认消息数；“归档（Archiving）”选项卡用于定义归档项目时的归档设置。

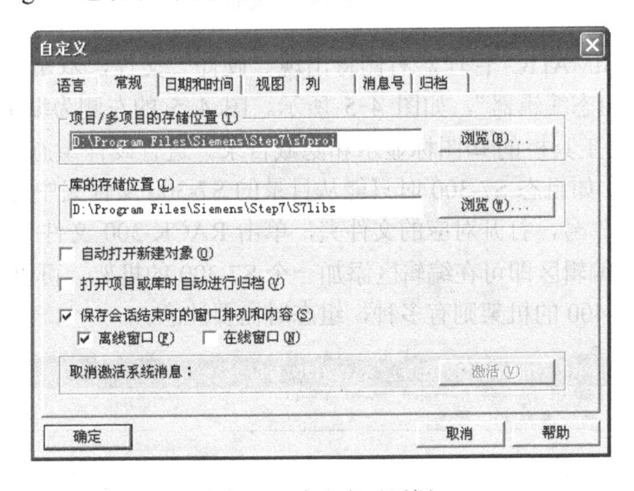


图 4-3　自定义对话框

## 4.2 硬件组态

打开 SIMATIC 管理器，新建一个项目，并对其进行硬件组态。所谓硬件组态就是将组成 PLC 的各模块配置到机架的相应位置，并对模块参数进行设置和修改的过程。硬件组态完成后，需要下载到 CPU 中，CPU 根据硬件组态的结果对模块进行相应的处理。本节主要介绍 S7-300 PLC 站的硬件组态方法，对于模拟量模块的组态和网络的组态等将在后面章节详细说明。

### 4.2.1 直接组态硬件

右键单击 SIMATIC 管理器左侧的项目名称，选择“插入新对象”→“SIMATIC S7-300 站点”，如图 4-4 所示，将在此项目下插入一个 S7-300 站，根据情况可以继续插入站，除此之外还可以插入各种网络以及 S7、M7 程序到项目中。

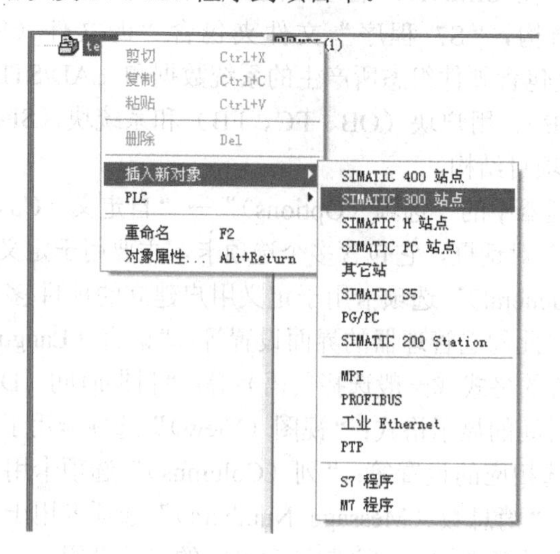


图 4-4　插入一个新对象

选中插入的站，SIMATIC 管理器右侧将出现“硬件”文件，双击或右键单击“打开对象”命令打开“硬件组态编辑器”，如图 4-5 所示。图 4-5 的左侧为编辑区，右侧为“目录（Catalog）”，可以单击工具栏的图标显示和隐藏目录。进行硬件组态时的各种模块要从对应的“目录”中选择，如组态 S7-300 时只能从目录的 S7-300 文件夹中选择。单击 SIMATIC 300 文件夹前面的“+”号，打开对应的文件夹，单击 RACK-300 文件夹前面的“+”号，双击 Rail 或拖动其至编辑区即可在编辑区添加一个 S7-300 的机架，可以看出 S7-300 的机架只有一种类型，而 S7-400 的机架则有多种，组态时需要注意。

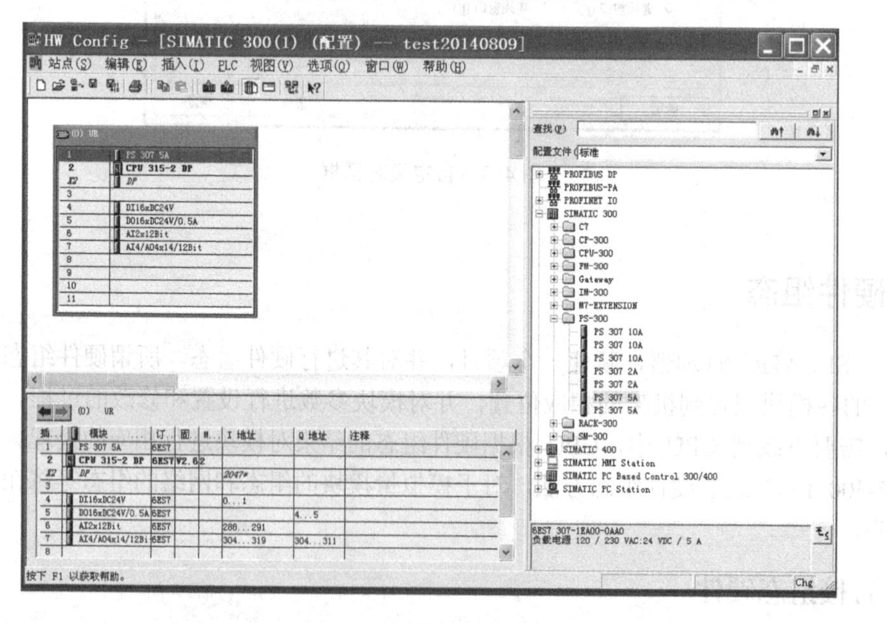


图 4-5　硬件组态编辑器

接下来，需要根据实际配置向机架中添加模块，1 号槽为电源，单击 PS-300 文件夹前面的“+”号，将显示各种电源模块，选中某一个电源模块，“目录”底部将显示该模块的订货号及简要描述，同时左侧编辑区机架中的 1 号槽将变绿，表示电源模块只能插入到 1 号槽，根据实际配置选择相应的电源模块，双击或拖动到机架的 1 号槽即可完成电源模块的组态。STEP 7 中 S7-300 的电源是可选的，可以不组态。

按照这种方法组态 CPU（2 号槽）、接口模块（3 号槽）以及信号模块到相应的位置即可。需要注意的是，如果实际配置并不存在接口模块（IM），则硬件组态时机架的 3 号槽为空，即 SM 或其他模块的组态从 4 号槽开始。组态时选择的硬件订货号原则上要与实际硬件相匹配，否则下载后可能导致错误。

完成硬件的组态后，单击工具栏的 图标对组态好的硬件进行保存编译，则系统自动检查硬件组态是否存在逻辑错误，注意此时并不会检查其他组态错误。由图 4-5 可以看出，STEP 7 中是通过表格的形式来显示硬件组态的，表格视图的下方详细显示了机架中所插入的模块及模块的订货号、版本、地址分配等信息。

硬件组态保存编译后，SIMATIC 管理器的浏览树形目录自动生成，如图 4-2 所示。

S7-300 的机架扩展有两种情况：

1）只有一个扩展机架时，主机架（0）和扩展机架（1）的 3 号槽都使用 IM365 连接。

硬件组态时，在主机架（0）的 3 号槽中插入 IM365 模块，再插入一个机架（1），在扩展机架（1）的 3 号槽中插入 IM365 模块，则两个机架的 IM365 模块自动连接，如图 4-6a 所示。

2）有 1～3 个扩展机架时，主机架（0）的 3 号槽中使用 IM360，扩展机架 1～3 的 3 号槽中使用 IM361。

硬件组态时，在主机架（0）的 3 号槽中插入 IM360 模块，再插入一个机架（1），在扩展机架（1）的 3 号槽中插入 IM361 模块，则两个机架的 IM360 和 IM361 模块自动连接，插入第三个机架且 3 号槽有 IM361 模块，则又自动生成连接线，如图 4-6b 所示。

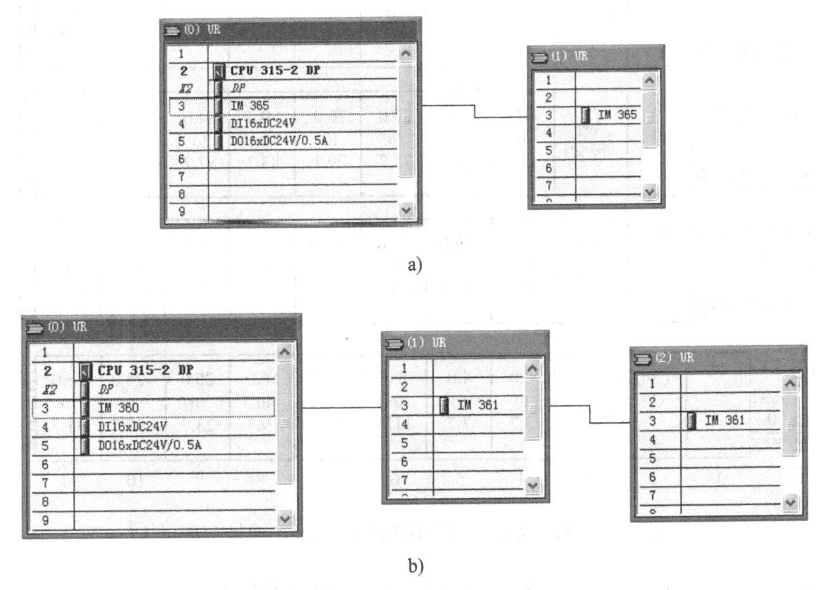


a)

b)

图 4-6　S7-300 机架扩展的组态

## 4.2.2 修改信号模块地址

图 4-5 所示硬件组态表中，DI16×DC24V 表示数字量输入模块为 16 路直流 24V 输入信号，其输入地址 0～1 表示 IB0～IB1 即 IW0，同样，DO16×DC24V/0.5A 表示数字量输出模块为 16 路直流 24V 输出信号，其输出地址 4～5 表示 QB4～QB5 即 QW4。选择某一信号模块，单击鼠标右键打开对象属性对话框，此处以数字量输入模块为例，如图 4-7 所示，它包括两个选项卡，“常规”选项卡描述了模块的信息、订货号、名称和注释等，“地址”选项卡给出了该模块输入/输出的地址。注意：取消“系统默认”前的“√”，可以由用户自定义 I/O 地址，建议采用系统默认地址。

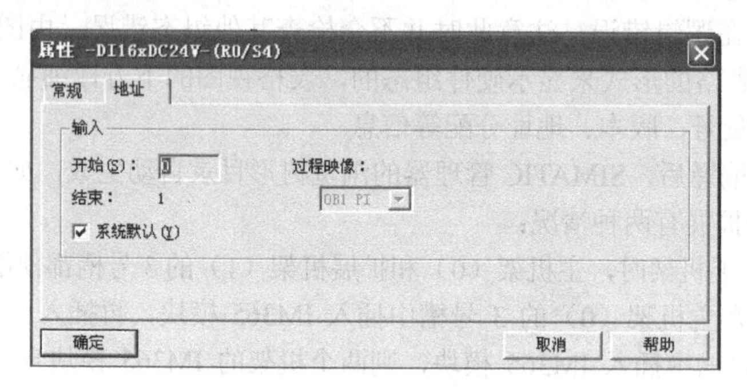


图 4-7　数字量输入模块属性对话框

S7-300 PLC 中数字量输入/输出模块的默认地址分配如图 4-8 所示，例如，当一个 DO16 的数字量输出模块位于扩展机架 1 的 5 号槽，则其默认地址分配为 IB36～IB37 即 IW36。每个数字量模块最多的 I/O 总数不超过 32 路。

| 槽 | 1 | 2 | 3 | 4 | 5 | 6 | 7 | 8 | 9 | 10 | 11 |
|---|---|---|---|---|---|---|---|---|---|---|---|
| 机架 3 |  | PS | IM (接受) | 96.0 to 99.7 | 100.0 to 103.7 | 104.0 to 107.7 | 108.0 to 111.7 | 112.0 to 115.7 | 116.0 to 119.7 | 120.0 to 123.7 | 124.0 to 127.7 |
| 机架 2 |  | PS | IM (接受) | 64.0 to 67.7 | 68.0 to 70.7 | 72.0 to 75.7 | 76.0 to 79.7 | 80.0 to 83.7 | 84.0 to 87.7 | 88.0 to 91.7 | 92.0 to 95.7 |
| 机架 1 |  | PS | IM (接受) | 32.0 to 35.7 | 36.0 to 39.7 | 40.0 to 43.7 | 44.0 to 47.7 | 48.0 to 51.7 | 52.0 to 55.7 | 56.0 to 59.7 | 60.0 to 63.7 |
| 机架 0 | PS | CPU | IM (发送) | 0.0 to 3.7 | 4.0 to 7.7 | 8.0 to 11.7 | 12.0 to 15.7 | 16.0 to 19.7 | 20.0 to 23.7 | 24.0 to 27.7 | 28.0 to 31.7 |

图 4-8　数字量输入/输出模块系统默认地址分配

数字量输入/输出模块上每一路输入/输出与地址的对应关系如图 4-9 所示。

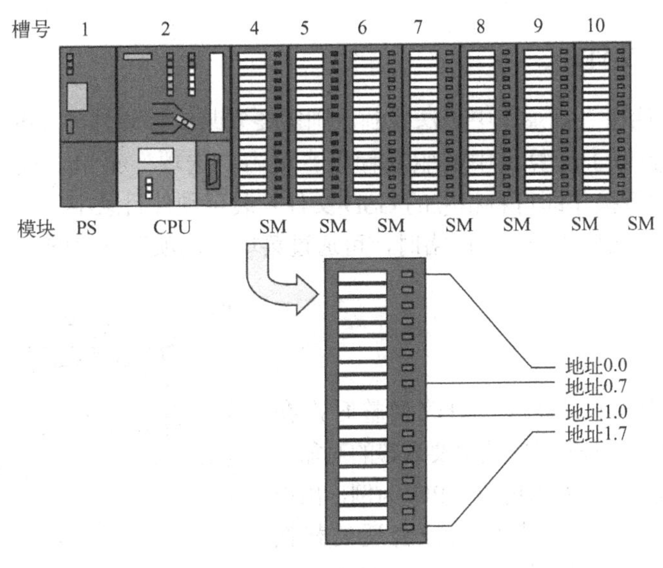


图 4-9　数字量输入/输出模块上每一路输入/输出与地址的对应关系示意图

### 4.2.3　硬件的下载和上载

硬件组态完成后，单击工具栏的图标进行下载。根据提示进行操作即可完成硬件组态的下载。需要注意的是对硬件的任何改动都需要重新保存编译下载，否则改动将无法生效。

单击工具栏的图标可以实现 PLC 硬件的上载。首先出现一个“打开项目”对话框，即选择上载的硬件将要存储的项目名称，单击“确定”按钮，出现图 4-10 所示的“选择站地址”对话框，在此设置将要上载的 CPU 的位置与地址，在“插槽”(Slot) 后面输入 2，表示 CPU 位置为机架号 0 槽号 2，在“MPI 地址”输入 2，单击“确定”按钮即可将硬件上载到相应的项目中。单击“显示”按钮，可以查看网络中连接的 PLC 站点。

选择节点地址
编程设备将通过哪个站点地址连接到模块 CPU 315-2 DP ?
机架(R)： 0
插槽(S)： 2
目标站点： 本地(L)
可通过网关进行访问(G)
输入到目标站点的连接：

| MPI 地址 | 模块型号 | 站点名称 | 模块名称 | 工厂标识 |
| --- | --- | --- | --- | --- |
| 2 | CPU841-0 | | | |

可访问的节点
显示(V)
确定　取消　帮助

图 4-10　选择站地址对话框

### 4.2.4 安装 GSD 文件

如果实际的硬件在“目录”中无法找到，则需要安装实际硬件的 GSD 文件到“目录”中，GSD 文件就类似于计算机中的驱动程序。单击“选项”菜单，选择“安装 GSD 文件…”，根据提示进行操作即可将相应的 GSD 文件安装至硬件目录中。

在编程计算机连接到 Internet 网络时，可通过菜单“选项”→“安装 HW 更新”在线升级更新硬件目录。

### 4.2.5 替换对象

如果组态好的硬件需要进行更改调整时，在图 4-5 所示的硬件组态编辑器中选中要调整的对象，右键单击“替换对象”，此处以更改 CPU 为例，出现图 4-11 所示的对话框，在其中选择合适的替换 CPU。替换完成，保存编译下载，其他无需改动。

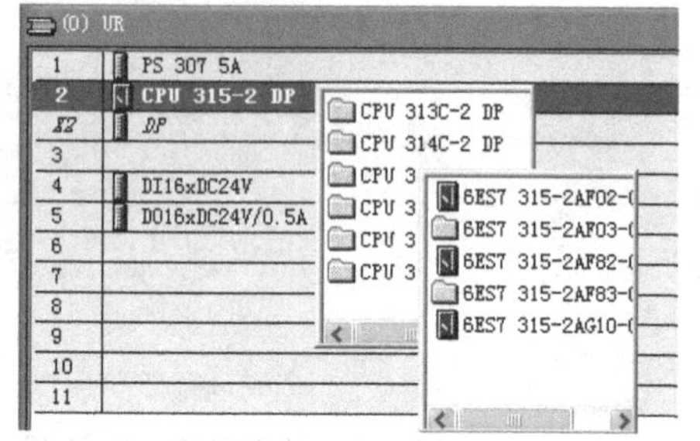


图 4-11　更改 CPU

另外可以通过鼠标拖动硬件目录中希望替换的新模块到列表中已放置好的旧模块上，新模块会尽量采用已插入的模块的参数。这比删除旧模块再插入新模块并为新模块设置参数来实现更换模块的方法更快更好，特别适合于硬件维护。

对于其他模块的更换与 CPU 类似，按照提示操作即可。

### 4.2.6 使用向导

还可以利用 STEP 7 向导创建项目。默认情况下，启动 STEP 7 管理器，系统将自动打开图 4-12 所示的“新建项目”向导，如果以后不需要使用向导，则取消“在启动 SIMATIC 管理器时显示向导”前的“√”。

单击图 4-12 中的“下一个”按钮，进入选择 CPU 对话框，如图 4-13 所示，在此可以定义 CPU 的名称和 MPI 地址，单击“下一个”按钮，进入图 4-14 所示的“添加 OB 块”对话框，在此选择需要添加的 OB 块，并且可以定义编程语言为 LAD，单击“下一个”按钮，

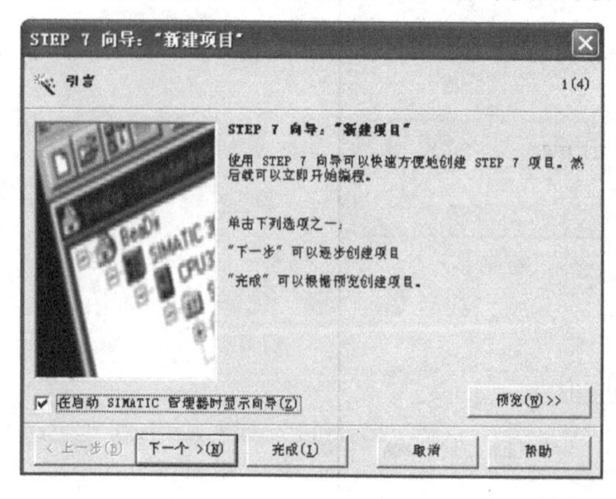


图 4-12　STEP 7 向导

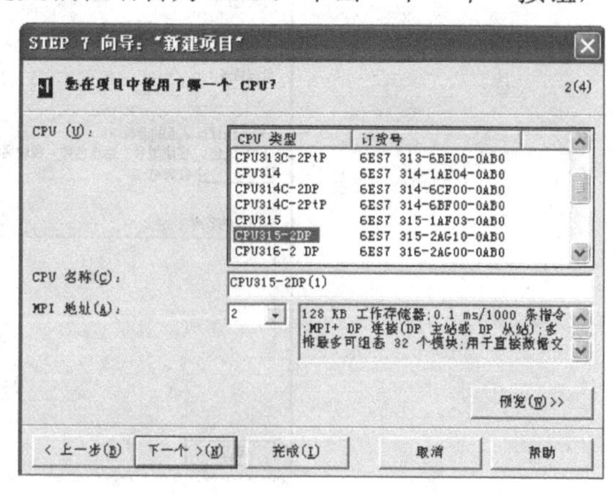


图 4-13　选择 CPU

进入图 4-15 所示的“完成项目”对话框，在此输入项目名称，单击“完成”按钮就完成了一个项目的创建。

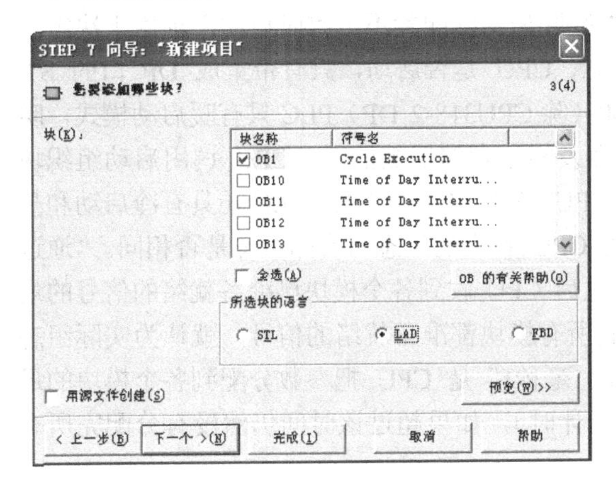


图 4-14　添加 OB 块

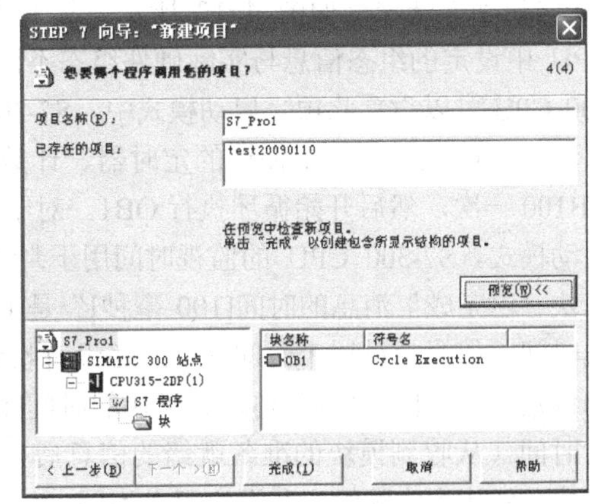


图 4-15　完成项目

在图 4-12～图 4-15 的向导对话框中，单击“预览”按钮可以查看当前的项目结构，如图 4-15 所示。

新建的项目会在 SIMATIC 管理器窗口中打开，可以看到向导已经根据用户的选择在项目中添加了 SIMATIC 300 站、CPU315-2 DP 以及相应的程序目录和 OB 块。

选中 SIMATIC 300 站，管理器右侧编辑区将出现硬件和 CPU，双击“硬件”打开硬件组态编辑器，按照前面的步骤进行硬件组态即可。

## 4.3　CPU 属性

双击图 4-5 中的 CPU 模块或右键单击 CPU 模块选择对象属性，可以打开 CPU 的属性对话框，如图 4-16 所示，在此可以配置 CPU 的各种参数。可以看到，CPU 属性对话框按照参数类别显示为若干选项卡，这些参数中，有些只适用于 S7-400 PLC。对于 S7-300 PLC，不同型号的 CPU 可配置的参数也不相同，此处以 CPU315-2 DP 为例。

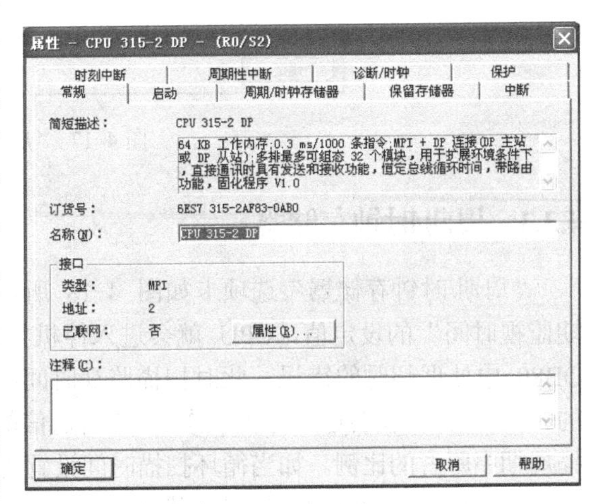


图 4-16　CPU 属性对话框

### 4.3.1　概述

图 4-16 所示的“常规”选项卡包括 CPU 的基本信息和 MPI 接口设置。单击“接口”区的“属性”按钮，打开 MPI 接口属性对话框，可以设置 MPI 地址和波特率等，将在后面的章节中详细介绍。

### 4.3.2 启动

“启动”选项卡如图 4-17 所示。其中“在期望/实际配置不一致时启动”项用于决定当 CPU 中设定的组态信息与实际硬件组态不同时，CPU 是否启动，只有带集成 DP 口的 S7-300 CPU 可以设置此项。启动模式中，S7-300（除 CPU318-2 DP）PLC 只有暖启动模式，暖启动时，过程映像和不保持的定时器、计数器及标志存储器被清零，CPU 调用启动组织块 OB100 一次，然后开始循环执行 OB1。对于 CPU318-2 DP 和 S7-400 PLC 还具有冷启动和热启动模式。S7-300 CPU 的监视时间用于判断 CPU 设定的组态与实际组态是否相同。“通过模块‘已完成’消息的时间[100 毫秒]”是上电后 CPU 收到各个模块已准备就绪的信号的最长时间，如果超过这个时间 CPU 还没有收到所有模块都准备就绪的信号，就认为实际组态和设定组态不同。“参数传送到模块的时间[100 毫秒]”是 CPU 把参数分配到各个模块的最大时间（从收到模块的准备就绪的信息后开始计时），如果超过该时间仍然没有分配完所有模块，就认为实际组态和设定组态不同。

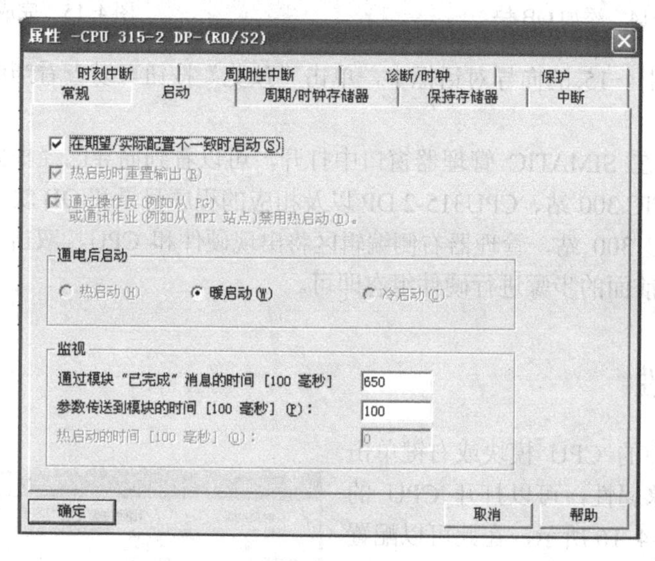


图 4-17 “启动”选项卡

### 4.3.3 周期/时钟存储器

“周期/时钟存储器”选项卡如图 4-18 所示。其中，一个循环扫描周期超过了“扫描周期监视时间”的设定值，CPU 就会进入停机状态。如果用户编写了 OB80 程序，则可以在 OB80 中处理超时的错误，此时扫描监视时间会加倍。但如果此后扫描周期仍然超过了加倍的时间，CPU 就会进入停机状态。“来自通信的扫描周期负载”参数限制通信在一个循环扫描周期中所占的比例。如当循环扫描时间设置为 150ms，通信占用时间比例设置为 20%时，每个扫描周期分配给通信的时间就是 30ms。因此在设定循环扫描时间时，除了要考虑 OB1 的执行时间和中断等其他异步事件的时间，还要考虑通信占用的时间。

图 4-18 中，OB85 是用于处理程序循环错误的 OB 块，例如当移除一个信号模块时，在更新过程映像区会出现 I/O 错误，在此可以设置当出现 I/O 错误时 OB85 的调用方式为不调

用 OB85，每单个访问时（选择该项则每一个 I/O 错误都会调用一次 OB85），仅用于进入和离开的错误（选择该项则错误的处理只执行一次，可以避免 OB85 的频繁调用导致的循环时间的增加）。

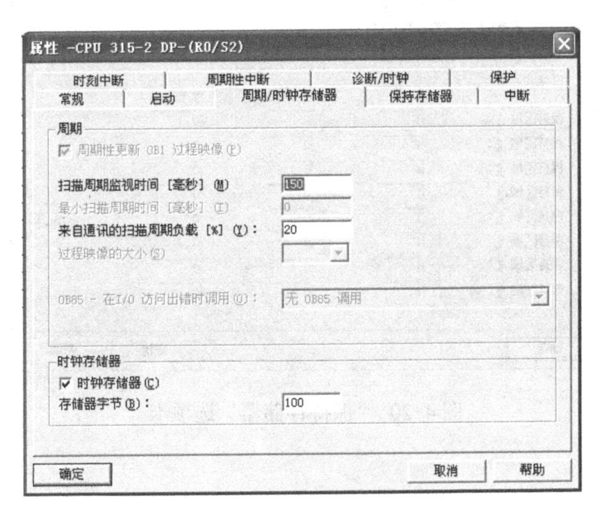


图 4-18 “周期/时钟存储器”选项卡

需要注意的是，通过“时钟存储器”，可以得到一组固定频率的方波时钟信号。勾选“时钟存储器”项并输入时钟存储器的地址，此处为 100，即将表 4-2 所示的一组时钟信号存储在 MB100 中。当用户程序需要闪烁信号时，可以直接使用时钟存储器，这比用定时器实现方便得多，图 4-19 所示的例子为输出 Q4.0 以 1Hz 的频率闪烁。

**表 4-2　时钟存储器对应的频率和周期**

| 位 | 7 | 6 | 5 | 4 | 3 | 2 | 1 | 0 |
|---|---|---|---|---|---|---|---|---|
| 周期/s | 2 | 1.6 | 1 | 0.8 | 0.5 | 0.4 | 0.2 | 0.1 |
| 频率/Hz | 0.5 | 0.625 | 1 | 1.25 | 2 | 2.5 | 5 | 10 |

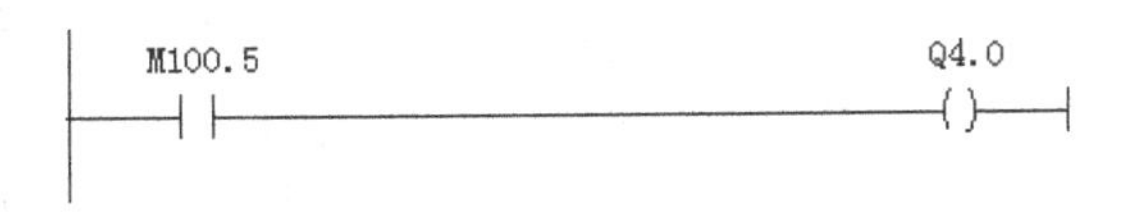


图 4-19　时钟存储器使用举例

## 4.3.4　保持存储器

图 4-20 所示为“保持存储器”选项卡，在此可以分别设置从 MB0、T0 和 C0 开始需要保持的位存储区、定时器和计数器的数目。如当在“以 MB0 开始的存储器字节数”后面的区域输入“16”时，当系统掉电后再上电或从 STOP 模式转为 RUN 模式时，MB0～MB15 这 16 个字节中的内容会保持原先的状态，而其他未保持的位存储区将被清零。

在图 4-20 中，还可以定义需要保持的数据块的某些区域。对于具有后备电池的 CPU 来说，DB 中的数据总是保持的，此处无需设置。仅当 CPU 没有后备电池时，这些设置才有效。

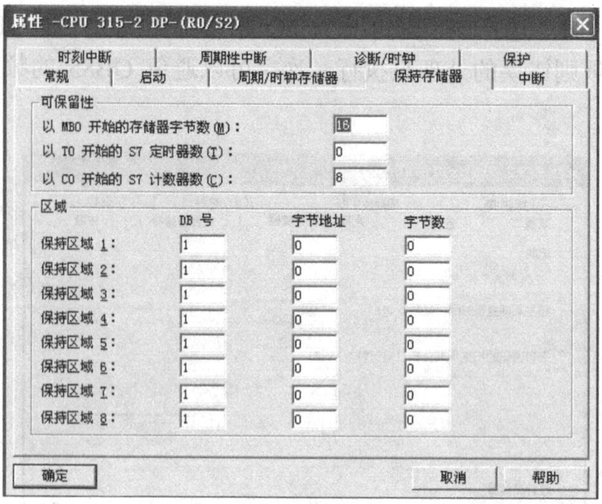

图 4-20 “保持存储器”选项卡

### 4.3.5 中断

“中断”、“时刻中断”和“周期性中断”选项卡显示了各类中断的配置。中断发生时会调用相应的中断处理 OB，该 CPU 可用的中断处理 OB 以黑色显示，否则显示为灰色禁止状态。对于 S7-300 CPU，中断 OB 的优先级不可更改。关于中断的详细内容将在后续章节介绍。

图 4-21 所示为“中断”选项卡，包含了以下中断：

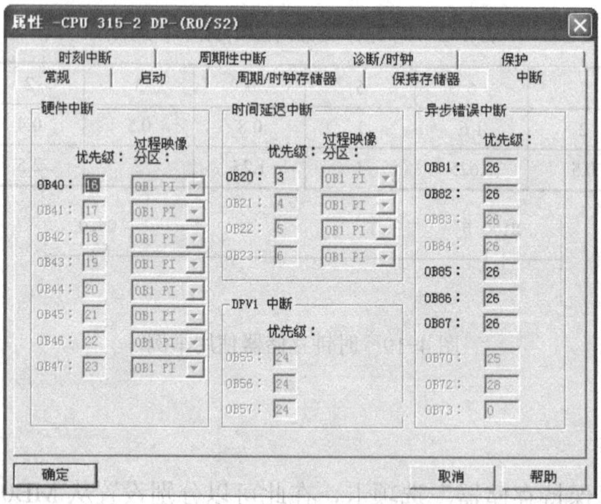

图 4-21 “中断”选项卡

1）硬件中断：可以在配置的信号模块中定义，当发生一个硬件中断时，OB40 被调用。

2）时间延时中断：当某一事件发生时，时间延时中断组织块 OB20 经过一定时间后执行。时间延时中断的触发条件由用户程序定义，OB20 的调用必须通过系统功能 SFC32 实现。用于时间延时中断的系统功能还有 SFC33 和 SFC34。

3）异步错误中断：发生异步错误时调用相应的处理 OB。

4）DPV1 中断：DPV1 从站可生成一个中断请求，以确保主机 CPU 处理触发该中断的事件。

### 4.3.6 时刻中断

图 4-22 所示为“时刻中断”选项卡，也称为“日期时间中断”。可以设置在特定时间或特定的间隔执行日期时间中断组织块 OB10。

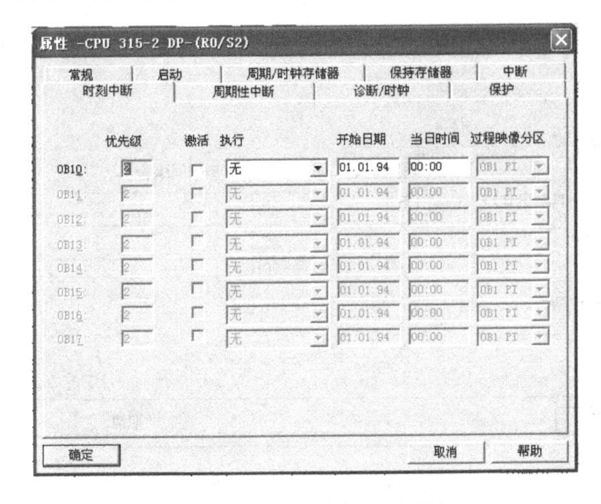


图 4-22 “时刻中断”选项卡

系统功能 SFC28、SFC29、SFC30 和 SFC31 可以用来设置、取消、激活和查询时刻中断。

### 4.3.7 周期性中断

图 4-23 所示为“周期性中断”选项卡，也称为循环中断，用于在一个固定的时间间隔执行循环中断组织块 OB35。

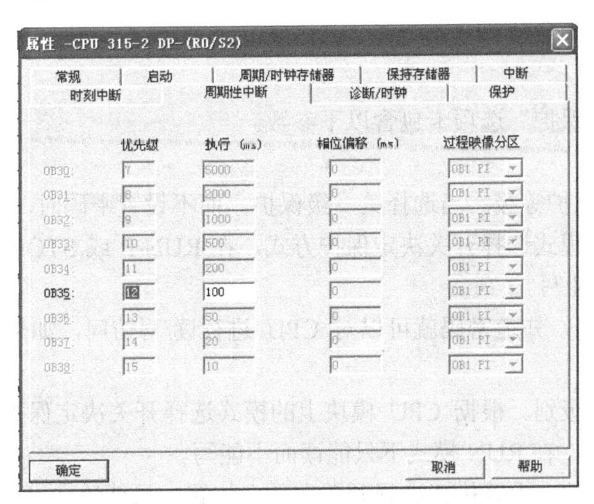


图 4-23 “周期性中断”选项卡

### 4.3.8 诊断/时钟

图 4-24 所示为“诊断/时钟”选项卡，包括了以下参数设置：

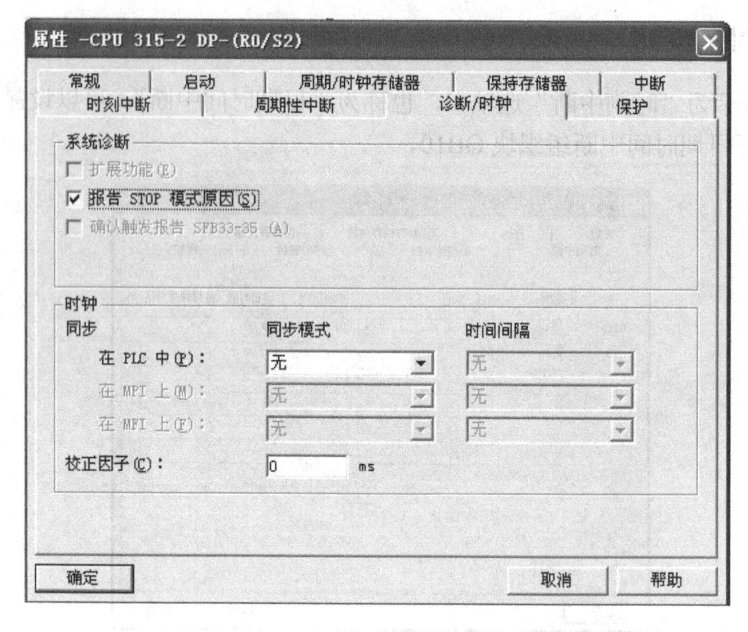


图 4-24 “诊断/时钟”选项卡

1）报告 STOP 模式原因。选中该项，当 CPU 停机时会将停机原因传送给 PG/PC 或 OP 等设备。

2）时钟选项。在时钟同步选项中，可以设置 CPU 时钟在 PLC 内部或在 MPI 网络上作为主动方还是被动方，或者不使用时钟同步。

3）校正因子。其单位为毫秒，用于校正系统时钟的误差。如时钟每 24h 快 3s，则应该在此处填入“-3000”。

### 4.3.9 保护

图 4-25 所示的“保护”选项卡包含以下参数。

（1）保护等级

可以设置不同的保护等级。当选择第一级保护，而不设置密码时，CPU 设定的保护特性为根据 CPU 模块上的模式选择开关决定保护方式，在 RUN-P 或 STOP 模式下没有限制，在 RUN 模式下只能读不能写。

如果设置访问密码，知道密码就可以对 CPU 进行读/写访问，如果不知道密码，则有三个保护等级的限制。

1）第一级为默认级别。根据 CPU 模块上的模式选择开关决定保护方式，在 RUN-P 或 STOP 模式下没有限制，在 RUN 模式下只能读而不能写。

2）第二级为写保护。不管模式选择开关在什么位置，只能读。

3）第三级为读/写保护。不管模式选择开关在什么位置，都禁止读写操作。

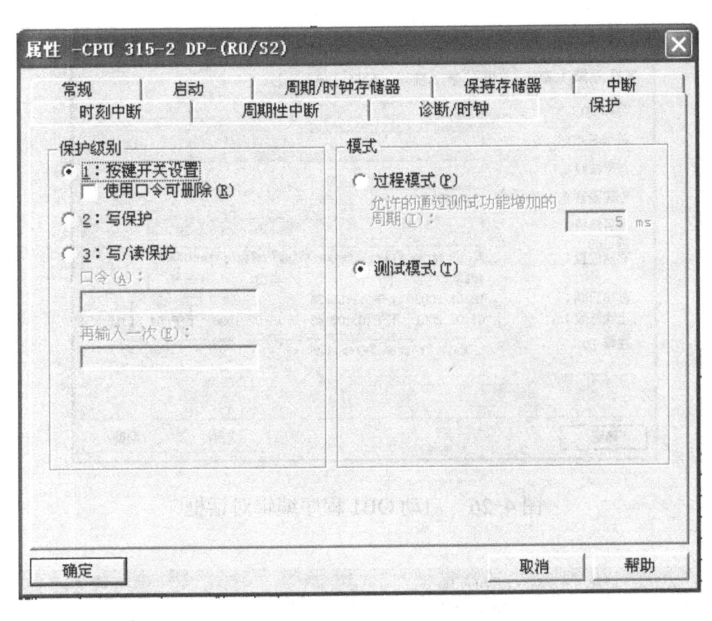


图 4-25 “保护”选项卡

（2）模式

1）过程模式。通常设备在运行阶段采用这种模式。该模式下，系统的测试功能受到限制，可以设置允许测试功能（如监视或修改变量）占用的循环时间。断点测试和单步执行测试都不能实现。

2）测试模式。设备处于调试阶段时采用此种模式。此时，所有测试功能都不受到限制，但是测试会带来循环时间的增加。

## 4.4 一个简单的项目练习

完成前面的硬件组态保存编译后，接下来就要进行具体编程了。本节以一个简单的例子说明程序的编写及仿真软件的使用。

选择 SIMATIC 管理器左侧树形目录中的“项目名称”→“SIMATIC 300”→“CPU 315-2 DP”→“S7 程序”→“块”，双击右侧的“OB1”，出现图 4-26 所示的对话框，选择创建语言为“LAD”，单击“确定”按钮启动程序编辑器，如图 4-27 所示，从工具栏拖动一个常开触点图标和一个输出线圈图标，或者从左侧的指令树“位逻辑”项下拖动一个常开触点和一个输出线圈到右侧的编辑区，分别设置输入地址为 I0.0 和输出地址为 Q4.0，如图 4-27 所示。此段程序表示当开关 I0.0 按下时，输出 Q4.0 为 1（亮）。

单击工具栏中的图标即保存按钮，完成程序的编译保存。

单击 SIMATIC 管理器工具栏中的图标，启动 PLCSIM 仿真软件，如图 4-28 所示。选中 SIMATIC 管理器项目下的站，单击工具栏中的“”图标，将整个站的硬件组态和所有程序都下载至仿真 PLC。

单击仿真软件 PLCSIM 的工具栏中的图标，插入一个输入变量，单击工具栏中的图标，插入一个输出变量，并将输出地址改为 QB4，如图 4-28 所示。

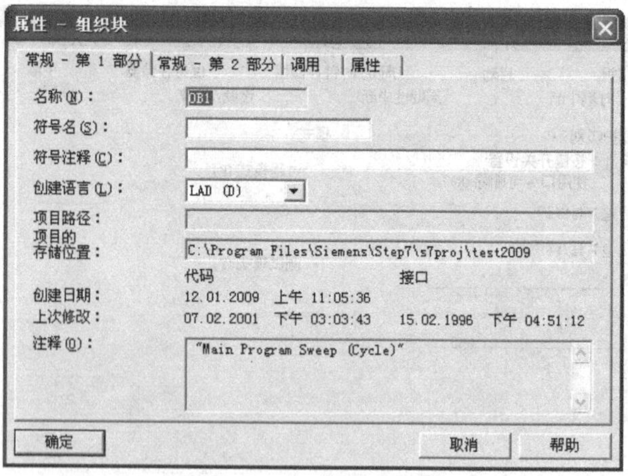

属性 - 组织块
常规 - 第 1 部分
常规 - 第 2 部分
调用
属性
名称(N)：
OB1
符号名(S)：
符号注释(C)：
创建语言(L)：
LAD (D)
项目路径：
项目的
存储位置：
C:\Program Files\Siemens\Step7\s7proj\test2009
代码
接口
创建日期：
12.01.2009 上午 11:05:36
上次修改：
07.02.2001 下午 03:03:43
15.02.1996 下午 04:51:12
注释(O)：
"Main Program Sweep (Cycle)"
确定
取消
帮助

图 4-26　启动 OB1 程序编辑对话框

LAD/STL/FBD - [OB1 -- test20090110\S7 程序(8)]
文件(F) 编辑(E) 插入(I) PLC 调试(D) 查看(V) 选项(O) 窗口(W) 帮助(H)
OB1 : "Main Program Sweep (Cycle)"
注释:
程序段 1: 标题:
注释:
I0.0
Q4.0
新建程序段
位逻辑
RS
SR
NEG
POS
线圈
程序元素
调用结构
1: 错误
2: 信息
3: 交叉参考
4: 地址信息
5: 修改
6: 诊断
按下 F1 以获取帮助。
离线

图 4-27　输入程序

S7-PLCSIM1　SIMATIC 300(1)\CPU 315-2 DP
文件(F) 编辑(E) 视图(V) 插入(I) PLC(P) 执行(X) 工具(T) 窗口(W) 帮助(H)
PLCSIM (MPI)
CPU
IB ...
QB ...
SF
DP
DC
RUN
STOP
RUN-P
RUN
STOP
MRES
IB 0
QB 4
位
7 6 5 4 3 2 1 0
按 F1 获得帮助。
CPU/CP: MPI=2 DP=2

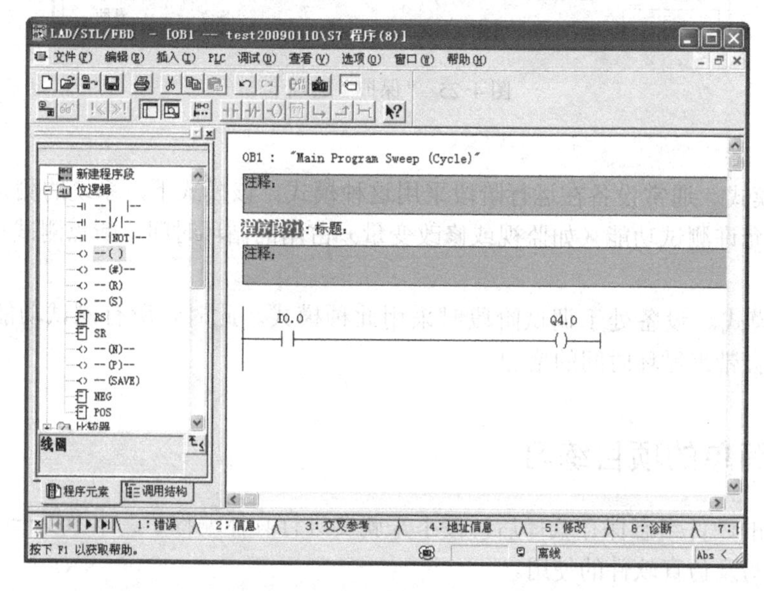

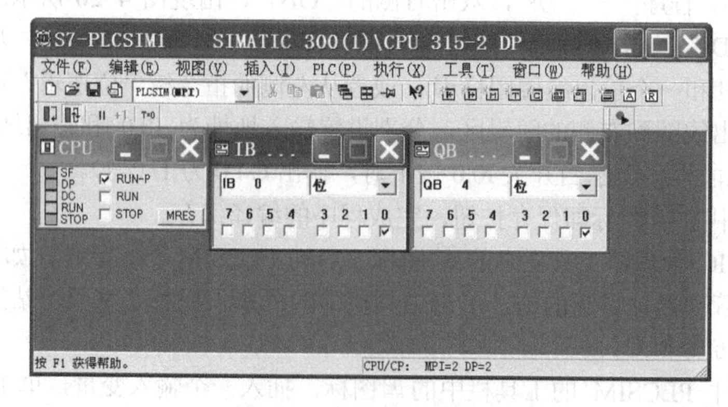

图 4-28　PLCSIM 仿真软件

将 PLCSIM 仿真软件 CPU 的运行模式勾选为“RUN”或“RUN-P”使之运行，可以发现运行 LED 指示灯变绿，此时勾选 IB0 的第 0 位即 I0.0，输出 QB4 的第 0 位即 Q4.0 自动显示为勾选，表示输出 Q4.0 为 1。

## 4.5 LAD/FBD/STL 程序编辑器

在 SIMATIC 管理器中，选中某一个块双击或者单击鼠标右键选择“打开对象”，可以打开如图 4-29 所示的 LAD/STL/FBD 程序编辑器，简称为程序编辑器。图中可以看出，程序编辑器分为几个区域，指令总览提供了 LAD 编程所需的各种指令，声明区提供了程序中的变量声明，编辑区用来编写用户程序，输出区给出了各种输出信息，通过鼠标拖动可以调整各个区域的显示大小。

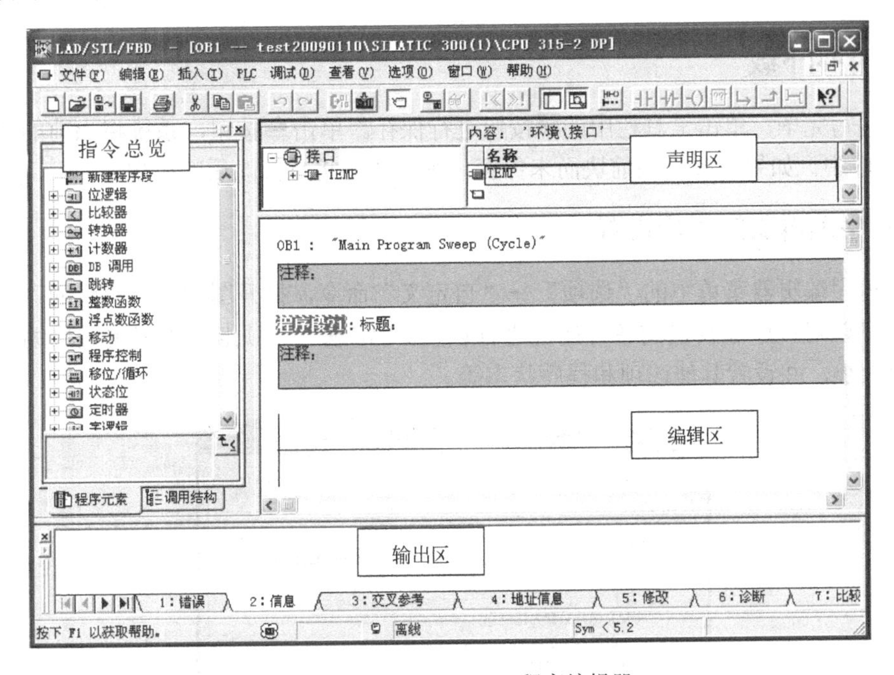


图 4-29 LAD/STL/FBD 程序编辑器

### 4.5.1 概述

STEP 7 标准包提供三种基本编程语言：LAD，FBD 和 STL。通过图 4-29 中的菜单命令“查看”→“LAD”可以将当前的编程语言设置为 LAD，同样也可以修改为其他。

下面以输入图 4-30 所示的程序为例说明 LAD 程序的编辑方法。图 4-29 中，选中“程序段？1”，单击工具栏中的按钮，插入一个常开触点输入地址 I0.0，选中左侧的直流母线再单击按钮，并列插入另一个常开触点输入地址 I0.1，此时可以用鼠标拖动 I0.1 后面的连接线到 I0.0 后的连接处，也可以单击按钮将其连接；同样，当输入图 4-30 所示的 Q4.1 时，选中 I0.2 后面的连接线，单击按钮即可打开分支，输入 Q4.1。

上面的常开常闭触点以及线圈等也可以从“指令总览”→“位逻辑”项中选择。单击工具栏中的按钮可以显示和隐藏“指令总览”。

**注意**：S7 PLC 的 LAD 程序的编辑要求每一段完整的程序只能编写到一个“程序段”（也称为“网络”）里，图 4-31 所示的情况是不允许的，输入时程序编辑器自动拒绝。单击工具栏中的按钮或单击鼠标右键可以插入一个新的程序段。

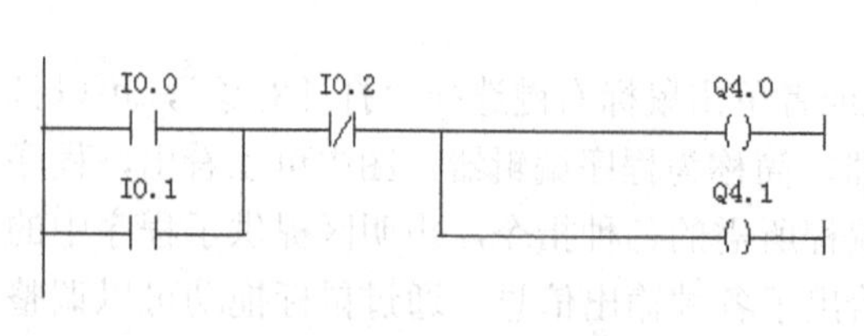


图 4-30　例子程序

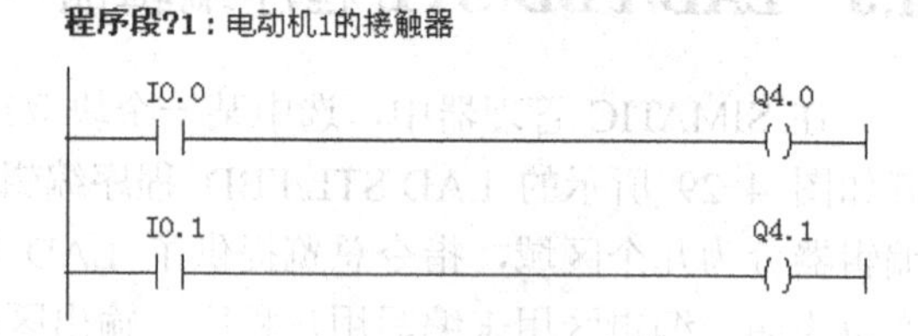


图 4-31　不允许的程序输入

### 4.5.2　程序的下载

程序编写完毕，单击工具栏中的按钮进行保存。单击按钮，系统将当前的块编译后下载至 PLC 中。如果修改了当前块而未保存，则下载的将是修改后的块程序。

### 4.5.3　程序编辑器的用户设置

单击程序编辑器菜单中的“选项”→“自定义”命令，打开图 4-32 所示的“自定义”对话框，可以对程序编辑器的各种属性进行设置。“常规”选项卡中用来定义块编程时使用的字体及大小，并设置其他选项和程序状态等。

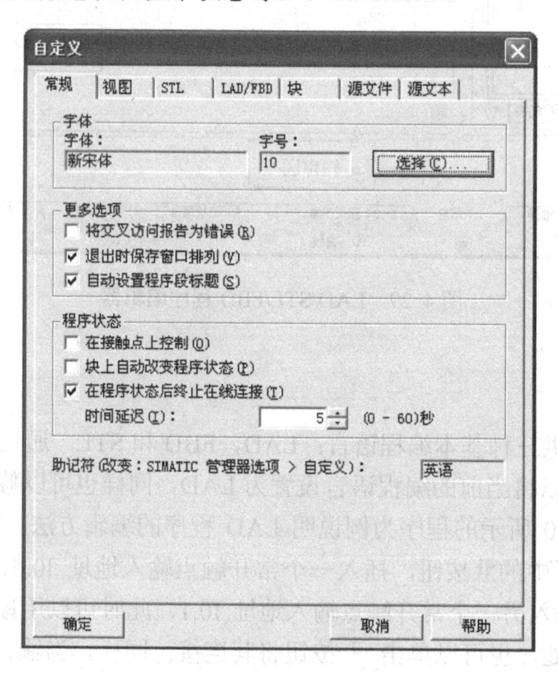


图 4-32　“自定义”对话框

“视图”选项卡定义块打开后的视图即显示块的方式，设置不同类型块的视图和程序元素的总览。

“STL”和“LAD/FBD”选项卡分别用于设置 STL 编程语言和 LAD/FBD 编程语言时程序编辑器的界面布局、域、元素表达式、线/颜色等各种属性。

“块”选项卡用于指定生成块时应使用哪些设置。

“源文件”选项卡用于指定“用于编译源文件的设置”和“用于保存块的设置”。

“源文本”选项卡用于指定如何显示源文件中的文本。

## 4.6 仿真软件 PLCSIM

STEP 7 的可选工具 PLCSIM 是一个 PLC 仿真软件，能够在 PG/PC 上模拟 S7-300、S7-400 系列 CPU 的运行。在 SIMATIC 管理器中可以像对真实 PLC 的硬件操作一样，对模拟 CPU 进行程序下载、测试和故障诊断，非常适合缺乏硬件设备的场合进行前期工程调试，也可以便于不具备硬件设备的用户学习使用。

在安装 STEP 7 V5.4 时将自动安装 PLCSIM 仿真软件，如果未安装该仿真软件，则 SIMATIC 管理器中工具栏图标将呈现灰色无效状态，只有安装了仿真软件，工具栏图标才有效。

### 4.6.1 PLCSIM 的使用

使用 PLCSIM 仿真软件，也需要设置 PG/PC 接口，在“设置 PG/PC 接口”中将接口参数选择为“None”。

还可以通过“开始”→“SIMATIC”→“STEP 7”→“S7 PLCSIM 仿真模块”命令来启动 PLCSIM，如图 4-28 所示。图中的 CPU 窗口模拟了 CPU 的面板，具有状态指示灯和模式选择开关。

**1．显示对象工具栏**

PLCSIM 的工具栏按钮及含义如图 4-33 所示，可以分别用来显示或修改各类变量的值。单击某个按钮，就会出现一个窗口，在该窗口输入要监视、修改的变量名称。插入的变量可以根据需要修改其数据类型，如图 4-34 所示。

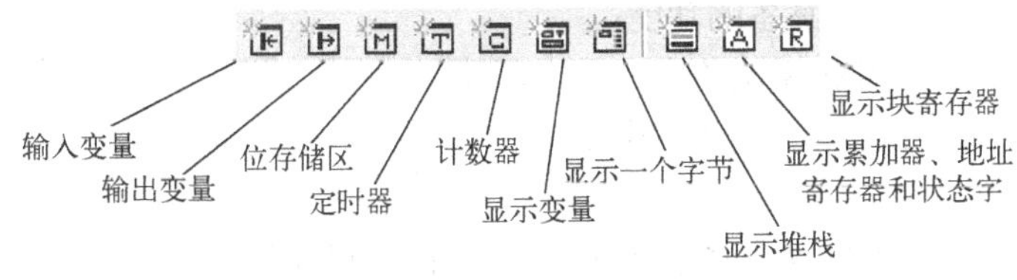


图 4-33　PLCSIM 的工具栏按钮及含义

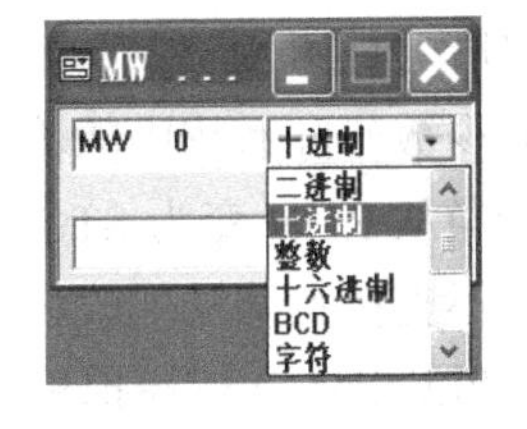


图 4-34　修改变量的数据类型

**2．CPU 模式工具栏**

CPU 模式工具栏可以选择 CPU 中程序的执行模式，各按钮的含义如图 4-35 所示。其中，连续循环模式与实际 PLC 正常运行状态相同；单循环模式下，模拟 CPU 只执行一个扫描周期，用户可以通过单击 +1 按钮进行下一次循环。无论在何种模式下，都可以通过单击 II 按钮暂停程序的执行。

3．录制/回放工具栏

PLCSIM 仿真软件工具栏中的图标 为录制/回放工具栏，单击该按钮，打开图 4-36 所示的“录制/回放”对话框。

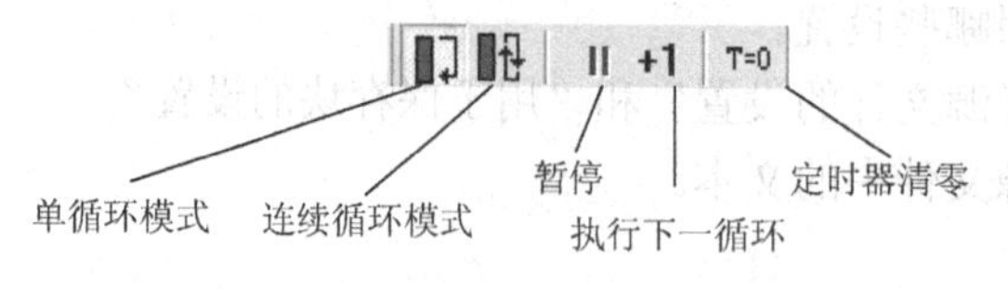


图 4-35　CPU 模式工具栏按钮及其含义

图 4-36 “录制/回放”对话框

该对话框中提供了类似“录音机”的界面，可以把 CPU 运行过程中的事件全部“录制”下来，并保存为一个文本文件。还可以回放已经录制好的事件。在回放过程中通过调整回放速度，可以更清晰地观察程序运行中发生的事件。

4．PLC 菜单

单击图 4-28 所示仿真软件 PLCSIM 的“PLC”菜单，可以模拟 PLC 的掉电以及修改 PLC 的 MPI 地址等。

### 4.6.2　PLCSIM 与真实 PLC 的差别

PLCSIM 提供了方便、强大的仿真模拟功能。与真实的 PLC 相比，它的灵活性更高，提供了许多 PLC 硬件无法实现的功能，使用也更加方便。但是软件始终无法取代真实的硬件，不可能实现完全的仿真。用户利用 PLCSIM 进行模拟调试时，必须了解它与真实 PLC 系统的差别。

PLCSIM 的下列功能在实际 PLC 上无法实现：

1）程序暂停/继续功能。

2）单循环执行模式。

3）模拟 CPU 转为 STOP 状态时，不会改变输出。

4）通过显示对象窗口修改变量值会立即生效，而不会等到下一个循环。

5）定时器手动设置。

6）过程映像区和直接外设是同步动作的，过程映像 I/O 会立即传送到外设 I/O。

另外，PLCSIM 无法实现下列实际 PLC 具备的功能：

1）少数实际系统中的诊断信息 PLCSIM 无法仿真，如电池错误。

2）当从 RUN 变为 STOP 模式时，I/O 不会进入安全状态。

3）不支持特殊功能模块（FM）。

4）PLCSIM 支持模拟单机系统，仅支持部分多 CPU 的网络通信模拟功能。

## 4.7　下载与上载

前面接触了 S7-300 PLC 的项目下载、硬件下载和程序下载等几种情况，下面进行详细说明。

**1．下载**

（1）SIMATIC 管理器中的下载

在 SIMATIC 管理器中选择项目下的一个站，如图 4-37 所示，单击工具栏中的按钮，系统将把保存的硬件组态和所有程序都下载至 PLC。

在 SIMATIC 管理器树形目录中选择一个站下的“块”，如图 4-38 所示，单击工具栏中的按钮，系统将把包括系统数据、用户块等所有块程序都下载至 PLC。

图 4-37　选中项目下的一个站

图 4-38　选中一个站下的块

若选择一个站下的某一个具体“块”，如图 4-39 所示，选中 FC10，单击工具栏中的按钮，系统将只把 FC10 块下载至 PLC。

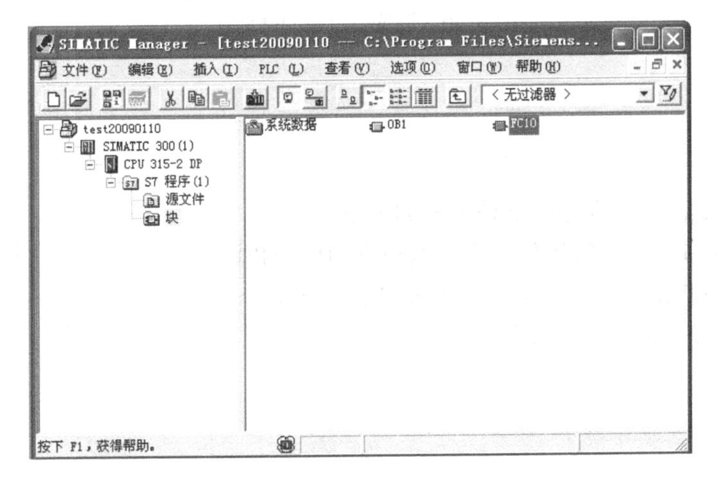


图 4-39　选中 FC10

（2）硬件组态编辑器中的下载

在硬件组态编辑器中，单击工具栏中的按钮，系统将当前的硬件组态编译后（但不保存）下载至 PLC 中。

（3）程序编辑器中的下载

打开程序编辑器，单击工具栏中的按钮，系统将当前的块编译后下载至 PLC 中。如果修改了当前块而未保存，则下载的将是修改后的块程序，此时若选择图 4-38 或图 4-39 所示的方式下载该块，则下载的是修改前保存的块。

**2．上载**

若需要将整个项目上载到编程计算机上，在 SIMATIC 管理器中选择菜单命令“PLC”→“将站点上传到 PG...”，打开图 4-40 所示对话框，机架号选为“0”，插槽号为“2”，输入 MPI 地址为 2，单击“确定”按钮即可将 PLC 站中的内容上载到当前的项目中。

SIMATIC 管理器中的上载与硬件组态编辑器中的上载的区别在于：硬件组态编辑器只上载了硬件，而 SIMATIC 管理器中不但上载了硬件组态，还包括块数据。

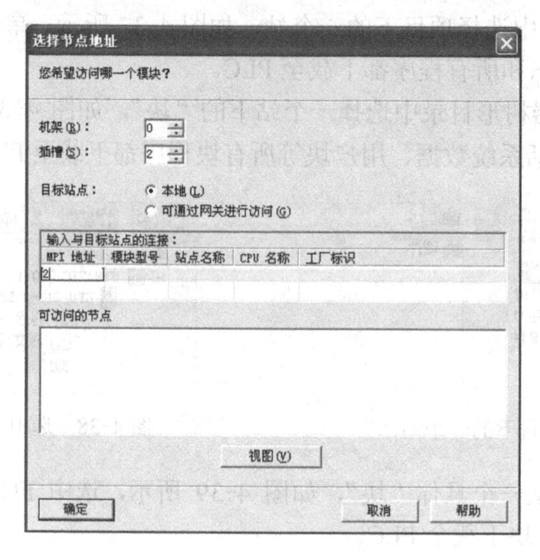


图 4-40　设置要上载的站地址

## 4.8　习题

1．熟悉 SIMATIC 管理器及各种工具的使用。
2．新建一个项目，进行硬件组态，编写点动控制和连续控制程序，并进行仿真测试。
3．仿真软件 PLCSIM 与真实的 PLC 的关系如何？
4．说明 STEP 7 中几种下载方式的差异。

# 第 5 章　基本指令系统

## 5.1　位逻辑指令

位逻辑指令使用 1 和 0 两个数字，将这两个数字称作二进制数字或位。在触点和线圈中，1 表示激活状态，0 表示未激活状态。位逻辑指令是 PLC 中最基本的指令，具体见表 5-1。

**表 5-1　常用的位逻辑指令**

| 图 形 符 号 | 功　能 | 图 形 符 号 | 功　能 |
| --- | --- | --- | --- |
| —\| \|— | 常开触点(地址) | —( SAVE ) | 将 RLO 保存到 BR 存储器 |
| —\|/\|— | 常闭触点(地址) | —( S ) | 置位线圈 |
| —( ) | 输出线圈 | —( R ) | 复位线圈 |
| —\| NOT \|— | 能流取反 | —(N)— | RLO 下降沿检测 |
| —(#)— | 中线输出 | —( P )— | RLO 上升沿检测 |
| RS: R, S, Q | 置位优先型 RS 触发器 | NEG: M_BIT, Q | 信号下降沿检测 |
| SR: S, R, Q | 复位优先型 SR 触发器 | POS: M_BIT, Q | 信号上升沿检测 |

### 1．基本逻辑指令

常开触点对应的存储器地址位为 1 状态时，该触点闭合。常闭触点对应的存储器地址位为 0 状态时，该触点闭合。触点符号中间的“/”表示常闭，触点指令中变量的数据类型为 BOOL 型。输出指令与线圈相对应，驱动线圈的触点电路接通时，线圈流过“能流”，指定位对应的映像寄存器为 1，反之则为 0。输出类指令应放在梯形图的最右边，变量为 BOOL 型。常开触点、常闭触点和输出线圈的例子如图 5-1 所示，I0.0 和 I0.1 是与的关系，当 I0.0=1，I0.1=0 时，输出 Q4.0=1。

取反指令的应用如图 5-2 所示，其中 I0.0 和 I0.1 是或的关系，当 I0.0=0，I0.1=0 时，取反指令后的 Q4.0=1。

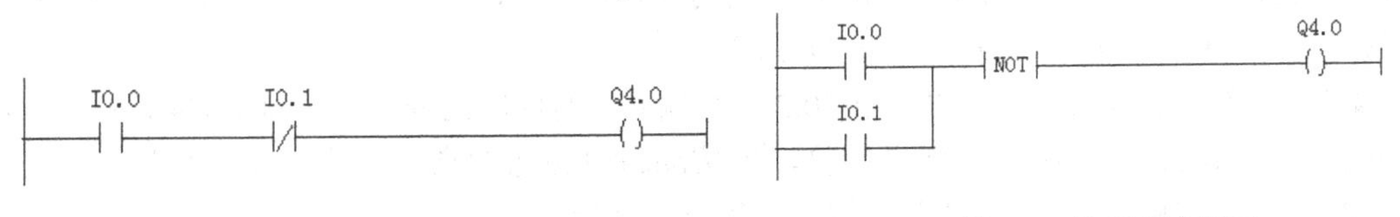


图 5-1　触点和输出例子　　　　图 5-2　取反指令例子

中线输出线圈也称为连接器，是中间赋值元件，它把当前 RLO 保存到指定地址，如图 5-3 所示。此处 M0.0 保存 I0.0 和 I0.1 相与的结果，当后面程序需要用到 I0.0 和 I0.1 相与的结果时，可以直接使用 M0.0 的常开触点。

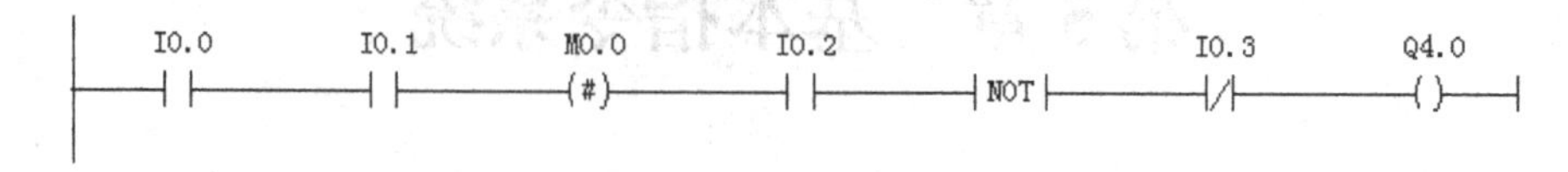


图 5-3　中线输出线圈例子

当它和其他元件串联时，“中线输出”指令可以和触点一样插入。但是中线输出线圈不能直接连接到电源母线，不能直接跟一个分支或者用在分支结尾，可以用 NOT 元件对中线输出线圈进行取反操作。

**2．置位/复位指令**

对于置位指令，如果 RLO=1，指定的地址被设定为状态“1”，而且一直保持到它被另一个指令复位为止；对于复位指令，如果 RLO=1，指定的地址被复位为状态“0”，而且一直保持到它被另一个指令置位为止。图 5-4 中，当 I0.0=1，I0.1=0，则 Q4.0 被置位，此时即使 I0.0 和 I0.1 不再满足上述关系，Q4.0 仍然保持为 1，直到 Q4.0 对应的复位条件满足，即当 I0.2=1，I0.3=1 时，Q4.0 才被复位为零。

触发器的置位/复位指令如图 5-5 所示。可以看出，触发器有置位输入和复位输入两个输入端，分别用于根据输入端的 RLO=1，对存储器位置位或复位。当 I0.0=1 时，Q4.0 被复位，Q4.1 被置位；当 I0.1=1 时，Q4.0 被置位，Q4.1 被复位。若 I0.0 和 I0.1 同时为 1，则哪一个输入端起作用，即触发器的置位/复位指令分为置位优先和复位优先两种，分别对应如图 5-5 所示。

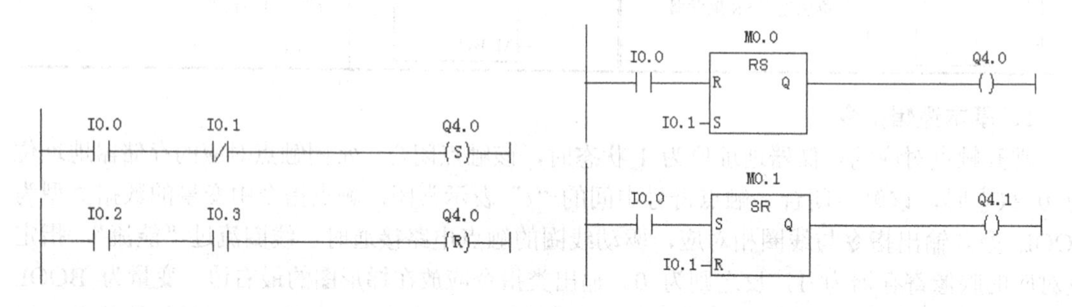


图 5-4　置位复位指令　　　　图 5-5　触发器的置位/复位指令

触发器指令上的 M0.0 和 M0.1 称为标志位，R、S 输入端首先对标志位进行复位和置位，再将标志位的状态送到输出。如果用置位指令把输出置位，当 CPU 全启动时输出被复位。若在图 5-5 所示的例子中，将 M0.0 声明为保持，当 CPU 全启动时，它就一直保持置位状态，被启动复位的 Q4.0 会再次赋值为“1”。

**【例 5-1】** 抢答器有 I0.0、I0.1 和 I0.2 三个输入，对应输出分别为 Q4.0、Q4.1 和 Q4.2，复位输入是 I0.4。要求：三人任意抢答，先按动瞬时按钮的指示灯优先亮，且只能亮一盏灯，进行下一问题时主持人按复位按钮，抢答重新开始。

编写程序如图 5-6 所示，注意，SR 指令的标志位地址不能重复，否则出错。

程序段 1：标题：
M0.0
I0.0
Q4.1
Q4.2
SR
Q4.0
S
Q
I0.4
R
程序段 2：标题：
M0.1
I0.1
Q4.0
Q4.2
SR
Q4.1
S
Q
I0.4
R
程序段 3：标题：
M0.2
I0.2
Q4.0
Q4.1
SR
Q4.2
S
Q
I0.4
R

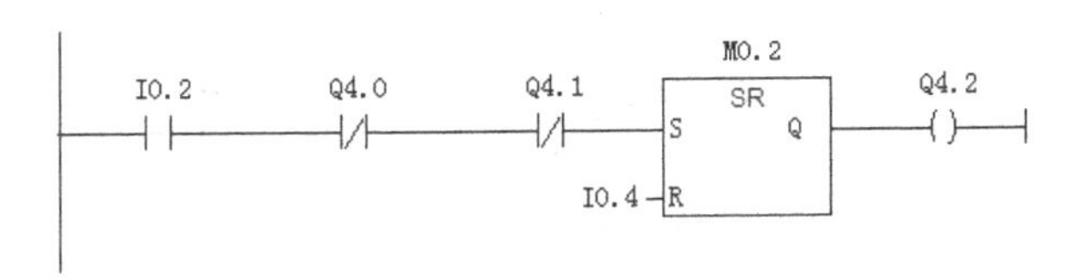

图 5-6　抢答器程序

### 3. 边沿检测指令

(1) RLO 边沿检测

RLO 边沿检测指令是当逻辑操作结果（RLO）从“0”到“1”（上升沿或正边沿，Positive）或从“1”到“0”（下降沿或负边沿，Negative）变化时，输出一个循环扫描周期的高电平，RLO 边沿检测指令如图 5-7 所示，其对应的工作时序图如图 5-8 所示。

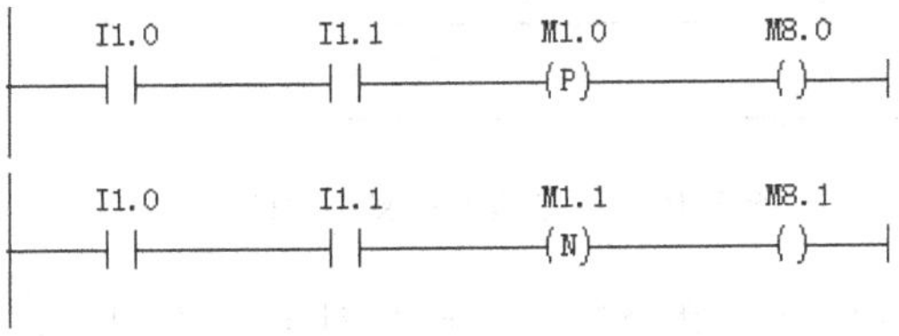

I1.0
I1.1
M1.0
M8.0
P
I1.0
I1.1
M1.1
M8.1
N

图 5-7　RLO 边沿检测指令

OB1 循环
I1.0
I1.1
RLO
M1.0
M1.1
M8.0
M8.1

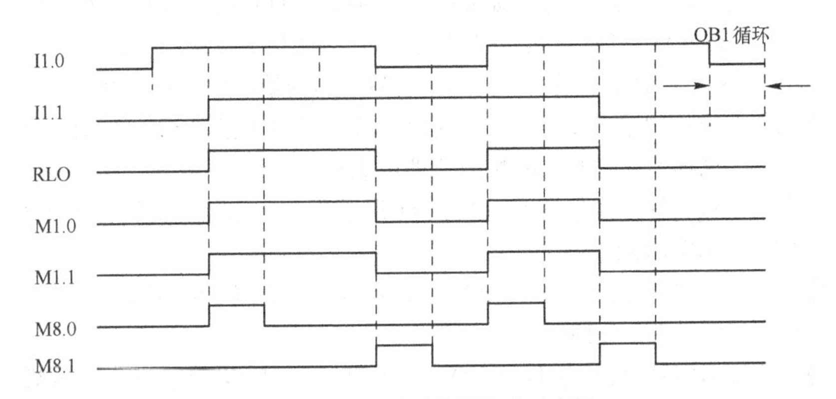

图 5-8　RLO 边沿检测指令时序图

结合图 5-8 可知，RLO 边沿检测指令上的标置位保持其前的 RLO 结果。正边沿指令检测标志位从“0”到“1”的信号变化，并在该指令后（如 M 8.0）以 RLO =1 显示一个扫描周期。负边沿指令检测标志位从“1”到“0”的信号变化，并在该指令后（如 M 8.1）以 RLO =1 显示一个扫描周期。

（2）信号边沿检测指令

信号边沿检测指令当信号变化时，产生信号边沿。图 5-9 所示为信号边沿检测指令，其对应的工作时序图如图 5-10 所示。

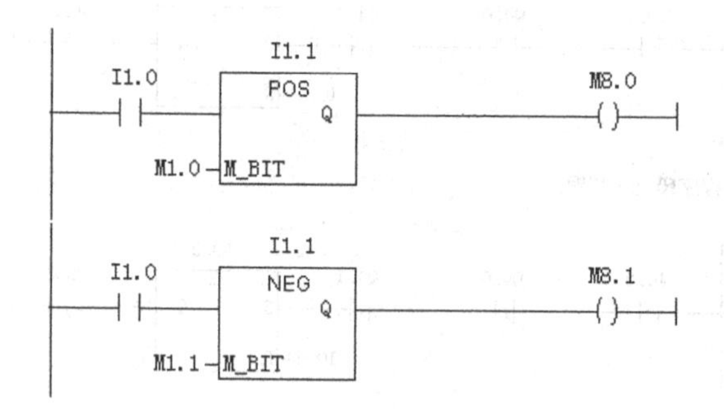


图 5-9　信号边沿检测指令

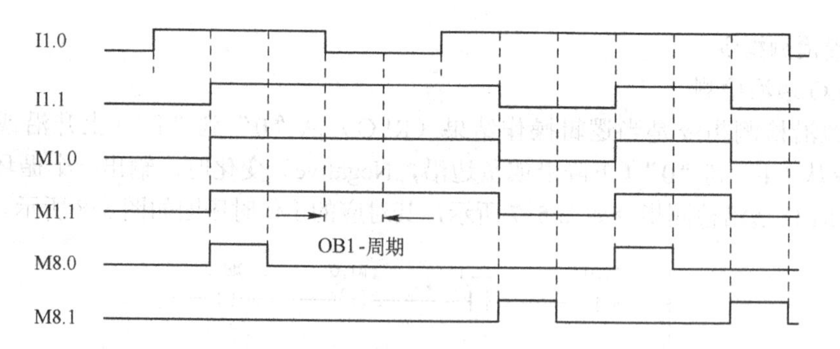


图 5-10　信号边沿检测指令的时序图

图 5-10 中，输入 I1.0 作为静态允许，输入 I1.1 作为动态监视，检测每个信号变化。I1.0 的信号状态为“1”，当 I1.1 的信号状态从“0”变化到“1”时，“正边沿（POS）”检测指令在输出 M8.0 上产生一个循环扫描周期的“1”状态。I1.0 的信号状态为“1”，当 I1.1 的信号状态从“1”变化到“0”时，“负边沿（NEG）”检测指令在输出 M8.1 上产生一个循环扫描周期的“1”状态。若 I1.0 不等于 1，则无论 I1.1 为何值，输出都为 0。

此外，要允许系统检测边沿变化，I1.1 的信号状态必须保存到一个标志位 M_BIT（位存储器或数据位）中，同样不能与其他的标志位地址重复。

边沿检测常用于只扫描一次的情况，图 5-11 所示程序表示按一下瞬时按钮 I0.0，MW10 加 1，此时必须使用边沿检测指令。

**【例 5-2】** 按动一次瞬时按钮 I0.0，输出 Q4.0 亮，再按动一次按钮，输出 Q4.0 灭，重复以上过程。编写程序如图 5-12 所示。

**【例 5-3】** 若故障信号 I0.0 为 1，使 Q4.0 控制的指示灯以 1Hz 的频率闪烁。操作人员按复位按钮 I0.1 后，如果故障已经消失，则指示灯熄灭，如果没有消失，指示灯转为常亮，直至故障消失。

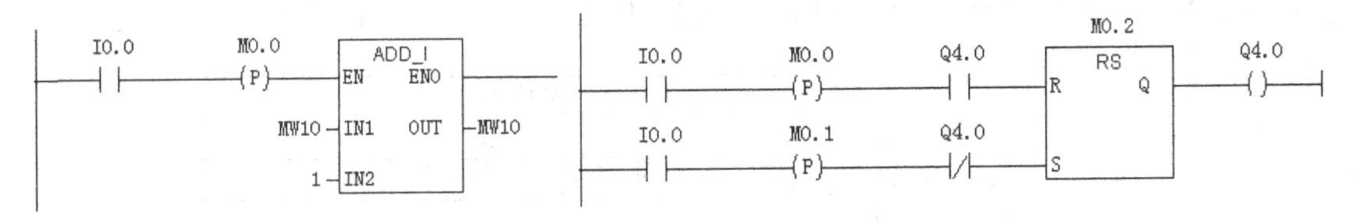


图 5-11　边沿检测指令例子　　　　图 5-12　例子程序

编写程序如图 5-13 所示，其中 M1.5 为 CPU 时钟存储器 MB1 的第 5 位，其时钟频率为 1Hz。

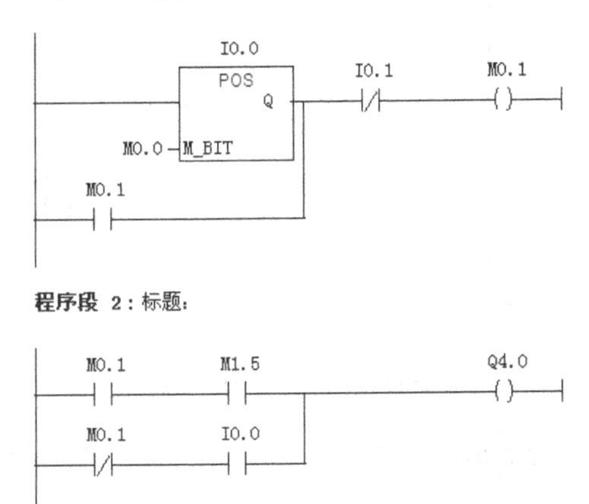


图 5-13　例子程序

## 5.2　传送指令

图 5-14 所示分别为 LAD 和 STL 的传送指令，其中左侧为 LAD 指令 MOVE，右侧为 STL 指令 L、T（装载和传递指令）。

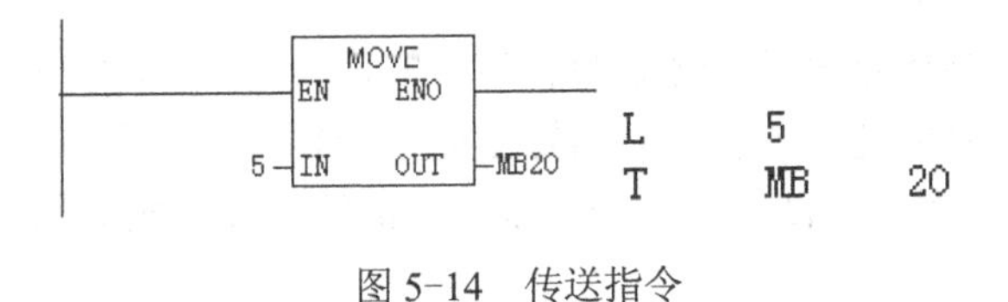


图 5-14　传送指令

对于 MOVE 指令，如果输入 EN 有效，输入 IN 处的值复制到输出 OUT，即将 5 送给 MB20。ENO 与 EN 的状态相同。

传送指令的数据通过累加器交换。当执行装载指令时，ACCU1 中的旧值先移到 ACCU2，在新值写入 ACCU1 前它先被清零。装载指令 L 把右边源地址中的值写到累加器 1，用“0”补充其他的位（共 32 位）。

当传递指令执行时，ACCU1 中的内容保持不变，将 ACCU1 的内容根据目的地传到不同的目的地址。如果仅传递一个字节，只使用右边的 8 位，若传递一个字，则使用右边的 16 位，若传递一个双字，则使用全部 32 位。装载和传递示意图如图 5-15 所示。

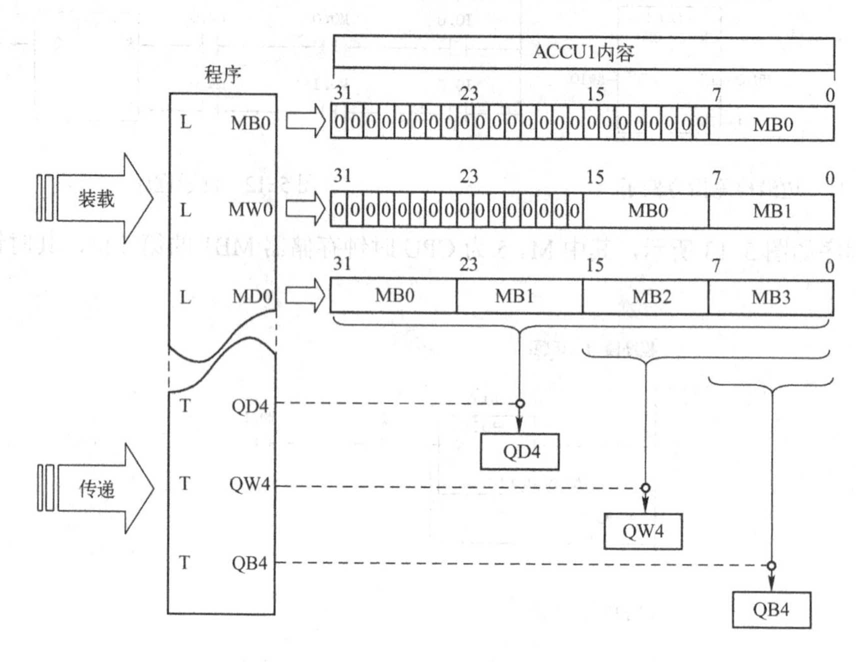


图 5-15　装载和传递示意图

通过上面传送指令的分析知道，可以将一个字节的数据传送给一个字，或者将一个字的数据传送给一个字节等。

## 5.3　定时器

在控制任务中，经常需要各种各样的定时功能。SIMATIC S7 提供了一定数量的具有不同功能的定时器，如 CPU314 提供了 T0～T127 共 128 个定时器。STEP 7 中的定时器有 5 种，分别为接通延时定时器 SD、保持型接通延时定时器 SS、断开延时定时器 SF、脉冲定时器 SP 和扩展脉冲定时器 SE。

定时器编程时，主要是处理好定时器的启动、停止、复位及输出等。启动定时器的条件或语句是必不可少的，复位定时器和定时器输出则可根据任务的要求进行取舍。用 STL 语言编写的程序要转换为 FBD/LAD 时，每一个未赋值的输入和输出必须用 NOP 0 语句（空操作）来编写。

### 5.3.1　不同类型的定时器

**1．接通延时定时器 SD**

接通延时定时器如图 5-16a 所示，图 5-16b 为其时序图。图 5-16a 中，T5 表示定时器号，S_ODT 表示接通延时定时器，由图 5-16b 可得到其工作原理如下：

1）启动。当定时器的输入端 S 由 0 变为 1 时，定时器启动进行由预设值开始逐渐减小的减定时；只要输入端 S=1，定时器就一直起作用。

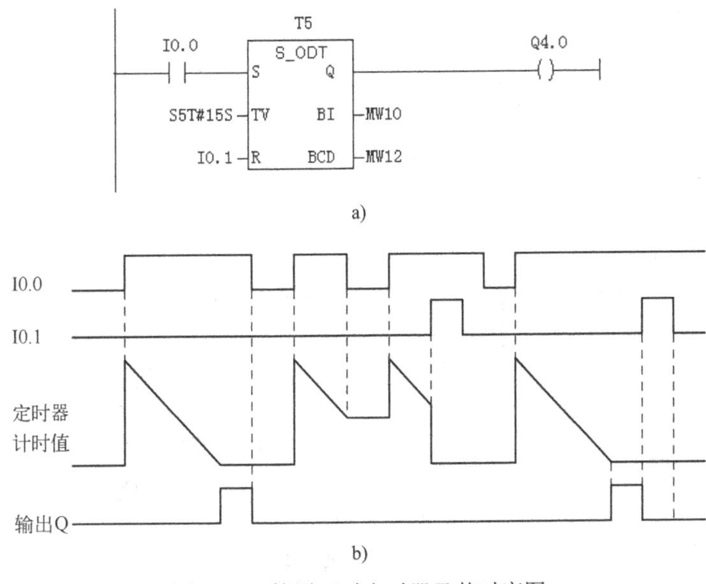


图 5-16　接通延时定时器及其时序图

a) 接通延时定时器　b) 时序图

2）复位。当复位输入端 R 为 1 时，无论 S 端如何，都将清除定时器中的当前定时值，而且输出端 Q 复位。

3）预设值。在输入端 TV 输入格式如“S5T#15S”的定时时间，表示定时时间为 15s。

4）定时器的当前时间值可以在输出端 BI 以二进制数的形式读出，在输出端 BCD 以 BCD 码的形式读出。定时器的当前时间值是由其预设值减去定时器启动以来的经过时间，故称为减定时。

5）输出。当定时器定时时间到，没有错误且输入端 S=1 时，输出端 Q 置位为 1。

如果在定时时间到达前输入端 S 从 1 变为 0，则定时器停止运行，当前计时值保持，此时输出端 Q=0。若 S 又从 0 变为 1，则定时器重新由预设值开始减定时。

**【例 5-4】** 按下瞬时启动按钮 I0.0，延时 5s 后电动机 Q4.0 起动，按下瞬时停止按钮，延时 10s 后电动机 Q4.0 停止。

由于为瞬时按钮，而接通延时定时器要求 S 端一直为高电平，故采用位存储区 M 作为中间变量，编写程序如图 5-17 所示。注意：起动电动机后要将中间变量 M 复位。

**【例 5-5】** 用接通延时定时器实现一个周期振荡电路，如图 5-18 所示。

由图 5-18 可知，当 CPU 运行时，定时器 T6 未启动，则其常闭触点接通，定时器 T5 开始定时，当 T5 定时未到时，T6 无法启动，Q4.0 为 0；当 T5 定时时间到，则其常开触点闭合，T6 启动，Q4.0 为 1，此时 T6 定时未到，其常闭触点仍然接通，故 T5 仍然定时；当 T6 定时已到，其常闭触点断开，T5 停止定时，其常开触点断开，Q4.0 为 0，T6 停止定时，其常闭触点接通，T5 重新启动，重复。

**2．保持型接通延时定时器 SS**

保持型接通延时定时器如图 5-19a 所示，图 5-19b 为其时序图。图 5-19a 中，T8 表示定时器号，S_ODTS 表示保持型接通延时定时器，由图 5-19b 可得到其工作原理如下：

**程序段 1**：按下I0.0置位M0.0

**程序段 2**：延时5s起动电动机Q4.0

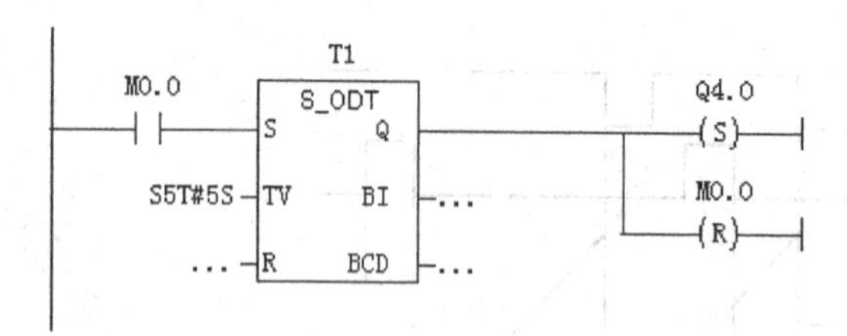


**程序段 3**：按下I0.1置位M0.1

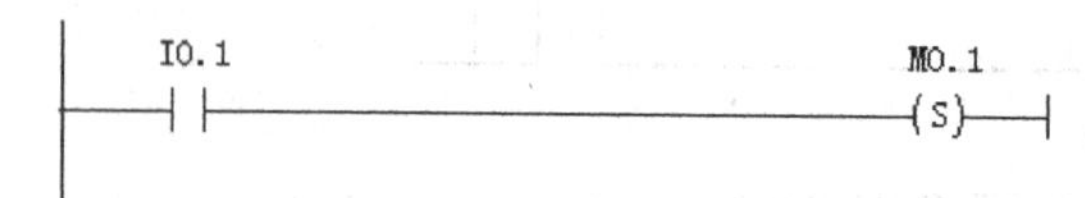


**程序段 4**：延时10s停止电动机

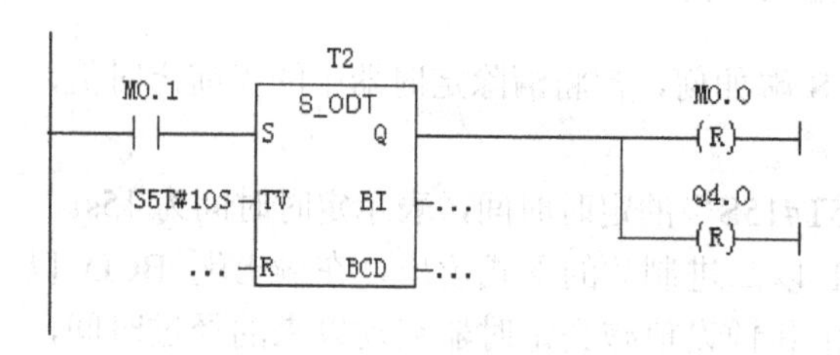


图 5-17　例子程序

**程序段 1**：标题：

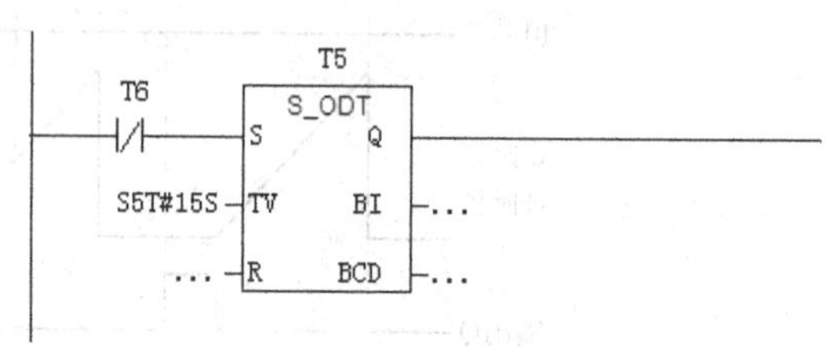


**程序段 2**：标题：

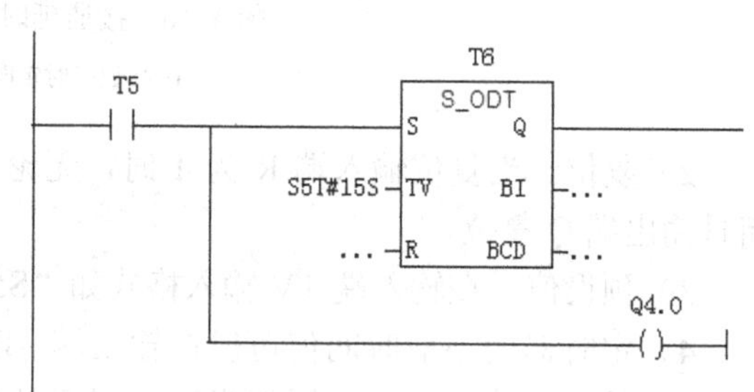


图 5-18　周期振荡电路

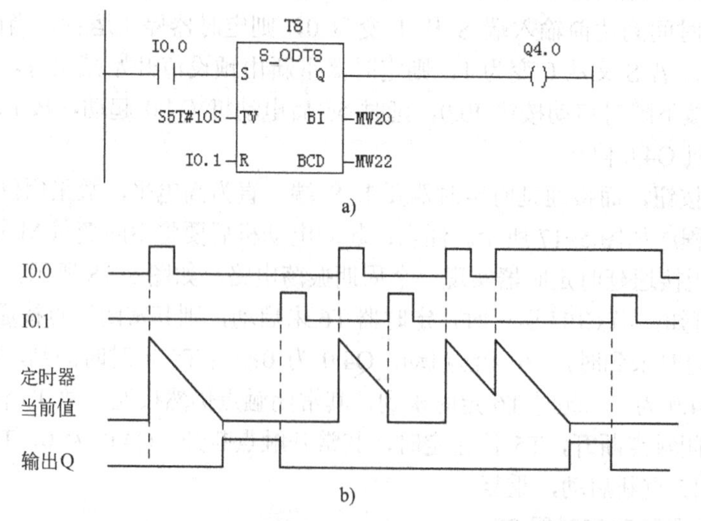


图 5-19　保持型接通延时定时器及其时序图

a) 保持型接通延时定时器　b) 时序图

1）启动。当定时器的输入端 S 从 0 变为 1 时，定时器启动开始减定时。此时即使 S 变为 0，定时器仍然正常工作。当定时器运行时，如果启动输入端再次从 0 变到 1，则定时器重新开始计时。

2）复位。当复位输入端 R 为 1 时，无论 S 端如何，都清除定时器中的定时值，而且输出端 Q 复位。

3）输出。当定时器时间到达而且没有错误，输出端 Q 变为 1，和输入端 S 的信号无关。

**3. 断开延时定时器 SF**

断开延时定时器如图 5-20a 所示，图 5-20b 为其时序图。图 5-20a 中，T5 表示定时器号，S_OFFDT 表示断开延时定时器，由图 5-20b 可得到其工作原理如下：

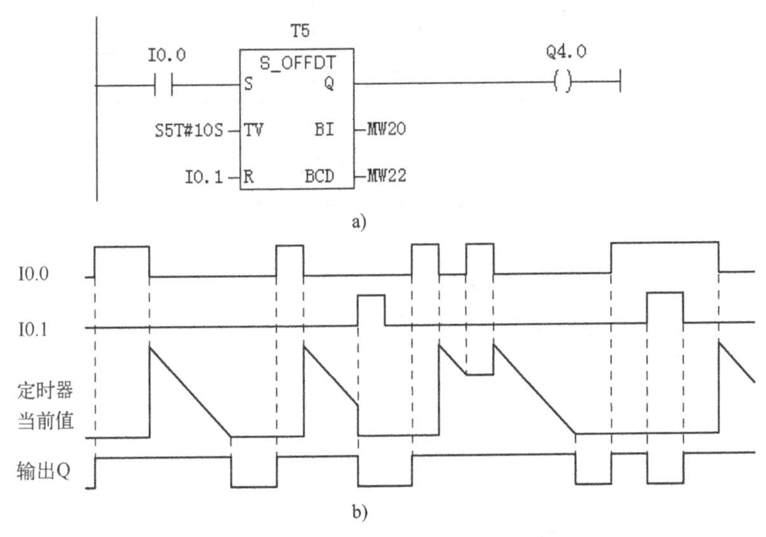


图 5-20　断开延时定时器及其时序图

a) 断开延时定时器　b) 时序图

1）启动。当定时器的输入端 S 从 1 变为 0 时，定时器启动开始减定时。当定时时间到时，输出信号 Q=0。当定时器运行时，如果输入端 S 的状态从 0 变为 1，定时器停止运行，当前值保持。下次当 S 从 1 变为 0 时，重新启动。

2）复位。当复位输入端 R 为 1 时，无论 S 端如何，都清除定时器中的当前定时值，且输出 Q 复位。

3）输出。当输入端 S 从 0 变为 1 时，输出端 Q =1，如果输入 S 取消，输出端 Q 继续保持“1”，直到设定的时间到达。

**4. 脉冲定时器 SP**

脉冲定时器如图 5-21a 所示，图 5-21b 为其时序图。图 5-21a 中，T6 表示定时器号，S_PULSE 表示脉冲定时器，由图 5-21b 可得到其工作原理如下：

1）启动。当输入端 S 从 0 变为 1 时，定时器启动，此时输出端 Q 也置为 1。

2）复位。当定时器定时时间到，或者启动信号从 1 变为 0，或者复位输入端 R 有信号 1 时，定时器当前值被清 0，且输出为 0。

**【例 5-6】** 用脉冲定时器实现一个周期振荡电路，如图 5-22 所示。

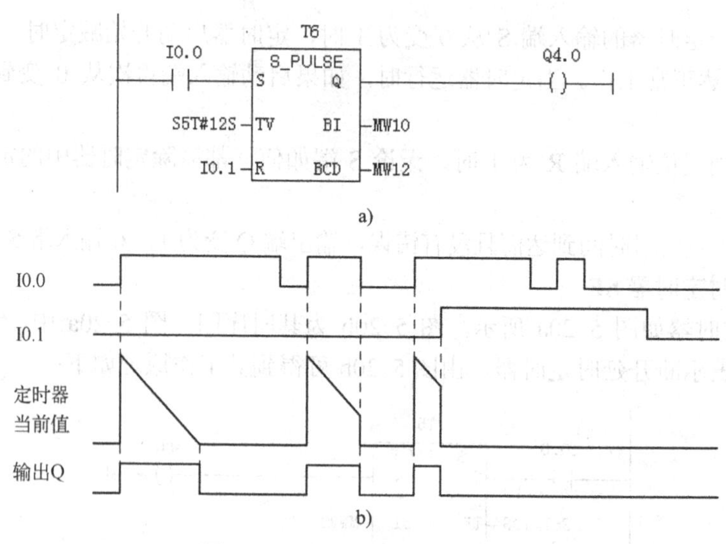


图 5-21　脉冲定时器及其时序图

a) 脉冲定时器　b) 时序图

**程序段 1**：标题：

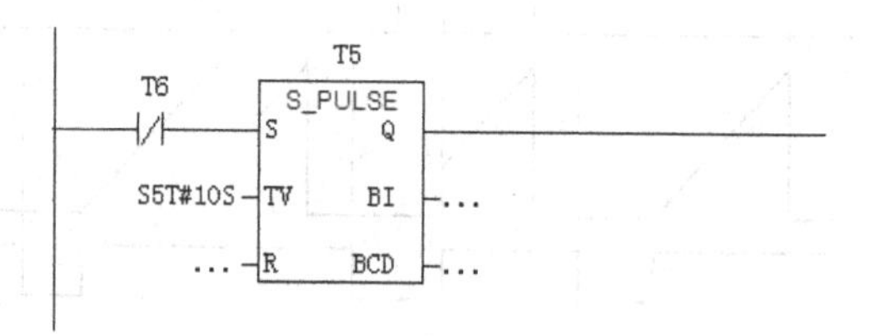


**程序段 2**：标题：

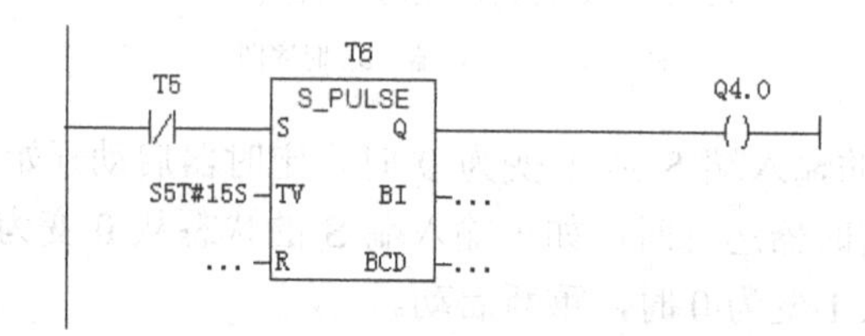


图 5-22　周期振荡电路

由图 5-22 可知，当 CPU 运行时，定时器 T6 未启动，其常闭触点接通，定时器 T5 开始定时，则其常闭触点断开，T6 无法启动，输出 Q4.0 为 0；当 T5 定时到，其常闭触点接通，则 T6 启动，其常闭触点断开，T5 停止，其常闭触点接通，T6 一直运行；当 T6 定时到，其常闭触点接通，T5 启动，重复上述过程。

**5．扩展脉冲定时器 SE**

扩展脉冲定时器如图 5-23a 所示，图 5-23b 为其时序图。图 5-23a 中，T5 表示定时器号，S_PEXT 表示扩展脉冲定时器，由图 5-23b 可得到其工作原理如下：

1）启动。当输入端 S 从 0 变为 1 时，定时器启动，此时输出端 Q 被置为 1，即使 S 变为 0，输出 Q 仍保持 1。当定时器正在运行时，如果启动输入信号从 0 变到 1，定时器将被再次启动。

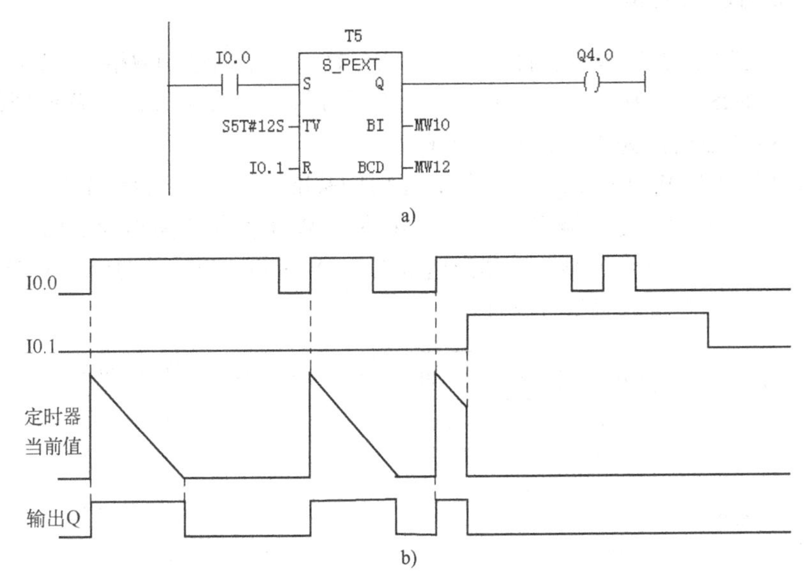


图 5-23 扩展脉冲定时器及其时序图

a) 扩展脉冲定时器 b) 时序图

2）复位。当定时器时间到或者复位输入端 R 有信号 1 时，输出端 Q 被复位。

## 5.3.2 定时器的位指令

所有的定时器也可以用简单的位指令启动，如图 5-24a 所示，可以看出它与图 5-24b 所示的定时器块指令是一致的，其启动条件在 S 端输入，需要指定时间值，复位条件在 R 端输入，输出端 Q 编写信号响应；但是可以看出 LAD 和 FBD 中位指令不能读取定时当前时间值（因为没有 BI 和 BCD 输出）。

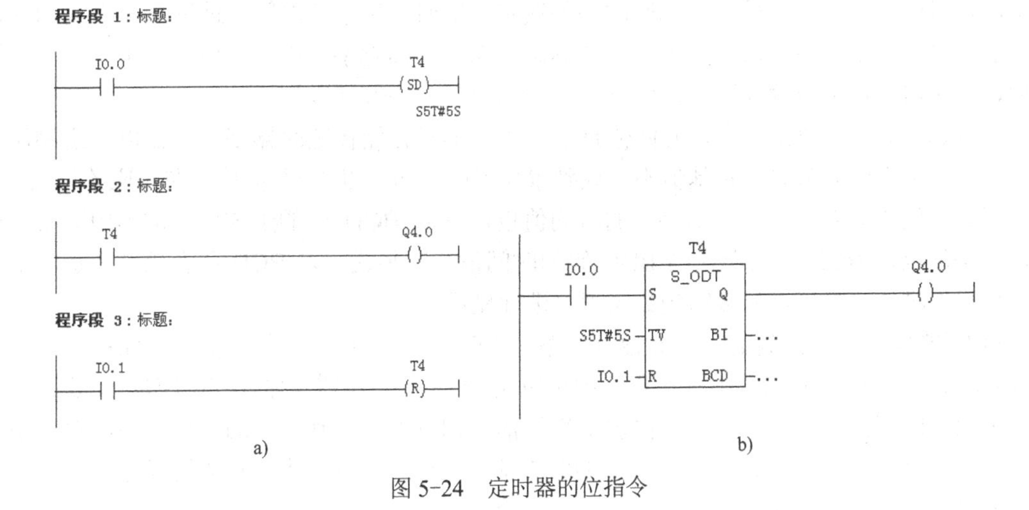


图 5-24 定时器的位指令

### 5.3.3 定时器的定时时间

STEP 7 中定时器的定时时间有两种格式：S5 格式和十六进制数格式。S5 时间格式为 S5T#aH_bM_cS_dMS，其中，a 表示小时，b 表示分钟，c 表示秒，d 表示毫秒。例如，S5T#1H_13M_8S 表示时间为 1 小时 13 分 8 秒。

十六进制数格式为 W#16#wxyz，其中 w 是时间基准，xyz 是 BCD 码格式的时间值，如图 5-25 所示。可以看出，定时器字的长度是 16 位，从该字的右端起，头 12 位是时间值的 BCD 码，每四位表示一位十进制数，其表达范围为 0～999；随后的两位用来表示时间的基准（0～3），最后两位在设定时值时没有意义。

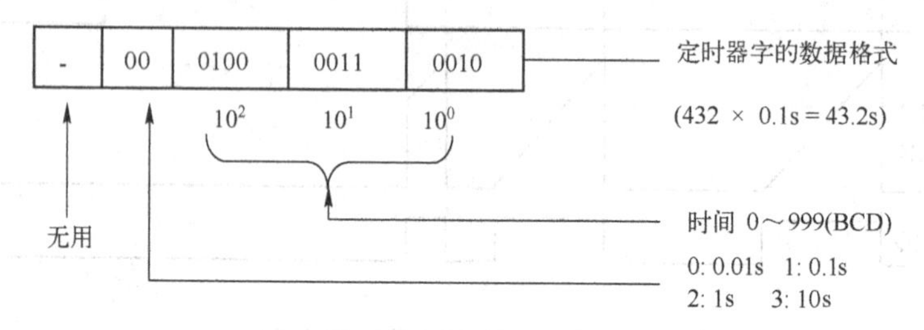


图 5-25 定时器十六进制数格式示意图

时间基准定义一个单位代表的时间间隔。当定时时间用常数（S5T#...）表示时，时间基准由系统自动分配。时基越小，分辨率越高；时基越大，分辨率越低，但定时时间越长。

需要注意的是，不能直接将一个十六进制常数赋给定时器作为定时时间，而需要将其送至一个全局存储区（如 MW20），再将该区域送作定时时间。当定时器启动时，定时时间值被传送到定时器的系统数据区中，一旦定时器启动，时间值便依次递减，直到零为止，以什么单位递减则要根据所设定的时间基准值来确定。

S7 CPU 中为定时器保留了一个特殊存储器区，它为每个定时器地址保留一个 16 位的字，用来存储当前的时间值。定时器字的位 0～9 包含用二进制码表示的时间值。当定时器刷新时，时间值由时间基准定义的时间间隔决定。定时器字中的时间值能够被装入累加器，从累加器可再传输到数据块（数据字）或标志存储区（标志字）中，从而进一步处理。根据需要，定时器字还可传输到过程输出映像（QW）以便显示时间。

在 PLC 的系统数据区中，时间值是以二进制形式存储在定时器字中。当以二进制形式向累加器中装载时间值时，时基值不装载到累加器中，而是以“0”值填充在相应的位上。

以二进制形式存储在定时器字中的时间值也可以以 BCD 码的形式向累加器中装载，这时，时基值也以 BCD 码的形式同 BDC 码的时间值一同装载。以 BCD 码存储在累加器中的时间值可作进一步处理，如传输到数码管上进行显示。

PLC 的操作系统检测定时器的触点状态是“0”还是“1”，并将该信息存储在一个状态位（Tn，n 为定时器号码）中，在程序中可以用 A Tn 语句来扫描触点状态。需要注意的是，如果定时器的触点在一个周期内被多次扫描，则可能会得到不同的扫描结果，对程序的正确执行不利。解决方法是，将定时器的触点输出（Q）的信号状态赋值给标志位，该标志位在程序中可被反复扫描。

## 5.4 计数器

STEP 7 中的计数器有 3 类：加计数器 S_CU、减计数器 S_CD 和加减计数器 S_CUD。图 5-26 所示为加减计数器及其时序图。

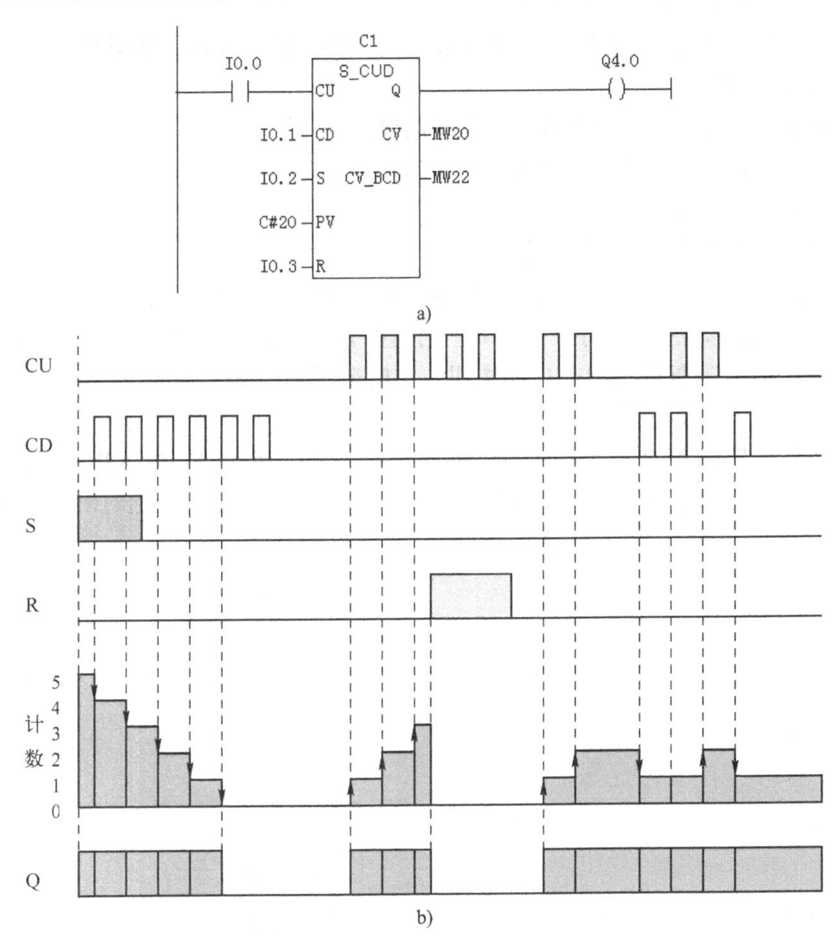


图 5-26 加减计数器及其时序图

a) 加减计数器 S_CUD b) 时序图

由图 5-26 可以看出，计数器的工作原理如下：

1）在系统数据存储器中为每个计数器保留了一个 16 位字，它用来以二进制格式存储计数器的值（0～999）。

2）当输入端 CU 从 0 变为 1 时，计数器的当前值加 1（最大值 999）。

3）当输入端 CD 从 0 变为 1 时，计数器的当前值减 1（最小值 0）。

4）当输入端 S 从 0 变为 1 时，计数器就设定为 PV 端输入的值。

5）当输入端 R 为 1，则计数器的值置为 0。如果复位条件满足，计数器不能置数，也不能计数。

6）在输入端 PV 用 BCD 码指定设定值（0～999），可以用常数（C#...）或者通过数据接口用 BCD 格式输入。

7）计数器的当前值可以用二进制数或 BCD 数装入累加器，再传递到其他地址。

8）计数器的计数值等于 0，则输出端 Q = 0；计数器的计数值大于 0，Q = 1。

9）如果计数器加计数达到 999，或减计数达到 0，则计数值保持不变。如果加计数和减计数同时输入，计数器计数值保持不变。

同定时器一样，所有的计数器功能也可以用简单的位指令操作，如图 5-27 所示。

使用计数器主要考虑如下几点：

（1）计数脉冲从何而来，即计数器的启动问题。

（2）在开始动作之前，需要计多少个数，即赋值问题。

（3）如何复位计数器。

（4）如何实现现场监控当前计数值。

**【例 5-7】** 用计数器扩展定时器的定时范围。由前面定时器定时时间的设置可以知道，一个定时器的最大定时时间为 9990s，当需要定时更长时间时，就需要对定时时间进行扩展。要求：I0.0 为复位按钮兼启动按钮，定时范围为 12h。12h 之后，将电磁阀 Q4.0 打开。

由前面可知，定时器的最长定时时间是 9990s，不到 3h，要实现 12h 的定时功能，需要结合定时器和计数器来实现。程序如图 5-28 所示，注意此处单个定时时间为 10s，定时 6 次。

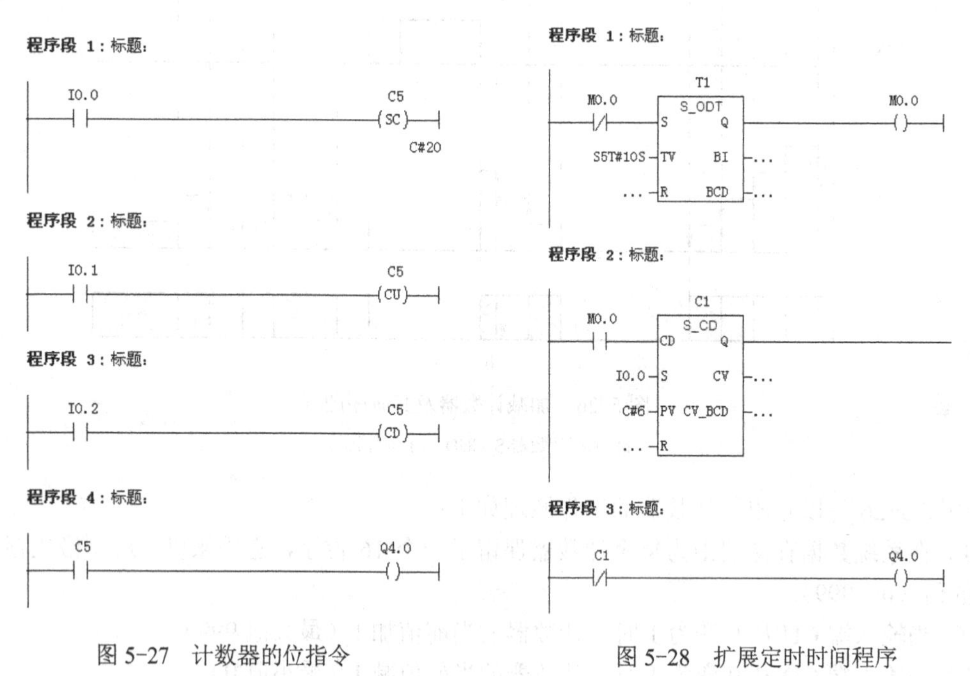


图 5-27 计数器的位指令　　　　图 5-28 扩展定时时间程序

## 5.5 比较指令

STEP 7 中提供了整数、双整数和实数的比较指令，具体见表 5-2。

表 5-2　比较指令

| | 整　数 | 双 整 数 | 实　数 |
|---|---|---|---|
| 等于（EQ） | CMP<br>==I<br>IN1<br>IN2 | CMP<br>==DI<br>IN1<br>IN2 | CMP<br>==R<br>IN1<br>IN2 |
| 不等于（NE） | CMP<br><>I<br>IN1<br>IN2 | CMP<br><>DI<br>IN1<br>IN2 | CMP<br><>R<br>IN1<br>IN2 |
| 大于（GT） | CMP<br>>I<br>IN1<br>IN2 | CMP<br>>DI<br>IN1<br>IN2 | CMP<br>>R<br>IN1<br>IN2 |
| 小于（LT） | CMP<br><I<br>IN1<br>IN2 | CMP<br><DI<br>IN1<br>IN2 | CMP<br><R<br>IN1<br>IN2 |
| 大于等于（GE） | CMP<br>>=I<br>IN1<br>IN2 | CMP<br>>=DI<br>IN1<br>IN2 | CMP<br>>=R<br>IN1<br>IN2 |
| 小于等于（LE） | CMP<br><=I<br>IN1<br>IN2 | CMP<br><=DI<br>IN1<br>IN2 | CMP<br><=R<br>IN1<br>IN2 |

比较指令只能是两个相同的数据类型进行数据比较，若比较的结果为“真”，以大于为例，即当 IN1>IN2 时，输出为 1。

**【例 5-8】** 用比较指令和计数器指令编写开关灯程序，要求灯控按钮 I0.0 按下一次，灯 Q4.0 亮，按下两次，灯 Q4.0、Q4.1 全亮，按下三次，灯全灭，如此循环。

编写程序如图 5-29 所示。

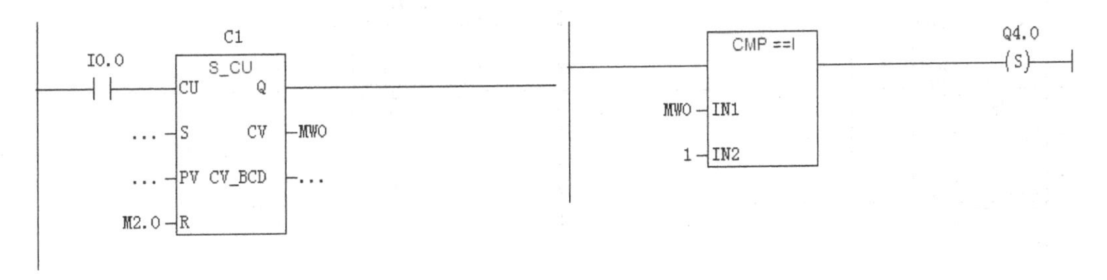


图 5-29　开关灯程序

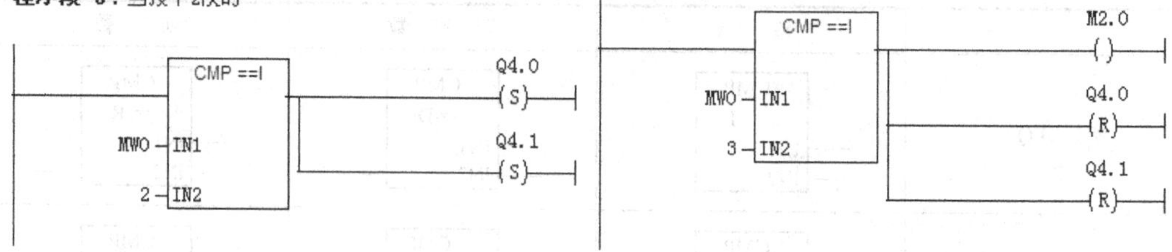


图 5-29　开关灯程序（续）

## 5.6　转换指令

转换指令及其功能见表 5-3。

表 5-3　转换指令及其功能

| 指　令 | 功　能 | 指　令 | 功　能 |
| --- | --- | --- | --- |
| BCD_I<br>EN ENO<br>IN OUT | 将 16 位 BCD 码转换为整数 | NEG_I<br>EN ENO<br>IN OUT | 整数取相反数（补码） |
| I_BCD<br>EN ENO<br>IN OUT | 将整数转换为 16 位 BCD 码，如果出现溢出，ENO＝0 | NEG_DI<br>EN ENO<br>IN OUT | 双整数取相反数（补码） |
| I_DI<br>EN ENO<br>IN OUT | 整数转换为双整数 | NEG_R<br>EN ENO<br>IN OUT | 实数取相反数 |
| BCD_DI<br>EN ENO<br>IN OUT | 32 位 BCD 码转换为双整数 | ROUND<br>EN ENO<br>IN OUT | 取整到最接近的双整数 |
| DI_BCD<br>EN ENO<br>IN OUT | 双整数转换为 32 位 BCD 码，如果出现溢出，ENO＝0 | TRUNC<br>EN ENO<br>IN OUT | 截尾到双整数 |
| DI_R<br>EN ENO<br>IN OUT | 双整数转换为实数 | CELL<br>EN ENO<br>IN OUT | 向上取整 |
| INV_I<br>EN ENO<br>IN OUT | 整数取反码 | FLOOR<br>EN ENO<br>IN OUT | 向下取整 |
| INV_DI<br>EN ENO<br>IN OUT | 双整数取反码 | | |

需要注意的是，使用整数的用户程序需要进行除法，而整数除以整数结果还是整数，因

此，要想准确，需要转换为实数进行相除，而没有直接将整数转换为实数的指令，需要先把整数转换成双整数，再把双整数转换为实数。

## 5.7 数字逻辑指令

数字逻辑指令分为字和双字与、或、异或几类，具体见表 5-4。

**表 5-4 数字逻辑指令**

| 字逻辑指令 | 功　能 | 双字逻辑指令 | 功　能 |
| --- | --- | --- | --- |
| WAND_W<br>EN ENO<br>IN1 OUT<br>IN2 | IN1 和 IN2 两个字的每一位进行逻辑与运算，结果由 OUT 送出 | WAND_DW<br>EN ENO<br>IN1 OUT<br>IN2 | IN1 和 IN2 两个双字的每一位进行逻辑与运算，结果由 OUT 送出 |
| WOR_W<br>EN ENO<br>IN1 OUT<br>IN2 | IN1 和 IN2 两个字的每一位进行逻辑或运算，结果由 OUT 送出 | WOR_DW<br>EN ENO<br>IN1 OUT<br>IN2 | IN1 和 IN2 两个双字的每一位进行逻辑或运算，结果由 OUT 送出 |
| WXOR_W<br>EN ENO<br>IN1 OUT<br>IN2 | IN1 和 IN2 两个字的每一位进行逻辑异或运算，结果由 OUT 送出 | WXOR_DW<br>EN ENO<br>IN1 OUT<br>IN2 | IN1 和 IN2 两个双字的每一位进行逻辑异或运算，结果由 OUT 送出 |

下面以字逻辑运算为例说明数字逻辑指令的应用，其应用及运算过程如图 5-30 所示。

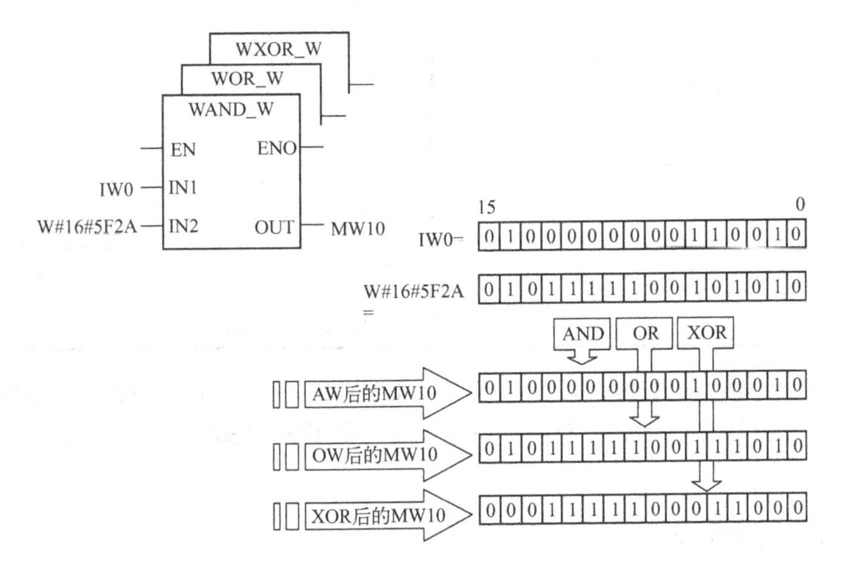


图 5-30 字逻辑运算举例

## 5.8 基本数学功能

基本数学运算分为整数运算和浮点数（实数）运算两大类。

### 5.8.1 整数运算指令

整数运算指令包括整数和双整数的加、减、乘、除等，具体见表 5-5。

表 5-5 整数运算指令

| 整数运算指令 | 功 能 | 双整数运算指令 | 功 能 |
|---|---|---|---|
| ADD_I<br>EN ENO<br>IN1 OUT<br>IN2 | IN1 和 IN2 两个整数相加，结果送至 OUT | ADD_DI<br>EN ENO<br>IN1 OUT<br>IN2 | IN1 和 IN2 两个双整数相加，结果送至 OUT |
| SUB_I<br>EN ENO<br>IN1 OUT<br>IN2 | IN1 和 IN2 两个整数相减，结果送至 OUT | SUB_DI<br>EN ENO<br>IN1 OUT<br>IN2 | IN1 和 IN2 两个双整数相减，结果送至 OUT |
| MUL_I<br>EN ENO<br>IN1 OUT<br>IN2 | IN1 和 IN2 两个整数相乘，结果送至 OUT | MUL_DI<br>EN ENO<br>IN1 OUT<br>IN2 | IN1 和 IN2 两个双整数相乘，结果送至 OUT |
| DIV_I<br>EN ENO<br>IN1 OUT<br>IN2 | IN1 和 IN2 两个整数相除，结果送至 OUT | DIV_DI<br>EN ENO<br>IN1 OUT<br>IN2 | IN1 和 IN2 两个双整数相除，结果送至 OUT |
| | | MOD_DI<br>EN ENO<br>IN1 OUT<br>IN2 | IN1 和 IN2 两个双整数相除，余数送至 OUT |

整数运算指令中，如果在允许输入 EN 处的 RLO=1，就执行后面的运算。如果结果超出了数据类型允许的范围，溢出位 OV=“Overflow”和 OS=“Stored Overflow”被置位，允许输出 ENO=0。

### 5.8.2 浮点数运算指令

浮点数运算指令见表 5-6。

**表 5-6　浮点数运算指令**

| 指　　令 | 功　　能 | 指　　令 | 功　　能 |
|---|---|---|---|
| ADD_R<br>EN　ENO<br>IN1　OUT<br>IN2 | IN1 和 IN2 两个浮点数相加，结果送至 OUT | EXP<br>EN　ENO<br>IN　OUT | 求指数 |
| SUB_R<br>EN　ENO<br>IN1　OUT<br>IN2 | IN1 和 IN2 两个浮点数相减，结果送至 OUT | SIN<br>EN　ENO<br>IN　OUT | 正弦 |
| MUL_R<br>EN　ENO<br>IN1　OUT<br>IN2 | IN1 和 IN2 两个浮点数相乘，结果送至 OUT | COS<br>EN　ENO<br>IN　OUT | 余弦 |
| DIV_R<br>EN　ENO<br>IN1　OUT<br>IN2 | IN1 和 IN2 两个浮点数相除，结果送至 OUT | TAN<br>EN　ENO<br>IN　OUT | 正切 |
| ABS<br>EN　ENO<br>IN　OUT | 求绝对值 | ASIN<br>EN　ENO<br>IN　OUT | 反正弦 |
| SQRT<br>EN　ENO<br>IN　OUT | 求平方根 | ACOS<br>EN　ENO<br>IN　OUT | 反余弦 |
| SQR<br>EN　ENO<br>IN　OUT | 求平方 | ATAN<br>EN　ENO<br>IN　OUT | 反正切 |
| LN<br>EN　ENO<br>IN　OUT | 求对数 | | |

**【例 5-9】** 编程实现公式：$c=\sqrt{a^2+b^2}$，其中 $a$ 为整数，存储在 MW0 中，$b$ 为整数，存储在 MW2，$c$ 为实数，存储在 MD4 中。

编写程序如图 5-31 所示。

**程序段 1**：标题：

计算a^2+b^2

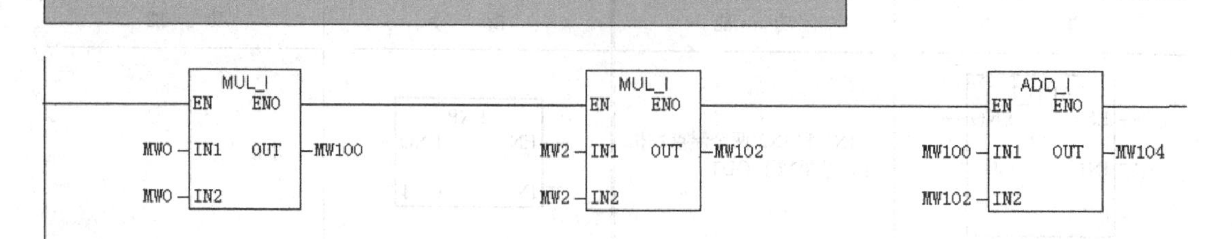


**程序段 2**：标题：

将整数（a^2+b^2）转换为实数

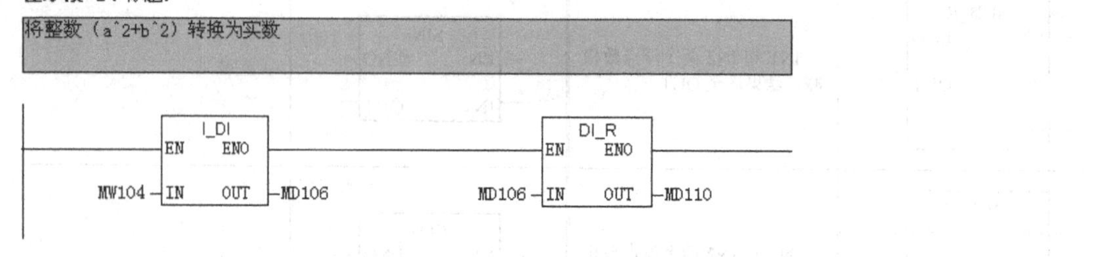


**程序段 3**：标题：

求取平方根c

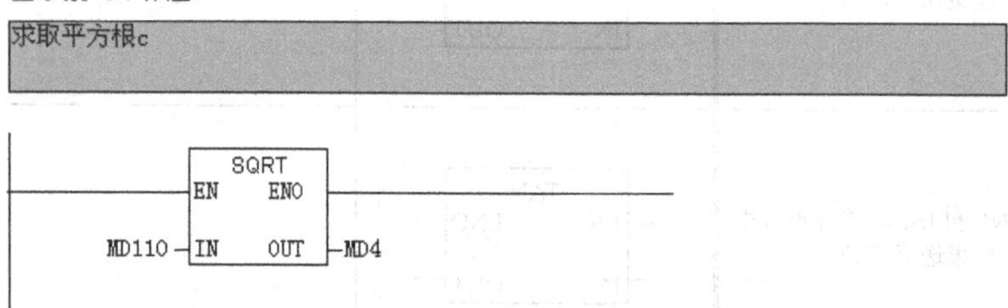


图 5-31　程序例子

## 5.9　移位和循环移位指令

移位和循环移位指令见表 5-7，注意指令中的“N”参数为移位的位数，不能直接赋常数。

**表 5-7　移位和循环移位指令**

| 名　称 | 符　号 | 含　义 |
| --- | --- | --- |
| 字左移位 | SHL_W: EN, ENO, IN, OUT, N | 将 IN 中的字逐位左移，空出位填 0 |
| 字右移位 | SHR_W: EN, ENO, IN, OUT, N | 将 IN 中的字逐位右移，空出位填 0 |

（续）

| 名　称 | 符　号 | 含　义 |
|---|---|---|
| 双字左移位 | SHL_DW<br>EN　ENO<br>IN　OUT<br>N | 将 IN 中的双字逐位左移，空出位填 0 |
| 双字右移位 | SHR_DW<br>EN　ENO<br>IN　OUT<br>N | 将 IN 中的双字逐位右移，空出位填 0 |
| 有符号整数右移位 | SHR_I<br>EN　ENO<br>IN　OUT<br>N | 将 IN 中的整数逐位向右移动，空出位用第 15 位的逻辑状态即整数的符号位填充 |
| 有符号双整数右移位 | SHR_DI<br>EN　ENO<br>IN　OUT<br>N | 将 IN 中的双整数逐位向右移动，空出位用第 15 位的逻辑状态即整数的符号位填充 |
| 双字循环左移位 | ROL_DW<br>EN　ENO<br>IN　OUT<br>N | 将输入 IN 的全部内容逐位向左循环移位 |
| 双字循环右移位 | ROR_DW<br>EN　ENO<br>IN　OUT<br>N | 将输入 IN 的全部内容逐位向右循环移位 |

**【例 5-10】** 通过移位指令实现彩灯控制。

编写程序如图 5-32 所示，其中 I0.0 为控制开关，M100.5 为 CPU 属性中的周期为 1s 的时钟存储器位，实现的功能为当按下 I0.0 时，QD4 中为 1 的输出位每秒向左移动一位。“程序段 1”的功能是赋初值给移位位数（MW0）并将 QD4 中的 Q7.0 置位，“程序段 2”的功能是使 QD4 每秒循环左移一位。

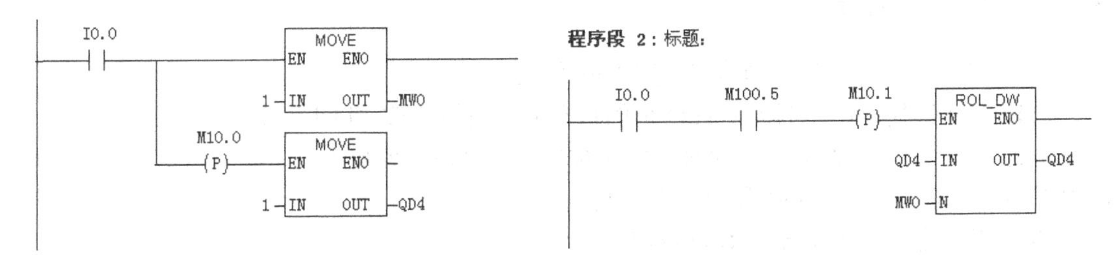


图 5-32　彩灯控制例子

## 5.10 主控继电器指令

主控继电器指令简称为 MCR 指令，用来控制 MCR 区内的指令是否被正常执行，其应用示例如图 5-33 所示，图中省略了程序段标注。其中，MCRA 为激活 MCR 区指令，表明按 MCR 方式操作的开始；MCRD 为取消 MCR 区指令，表明按 MCR 方式操作的结束；MCRA 和 MCRD 应成对使用。“MCR<”和“MCR>”之间的内容为 MCR 控制内容，当“MCR<”前的条件满足时，MCR 控制内容正常秩序；若“MCR<”前的条件不满足，程序则按下面方式处理：

1）输出线圈，中线输出线圈等的存储位被写入 0，即线圈断电。

2）置位和复位指令的存储位保持当前状态不变。

3）传送或赋值指令中的地址被写入 0。

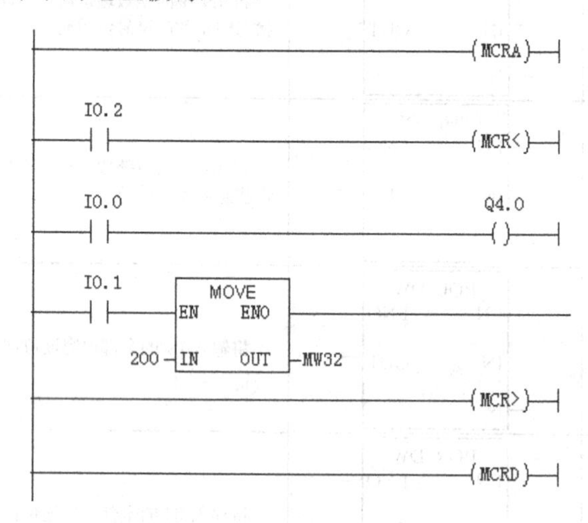


图 5-33　主控继电器指令应用例子

结合图 5-33，可以看出其功能如下：当 I0.2 接通时，若 I0.0 接通，则 Q4.0 输出为 1，I0.0 未接通，则 Q4.0 为 0，若 I0.1 接通，则 MW32=200，若 I0.1 未接通 MW32 保持不变；若 I0.2 未接通，则 I0.0 无论接通与否，Q4.0 输出为 0，I0.1 未接通时，MW32 保持不变，I0.1 接通时 MW32=0。

MCR 指令可以嵌套，允许的最大嵌套深度为 8 级。

## 5.11 状态位指令

状态字的各位可以作为一个触点在程序中使用。

STEP7 中有不少指令可影响 RLO 位的状态值。使用 SET 和 CLR 指令可以将 RLO 位分别置位为“1”和复位为“0”，同时，状态位 STA 也相应地被置为“1”或“0”。SET 和 CLR 指令还可以将状态位 OR 和 FC 进行复位。

NOT 指令将逻辑运算结果 RLO 位取反。

BR 代表一个内部位存储区，在执行可以改变 RLO 状态的指令之前，将 RLO 值保存在

BR 中，如图 5-34 所示。BR 位与 LAD 块的使能输出（ENO）是相对应的。

使用 SAVE 指令，可以以二进制形式将 RLO 保存在 BR（寄存器）中，SAVE 指令将信号状态从 RLO 传送到状态位 BR 中，如图 5-35 所示。SAVE 指令的执行不依赖于任何条件，也不会影响任何其他状态位。

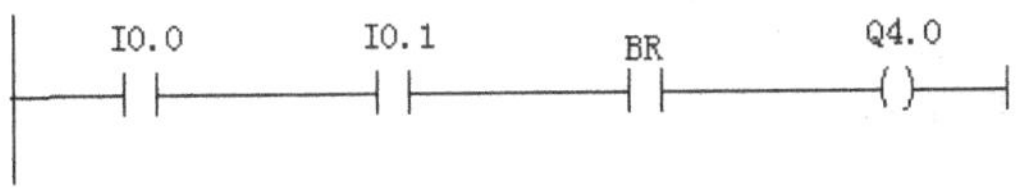

图 5-34　BR 位的使用

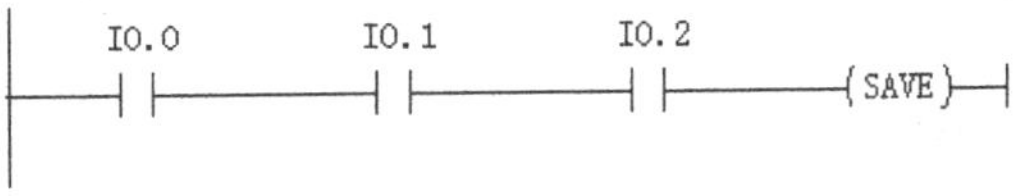

图 5-35　使用 SAVE 指令

## 5.12　跳转指令

梯形图程序是按照从上到下的顺序依次执行的，当存在跳转指令时将不执行它与跳转到目的地址标号之间的程序，跳到目的地址后，程序继续依次执行。跳转可以从上往下的，也可以是从下往上的。

只能在一个块（FC、FB、OB）中跳转，一个块中同一跳转目的地址只能出现一次，最长的跳转距离与语句长度有关。

跳转指令的操作数为地址标号，标号由最多 4 个字符组成，第一个字符必须为字母，其余可以为字母和数字。梯形图中，目标标号必须是一个网络的开始。

跳转指令包括无条件跳转和有条件跳转指令等几类。

梯形图中的无条件跳转指令直接与左边的直流母线相连，执行无条件跳转后马上跳转到指令给出的标号处，如图 5-36 所示。

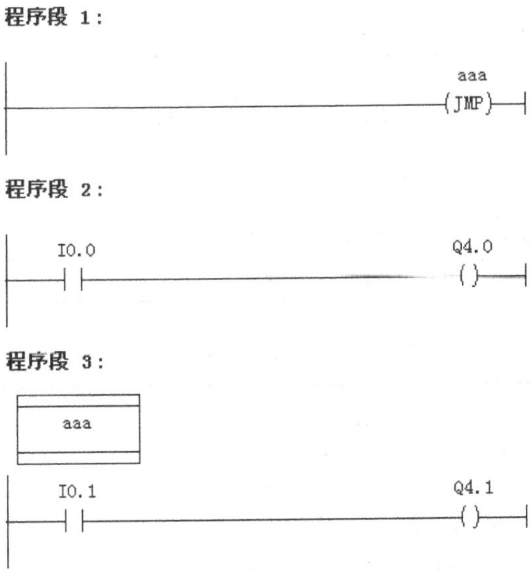

图 5-36　无条件跳转例子

条件跳转指令的线圈受触点控制，只有满足条件时才跳转，如图 5-37 所示。

JMPN 指令在其前条件为 0 时跳转，如图 5-38 所示。

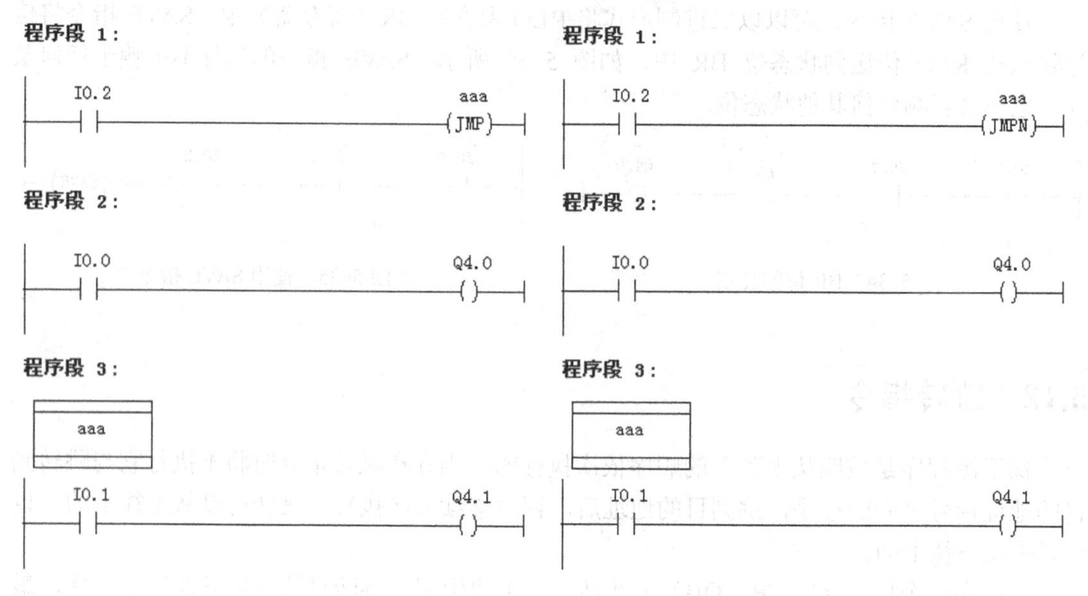


图 5-37　有条件跳转例子　　　　图 5-38　JMPN 跳转例子

语句表中的跳转指令要丰富得多，具体见表 5-8 和表 5-9。

**表 5-8　基于状态位的跳转指令**

| 指　令 | 含　义 |
| --- | --- |
| JU 标号 | 无条件跳转 |
| JC 标号 | 如果 RLO=1，则跳转 |
| JCN 标号 | 如果 RLO=0，则跳转 |
| JCB 标号 | 如果 RLO=1，则跳转，并将 RLO 保存在 BR 位中 |
| JNB 标号 | 如果 RLO=0，则跳转，并将 RLO 保存在 BR 位中 |
| JBI 标号 | 如果 BR=1，则跳转 |
| JNBI 标号 | 如果 BR=0，则跳转 |
| JO 标号 | 如果状态字中的 OV 位=1，则跳转 |
| JOS 标号 | 如果状态字中的 OS 位=1，则跳转 |

**表 5-9　基于条件的跳转指令**

| 指　令 | 含　义 |
| --- | --- |
| JZ 标号 | 如果状态字 CC1=0 且 CC0=0，则跳转（结果=0） |
| JN 标号 | 如果状态字 CC1 位不等于 CC0 位，则跳转（结果≠0） |
| JP 标号 | 如果状态字 CC1=1 且 CC0=0（结果=0），则跳转（结果>0） |
| JM 标号 | 如果状态字 CC1=0 且 CC0=1（结果=0），则跳转（结果<0） |
| JPZ 标号 | JZ 和 JP 联合使用，同时满足条件，则跳转（结果≥ 0） |
| JMZ 标号 | JM 和 JZ 联合使用，同时满足条件，则跳转（结果≤0） |
| JUO 标号 | 如果是无效的实数或者除数为 0，则跳转 |

## 5.13 习题

1. S7-300/400 PLC 有几种定时器，其区别是什么？
2. 编写交通灯控制程序。
3. 编写程序求以下方程的根：$ax^2 + bx + c = 0$。
4. 实现彩灯控制程序。

# 第6章 符号功能

STEP 7 中要访问一个变量，必须要找到它在存储区中的位置，这一过程称为寻址。S7 中 I/O，M、T、C、FC、FB 和 DB 等都可以通过绝对地址和符号地址来访问。

绝对地址由一个关键字和一个地址数据组成。STEP7 中常用的绝对地址的关键字见表 6-1。

**表 6-1 绝对地址类型**

| 关键字 | 说明 | 举例 |
|---|---|---|
| I/IB/IW/ID | 过程映像区输入信号 | I1.0，IB2 |
| Q/QB/QW/QD | 过程映像区输出信号 | Q4.0，QD4 |
| PIB/PIW/PID | 直接外设输入 | PIW2 |
| PQB/PQW/PQD | 直接外设输出 | PQD4 |
| M/MB/MW/MD | 位存储区 | M4.0，MB3 |
| L/LB/LW/LD | 本地数据堆栈区 | L2.0，LD0 |
| T | 定时器 | T1 |
| C | 计数器 | C5 |
| FC/FB/SFC/SFB | 程序块 | FC1，FB3，SFC1 |
| DB | 数据块 | DB10 |

绝对寻址中，不需要符号表，但是程序难读。

符号是绝对地址的别名，由用户定义。使用符号寻址可以使程序的可读性更强，调试更加方便。

符号分为全局符号和局部符号。全局符号是在整个用户程序以站为单位的范围内有效的，在符号表中定义；局部符号是仅仅在一个块中有效的符号，在块的变量声明区定义。关于局部符号将在后续章节进行详细介绍。

输入全局符号时，系统自动为其添加“”号；输入局部符号时，系统自动为其添加#号。当全局符号和局部符号相同时，系统默认其为局部符号，可以通过添加“”号进行修改。

## 6.1 符号表

在 SIMATIC 管理器中，单击浏览树一个站下的“S7 程序”项，双击右侧数据窗口的“符号表”打开符号编辑器，如图 6-1 所示。还可以在“硬件组态编辑器”和“程序编辑器”中单击菜单“选项”→“符号表”打开符号表编辑器。

可以看出，符号表由符号名、地址、数据类型和注释等列组成。每个符号占用符号表的一行。在符号表最后一行按〈Enter〉键自动添加一个空行。“状态”列显示无效的符号定义，其标注含义如下："="表示在符号表中符号名或地址与另一个相同，"X"表示符号不完整（缺少符号名和/或地址）等。

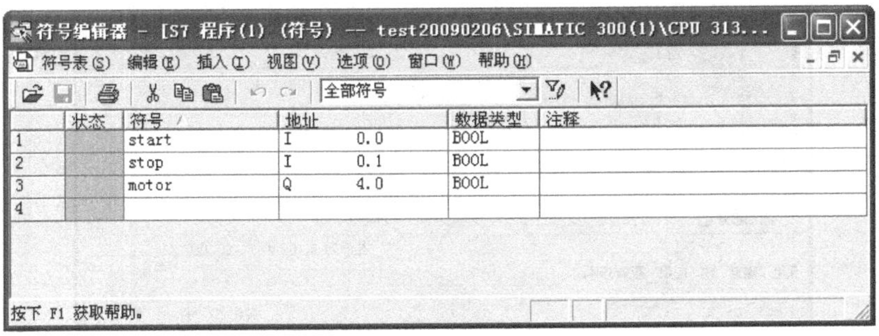

图 6-1　符号编辑器

### 6.1.1　符号的输入

在符号表编辑器中输入相应的符号信息，单击工具栏保存按钮进行保存。在程序编辑器和硬件组态编辑器中也可以添加符号。程序编辑器中，选择编辑区的某一地址后单击鼠标右键，选择"编辑符号"命令，打开"编辑符号"对话框，如图 6-2 所示，输入符号的相关信息，单击"应用"或"确定"按钮即可，此时添加的符号信息将在符号表中自动进行更新。

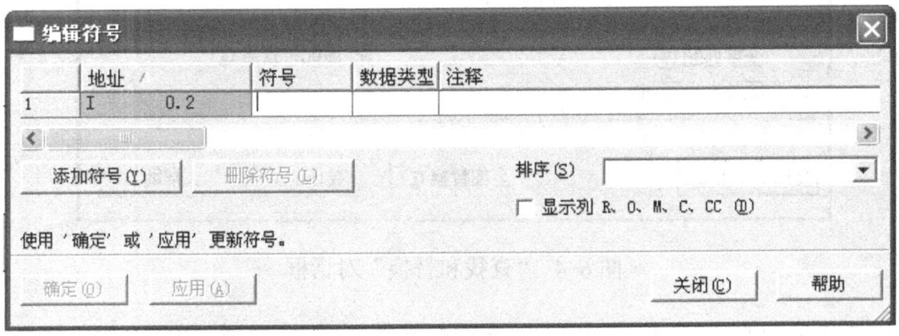

图 6-2　"编辑符号"对话框

图 6-2 中，单击"添加符号"则为没有定义任何符号的地址在"符号"列输入地址，即该地址名称作为其符号名称。单击"地址"列左侧的"1"选中此行，单击"删除符号"则删除所选择的符号名称，包括数据类型和注释。

在硬件组态编辑器中，右键单击某一个希望为其地址添加符号的信号模块，选择"编辑符号"命令，打开图 6-3 所示的与图 6-2 类似的"编辑符号"对话框，此时将显示该信号模块所有的地址列表，输入相关符号信息即可。

符号表可以被不同的工具使用，如 LAD/STL/FBD 程序编辑器、HW-Config 硬件组态编辑器、Monitor/Modify Variables 监控变量表和 Display Reference Data 显示交叉参考数据等。

### 6.1.2　符号表的操作

符号表功能强大，操作方便，可以进行许多典型的 Windows 风格的操作。

单击菜单命令"编辑"→"查找替换"打开"查找和替换"对话框，如图 6-4 所示，输入相关信息即可。

编辑符号 - DI16xDC24V
地址
符号
数据类型
注释
1 I 0.0 start BOOL
2 I 0.1 stop BOOL
3 I 0.2 aaa BOOL
4 I 0.3
5 I 0.4
6 I 0.5
7 I 0.6
8 I 0.7
9 I 1.0
10 I 1.1
添加符号(Y)
删除符号(L)
排序(S)
显示列 R、O、M、C、CC (D)
使用'确定'或'应用'更新符号。
确定(O)
应用(A)
关闭(C)
帮助

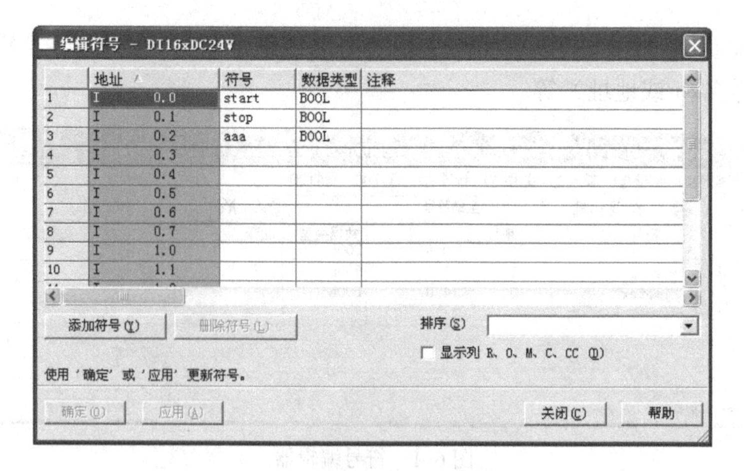

图 6-3 “编辑符号”对话框

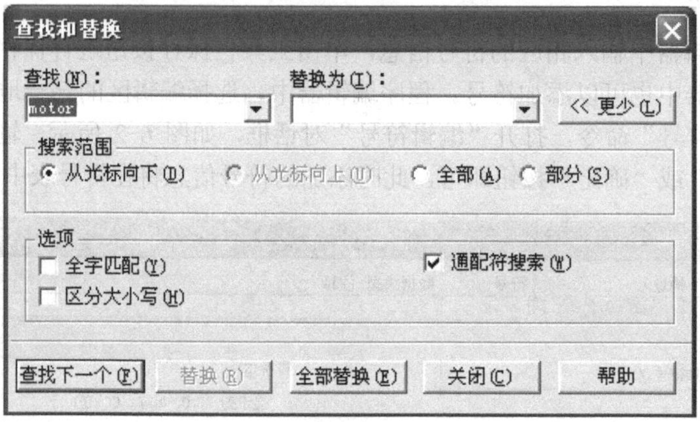

查找和替换
查找(N):
motor
替换为(T):
<< 更少(L)
搜索范围
从光标向下(D)
从光标向上(U)
全部(A)
部分(S)
选项
全字匹配(Y)
区分大小写(H)
通配符搜索(W)
查找下一个(F)
替换(R)
全部替换(E)
关闭(C)
帮助

图 6-4 “查找和替换”对话框

**注意**：当查找地址时，应该在地址表示符后插入一个通配符（*和？），否则不能发现地址，如需要把 Q8.*的地址全部替换为 Q4.*，则在“查找”项输入“Q*8.*”，“替换为”项输入“Q 4.”。

通过菜单命令“视图”→“排序”，打开图 6-5 所示的“排序”对话框，根据需要可以选择符号升序、符号降序、地址升序、地址降序、注释升序、注释降序等来对当前窗口的列进行排序，便于相关符号的查找定位。

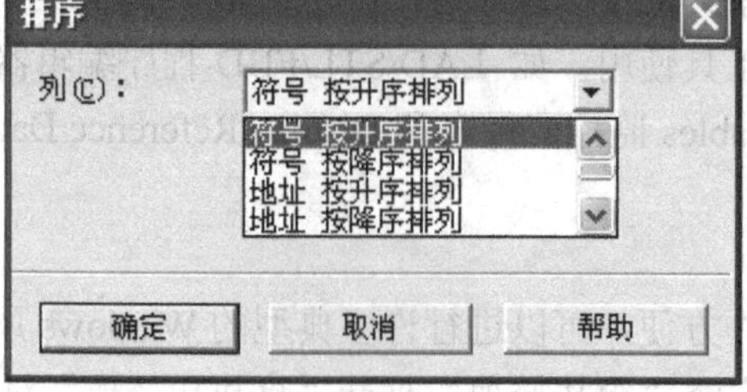

排序
列(C):
符号 按升序排列
符号 按升序排列
符号 按降序排列
地址 按升序排列
地址 按降序排列
确定
取消
帮助

图 6-5 “排序”对话框

当符号表中内容太多，可以通过菜单命令“视图”→“过滤器”或单击工具栏中的按钮打开图 6-6 所示的“过滤器”对话框，可以设置只有符合激活过滤器规则（符号属性）的符号才能显示在当前窗口。一次可以应用几个规则，设定的过滤器规则连在一起。

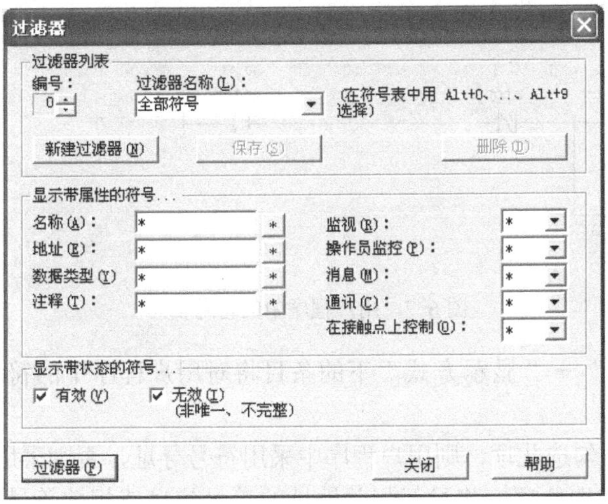

图 6-6 “过滤器”对话框

过滤器中允许的通配符是“*”和“?”。例如，在“名称”项输入“M*”，则在符号表中只显示以“M”开头的而且包含任意数量附加字符的符号名，在“名称”项输入“SENSOR_?”，则在符号表中只显示以“SENSOR_”开头的而且包含一个其他字符的符号名。在“地址”项输入“I*.*”，则在符号表中只显示输入符号。

单击图 6-6 中的“新建过滤器”按钮，在“过滤器名称”列表中输入希望的过滤器名称以及相应的显示规则，单击“保存”按钮，将该规则保存为设定的过滤器名称。在符号表工具栏的列表框中可以直接选择该过滤器名称，从而显示相关内容。在图 6-6 所示的“过滤器”对话框中，选中一个过滤器，单击“删除”按钮则将该过滤器删除。

符号表中，符号必须唯一，即一个符号或地址只能在符号表中出现一次。“显示带状态的符号”项中的“有效”、“无效”选项是指仅显示符合当前过滤器标准的有效符号还是显示符合当前过滤器标准的非唯一的、不完整的符号。如果一个符号或地址在符号表中出现多次，重复的行会变粗。如果符号表很长且要快速查找不清楚的符号或地址，在“过滤器”对话框中勾选“无效”项就可以显示这些行。

在符号表中通过菜单命令“符号表”→“导出”可以用不同的文件格式存储符号表，以便于在其他的程序中使用。可以选择的文件格式包括：ASCII 格式（*.ASC），可以通过写字板和 Word 打开；数据交换格式（*.DIF），通过 EXCEL 打开；系统数据格式（*.SDF），通过 ACCESS 打开；以及 STEP 5 符号表（*.SEQ）。通过菜单命令“符号表”→“导入”可以导入其他程序中建立的符号表。

## 6.2 符号信息

符号表中定义的符号信息将在用户程序中进行显示，如图 6-7 所示。需要注意的是，在不同版本的 STEP 7 中，符号信息的显示将有所区别。

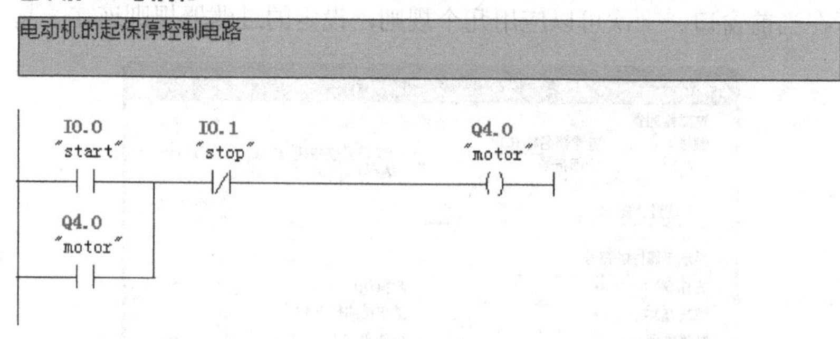


图 6-7　用户程序中的符号信息

勾选菜单“视图”→“显示方式”下的条目将对用户程序中的符号信息进行设置，这些条目的含义如下：

1）符号表达式。勾选此项，则用户程序中采用符号寻址，否则采用绝对寻址。

2）符号信息。勾选此项，将显示相关地址的符号信息或相关符号的地址信息，这取决于是绝对地址寻址还是符号寻址。

3）符号选择。勾选此项，则在程序编辑输入地址时，自动出现图 6-8 所示的“符号选择”对话框。

4）注释。是否在程序中显示注释内容。

5）地址标识。是否显示强制地址（FORCE）和进程诊断地址（PDIAG）。

程序中，将鼠标指到一个地址上，就会出现一个带有符号信息的该地址的提示信息。

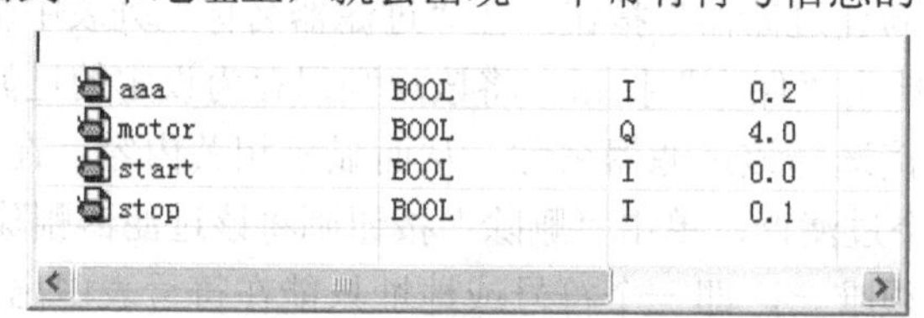

| | | | |
|---|---|---|---|
| aaa | BOOL | I | 0.2 |
| motor | BOOL | Q | 4.0 |
| start | BOOL | I | 0.0 |
| stop | BOOL | I | 0.1 |

图 6-8 “符号选择”对话框

## 6.3　符号优先和地址优先

如果要修改一个程序的符号表分配，可以决定绝对寻址和符号寻址哪一个优先。

在 SIMATI 管理器中，选择浏览树“站”下的“S7 程序”中的“块”，右键单击“对象属性”打开属性对话框，选择“地址优先级”选项卡，如图 6-9 所示，各选项含义如下。

**1．绝对数值具有优先级，同 STEP 7 V5.2 以前的版本**

选择此项时，程序编辑器操作如下：

1）打开块并生成源代码时，显示每个地址最后一次保存时的绝对地址。

2）在检查块一致性且没有用户访问要求时，编译块，从而使块地址的绝对地址与最后一次保存时相同。

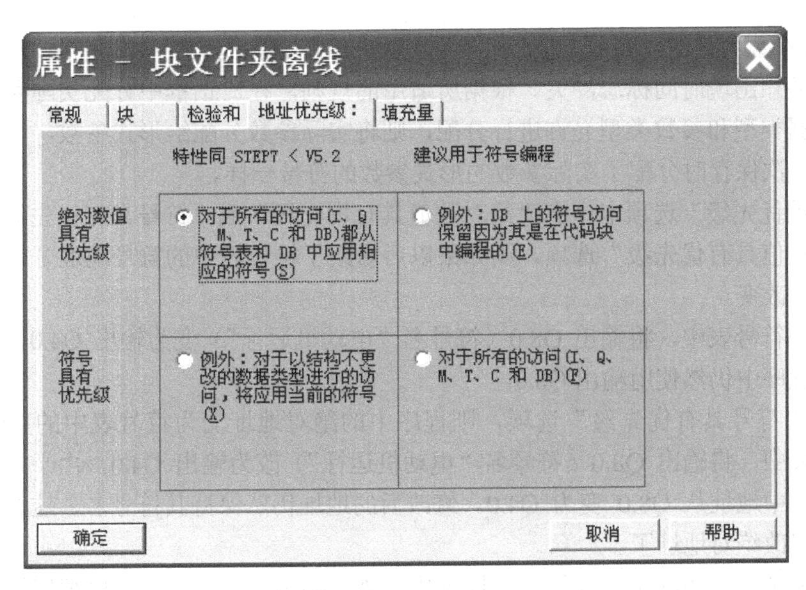


图 6-9 块属性

3）形式参数名称的改变或 UDT 和多重实例的组件名称的改变不会产生接口冲突。不通知用户即打开被调用的块，并且根据这些块的位置分配实际参数。

**2．绝对数值具有优先级，建议用于符号编程**

选择此选项时，程序编辑器操作如下：

1）打开块并生成源代码时，显示每个地址最后一次保存时的绝对地址，例外是完全合理的符号 DB 访问则显示最后一次保存时具有的符号名。

2）在检查块一致性且没有用户访问要求时，编译块，从而块地址的绝对地址与最后一次保存时相同，例外是完全合理的符号 DB 访问则显示最后一次保存时具有的符号名。

3）形式参数名称的改变或 UDT 和多重实例的组件名称的改变将产生接口冲突。打开被调用块时，通知出现时间标志冲突。根据所适用的规则，在对话框中分配实际参数和代码访问。如果数据类型和参数类型允许进行分配，则将实际参数分配给形式参数，该形式参数的符号与最后一次保存时分配了实际参数的形式参数的符号一样。

**3．符号具有优先级，特性同 STEP 7 V5.2 以前的版本**

选择此选项时，程序编辑器操作如下：

1）打开块并生成源代码时，显示每个地址最后一次保存时的符号地址。

2）在检查块一致性且没有用户访问要求时，编译块，从而使块地址的符号地址与最后一次保存时相同。

3）形式参数名称的改变或 UDT 和多重实例的组件名称的改变不会产生接口冲突。不通知用户即打开被调用的块，并且根据这些块的位置分配实际参数。

**4．符号具有优先级，建议用于符号编程**

选择此选项时，程序编辑器操作如下：

1）打开块并生成源代码时，显示每个地址最后一次保存时的符号地址。

2）在检查块一致性且没有用户访问要求时，编译块，从而块地址的符号地址与最后一次保存时相同。

3）形式参数名称的改变或UDT和多重实例的组件名称的改变将产生接口冲突。打开被调用块时，通知出现时间标志冲突。根据所适用的规则，在对话框中分配实际参数和代码访问。如果数据类型和参数类型允许进行分配，则将实际参数分配给形式参数，该形式参数的符号与最后一次保存时分配了实际参数的形式参数的符号一样。

在“地址优先级”选项卡中有“绝对数值具有优先级”或“符号具有优先级”选项。若选择“绝对数值具有优先级”选项，则如果以后修改了符号表中的符号地址分配，程序中的绝对地址并不改变。

例如，在符号表中，将输出Q8.0（符号名“电动机运行”）变为输出Q4.0，由于是绝对值优先，则程序中仍然使用输出Q8.0。

若选择“符号具有优先级”选项，则程序中的绝对地址变为符号表中的新输入项。例如，在符号表中，将输出Q8.0（符号名“电动机运行”）改为输出Q4.0，由于是符号优先，则在整个程序中地址从Q8.0变为Q4.0。修改后的地址仍然保持其符号名，这样，就可以在用户程序中修改绝对地址了。

需要注意的是，更改了块属性中的地址优先级，必须要重新启动程序编辑器，才能使更改后的优先级生效。

## 6.4 习题

1. 符号寻址和绝对地址寻址的差异是什么？
2. 熟悉符号表的使用。
3. 更改地址优先级，将符号表中地址修改后，查看程序中的地址是否变化。

# 第7章 测试功能

STEP 7 提供了各种用于调试程序的工具，本章主要介绍程序的状态监视工具和监视修改变量表的使用。

## 7.1 程序的状态监视

通过 LAD/STL/FBD 程序编辑器中的程序状态监视工具可以对程序进行监测、跟踪和调试。

在 LAD/STL/FBD 程序编辑器中，单击工具栏中的图标，可以进入程序的监视状态，如图 7-1 和图 7-2 所示。不同的编程语言，程序的监视界面是不同的。

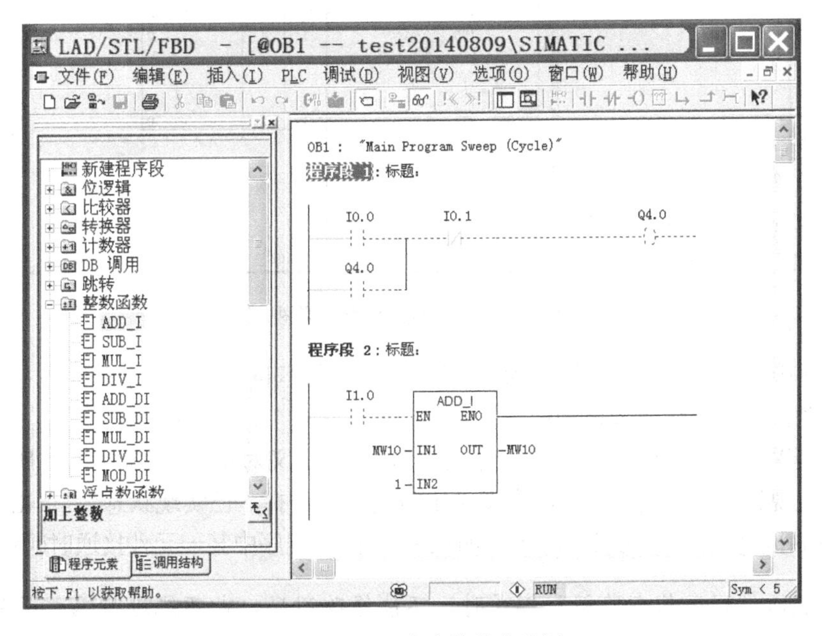


图 7-1　LAD 程序的状态监视

当程序的“监视”模式激活时，不能编辑和修改程序，也不能进行编程语言的显示切换。在“监视”模式下只显示那些正在执行的指令状态，当 CPU 在停止模式或块不调用时，状态不显示。

在 LAD 程序中，程序的监视界面下显示“能流”的状态和变量值，如图 7-1 所示，处于接通状态（已实现状态）的元件显示为绿色实线，处于无效状态（未实现状态）的元件显示为蓝色虚线。在变量旁边位置会显示该变量的当前值。

STL 程序中，在程序的监视界面下可以显示 CPU 的内部信息，主要包括：状态位（STA）、逻辑操作结果位（Result of Logical Operation，RLO）、标准状态（Default Status）即累加器 1（ACCU1）、地址寄存器 1（AR1）、地址寄存器 2（AR2）、累加器 2（ACCU2）、数据块寄存器 1（DB1）、数据块寄存器 2（DB2）、间接寻址寄存器（Indirect）、状态字（Status Word）等。这些信息显示在图 7-2 程序窗口右侧的监视窗口中，每一条 STL 语句都对应一条监视信息，以显示每条语句执行后的状态。可以根据需要自定义显示的信息。在监视信息的标题栏上单击右键，选择“隐藏（Hide）”或“显示（Show）”选项可以对上面所列信息是否显示作出选择。

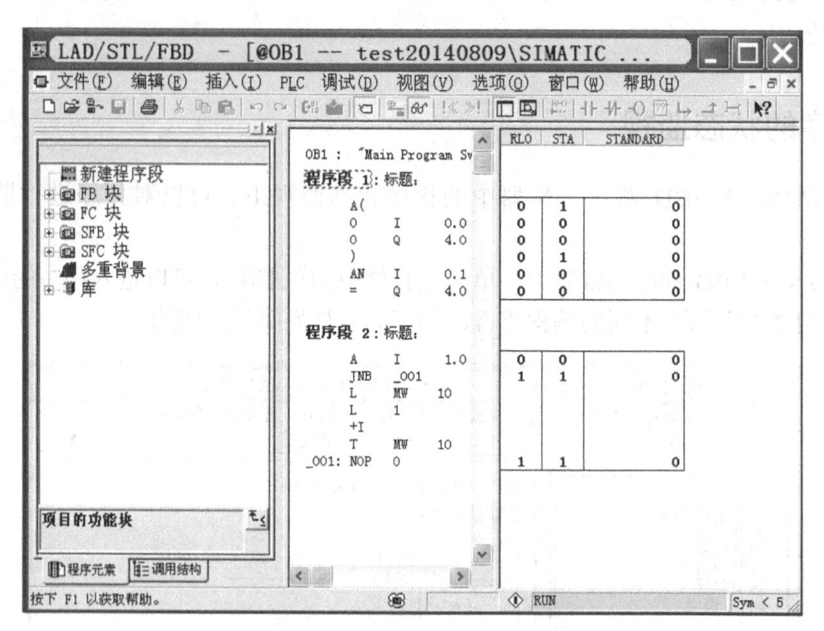


图 7-2 STL 程序的状态监视

图 7-1 和图 7-2 状态栏中的 RUN 指示绿色滚动条不断更新，表示程序正在执行，若绿色滚动条不动，表示程序块未被调用。

通过选择菜单命令“选项”→“自定义”，打开自定义对话框，如图 7-3 所示，可以修改程序状态监视的相关设置。例如，在图中下拉列表中选择“已实现状态”，单击“颜色”后的“选择”按钮将颜色修改为其他颜色（如红色），则当程序中某一元件接通时颜色为红色。

**注意：**激活“程序状态监视”模式时，不能修改程序，也不能进行编程语言（LAD、STL、FBD）的切换；只显示那些正在执行的指令状态，当 CPU 在停止模式或块不调用时，状态不显示。

对于 STL 程序，借助断点可以进行单步测试。是否支持断点以及支持断点的数目都与具体的 CPU 型号相关。

使用断点调试功能，必须首先通过菜单命令“调试”→“操作”将 CPU 操作模式选择为测试模式（Test Operation）。

通过选择菜单命令“查看”→“断点工具栏”显示断点调试工具栏，其各个按钮含义见表 7-1。

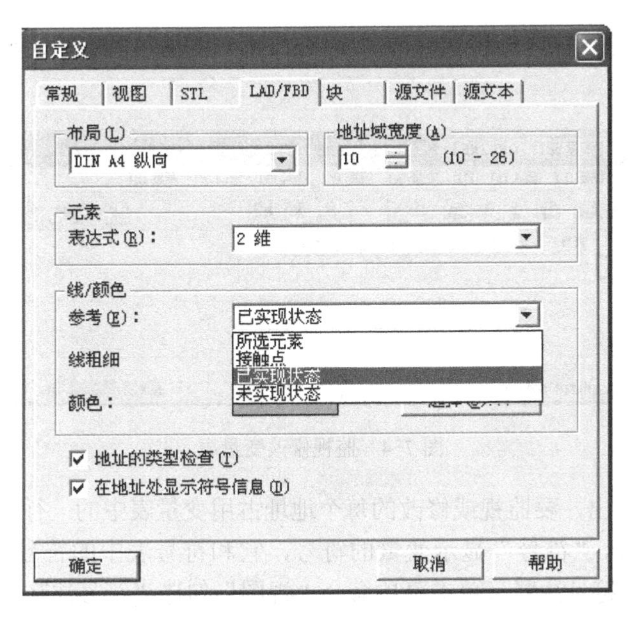


图 7-3 “自定义”对话框

**表 7-1 断点调试工具栏按钮含义**

| 图　标 | 名　称 | 含　义 |
|---|---|---|
|  | 设置/取消断点 | 在当前语句上设置或取消断点 |
|  | 删除所有断点 | 删除程序中所有断点 |
|  | 激活断点 | 使断点生效/失效 |
|  | 显示下一个断点 | 光标跳到下一个断点处 |
|  | 继续运行 | 程序从当前断点处继续运行，直到遇到下一个断点 |
|  | 下一条语句 | 实现单步运行，不进入块调用的内部 |
|  | 执行调用 | 遇到块调用时，单击该按钮可以进入块调用的内部执行 |

由于断点调试可以单步执行程序，因此与程序状态监视相比可以更精确地观察程序的执行情况；但是在单步执行情况下，CPU 循环时间会显著增加，必须考虑与实际运行的差别。另外，为了安全，当执行到断点处停止后，CPU 会禁止输出。

## 7.2 监视修改变量表

“监视修改变量表”是 STEP 7 另一个非常有用的测试工具，可以用可选的格式监视程序变量，也可以修改 CPU 中的状态或变量内容。

### 7.2.1 监视修改变量表界面

在程序编辑器中单击菜单命令“PLC”→“监视/修改变量”，可以打开监视修改变量表，如图 7-4 所示，单击工具栏中的保存按钮打开“另存为”对话框，选择希望保存的项目、站和块位置，单击“确定”按钮即将该变量表保存在相应的块文件夹中。在 SIMATIC 管理器浏览树的块中单击右键选择“插入变量表”命令，再双击插入的变量表也可以打开监视修改变量表。

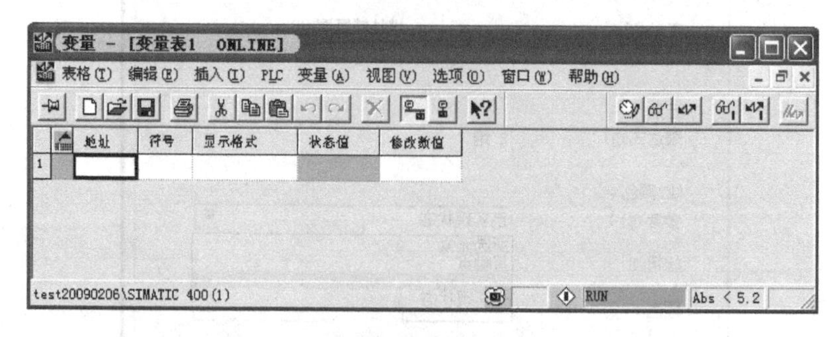


图 7-4 监视修改变量表

由图 7-4 可以看出，要监视或修改的每个地址占用变量表中的一行。变量表“地址”列显示变量的绝对地址，“符号”显示变量的符号，它和符号表中的符号是一致的，“符号注释”列显示符号表的符号注释（单击菜单命令“视图”勾选“符号注释”即显示此列）；“显示格式”列设置该地址数据的显示格式，如 HEX（十六进制），单击右键可以修改为其他格式；“状态值”列显示最近刷新的变量值；“修改数值”列中输入变量的新值。

监视修改变量表中对变量的操作主要是通过“变量”工具栏完成的，其含义见表 7-2。

**表 7-2 监视修改变量表的“变量”工具栏按钮含义**

| 图 标 | 名 称 | 含 义 |
|---|---|---|
| | 变量触发器 | 设置触发点和触发条件 |
| | 监视变量 | 单击此按钮进入监视状态，且自动建立在线连接，根据触发点设置，每个扫描周期更新一次变量 |
| | 修改变量 | 单击此按钮，根据触发点设置，每个扫描周期将修改数值列的值赋给变量 |
| | 更新监视数值 | 单击一次该按钮，只监视变量值一次 |
| | 激活修改数值 | 单击一次该按钮，只将修改数值赋给变量一次 |
| | 修改强制数值作为注释（开/关） | 选中变量表中某一列，按下此按钮，使该变量的修改数值失效，此时修改数值列中的修改值前加“//”作为注释 |

单击工具栏按钮，打开“触发器”对话框，如图 7-5 所示，在此设置对变量进行监视和修改的触发点和触发条件。触发点和触发条件与 PLC 的循环扫描工作方式有关，图 7-6 所示为 PLC 的循环扫描工作方式示意图，其中标注了循环扫描的开始、循环扫描的结束以及 PLC 由 RUN→STOP 的转换过程。

当触发点选择为“扫描循环开始”时，其含义是监视或修改是在扫描周期的开始进行的，这时要注意监视的数值可能在程序执行过程中发生改变；同样，当触发点选择为“扫描循环结束”时，则监视或修改是在扫描周期的末尾进行的；当选择“过渡到 STOP”时，则只有当 CPU 从运行转换为停止时才监视或修改。

触发条件是指监视或修改是只进行一次还是每个扫描周期都进行。可以看出，默认情况下，监视是每个扫描周期都进行，而修改则是只进行一次，故单击工具栏中的监视和修改按钮时，当鼠标释放后，监视按钮呈现下凹状，表示每个扫描周期都监视，而修改按钮恢复常态，表示只进行一次修改。工具栏监视和修改按钮按下后不同的状态反映了变量触发器触发条件的不同设置。

**注意：** 当触发条件设置为一次时，单击 和 以及单击 和 的效果是一样的。

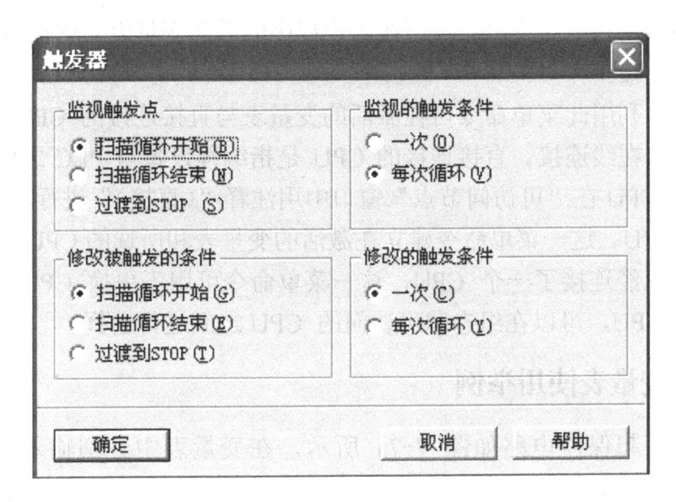


图 7-5　变量触发器

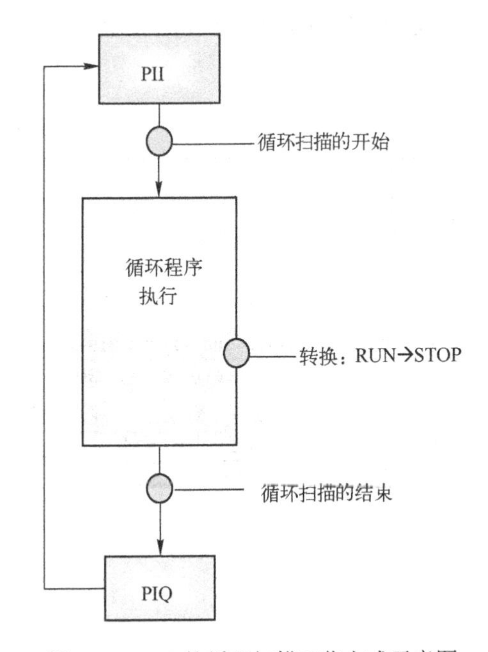


图 7-6　PLC 的循环扫描工作方式示意图

在修改变量时需要注意：只有在当前窗口中显示的变量才能被修改，如果有些变量不在视窗的显示范围内，则修改动作对这些变量不起作用。通过滚动条或者改变窗口尺寸再观察这些变量时，变量值前面会出现 图标，表示该变量的值未修改。

如果监视某个变量，“状态值”列显示 图标表示该变量无法监视，可能是由于数据格式不符或者访问地址不存在等。

在激活“监视”和“修改”功能前，必须建立和有关 CPU 的在线连接。通过菜单命令“PLC”→“连接到”提供三种连接选择：组态的 CPU、直接 CPU 和可访问的 CPU。工具栏上有图标用于连接组态的 CPU 或直接 CPU。

三种 CPU 连接选择具体介绍如下：

1）组态的 CPU。利用此菜单命令可在用户程序的激活变量表与连接至 S7 程序的 CPU 之间建立一个在线连接。

2）直接 CPU。利用此菜单命令可在激活的变量表与直接连接的 CPU（如“MPI=2（直接）”）之间建立一个在线连接。直接连接的 CPU 是指编程设备与 PLC 之间的连接电缆所连接到的 CPU，此类 CPU 在“可访问节点”窗口中用注释“（直接）”进行标注。

3）可访问的 CPU。这一菜单命令建立在激活的变量表和所选的 CPU 之间的在线连接之上。如果用户程序已经连接了一个 CPU，这一菜单命令可用于更换 CPU。在对话框中选择要建立在线连接的 CPU，可以在组态和可访问的 CPU 之间进行选择。

### 7.2.2 监视修改变量表使用举例

**【例 7-1】** 编写起保停电路如图 7-7a 所示，在变量表中分别输入地址 I0.0、I0.1，Q4.0，如图 7-7b 所示，单击工具栏中的按钮，变量表“状态值”列显示当前地址的状态，在 I0.0 的“修改数值”列输入数值 1，由于为 BOOL 将自动变为 TRUE，单击工具栏中的按钮，则 Q4.0 的状态变为 TRUE，但是 I0.0 的状态显示仍为 FALSE，这是为什么呢？

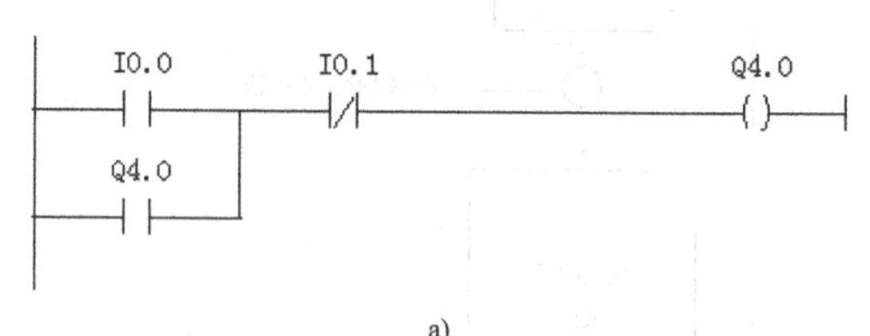


a)

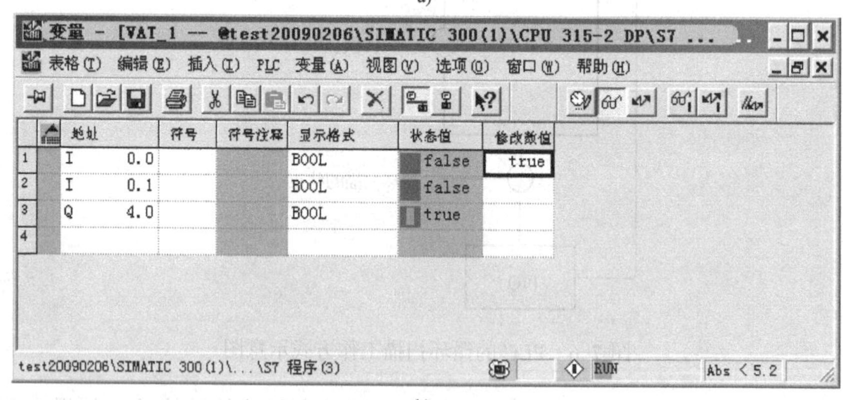


b)

图 7-7 例 7-1 图

a) 程序例子 b) 变量表

分析程序可知，只有 I0.0 为 TRUE，Q4.0 才能变为 TRUE，由于变量触发器的默认设置是只修改一次而每个扫描周期都进行监视，则单击“修改”按钮只在当前扫描周期将 I0.0 变为 TRUE 一次，执行用户程序 Q4.0 变为 TRUE；而下一个扫描周期继续监视，读取输入映像区的 I0.0 为 FALSE，所以显示 I0.0 为 FALSE。

**【例 7-2】** 通过变量表测试图 5-31 所示的计算公式 $c=\sqrt{a^2+b^2}$ 。

建立变量表，输入 MW0、MW2 和 MD4，修改 MW0 和 MW2 的值分别为 3 和 4，可以看到 MD4 的值为 5.0，如图 7-8 所示。需要注意的是，变量表中 MW0 和 MW2 的显示格式为“十进制（DEC）”，而 MD4 的显示格式为“浮点数（FLOATING_POINT）”。

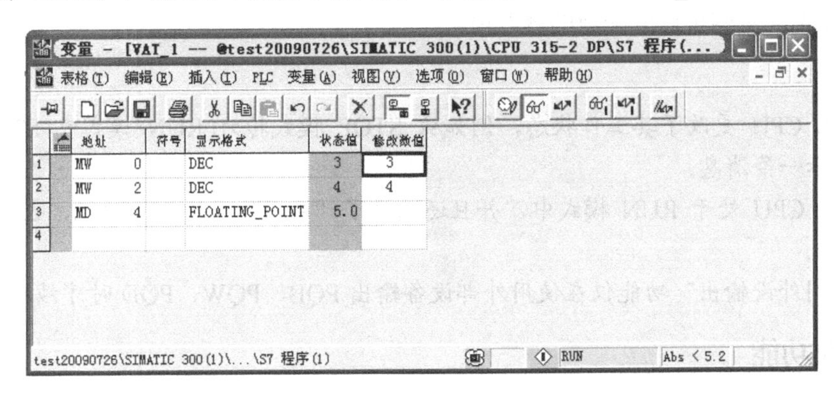


图 7-8 变量表例子

**【例 7-3】** 编写程序如图 7-9 所示。在变量表中输入 Q4.6，设置“修改的触发条件”为“每个周期”，触发点为“扫描循环开始”，在“修改数值”列输入 0，单击“修改”按钮将 Q4.6 修改为 0，可以发现无法将 Q4.6 修改为 0。

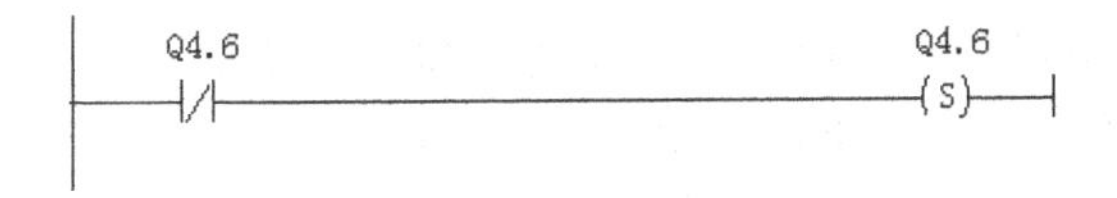


图 7-9 程序例子

结合程序分析，在扫描周期开始将 Q4.6 修改为 0，程序执行又将其置位为 1，则扫描周期的末尾刷新输出时 Q4.6 还是 1，故需要将“修改的触发点”设置为“扫描循环结束”，此时可以将 Q4.6 修改为 0。

### 7.2.3 停机模式下修改变量值

在 CPU 停机的状态下，所有的数字量输出被断开，模拟量输出或者被断开或者为预定义的值。“启用外设输出（Enable Peripheral Outputs）”功能允许在 CPU 处于 STOP 时改变输出。“启用外设输出”功能主要用于检查外设输出接线，也可以用它继续控制执行器，尽管 CPU 已经由于错误出现进入 STOP 状态。

启用外设输出的步骤如下：

1）打开变量表。

2）通过菜单“PLC”→“连接到”建立一个与所需 CPU 之间的连接，便可修改激活变量表的外部设备输出。

3）将 CPU 切换到 STOP 模式。

4）在“修改值”列中为要修改的外部设备输出输入相应值，如 PQB7 的修改值为 2#00010011，PQW2 为 W#16#0027，PQD4 为 DW#16#00000001 等。

5）通过菜单命令“变量”→“启用外设输出”，打开“启用外设输出”模式。

6）通过菜单命令“变量”→“激活修改值”，修改外部设备输出。

7）在再次选择菜单“变量”→“启用外设输出”关闭外设输出功能前，“启用外设输出”一直保持激活状态。

8）按照上述步骤可以分配新的修改值。

**注意：**

1）如果 CPU 更改了其工作状态，例如从 STOP 模式转为 RUN 模式或 STARTUP 模式，则将显示一条消息。

2）如果 CPU 处于 RUN 模式中，并且还选择了“启用外设输出”功能，也将会显示一条消息。

3）“启用外设输出”功能仅在使用外部设备输出 PQB、PQW、PQD 时才涉及。

### 7.2.4 强制功能

S7-300 PLC 的强制（Force）功能可以让某些 I/O 保持用户指定的值，与修改变量不同的是，强制 I/O 的值不再受程序的影响，始终保持该值，直到取消强制。

强制是 CPU 提供的功能，在具备强制功能的 CPU 上有强制指示灯。使用了强制功能，该灯变为黄色。不具备强制功能的 CPU 无法在 STEP 7 中使用强制。

在程序编辑器中，通过菜单命令“PLC”→“显示强制数值”可以打开强制变量窗口。一个 CPU 只能打开一个强制变量窗口。强制变量窗口与变量表类似，输入需要强制的变量地址和强制值，单击右键选择“强制”可以启动强制。

**注意：**关闭强制窗口并不能取消强制，需要单击右键选择“停止强制”来取消强制。

## 7.3 习题

1. 使用“程序的状态监视”功能调试编写的程序。
2. 建立变量表测试之前编写的程序。

# 第8章 数 据 块

用户程序中除了逻辑程序外，还需要对存储过程状态和信号信息的数据进行处理。数据以变量的形式存储，通过存储地址和数据类型来确保数据的唯一性。

数据的存储地址包括 I/O 映像区、位存储器、局部存储区和数据块等。数据块包含用户程序中使用的变量数据，用来保存用户数据，需要占用用户存储器的空间。

用户程序可以以位、字节、字或双字形式访问数据块中的数据，可以使用符号或绝对地址。

根据使用方法，数据块可以分为共享数据块（也叫全局数据块）和背景数据块。用户程序的所有逻辑块（包括 OB1）都可以访问共享数据块中的信息，而背景数据块是分配给特定的 FB，仅在所分配的 FB 中使用。本章主要介绍共享数据块，背景数据块将在结构化编程章节介绍。

## 8.1 数据类型

要使用定义的数据块，需要在其中定义相应的数据类型，数据类型决定了数据的属性，也决定了能采用的操作。

数据块中的数据类型分为基本数据类型、复杂数据类型和用户定义数据类型 3 种。

### 8.1.1 基本数据类型

基本数据类型是根据 IEC1131-3 来定义的，数据类型决定了需要的存储器空间，例如，字型数据类型在用户存储器中占用 16 位，双字型数据类型在用户存储器中占用 32 位。

基本数据类型中，按位数据可分为布尔（BOOL）型、字节（BYTE）型、字（WORD）型、双字（DOUBLEWORD）型、字符（CHAR）型等，按数学数据可分为整型（INT）、双整型（DINT）、实型（REAL），按时间可分为时间（TIME）型、日期（DATE）型、每天时间（TIME-OF-DAY，TOD）型、S5 系统时间（S5TIME）型等。基本数据类型占用存储器空间及常数举例见表 8-1。

**表 8-1 基本数据类型**

| 数 据 类 型 | 大小（位） | 常 数 举 例 |
|---|---|---|
| 布尔 BOOL | 1 | True 或 False （1 或 0） |
| 字节 BYTE | 8 | B#16#A9 |
| 字 WORD | 16 | W#16#12AF |
| 双字 DWORD | 32 | DW#16#ADAC1EF5 |
| 字符 CHAR | 8 | 'w' |
| 整型 INT | 16 | 123 |

（续）

| 数 据 类 型 | 大小（位） | 常 数 举 例 |
|---|---|---|
| 双整型 DINT | 32 | L#65539 |
| 实数 REAL | 32 | 1.2 或 34.5E-12 |
| 时间 TIME | 32 | T#2D_1H_3M_45S_12MS |
| 日期 DATE | 32 | D#1993-01-20 |
| 每天时间 TIME-OF-DAY（TOD） | 32 | TOD#12:23:45.12 |
| S5 系统时间 S5TIME | 32 | S5T#5s_200ms |

可以看出，基本数据类型不超过 32 位，可以装入 S7 处理器的累加器中，能够利用 STEP 7 基本指令进行处理。

数据块中基本数据类型的使用如图 8-1 所示。

| 地址 | 名称 | 类型 | 初始值 | 注释 |
|---|---|---|---|---|
| 0.0 | | STRUCT | | |
| +0.0 | temp | REAL | 0.000000e+000 | 温度 |
| +4.0 | status | BOOL | FALSE | 电动机状态 |
| +6.0 | setpoint | INT | 0 | 电动机给定转速 |
| +8.0 | present | INT | 0 | 电动机实际转速 |
| =10.0 | | END_STRUCT | | |

图 8-1　基本数据类型使用举例

### 8.1.2　复杂数据类型

通过组合基本数据类型可以生成复杂数据类型。复杂数据类型只能结合全局数据块的变量声明使用。复杂数据类型都超过 32 位，通过装载指令不能把复杂数据类型完全装入到累加器中。

**1．数组**

数组（ARRAY）也被翻译为矩阵。数组数据类型表示的是由固定数目的同一数据类型的元素组成的一个域，最多可以定义到 6 维（索引数目）。数组不允许嵌套。数组索引的最大值和最小值由 INT 数据类型的范围决定，即-32768～32767。

（1）数组的声明

一维数组声明的形式为域名：ARRAY[最小索引..最大索引] OF 数据类型

如一维数组：MeasurementValue：ARRAY [1..10] OF REAL

多维数组声明的形式为

域名：ARRAY[最小索引 1..最大索引 1，最小索引 2..最大索引 2，…] OF 数据类型

如多维数组：Position：ARRAY [1..5，2..8，…] OF INT

数组声明中的索引数据类型为 INT，其范围为-32768～32767，这也就反映了数组的最大数目。

图 8-2 所示为 STEP 7 中数组变量的声明。

（2）数组的初始化

数组元素可以在声明中进行初始化赋值，初始化值的数据类型必须与数组元素的数据类型相一致。

| 地址 | 名称 | 类型 | 初始值 |
|---|---|---|---|
| *0.0 | | STRUCT | |
| +0.0 | MeasurementValue | ARRAY[1..10] | 5 (1.234560e+002) |
| *4.0 | | REAL | |
| +40.0 | Position | ARRAY[1..5,2..8,3..7] | 15 (7, 2, 3) |
| *2.0 | | INT | |
| =390.0 | | END_STRUCT | |

图 8-2　数组变量的声明和初始化

初始化的值输入到“初始值（Initial Value）”列，并用逗号隔开。如果几个连续的数组元素初始化为同一个值，可以使用复制系数来完成输入任务，将重复因子置于位于圆括号中的待输入初始化值之前。如

```
5（1.234670E+002）        // 接下来的 5 个元素将初始化为数值 123.467
15（7，2，3）             // 接下来的 15 个元素将交替初始化为 7、2 和 3 这 3 个值
```

初始化的结果可以通过菜单命令“视图”→“数据视图”进行查看或更改。如果初始化数值的数量小于元素的数量，则只有前面的元素经初始化被赋值，其余的元素均初始化为 0。

如果新的初始化数值是在 DB 的声明中输入的，那么这些更改只有在数据视图（Data View）中执行了菜单项“编辑”→“初始化数据块”之后才生效。

（3）数组的访问

STL 指令可以用来访问类型为基本数据类型的数组元素。使用数组名和一个用方括号括起来的索引来访问数组元素。例如数组变量的访问

```
L #MeasurementValue[5]     // 装载数组 MeasurementValue 的第 5 个元素到 ACCU1 中
T #Position [10,5]
```

索引必须为一个固定值，即为一常量值。STL 中不支持运行期间可变索引。只有 S7-SCL 编程语言支持单个数组元素的可变索引，只有在 SCL 中可以使用存储器或寄存器间接寻址访问变量。

（4）存储器中数组变量的存储

在运行时，要通过存储器或寄存器间接寻址访问数组元素时，就需要了解数组变量在存储器中的详细信息。

数组变量的地址总是始于字地址，也就是说，起始于偶数字节地址。数组类型变量占据一个字的存储空间。

数组元素为 BOOL 数据类型的数组从最低有效位地址开始存储，数组元素为 BYTE 及 CHAR 数据类型的数组从偶数字节地址开始存储。各元素依次排列存放，如图 8-3 所示。

多维数组中，从第一维开始逐行存储各元素。新的一维数组元素总是开始于位或者字节元素，并从下一个字节单元开始存储，而其他数据类型元素总是从下一个字单元开始存储的。数组变量的存储如图 8-3 所示。

在 DB 中数组变量的各个元素的地址，可以显示在“数据视图（Data View）”的“地址（Address）”栏中。

**2．结构**

结构（STRUCT）数据类型表示一组指定数目的数据元素，而且每个元素可以具有不同

的数据类型。与数组不同的是结构允许嵌套，每个结构最多可允许 8 层嵌套。

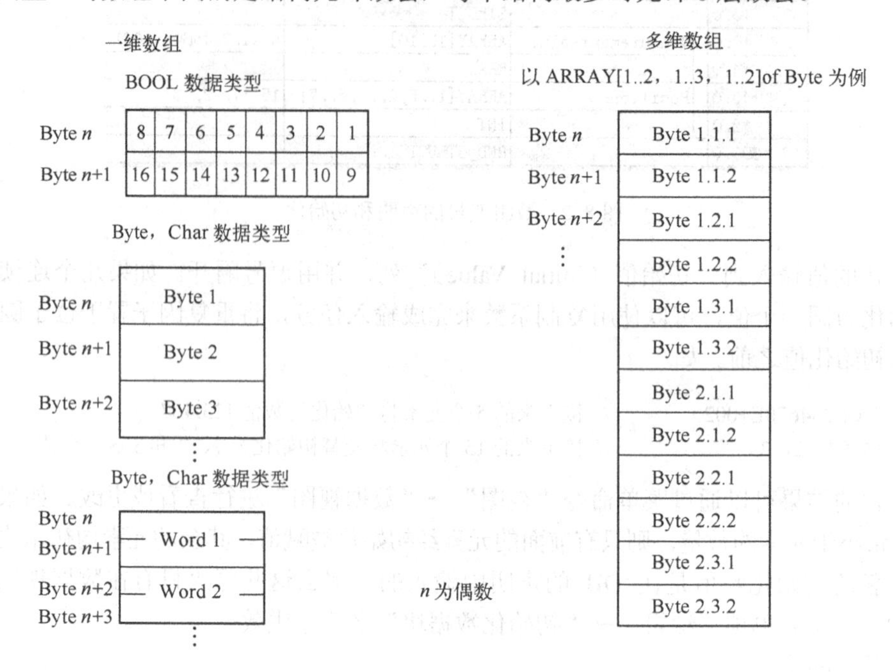


图 8-3　数组变量的存储

（1）结构的声明

图 8-4 所示声明了一个具有 STRUCT 数据类型元素的一维数组 ARRAY[1..4]。该结构本身由 3 个元素“Start”、“Stop”和“Position”组成，其中“Start”和“Stop”两个元素为布尔（BOOL）型，而第 3 个元素为复杂数据类型 ARRAY[1..4]，第 3 个元素的 ARRAY[1..4] 数组数据类型又由结构 STRUCT 数据类型元素组成，该结构的数据元素为浮点型（REAL）的“Cutofpoint_front”、“Cutofpoint_back”和“Stoppingpoint”。

| 地址 | 名称 | 类型 | 初始值 |
|---|---|---|---|
| *0.0 | | STRUCT | |
| +0.0 | Axis | ARRAY[1..4] | |
| *0.0 | | STRUCT | |
| +0.0 | Start | BOOL | FALSE |
| +0.1 | Stop | BOOL | FALSE |
| +2.0 | Position | ARRAY[1..4] | |
| *0.0 | | STRUCT | |
| +0.0 | Cutofpoint_front | REAL | 0.000000e+000 |
| +4.0 | Cutofpoint_back | REAL | 0.000000e+000 |
| +8.0 | Stopingpoint | REAL | 0.000000e+000 |
| =12.0 | | END_STRUCT | |
| =50.0 | | END_STRUCT | |
| =200.0 | | END_STRUCT | |

图 8-4　结构变量的声明和初始化

（2）结构的初始化

结构元素可以在声明（“Initial Value”栏）中进行初始赋值，初始化值的数据类型必须与结构元素的数据类型相一致。

如果新的初始化值是在 DB 的声明视图中输入的，那么这些值只有在执行了菜单命令“编辑”→“初始化数据块”以后才有效。

（3）结构元素的访问

STL 指令可以用来访问元素类型为基本数据类型的结构元素。可以使用下列方式来访问结构元素：

StructureName（结构名称）.ComponentName（结构元素名称）

在 StructureName（结构名称）和 ComponentName（结构元素名称）之间必须用符号“.”隔开。

如果结构嵌套深度较大，也就是说，结构元素的类型也是结构，那么可以用“名称路径”来访问结构最底层的结构元素，如

StructureName（结构名称）.ComponentName（元素名称）.SubcomponentName（子结构元素名称）

在每个元素名称和子元素名称之间必须用符号“.”隔开。

例如，图 8-4 中结构元素的访问方式如下：

```
L   “Hall_1”.Axis[3].Position[7].Cutofpoint_back
S   “Hall_1”.Axis[2].START
```

其中，Hall_1 为数据块符号名。

（4）结构变量在存储器中的存储

在运行时，当需要通过存储器或寄存器间接寻址访问数组元素时，就需要了解结构变量在存储器里存储的详细信息。

STRUCT 变量地址总是从字地址开始的，也就是说起始于偶数字节地址。随后，各结构元素就按照其声明时的顺序存储到存储器中。一个 STRUCT 类型变量占据一个字的存储空间。

BOOL 数据类型的结构元素从最低有效位且偶数字节地址开始存储，BYTE 及 CHAR 数据类型的结构元素从偶数字节地址开始存储。其他各种类型的元素总是从字地址开始存储。

DB 中 STRUCT 变量中各个元素的地址，可以显示在“Data View（数据视图）”的“Address（地址）”栏中。

**3. 字符串**

字符串（String）数据类型变量是用于存储字符串（如消息文本）的。通过字符串数据类型变量，在 S7 CPU 里就可以执行一个简单的“（消息）字处理系统”。STRING 数据类型表示一个最多可有 254 个字符的字符串。

（1）字符串变量的声明和初始化

字符串变量在声明时，可以用起始文本对 STRING 数据类型变量进行初始化。字符串变量的声明和初始化方法为

字符串名称：STRING[最大数目]：‘初始化的文本’

在字符串声明时，方括号内规定的数（1..254）指的是该 STRING 变量可以存储的最大字符数，如果没有指定这个数，那么，STL/LAD/FBD 程序编辑器则认为该变量的长度为

254 个字符，即也可以这样声明和初始化字符串变量

字符串名称：STRING：‘初始化的文本’

这样声明的字符串变量最多可有 254 个字符，而指定存储最大数目的字符串变量最多可有 maxNo 个字符，其中 maxNo：0…254。

例如：

Fault signal：STRING‘Motor failure_4’//变量 Fault signal，并初始化为上面的文本内容

Warning：STRING[50]‘’//“empty”变量 Warning，最多可以接受 50 个字符

如果用 ASCII 编码的字符进行初始化，则该 ASCII 编码的字符必须要用单引号括起来，而如果包含那些用于控制术语的特殊字符，那么必须在这些字符前面加字符（$）。

可以使用的特殊字符有：

$$　　简单的美元字符

$L，$I　换行（LF）符

$P，$p　换页符

$R，$r　回车符

$T，$t　空格符等

（2）字符串变量的访问

可以使用基本 STL 指令访问字符串 STRING 变量的各个字符。例如：

```
L  StringName[5]          // 装载变量的第 5 个字符
```

还可以使用 IEC 库的 FC 来实现对字符串 STRING 变量的访问和处理。

（3）字符串变量在存储器中的存储

STRING 数据类型的变量具有最大 256 个字节的长度，由此，可以接收的字符数达 254 个，称为“净数”。

STRING 变量地址总是从字地址开始的，也就是说，起始于偶数字节地址。在变量建立时，根据变量的声明，将最大长度值输入到该变量的第一个字节里。同样，在预先赋值，或者在处理的过程中，使用 IEC 库功能，将当前使用的字符长度（即实际存储的字符串长度）输入到第二个字节中。IEC 库功能在处理 STRING 变量时，需要这两个信息。

将最大长度值和实际字符长度值输入到变量的第一个和第二个字节后，则以 ASCII 码格式形式存储字符。STRING 变量里那些未被占用的字节地址空间，在初始化时，均以 B#16#00 加以填写。

就像 ARRAY 或 STRUCT 变量一样，STRING 数据类型的变量也可以传递到具有相同数据类型（即相同的 STRING 长度）的块参数中去，也可以传递到 POINTER 或 ANY 型的 FC 或 FB 参数中去。

下面以一个例子来说明字符串变量的存储，声明并初始化

Given name：STRING [8]：‘OTTO’

存储 STRING 变量“Given name”。图 8-5 所示为字符串变量的存储示意图。

**4．日期和时间（DATE_AND_TIME）**

日期和时间（DATE_AND_TIME）数据类型表示了一个日期时间值，可以用缩写 DT 来替代 DATE_AND_TIME。DATE_AND_TIME 或 DT 都是关键字，也可以用小写字母表示。

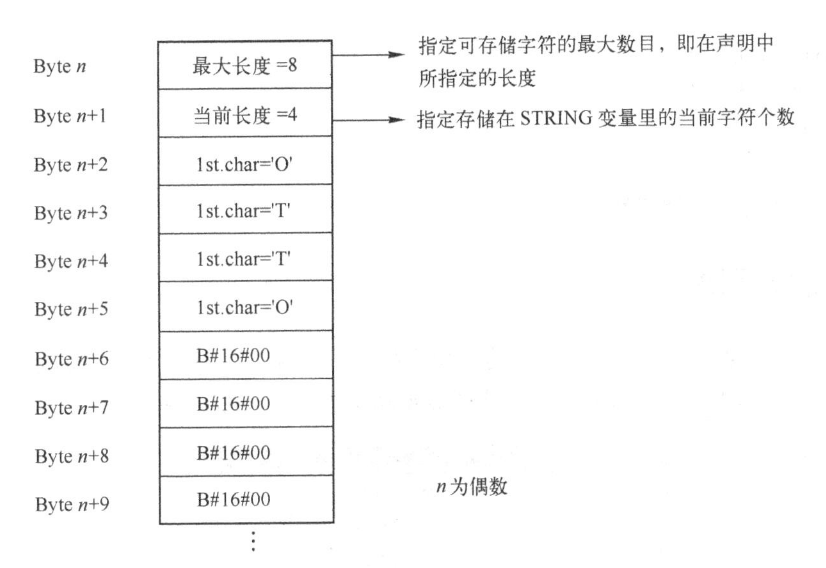


图 8-5　字符串变量的存储

可以在声明部分为变量预设一个初始值。初始值必须具有如下形式：

DT#年-月-日-小时：分钟：秒.[毫秒]

可以省略毫秒部分。

对于 DATE_AND_TIME 数据类型的变量，可以通过绝对地址访问其各个内部元素来处理，也可以通过相应的 IEC-Library 功能进行处理。

可以通过 SFC1（READ_CLK）读出 CPU 实时时钟的当前时间。时间值由 SFC1 以 DATE_AND_TIME 类型的输出参数形式给出。

### 8.1.3　用户自定义数据类型

如果在一个用户程序里需要重复使用某一个数据结构，或者要为某一数据结构指定一个自有名称的时候，STEP 7 可以支持用户自定义数据类型（UDT，用户自定义数据类型）来解决此类问题，类似于高级语言 C 语言中的“typedef”一样。通过使用与应用相关的用户定义的数据类型，可以更高效地编程，解决工程任务。

可以使用 DB 编辑器（DB Editor）或者文本编辑器来创建 UDT，并将其作为一个块（UDT1～UDT65535）保存在块文件夹内；然后，就可以在全局符号表中，为该 UDT 或者相关的数据结构分配一个符号名。可以通过 UDT 创建一个全局有效的“数据模板”，随后该“数据模板”就可以在新变量声明或者创建全局 DB 中随意重复使用了。基本过程如下：

新数据类型（结构）的定义

```
UDT1      STRUCT
SetSpeed：REAL
ActualSpeed：REAL
Enable：BOOL
Disturbance：BOOL
END_STRUCT
```

声明变量

Motor_1：UDT1
Motor_2：UDT1

对变量的访问

```
L   #Motor_1.ActualSpeed
```

## 8.2 定义数据块

在 SIMATIC 管理器中，选中站下的“块”插入“数据块”，打开数据块属性对话框，如图 8-6 所示，输入数据块名称和符号，选择数据块类型，此处以共享数据块为例。

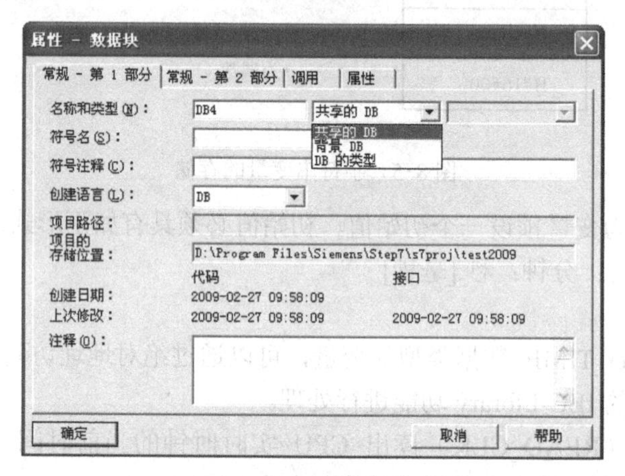


图 8-6　数据块属性对话框

共享数据块用于存储全局数据，所有逻辑块都可以访问所存储的信息。用户需要编辑全局数据块，通过在数据块中声明必需的变量以存储数据。

背景数据块是 FB 的“私有存储器区”，FB 的参数和静态变量安排在它对应的背景数据块中。背景数据块不是由用户编辑的，而是由编辑器生成的。

数据块也可以由编辑器根据用户定义的数据类型（UDT）生成。

双击建立的数据块，打开程序编辑器，如图 8-7 所示，右边窗口为数据块变量声明区，在此定义用于存储数据的变量。变量声明区中的列含义见表 8-2。

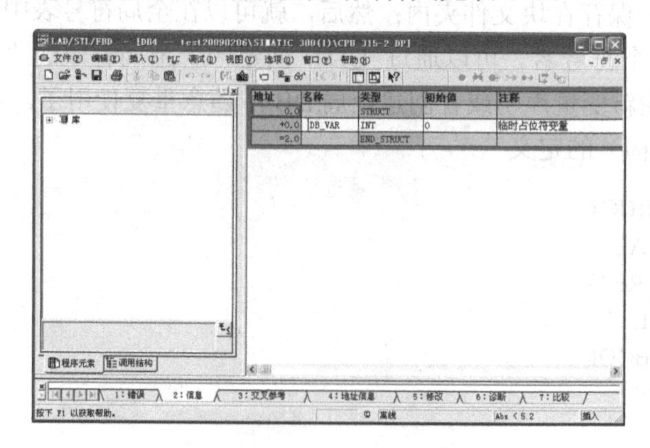


图 8-7　程序编辑器

**表 8-2　数据块中变量声明区的列含义**

| 列名称 | 说明 |
| --- | --- |
| 地址 | 由程序编辑器输入，是变量占用存储区的第一个字节地址 |
| 名称 | 变量的符号名 |
| 类型 | 数据类型，单击右键进行选择或者直接输入 |
| 初始值 | 当数据块第一次生成或编辑时，为变量设定一个默认值，如果不输入，就自动以 0 为初始值 |
| 注释 | 变量的注释，可以忽略 |

也可以在程序编辑器单击“新建”按钮，打开新建对话框来建立数据块。

输入变量的相关信息，单击工具栏中的“保存”按钮进行保存。

数据块也需要下载到 CPU 中，单击工具栏中的“下载”按钮进行下载，也可以在 SIMATIC 管理器中统一下载。

单击工具栏中的“监视”按钮，可以在线监视数据块中变量的当前值（CPU 中的变量的值）。当进行变量的监视时，必须切换到数据视图。

通过菜单命令“视图”→“声明视图”和“视图”→“数据视图”可以进行变量显示的切换。

当修改了初始值后要把它作为实际值时，需要“初始化数据块”，单击菜单命令“编辑”→“初始化数据块”，此时所有变量当前值都被初始值覆盖。

**注意：**要使用共享数据块中的区域进行数据的存取，一定要先在数据块中正确地命名变量，特别是数据类型要匹配。

## 8.3　访问数据块

数据块用来存储过程的数据和相关的信息，用户程序中需要对数据块中的数据进行访问。

### 8.3.1　数据单元示意图

数据块的数目依赖于 CPU 的型号。S7-300 PLC 数据块的最大块长度是 8KB，S7-400 PLC 的最大块长度是 64KB。

数据块中的数据单元按字节进行寻址，图 8-8 所示为 S7-300 PLC 数据块的数据单元示意图。可以看出，数据块就像一个大柜子，每个字节类似一个抽屉，可以存放“东西”。S7-300 PLC 数据块的寻址区域为数据字节 0～数据字节 8191。

### 8.3.2　访问数据单元

访问数据单元有两种方法：传统的数据块访问和全址访问。

传统的数据块访问在访问之前先要打开数据块，可以用绝对地址 OPN DB99 或符号 OPN “Values（数据块符号名）”打开数据块。如果另一个数据块被打开，前一个数据块就自动关闭。这样不用每次指定数据块就可以以位（如 DBX4.0）、字节（如 DBB1）、字（如 DBW2）或双字（如 DBD0）的形式分别访问各数据单元。

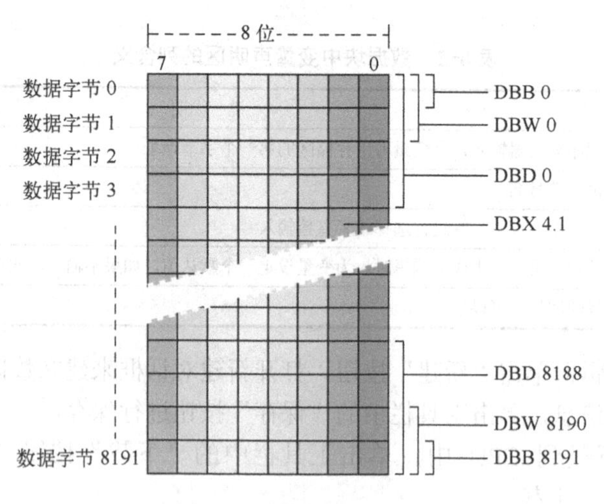


图 8-8　数据单元示意图

但是，传统的数据块访问方式具有一些缺点：

1）当访问数据单元时，必须确定正确的数据块已经打开。

2）只能绝对访问。必须确定访问的是数据块“正确”的值，例如若装载 DBW3，而该数据块中的 DBW3 不是一个有效的值。

3）由于数据块中变量声明区的地址是根据变量的顺序确定的，采用绝对访问就限制了对数据块变量的修改并使程序难读。

全址访问是在访问形式中指明数据块名称和地址，则系统自动打开数据块并关闭以前打开的任何数据块。全址访问可以用绝对寻址和符号寻址，例如，DB10.DBW0 和“Values”.Start，其中 Values 为数据块的符号名称。

DB10.DBW0 中，DB10 指明了数据块 DB10，DBW 的“W”指明了寻址一个字长，其寻址的起始字节为 0，即寻址的是 DB10 数据块中的数据字节 0 和数据字节 1，如图 8-8 所示。同样的，DBB0、DBD8188 以及 DBX4.1 等分别寻址的是一个字节、双字和位。

“Values”.Start 中，Values 为数据块的符号名称，Start 为数据块中定义的变量。

绝对访问是数据块的打开和数据单元的访问组合的指令，其缺点和传统的访问类似。而当数据块和它的单元都用符号表示时，可以使用符号访问数据块中的变量。输入时允许“混合”使用绝对和符号地址，输入确认后转换为完全的符号。另外，符号访问能够实现复杂数据类型变量的使用。

## 8.4　使用全局数据块

本节通过一个计算平方根的例子介绍共享数据块的使用。

例：计算 $c=\sqrt{a^2+b^2}$，其中 $a$ 为整数，存储在 MW0 中，$b$ 为整数，存储在 MW2，$c$ 为实数，存储在 MD4 中。

建立共享数据块 DB2，输入其符号名称为“c”，定义存储中间计算结果的变量如图 8-9 所示。编写程序如图 8-10 所示，其中图 8-10a 为符号寻址的例子，图 8-10b 为绝对地址寻址。

| 地址 | 名称 | 类型 | 初始值 | 注释 |
| --- | --- | --- | --- | --- |
| 0.0 | | STRUCT | | |
| +0.0 | a2 | INT | 0 | a的平方 |
| +2.0 | b2 | INT | 0 | b的平方 |
| +4.0 | a2b2 | INT | 0 | a的平方加b的平方 |
| +6.0 | a2b2d | DINT | L#0 | 平方和转换为双整数 |
| +10.0 | a2b2r | REAL | 0.000000e+000 | 平方和转换为实数 |
| =14.0 | | END_STRUCT | | |

图 8-9　定义数据块中的变量

**程序段 1**：计算平方和

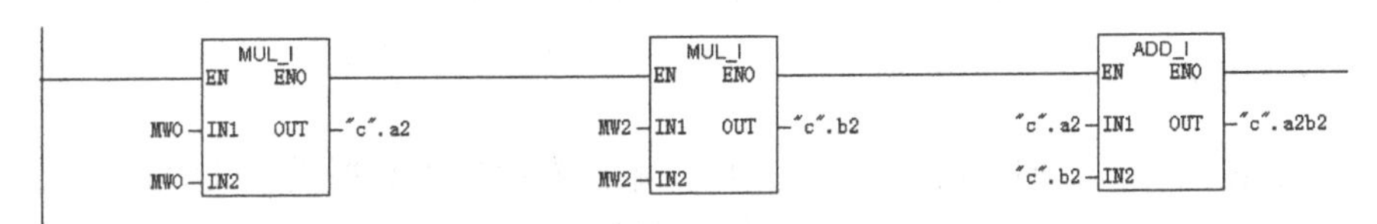


**程序段 2**：转换为实数

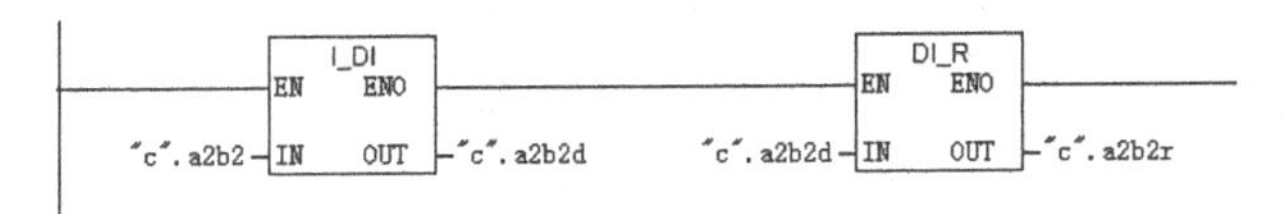


**程序段 3**：求取平方根

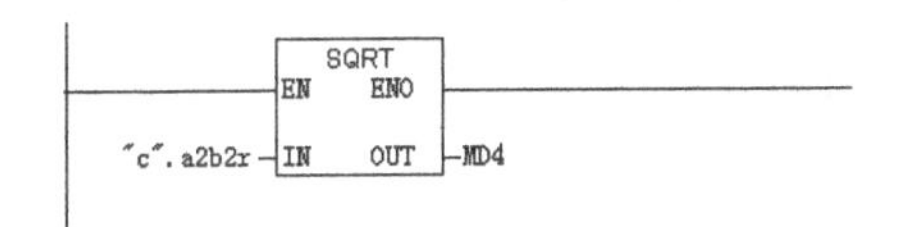


a)

**程序段 1**：计算平方和

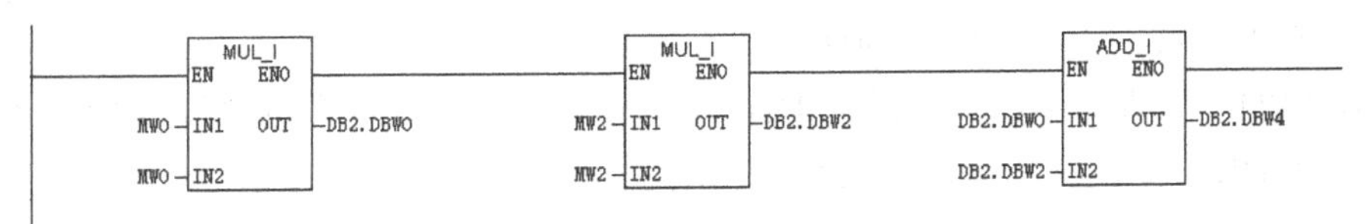


**程序段 2**：转换为实数

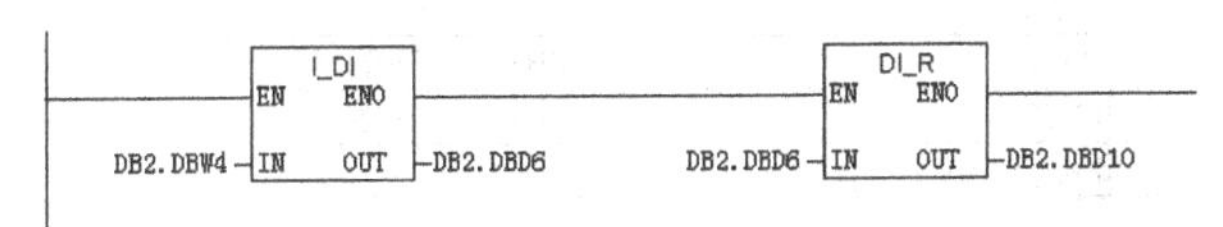


**程序段 3**：求取平方根

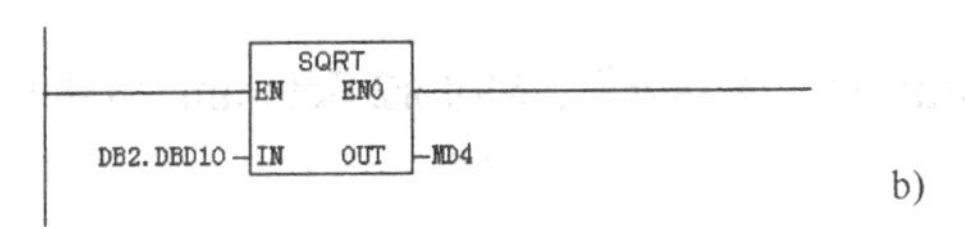


b)

图 8-10　程序例子

a) 符号寻址的例子　b) 绝对地址寻址的例子

需要说明的是，如果在数据块中定义的数据类型和程序中使用的数据类型不一致，例如将图 8-9 所示的“a2”的数据类型定义为“REAL”，则使用符号寻址编程时如输入 DB2.a2 或 c.a2，系统将提示数据类型不匹配，而使用绝对地址寻址时，如果输入 DB2.DBW0，系统将不会报错。故建议使用符号寻址，即在全局符号表中定义数据块的名称，如本例中定义

DB2 的名称为“c”，在数据块中定义变量名称，如 a2、b2 等，通过 c.a2 的符号形式进行访问，这样思路清晰，不易出错，特别是对于复杂数据类型只能通过符号形式进行寻址。

## 8.5 用户定义数据类型（UDT）

用户定义数据类型（UDT）可以用于建立结构化数据块，建立包含几个相同单元的数组，或在带有给定结构的 FC 和 FB 中建立局部变量等。

下面通过建立电动机相关数据的例子介绍 UDT 的使用。

### 8.5.1 建立 UDT

在 SIMATIC 管理器项目树的块文件夹中，单击右键插入数据类型 UDT1，双击打开，输入数据类型，如图 8-11 所示，单击“保存”按钮进行保存。

| 地址 | 名称 | 类型 | 初始值 | 注释 |
|---|---|---|---|---|
| 0.0 | | STRUCT | | |
| +0.0 | Status | BOOL | FALSE | 电动机状态 |
| +2.0 | Setpoint | INT | 0 | 给定转速 |
| +4.0 | Present | INT | 0 | 实际转速 |
| +6.0 | Temperature | REAL | 0.000000e+000 | 温度 |
| =10.0 | | END_STRUCT | | |

图 8-11　定义 UDT1

### 8.5.2 建立数据块

定义一个数据类型并存为一个 UDT 块，就可以用相同的数据结构建立几个数据块。下面以 UDT1 作为模板，建立 DB 块 DB10。

在 SIMATIC 管理器中插入数据块 DB10，选择类型为“共享数据块”，输入其符号名称为 Motor，在 DB10 中定义变量，如图 8-12 所示。

| 地址 | 名称 | 类型 | 初始值 | 注释 |
|---|---|---|---|---|
| 0.0 | | STRUCT | | |
| +0.0 | Motor1 | UDT1 | | 电动机1的信息 |
| +10.0 | Motor2 | UDT1 | | 电动机2的信息 |
| =20.0 | | END_STRUCT | | |

图 8-12　定义变量

编程时，直接使用“Motor”.Motor1.Status 或“Motor”. Motor2.Setpoint 就可以进行寻址了。

## 8.6 习题

1．数据块中的数据类型有哪些，分别举例说明。

2．编写程序求方程 $ax^2+bx+c=0$ 的根，利用数据块来存储中间运算结果。

# 第9章 编 程 方 法

第 3 章介绍了 PLC 的三种编程方法：线性化编程、模块化编程和结构化编程。线性化编程是将整个用户程序放在主程序 OB1 中，在 CPU 循环扫描时执行 OB1 中的全部指令。其特点是结构简单，但效率低下。一方面，某些相同或相近的操作需要多次执行，这样会造成不必要的编程工作。另一方面，由于程序结构不清晰，会造成管理和调试的不方便。所以在编写大型程序时，应避免线性化编程。

模块化编程是将程序根据功能分为不同的逻辑块，且每一逻辑块完成的功能不同。在 OB1 中可以根据条件调用不同的功能（FC）或功能块（FB）。其特点是易于分工合作，调试方便。由于逻辑块是有条件的调用，所以可以提高 CPU 的利用率。

结构化编程是将过程要求类似或相关的任务归类，在 FC 或 FB 中编程，形成通用解决方案。通过不同的参数调用相同的 FC 或通过不同的背景数据块调用相同的 FB。其特点是结构化编程必须对系统功能进行合理分析、分解和综合，所以对设计人员的要求较高，另外，当使用结构化编程方法时，需要对数据进行管理。

结构化编程中，OB1 或其他块调用这些通用块，通用的数据和代码可以共享，这与模块化编程是不同的。结构化编程的优点是不需要重复编写类似的程序，只需对不同的设备代入不同的地址，可以在一个块中写程序，用程序把参数（例如要操作的设备或数据的地址）传给程序块。这样，可以写一个通用模块，更多的设备或过程可以使用此模块。但是，使用结构化编程方法时，需要管理程序和数据的存储与使用。

## 9.1 模块化编程

模块化编程中 OB1 起着主程序的作用，FC 或 FB 控制着不同的过程任务，相当于主循环程序的子程序。模块化编程中被调用块不向调用块返回数据。本节以两个实例说明模块化编程的思路。

### 9.1.1 模块化编程举例

**【例 9-1】** 有两台电动机，控制模式是相同的：按下起动按钮（电动机 1 为 I0.0，电动机 2 为 I1.0），电动机起动运行（电动机 1 为 Q4.0，电动机 2 为 Q4.1），按下停止按钮（电动机 1 为 I0.1，电动机 2 为 I1.1），电动机停止运行。

这是典型的起保停电路，采用模块化编程的思想，分别在 FC1 和 FC2 中编写控制程序如图 9-1a 和图 9-1b 所示，图 9-1c 为在主程序 OB1 中进行 FC1 和 FC2 的调用。

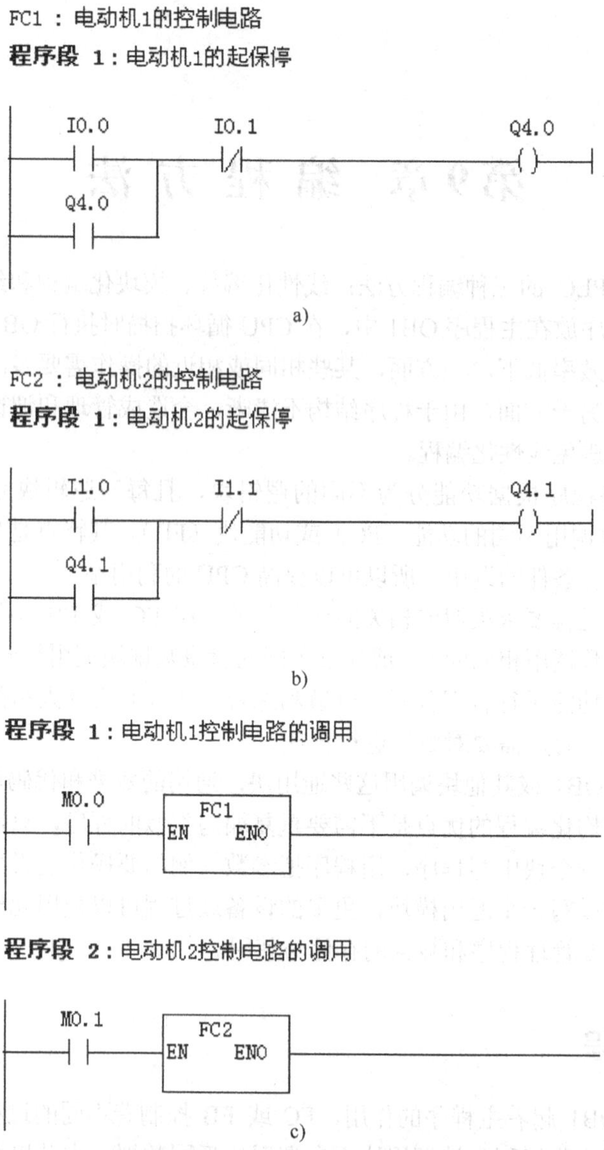

FC1 : 电动机1的控制电路

**程序段 1**：电动机1的起保停

I0.0 I0.1 Q4.0

Q4.0

a)

FC2 : 电动机2的控制电路

**程序段 1**：电动机2的起保停

I1.0 I1.1 Q4.1

Q4.1

b)

**程序段 1**：电动机1控制电路的调用

M0.0 FC1 EN ENO

**程序段 2**：电动机2控制电路的调用

M0.1 FC2 EN ENO

c)

图 9-1 电动机控制的模块化编程例子

a) FC1 控制程序 b) FC2 控制程序 c) 调用 FC1 和 FC2

由图 9-1 可以看出，电动机 1 的控制电路 FC1 和电动机 2 的控制电路 FC2 形式上是完全一样的，只是具体的地址不同，可以编写一个通用的程序分别赋给电动机 1 和电动机 2 的相应地址即可。

**【例 9-2】** 采用模块化编程思想实现公式：$c=\sqrt{a^2+b^2}$ 。

假设 $a$ 为整数存放于 DB1.DBW0，$b$ 为整数存放在 DB1.DBW2 中，$c$ 为实数存放于 DB1.DBD4，建立 DB1 及相应的存储区域。

在数据块 DB1 中定义符号如图 9-2a 所示，在符号表中 DB1 定义符号名称为“abcde”，类型为“DB1”，如图 9-2b 所示，在 FC10 中编写程序如图 9-2c 所示，图 9-2d 所示为在主程序调用 FC10。

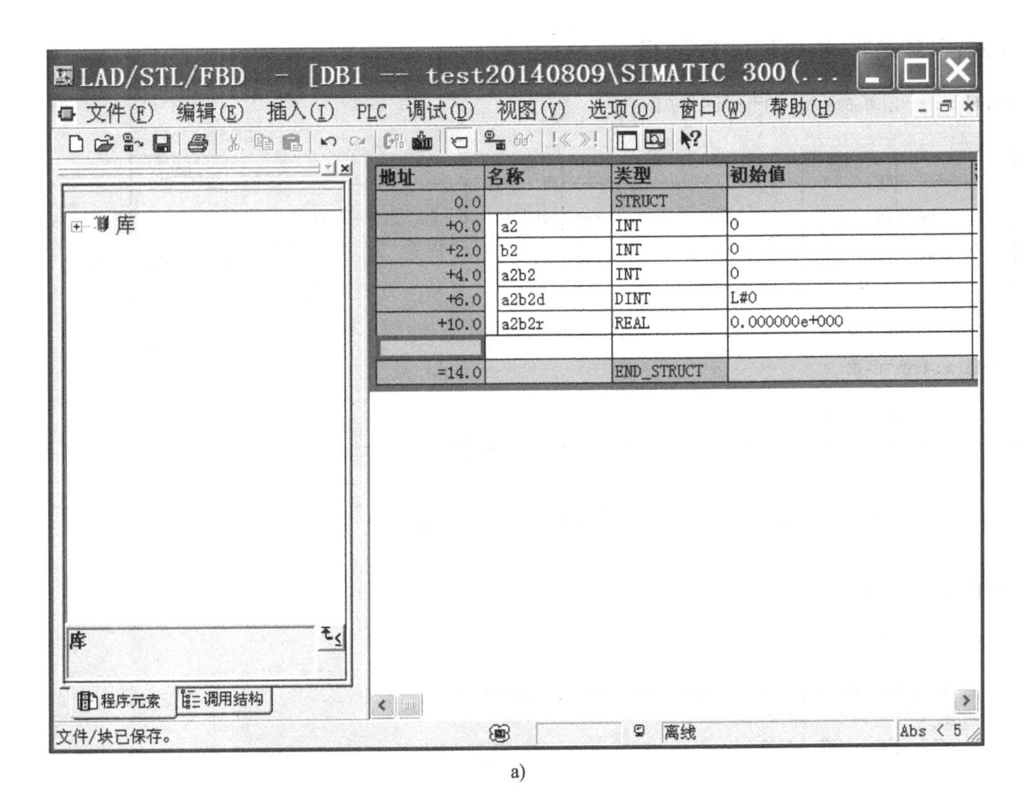


a)

符号编辑器 - [S7 程序(2) (符号表) -- tes...

符号表(S) 编辑(E) 插入(I) 视图(V) 选项(O) 窗口(W) 帮助(H)

全部符号

| | 状态 | 符号 | 地址 | | 数据类型 | | 注释 |
|---|---|---|---|---|---|---|---|
| 1 | | abcde | DB | 1 | DB | 1 | |
| 2 | | | | | | | |

按下 F1 获取帮助。 NUM

b)

图 9-2 模块化编程例子

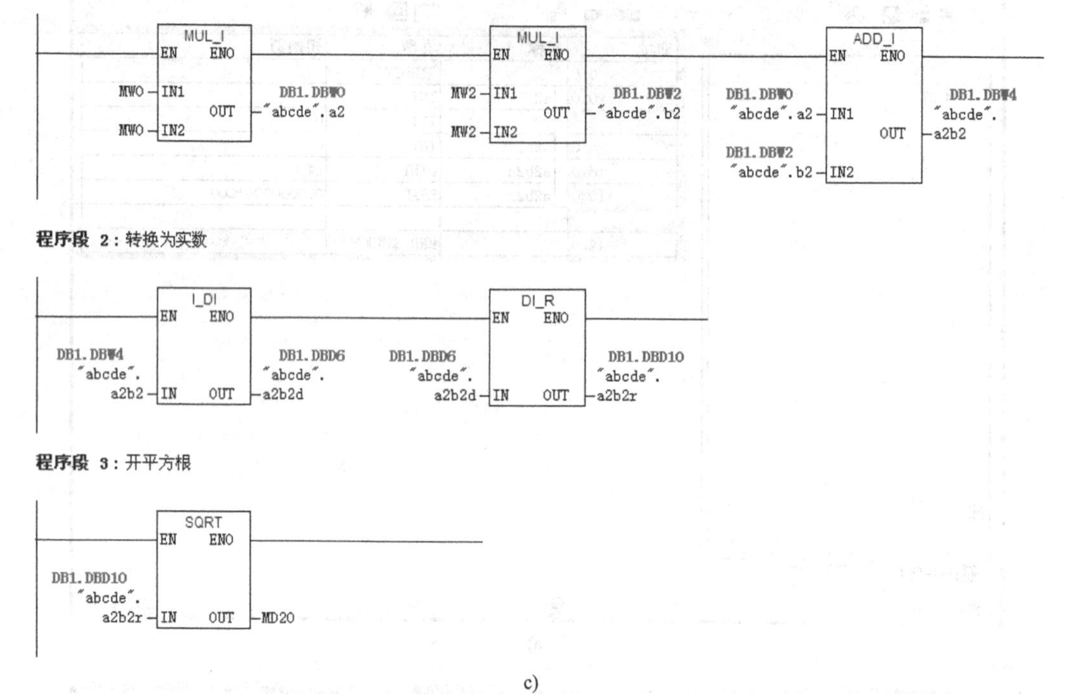


c)

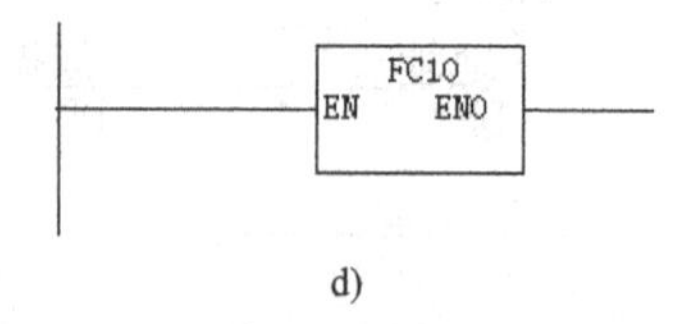


d)

图 9-2　模块化编程例子（续）

a) 数据块 DB1 中定义符号　b) 符号表中定义符号　c) 程序图　d) 主程序调用 FC10

由图 9-2 可以看出，尽管程序的最终目的是获得平方根而不在乎 *a* 的平方、*b* 的平方及平方和的值，但是仍然需要填写全局地址来存储相应的中间结果，极大地浪费了全局地址的使用。这种情况下，可以使用临时变量，下面以此例来说明临时变量的使用。

## 9.1.2　临时变量

临时变量可以用于所有块（OB、FC、FB）中。当块执行的时候它们被用来临时存储数据，当退出该块时这些数据将丢失。这些临时数据存储在 L stack（局部数据堆栈）中。

临时变量是在块的变量声明表中定义的，在“temp”行中输入变量名和数据类型，注意临时变量不能赋予初值。当块保存后，“地址”栏中将显示其在 L stack 中的位置。

在 FC10 的声明区定义如下临时变量，如图 9-3 所示。

内容：'环境\接口\TEMP'

- IN_OUT
- TEMP
  - a2
  - b2
  - a2b2
  - a2b2d
  - a2b2r
- RETURN

| 名称 | 数据类型 | 地址 | 注释 |
|---|---|---|---|
| a2 | Int | 0.0 | a的平方 |
| b2 | Int | 2.0 | b的平方 |
| a2b2 | Int | 4.0 | 二者的平方和 |
| a2b2d | DInt | 6.0 | a平方和b平方的和转换为双整数 |
| a2b2r | Real | 10.0 | a平方和b平方的和由双整数转换为实数 |

图 9-3　定义临时变量

将图 9-2a 中相应的全局地址更换为图 9-3 所示的临时变量，如图 9-4 所示。

FC10 : 计算a的平方和b的平方和的平方根

**程序段 1**：分别计算a的平方，b的平方及它们的和

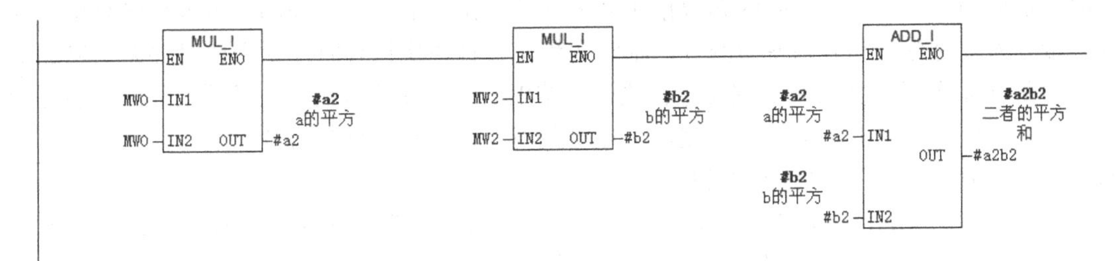


**程序段 2**：转换为实数

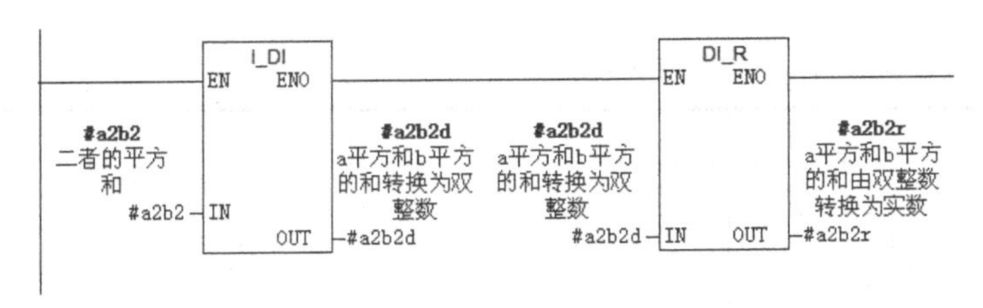


**程序段 3**：开平方根

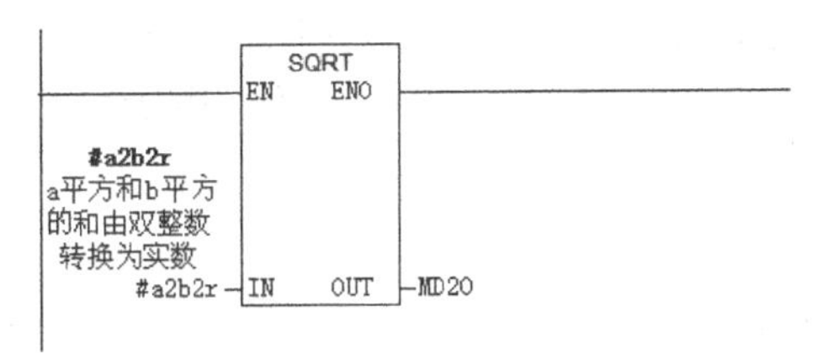


图 9-4　使用临时变量的例子

可以通过符号寻址访问临时变量，如图 9-4 中的 a2、b2 等，也可以采用绝对地址（如 LW0 等）来访问临时变量，建议采用符号寻址以使程序更加易读。

**注意**：*程序编辑器自动地在局部变量名前加上# 号来标识它们（全局变量或符号使用引号），局部变量只能在变量表中对它们定义过的块中使用。*

## 9.2　结构化编程

由上述例子可以看出，模块化编程可能会存在大量的重复代码，块不能被分配参数，程序只能用于特定的设备，但是，在很多情况下，一个大的程序要多次调用某一个功能，这时

应建立通用的可分配参数的块（FC、FB），这些块的输入输出使用形式参数，当调用时赋给实际参数，这就是结构化编程。

结构化编程有如下优点：

1）程序只需生成一次，它显著地减少了编程时间。

2）该块只在用户存储器中保存一次，显著地降低了存储器用量。

3）该块可以被程序任意次调用，每次使用不同的地址。该块采用形式参数（IN、OUT 或 IN/OUT 参数）编程，当用户程序调用该块时，要用实际地址（实际参数）给这些参数赋值。

结构化编程就要涉及 FC 和 FB 中使用局部存储区，使用的名字和大小必须在块的声明部分中确定，如图 9-3 所示。当 FC 或 FB 被调用时，实际参数被传递到局部存储区。之前使用的是全局变量（如位存储区和数据块）来存储数据，下面利用局部变量来存储数据。局部变量分为临时变量和静态变量两种，临时变量是一种在块执行时，用来暂时存储数据的变量，如图 9-4 所示。如果有一些变量在块调用结束后还需保持原值，则必须被存储为静态变量，静态变量只能用于 FB 块中。赋值给 FB 的背景数据块用做静态变量的存储区。关于静态变量的详细使用将在 9.3 节详细说明。

对于可传递参数的块，在编写程序之前，必须在变量声明表中定义形式参数。表 9-1 中列举了三种类型的参数及定义方法。 注意，当需对某个参数进行读、写访问时，必须将它定义为 IN/OUT 型参数。

**表 9-1　形式参数的类型**

| 参 数 类 型 | 定　义 | 使 用 方 法 | 图 形 显 示 |
|---|---|---|---|
| 输入参数 | IN | 只能读 | 在块的左侧 |
| 输出参数 | OUT | 只能写 | 在块的右侧 |
| 输入/输出参数 | IN/OUT | 可读/可写 | 在块的左侧 |

在声明表中，每一种参数只占一行。如果需要定义多个参数，可以用〈Enter〉键来增加新的参数定义行；也可以选中一个定义行后，通过菜单功能“插入”→“声明行”来插入一个新的参数定义行。当块已被调用后，再插入或删除定义行，则必须重新编写调用指令。

现在重新编写前述电动机的控制电路程序。

新建块 FC3，定义形式参数见表 9-2。

**表 9-2　定义形式参数**

| 参 数 类 型 | 名　称 | 数 据 类 型 |
|---|---|---|
| IN | start | BOOL |
| IN | stop | BOOL |
| OUT | motor | BOOL |

使用形式参数编写 FC3 程序，如图 9-5 所示，单击“保存”按钮，出现图 9-6 所示对话框，提示程序接口已改变，调用时需要注意。

**注意：**

1）如果在编程一个块时使用符号名，编辑器将在该块的变量声明表中查找该符号名。如果该符号名存在，编辑器将把它当做局部变量，并在符号名前加“#”号。

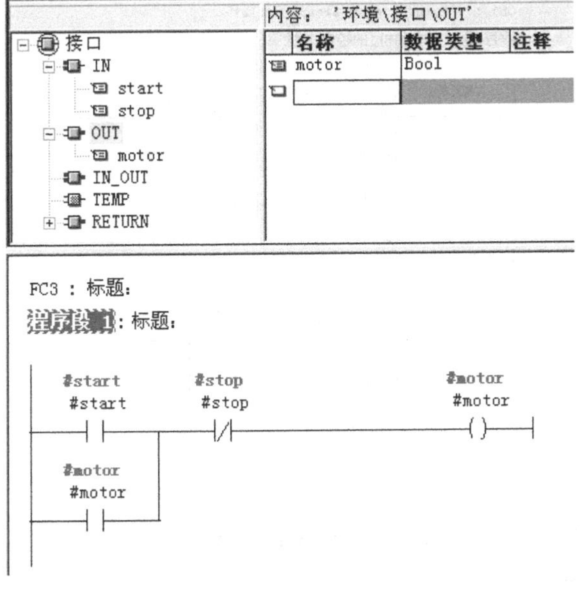


图 9-5　FC3 程序

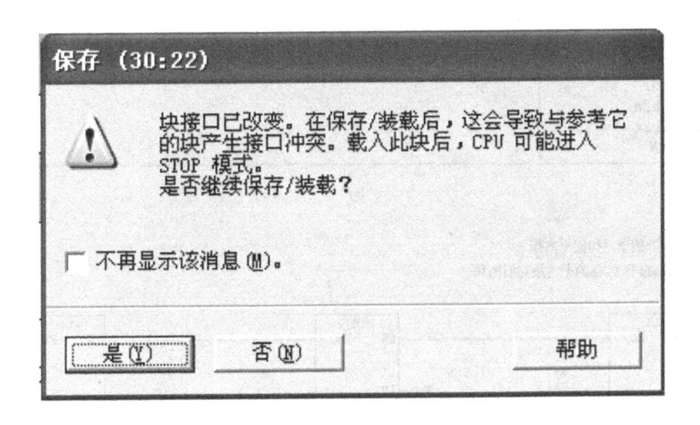


图 9-6 "接口参数改变"对话框

2）如果该符号不属于局部变量，则编辑器将在全局符号表中搜索。如果找到该符号名，编辑器将把它当做全局变量，并在符号名上加引号。

3）如果在全局变量表和变量声明表中使用了相同的符号名，编辑器将始终把它当做局部变量。然而，如果输入该符号名时加了引号，则可成为全局变量。

在 OB1 中调用 FC3，输入实际参数，如图 9-7 所示。可以看出，此时的 FC3 有两个输入参数和一个输出参数，分别输入相应的实际地址，实现的功能与前述例子相同，但是此时只编写了一个块 FC3。

**【例 9-3】** 采用结构化编程思想实现公式：$c=\sqrt{a^2+b^2}$。

在 FC10 的变量声明区定义输入型（IN）变量 aa 和 bb，数据类型为"Int"，定义输出型变量 cc，数据类型为"Real"，并定义相应的临时变量，如图 9-8a 所示。在 FC10 中编写程序如图 9-8b 所示，图 9-8c 所示为在主程序调用 FC10。

OB1 : "Main Program Sweep (Cycle)"

**程序段 1**：电动机1的控制电路

M0.0 FC3 EN ENO
I0.0 start motor Q4.0
I0.1 stop

**程序段 2**：电动机2的控制电路

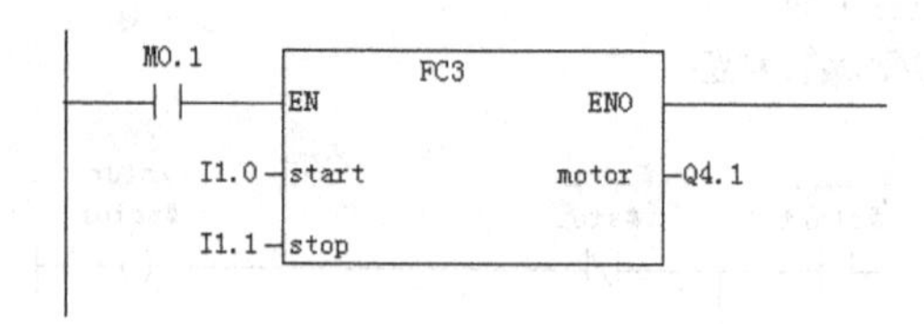


图 9-7 调用 FC3

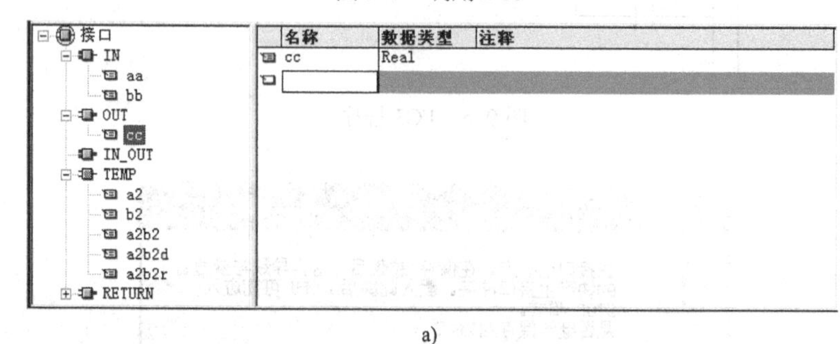


a)

FC10 : 计算a的平方和b的平方和的平方根

**程序段 1**：分别计算a的平方，b的平方及它们的和

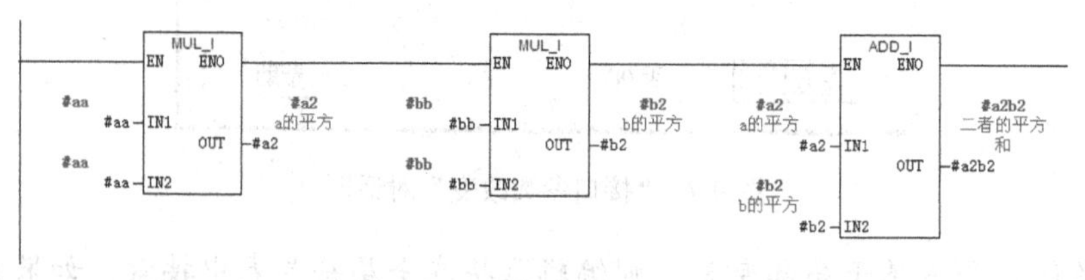


**程序段 2**：转换为实数

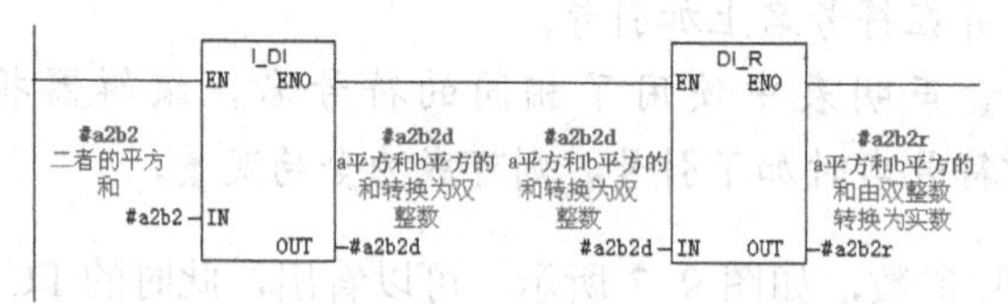


**程序段 3**：开平方根

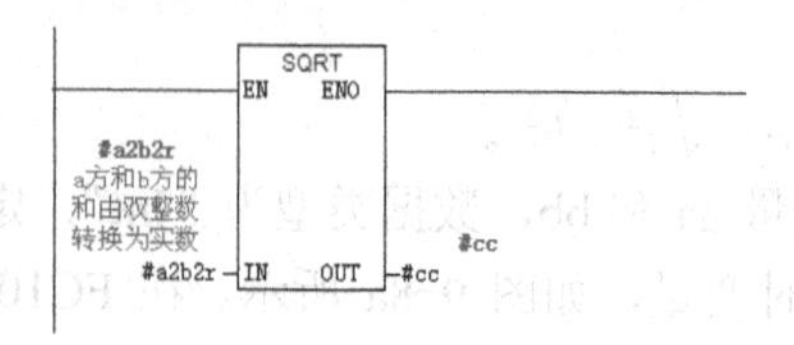


b)

图 9-8 增加平方和求平方根的例子

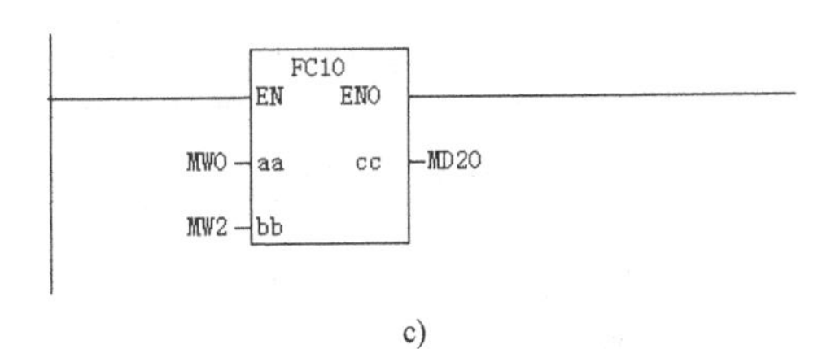


c)

图 9-8　增加平方和求平方根的例子（续）

a) 定义相应临时变量　b) 程序图　c) 主程序调用

【例 9-4】 工业生产中，经常需要对采集的模拟量进行滤波处理。本例通过将最近三个采样值求和除以 3 的方式来进行软件滤波。假设模拟量输入处理后的工程量存储在 MD44 中，为浮点数数据类型。

编程思路：将采集的最近的三个数保存在三个全局地址区域，每个扫描周期进行更新以确保是最新的三个数，三数相加求平均即可。

首先定义 FC1 的形式参数，见表 9-3。

**表 9-3　定义形式参数**

| 参 数 类 型 | 名　称 | 数 据 类 型 | 注　释 |
| --- | --- | --- | --- |
| IN | RawValue | REAL | 要处理的原始数值 |
| IN_OUT | EarlyValue | REAL | 最早的一个数 |
| IN_OUT | LastValue | REAL | 较早的一个数 |
| IN_OUT | LatestValue | REAL | 最近的一个数 |
| OUT | ProcessedValue | REAL | 处理后的数 |
| TEMP | temp1 | REAL | 中间结果 |
| TEMP | temp2 | REAL | 中间结果 |

注意：定义的形式参数中，三个采集值 EarlyValue、LastValue 和 LatestValue 的参数类型为 IN_OUT 型，不能为 TEMP 型，否则将无法保存该数值。

在 FC1 中编写程序如图 9-9a 所示，“程序段 1”的含义是根据循环扫描工作方式从左到右的顺序将三个最近时间的采集值保存，注意三个 MOVE 指令的次序不能改变。“程序段 2”的含义将三个数相加除以 3 求平均值。

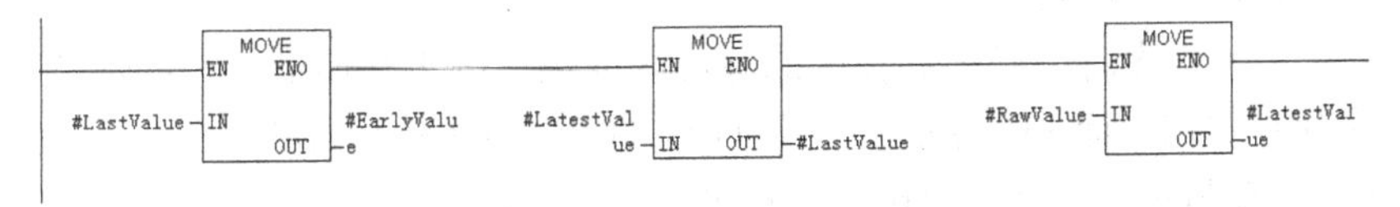


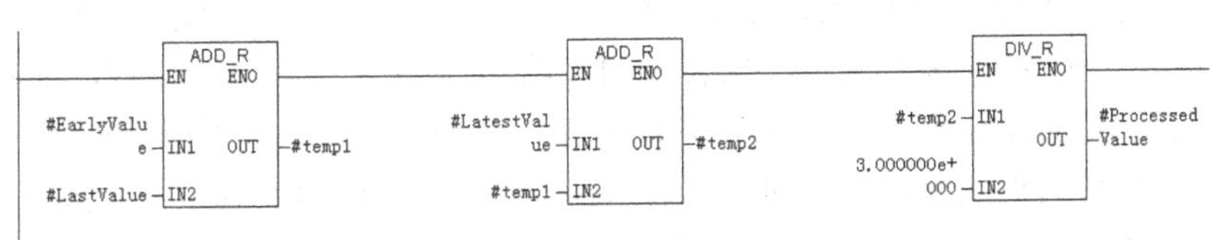


a)

图 9-9　程序例子

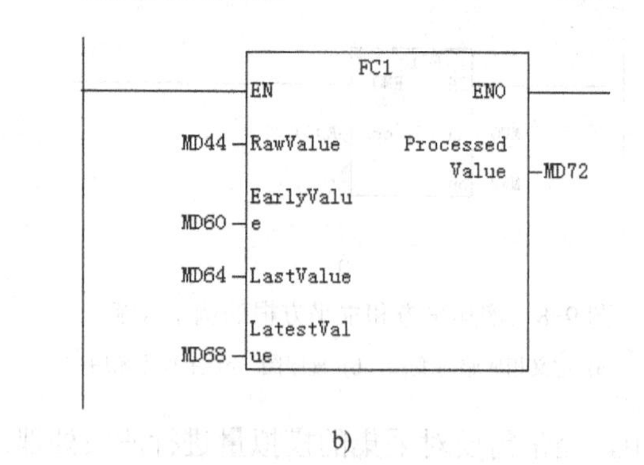


b)

图 9-9　程序例子（续）

a) 子程序 FC1　b) 主程序 OB1

图 9-9b 中，调用 FC1，并赋值实际参数，求得的平均值存放在 MD72 中。这样，通过不同的实际参数可以重复调用 FC1 进行多路滤波。

但是，通过此例也可以看出一个问题：我们关心的只是三个数的平均值，而调用 FC1 子程序时，却需要为三个采集值寻找全局地址进行保存，这样做不仅麻烦且容易造成地址重叠，能否既不用人为寻找全局地址而又能保存数值呢？通过 FB 就可以实现。

## 9.3　功能块

功能块（Function Blocks，FB）不同于 FC 的是它带有一个存储区，也就是说，有一个局部数据块被分配给 FB，这个数据块称为背景数据块（Instance Data Block）。当调用 FB 时，必须指定背景数据块的号码，该数据块将自动打开。

背景数据块可以保存静态变量，故静态变量只能用于 FB 块中，并在其变量声明表中定义。当 FB 块退出时，静态变量仍然保持。

当 FB 块被调用时，实际参数的值被存储在它的背景数据块中。如果在块调用时，没有实际参数分配给形式参数，则在程序执行中将采用上一次存储在背景数据块中的参数值。

每次调用 FB 时可以指定不同的实际参数。当块退出时，背景数据块中的数据仍然保持。

可以看出，FB 的优点如下：

1）当编写 FC 程序时，必须寻找空的标志区或数据区来存储需保持的数据，并且要自己编写程序来保存它们。而 FB 的静态变量可由 STEP 7 的软件来自动保存。

2）使用静态变量可避免两次分配同一存储区的危险。

结合前面例子，如果用 FB 实现 FC1 的功能，并用静态变量 EarlyValue、LastValue 和 LatestValue 来代替原来的形式参数，见表 9-4，将可省略这三个形式参数，简化了块的调用。在 FB1 中定义形式参数，编写程序同图 9-9a，图 9-10 所示为调用 FB1 子程序，其中 DB1 为 FB1 的背景数据块，在输入时若 DB1 不存在，则将自动生成该背景数据块。双击打开背景数据块 DB1，如图 9-11 所示，可以看到 DB1 中保存的正是在 FB 的接口中定义的形式参数。对于背景数据块，无法进行编辑修改，而只能读写其中的数据。

**表 9-4　定义 FB 的形式参数**

| 参 数 类 型 | 名　称 | 数 据 类 型 | 注　释 |
|---|---|---|---|
| IN | RawValue | REAL | 要处理的原始数值 |
| STAT | EarlyValue | REAL | 最早的一个数 |
| STAT | LastValue | REAL | 较早的一个数 |
| STAT | LatestValue | REAL | 最近的一个数 |
| OUT | ProcessedValue | REAL | 处理后的数 |
| TEMP | temp1 | REAL | 中间结果 |
| TEMP | temp2 | REAL | 中间结果 |

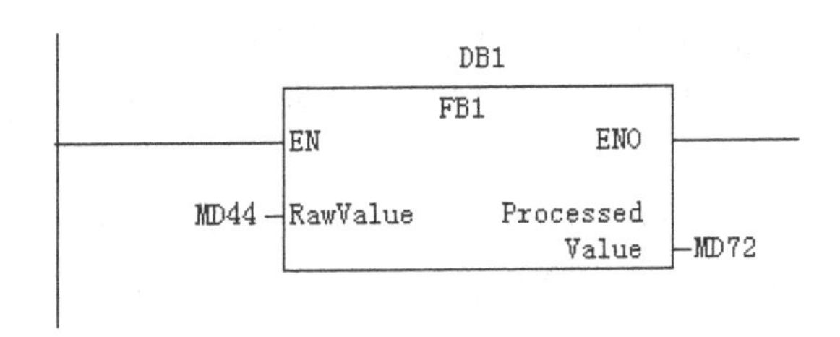


图 9-10　调用 FB1 子程序

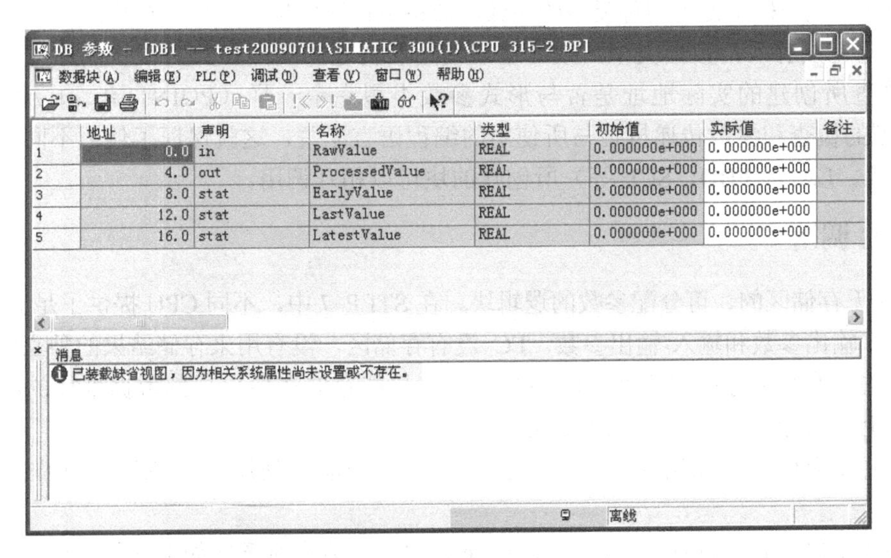


图 9-11　背景数据块

调用 FB 块时需要为其指定背景数据块，这称为 FB 背景化，类似于 C 语言等高级语言中的背景化，即在变量名称和数据类型下面建立一个变量。只有通过用于存储块参数值和静态变量的“自有”数据区，FB 才能成为可执行的单元（FB 背景）；然后，使用 FB 背景，即分配有数据区域的 FB，就能控制实际的处理设备。同时，该过程单元的相关数据存储在这个数据区域里。

STEP 7 里的背景具有如下特点：

1）在调用FB时，除了对背景DB进行赋值之外，不需要保存和管理局部数据。

2）按照背景的概念，FB 可以多次使用。例如，如果对几台相同类型的电动机进行控制，那么就可以使用一个 FB 的几个背景来实现；同时，各个电动机的状态数据也存储在该FB的静态变量中。

## 9.4 块的调用

本节内容从原理上讲述了块调用时参数的传递过程，可以跳过。

在块调用中，块（FC）和/或（FB）的形式参数必须要赋予合适的实际参数值。参数是用于在调用块和被调用块之间传递信息的通道。参数的符号名、数据类型以及初始化值（如果有必要）在声明表中建立。参数分为输入型（IN）参数、输出型（OUT）参数和输入/输出型（IN/OUT）参数，参数的类型指明了数据传递的方向。

1）输入参数（IN）：用于将信息由调用块传递到被调用块中，在被调用块内，对输入参数进行只读访问。

2）输出参数（OUT）：用于将信息（结果）从被调用块返回到调用块中。

3）输入/输出参数（IN_OUT）：输入/输出参数用于双向信息传递，即可以对输入/输出参数进行读及写访问。

同局部变量一样，参数也有符号名和类型（数据或参数类型）。在块的代码段中，可以像使用局部变量一样来使用同种类型的参数，故参数在块内也叫做形式参数。

为了避免误解（指数据类型）或者错误使用所传递的实际参数，在块调用时，程序编辑器会检查所创建的实际地址是否与形式参数类型完全一样（POINTER 和 ANY 型除外）。类型的检查和参数传递机理与所使用的编程语言无关，这就保证了使用不同的程序编辑器（STL、LAD、FBD、SCL 等）所创建的块可以相互调用。

### 9.4.1 FC 调用

FC是无存储区的、可分配参数的逻辑块。在STEP 7中，不同CPU提供了足够多的FC输入参数、输出参数和输入/输出参数。FC 没有存储区，没有用来存储结果的独立的、永久的数据区域。FC 执行期间所产生的临时结果，只能存储在各自局部数据堆栈的临时变量中。实际上，FC扩充了处理器的指令集。

FC 主要应用于向调用块返回功能值，如数学功能、使用二进制逻辑操作的信号控制等。

如果要创建与IEC 1131-3标准要求相一致的功能，则必须遵守如下规则：

1）FC 可以具有足够满足需要的输入参数，但却只能向输出参数 RET_VAL 返回一个结果。

2）在FC内部不允许读或写（访问）全局变量。

3）FC内部不允许读或写（访问）绝对地址。

4）FC内部不允许调用功能块。

由于FC没有“存储区域”，所以，标准一致性FC的返回结果只取决于输入参数的值。对于同样的输入参数值，FC也返回一个相同的结果。

（1）基本数据类型的传送机理

基本类型的实际参数通常位于位存储地址区域、过程映像区和局部堆栈区。待处理的数据可以作为实际参数传递给被调用的 FC，这种数据传递通过 CALL 指令弹出的参数列表来进行输入。CALL 指令弹出的块参数的名称和数据类型，是在 FC 的声明部分定义的，可以声明的参数类型有：输入参数（只读）、输出参数（只写）以及输入/输出（读/写）参数。

参数的数目除存储空间的容量影响外没有其他限制，参数名称最多可以有 24 个字符。此外，还可以给参数加一个详细的说明。如果块没有任何参数，那么在 FC 调用时将省略参数列表。

随着调用指令 CALL，STL/LAD/FBD 程序编辑器首先根据参数列表中给出的实际参数，计算交叉区域指针，并在 FC 调用指令之后立即存储这些指针。此时，如果在该 FC 内部访问形式参数（比如：A On_1，On_1 为形式参数），CPU 就根据存储在 B 堆栈中的返回地址确定该 FC 调用指令。然后根据相关的参数列表，FC 就可确定与形式参数对应的实际参数的交叉区域指针。于是，通过这个指针就实现了对实际参数的访问。

这种传递机理与“按引用调用”相一致，如果在某一 FC 中访问了形式参数，那么，结果也访问了相应的实际参数。这种通过指针的访问机理要求：

1）在 FC 调用中，所有的块参数都必须赋值。

2）在参数声明里，不能对块参数进行初始化。

如果是用 DB 中的实际参数来对块参数进行赋值，或者传递的是复杂类型参数，那么，参数传递将变得更加复杂。

（2）复杂数据类型的传送

复杂数据类型参数为调用块和被调块之间传递大批量数据提供了一种清晰而有效的数据传递方式，因而更加顺应了“结构化编程”的理念。数组或结构可以作为一个完整的变量传递到被调用 FC 中。

为了进行参数传递，在被调用 FC 中必须声明一个与实际参数类型相同的参数。这种类型参数（数据类型：ARRAY、STRUCT、DATE_AND_TIME 及 STRING）的传递只有通过符号传递的方式来进行，图 9-12 所示为向 FC 传递一个 ARRAY。

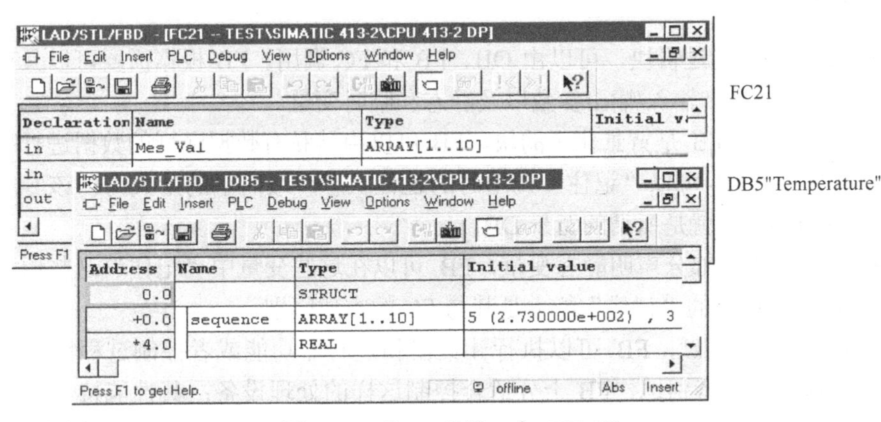


图 9-12　向 FC 传递一个 ARRAY

```
Network 1：在 FC21 里，声明一个数组 Mes_Val
CALL   FC     21
Mes_Val：="Temperature".sequence      //只能通过符号形式传递参数
```

由于复杂数据类型变量只能够在数据块或局部数据块中建立，因此，实际参数必须存储在数据块（全局或静实例数据块）中，或者存储在调用块的局部堆栈中。

STL/LAD/FBD 程序编辑器对实际参数和传递到 FC 的块参数的数据类型进行一致性检查之后，只向被调 FC 传递一个带有 DB 号的 POINTER 参数以及指向实际参数的交叉区域指针。这个 POINTER 参数是通过调用（CALL）宏，在调用块（V 区域）的 L Stack（局部堆栈）中建立的，当编程不得不用间接寻址的方式访问所传递参数时，POINTER 参数具有十分重要的意义。

可以通过选择菜单命令“视图”→“块属性”来查看所占用的局部堆栈的大小。如果 ARRAY 或 STRUCT 型元素的数据类型与块参数的类型相同，这些元素也可以传递到块参数中。

（3）FC 调用的特点

CALL 指令为宏指令，用于块 FC、SFC、FB 及 SFB 的调用。在调用 FC 时，只有通过 CALL 指令才能在调用块和被调块之间进行直接的信息交换，CALL 确保了形式参数被正确地赋值。在使用 CALL 指令时，必须考虑到如下事实：CALL 指令是通过宏来执行的，而宏又是由一些 STL 指令组成的。

如果形式参数是用 DB 中的地址赋值的，那么就使用 DB 寄存器进行参数传递。因此应注意以下几点：

1）在被调块 FC 内，当前打开的 DB，可能并不是在 CALL 指令之前所打开的那个 DB。

2）如果在处理被调用 FC 期间，CPU 进入 STOP 模式，那么，在“B-Stack”→“DB-Register”中显示的值就是 STL 编辑器用于在参数分配中覆盖 DB 寄存器的值。

3）如果在调用处理后，程序又回跳至调用块内，那么 CALL 指令之前所打开的 DB 块，可能就不再处于打开状态。

CALL 指令的处理时间取决于实际参数的数目和存储单元的位置。

### 9.4.2 FB 调用

FB 为具有存储器的逻辑块，可以由 OB、FB 和 FC 调用。FB 根据需要可以具有足够多的输入参数、输出参数和输入/输出参数以及静态和临时变量。

与 FC 不同的是，FB 是背景化了的块。FB 可以由其私有数据区域的数据进行赋值，在其私有数据区域中，FB 可以“记住”调用时的过程状态。最简单的形式为：该专用数据区便是 FB 的自有 DB，也就是所谓的背景 DB。

可以在 FB 的声明部分声明静态变量，FB 可以在这些变量中“记住”这些调用信息。FB 这种对多次调用信息的“记住”能力是其与 FC 的本质区别。

使用这种“存储区域”，FB 可以执行计数器和定时器功能或者控制过程设备，如过程站、驱动器、锅炉等。特别地，FB 十分适合控制这样的处理设备：其性能特性不仅取决于外部影响，而且也取决于内部状态，如工步、速度、温度等。当控制这种设备时，过程单元的内部状态数据就复制到 FB 的静态变量中。

在 STEP 7 中，创建 FB 背景，即在 FB 调用时对其自有的存储区域进行赋值，可以通过两种方式来实现：

1）在 FB 调用时，直接声明所谓的背景数据块（DI）。

2）在更高级 FB 中（多重实例模型）显式声明 FB 实例，然后，STEP 7 确保在更高级的 FB 内，建立创建该背景所需要的数据区。

**1．FB 调用过程中的参数传递**

待处理的数据可通过一个已调用的 FB 背景来处理。可使用 CALL 动作之后所弹出的参数列表进行参数的传递。在 FB 的声明部分对类型（输入、输出或输入/输出参数）、名称以及参数的数据类型进行定义。

和 FC 的调用不同的是，在进行 FB 调用过程中，不需要为输入和输出参数以及元素数据类型的输入/输出参数分配实际参数，这是由传送到被调用 FB 中的实际参数的运行机制所决定的。

如果一个背景 DB 是为了一个 FB 而创建的，那么块编辑器将自动为块参数（输入、输出、和输入/输出参数）和在 FB 声明部分声明的静态变量保留存储空间。背景 DB 中的参数和静态变量地址，恰好就是程序编辑器所提供的位地址或字节地址，这些参数和静态变量位于 FB 声明部分的第一栏。

在一个使用 CALL 宏调用的 FB 背景调用过程中，背景 DB 通过 DI 寄存器来打开，且在进行背景的 FB 处理前，当前输入和输入/输出参数的值被复制到背景 DB 中。

然后切换到 FB 处理过程。如果此时在 FB 调用过程内部访问形式参数，那么将导致访问属于背景 DB 的地址。该访问在内部通过使用寄存器间接寻址，使用 DI 寄存器和 AR2 寄存器来实现。

FB 过程处理之后，形式输出和输入/输出参数的值被复制到 CALL 过程中所指定的实际参数中。此后，才能继续执行 CALL 之后的下一条指令。

**2．复杂数据类型的 FB 调用**

和 FC 中一样，复杂数据类型（ARRAY、STRUCT、DATE_AND_TIME 和 STRING）的地址可完整地传递给一个被调用的功能块。

要进行传送，必须在被调用的 FB 中声明一个参数，该参数的数据类型与需要传送的实际参数的数据类型相同。这样的参数只允许使用符号来进行分配。

对于复杂数据类型的输入和输出参数，实际参数的值所对应的地址在背景 DB 中创建。在 FB 的调用过程中，输入参数的实际值将在实际切换到 FB 的指令部分之前，通过 SFC20（BLKMOV）（“Passing by Value”）复制到背景 DB 中。

按照与此前相同的方式，在 FB 处理完毕后，输出参数的值将从背景 DB 中复制回实际参数中。结果，在对输入和输出参数进行赋值的过程中，可能会发生相当多的复制操作，这些复制操作通过输入/输出参数进行。

对于复杂数据类型的输入或输出参数，不发生“按值传递”。在背景数据区域，只为每个输入/输出参数保留 6 个字节的空间，将指向实际参数的 POINTER 输入到这些字节中，即“按引用传递”。

复杂数据类型的输入和输出参数可以在 FB 的声明部分进行初始化，而输入/输出参数则不行。在进行 FB 调用的过程中，不需要为复杂数据类型的输入和输出参数赋值，而输入/输出参数则必须赋值。

复杂数据类型的输入和输出参数或者输入/输出参数的存储器或者寄存器间址访问方法

的设置，和基本参数的设置有所不同。

例如，将一个 ARRAY 传送到一个功能块 FB，定义的符号参数如图 9-13 所示。

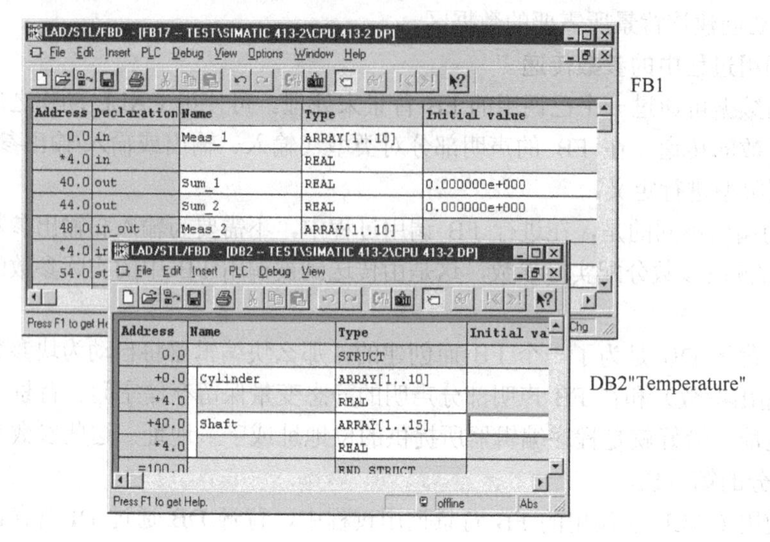


图 9-13　定义的符号参数

```
Network 1:
      CALL   FB   17，DB 2
      Meas_1    : ="Temperature".Cylinder
      Sum_1：=MD20
      Sum_2：=MD30
Meas_2：="Temperature".Shaft
```

可以看出，只允许用符号对复杂参数进行相关分配。

**3．FB 调用的特点**

如果在一个 FB 调用过程中不需要为块参数赋值，则不发生数据复制到背景 DB 或从背景 DB 向外复制数据的操作。背景 DB 中的参数将保持上次调用时所保存的数值。但是，具有复杂数据类型（STRUCT、ARRAY、STRING 以及 DATE_AND_TIME）的输入/输出参数必须在参数列表中进行分配。

在一个背景 DB 中进行参数访问，可以使用与访问全局 DB 的地址相同的方式。例如，直接通过操作面板进行。因此可以从外部对块参数进行赋值或者取消赋值。这个特点在某些情况下显得尤其有用，例如，只有复杂数据类型中的个别元素需要赋值或者取消赋值的情况，或者参数直接与 OP 上的输入/输出区域直接关联的情况。但是，不能从“外部”对复杂数据类型（STRUCT、ARRAY、STRING 以及 DATE_AND_TIME）的输入/输出参数进行赋值或者取消赋值。

块参数和静态变量可在 FB 声明中初始化。如果此后创建背景 DB，则将初始化时所指定的值赋给背景 DB。复杂数据类型（STRUCT、ARRAY、STRING 以及 DATE_AND_TIME）的输入/输出参数不能进行初始化。

使用 DI 和 AR2 寄存器在内部访问形式参数，如果 DI 寄存器或者 AR2 寄存器在 FB 处理过程中被覆盖，那么在 FB 内部将不能再访问该背景数据（输入、输出、输入/输出参数以及静态变量）。

### 9.4.3 检查块的一致性

如果在程序生成期间或之后调整或增加某个块（FC 或 FB）的接口或代码，可能导致时间标签冲突。反过来，时间标签冲突可能导致在调用的和被调用的或有关的块之间不一致，结果要大幅度地修改。

当一个块已在程序中被调用之后，再增加或删除块的参数，必须更新其他块中的该块的调用；否则，由于在调用时该块新增的参数没有被分配实际参数，CPU 会进入 STOP 状态或者块的功能不能实现。因此，当块的声明表由于插入或删除形式参数被修改之后保存时，将弹出图 9-6 所示的警告信息，提示可能出现的问题。

在 SIMATIC 管理器树形目录中选择块文件夹，单击右键选择“检查块的一致性”，将打开图 9-14 所示的“检查块的一致性”窗口，清楚地显示所有时间标签冲突和块不一致的信息。

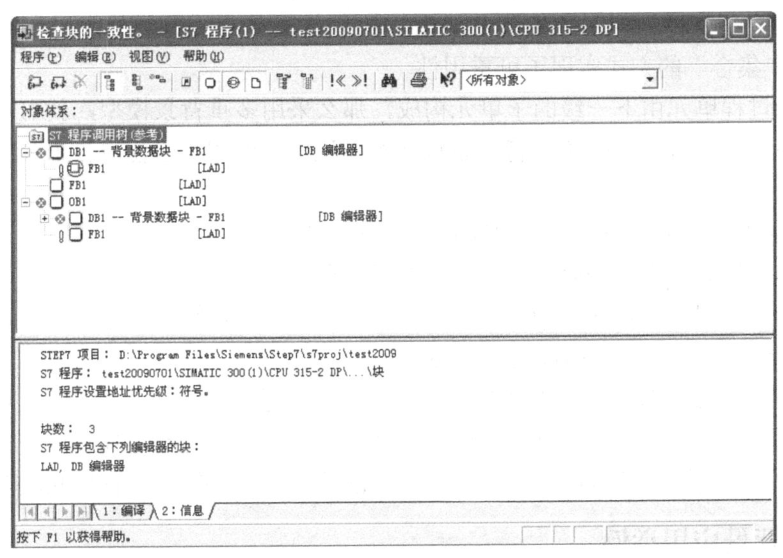


图 9-14 “检查块的一致性”窗口

图 9-14 中，通过工具栏中的（调用树：参考）按钮，可以显示块文件夹中对象之间的引用关系，如同一个用户程序结构，调用树显示调用对象和被调用对象的引用关系。通过工具栏中的（从属树）按钮，可以显示块文件夹中所有对象之间的所有从属关系。通过工具栏中的（从属树：仅冲突）按钮，可以只显示从属树中有冲突的对象。

存在时间标记冲突时，在打开的、调用块中不一致的块调用被标为红色，单击不一致的块调用方框，在弹出的对话框中选择 “更新块调用”功能，将显示出旧的（有故障的）和新的块调用，确认后，可对块调用进行刷新。如果是 FB 块，将重新生成背景数据块。

## 9.5 多重背景

除了通过在一个 FB 调用中指定背景 DB 将 FB 背景化之外，STEP 7 还支持在更高一层的 FB 中，显式声明 FB 背景。

使用多重背景模型具有如下优点：

1）各个背景不是每次都需要其自己的数据块。在对 FB 进行调用的层级中，只有一个背景 DB“浪费”在调用“外部”FB 上。

2）多重背景模型将一个 FB 和一个背景数据区域“焊接”到一个对象（FB 背景）中，两者可以作为一个单元进行处理。用户不必关心单个背景数据区域的管理（创建、寻址），而只需为“外部”FB 提供一个背景 DB。

3）多重背景模型支持面向对象的编程风格。

## 9.5.1 多重背景的属性

使用多重背景模型，可以将具有相同调用层级的多个实例各自的数据段保存在单个 DB 中，即使用多重背景模型，多个实例也只需要一个 DB。

使用多重背景模型时，除了需指定公共背景 DB 外，无需对本地 FB 数据采用任何管理措施。

多重背景模型支持面向对象编程的概念，控制过程单元所需要的代码和数据被集合在 FB 中，通过“集合”的方式实现了可重用性。

如果一个过程单元由下一级的子单元构成，那么采用多重背景模型，就可以在用户程序中确切地反映出该结构。使用 FB 背景来设计控制程序，就相当于使用各个分立元件组成整个机器。

STEP 7 能够支持多重背景模型的嵌套深度为 8 级。

为了正确地将 FB 用做多重背景，必须遵从以下几点：

1）对于过程控制，不允许对 CPU 的全局地址（如输入和输出）进行直接访问，每个对输入和输出的访问都会和可重用性发生冲突。

2）只使用 FB 参数和处理器以及其他的程序部分进行通信。

3）只有将 FB 集合到更高一层的单元中之后，FB 调用通过参数列表对 FB 的“赋值”才得以执行。有关受控单元的状态和其他信息，必须“记忆”在 FB 自己的静态变量中。

## 9.5.2 多重背景应用举例

下面以图 9-9 所示例子来说明多重背景的应用。对于图 9-10 所示的 FB1 程序，当多次调用 FB 时，每次调用都需要生成一个背景数据块，但是这些背景数据块中使用的存储区域又很小，产生极大的“浪费”，使用多重背景可以减少背景数据块的数量。

此例中先生成 FB1，同图 9-10，多次调用 FB1 时要分别生成相应的背景数据块，使用多重背景时只需要一个背景数据块 DB10，另外还需要增加一个功能块 FB10 来调用作为“局部背景”的 FB1，FB1 的数据存储在 FB10 的背景数据块 DB10 中，这样就不必再为 FB1 分配背景数据块，即原来每调用一次 FB1 需要的背景数据块都被 DB10 代替，但是需要在 FB10 的变量声明表中声明数据类型为 FB1 的静态变量。

再生成 FB10，在 FB10 的变量声明表中定义静态变量 AI_Filter1、AI_Filter2 和 AI_Filter3，数据类型为 FB1，如图 9-15 所示。注意：变量声明表 AI_Filter1、AI_Filter2 和 AI_Filter3 文件夹中的变量（如“RawValue”、“ProcessedValue”以及“EarlyValue”、“LastValue”、“LatestValue”等）来自 FB1 的变量声明表，不是用户输入的。生成 FB10

后，AI_Filter1、AI_Filter2 和 AI_Filter3 将出现在图 9-15 左侧指令树的“多重实例（多重背景）”目录中，将其拖放到 FB10 的编程区，输入不同的参数，分别完成相应的模拟量处理，如图 9-16 所示。

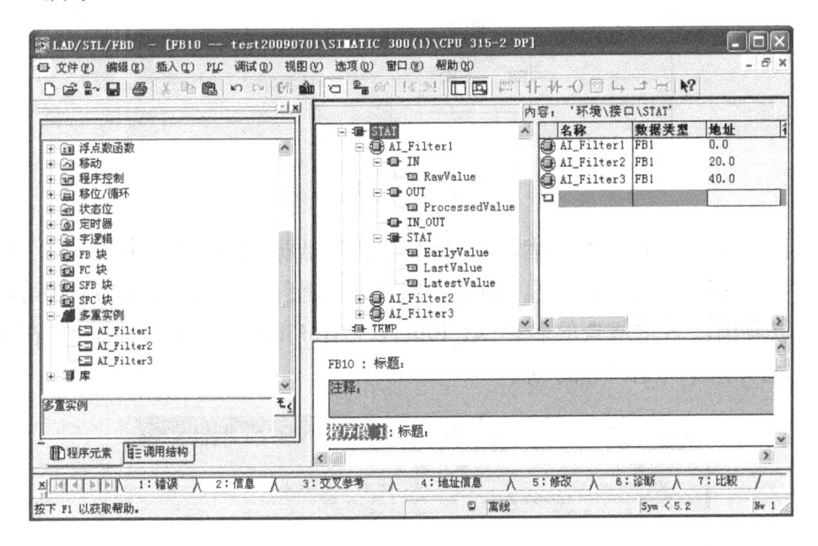


图 9-15　FB10 的变量声明表

**程序段 1：模拟量1的滤波处理**

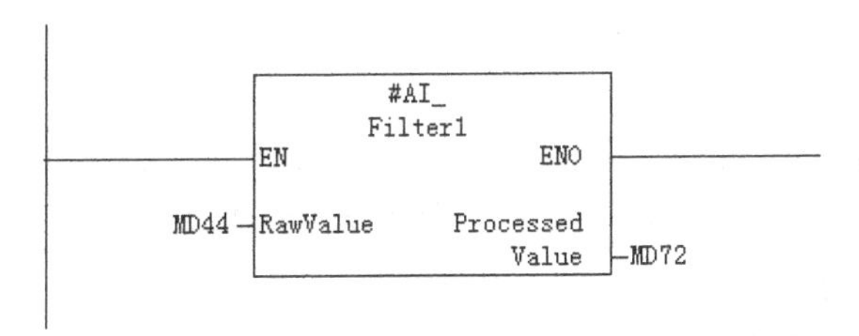


**程序段 2：模拟量2的滤波处理**

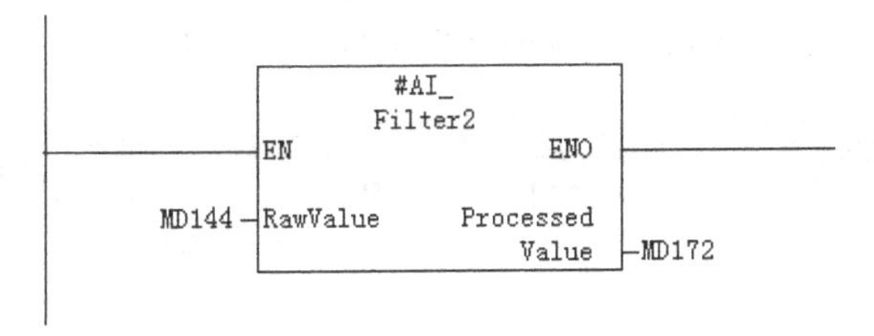


**程序段 3：模拟量3的滤波处理**

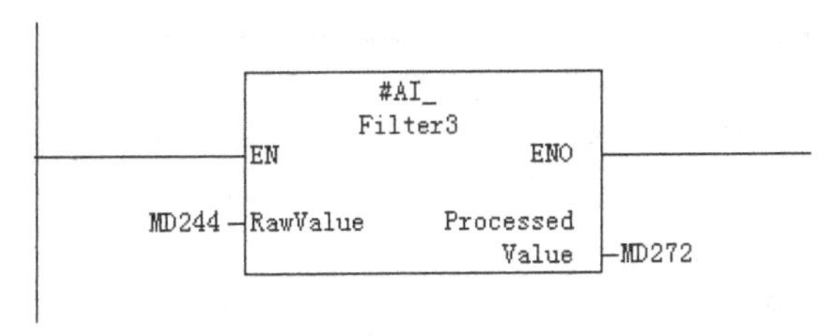


图 9-16　FB10 程序

在 OB1 中调用 FB10，指定其背景数据块为 DB10，如图 9-17 所示。

**程序段 1**：调用FB10

DB10
FB10
EN ENO

图 9-17 OB1 程序

这样，三路模拟量处理的数据都存储在多重背景数据块 DB10 中，如图 9-18 所示，DB10 代替了原来的多个背景数据块。DB10 中的变量是自动生成的，与 FB10 的变量声明表中的相同。可以看出，多重背景的名称 AI_Filter1、AI_Filter2 和 AI_Filter3 加在 FB1 的局部变量之前，如 AI_Filter1.RawValue 等。

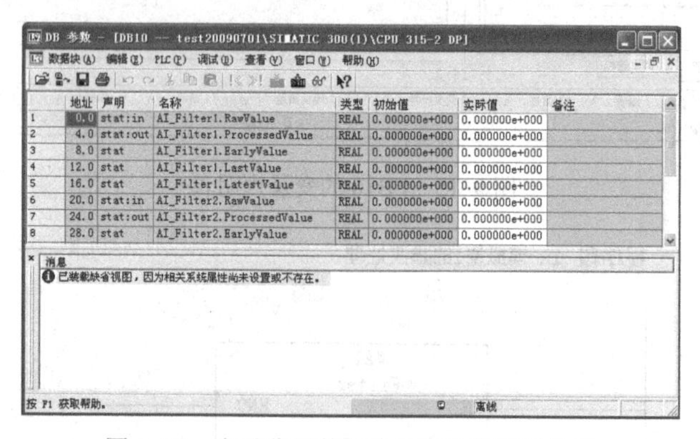

| | 地址 | 声明 | 名称 | 类型 | 初始值 | 实际值 | 备注 |
|---|---|---|---|---|---|---|---|
| 1 | 0.0 | stat:in | AI_Filter1.RawValue | REAL | 0.000000e+000 | 0.000000e+000 | |
| 2 | 4.0 | stat:out | AI_Filter1.ProcessedValue | REAL | 0.000000e+000 | 0.000000e+000 | |
| 3 | 8.0 | stat | AI_Filter1.EarlyValue | REAL | 0.000000e+000 | 0.000000e+000 | |
| 4 | 12.0 | stat | AI_Filter1.LastValue | REAL | 0.000000e+000 | 0.000000e+000 | |
| 5 | 16.0 | stat | AI_Filter1.LatestValue | REAL | 0.000000e+000 | 0.000000e+000 | |
| 6 | 20.0 | stat:in | AI_Filter2.RawValue | REAL | 0.000000e+000 | 0.000000e+000 | |
| 7 | 24.0 | stat:out | AI_Filter2.ProcessedValue | REAL | 0.000000e+000 | 0.000000e+000 | |
| 8 | 28.0 | stat | AI_Filter2.EarlyValue | REAL | 0.000000e+000 | 0.000000e+000 | |



图 9-18 多重背景数据块 DB10 的数据显示

使用多重背景需要注意：

1）首先应生成需要多次调用的功能块，此例为 FB1。

2）管理多重背景的功能块必须设置为有多重背景功能，此例为 FB10，如图 9-19 所示，在生成 FB 块时需要勾选“多背景标题（也译为“多情景能力”）”选项。

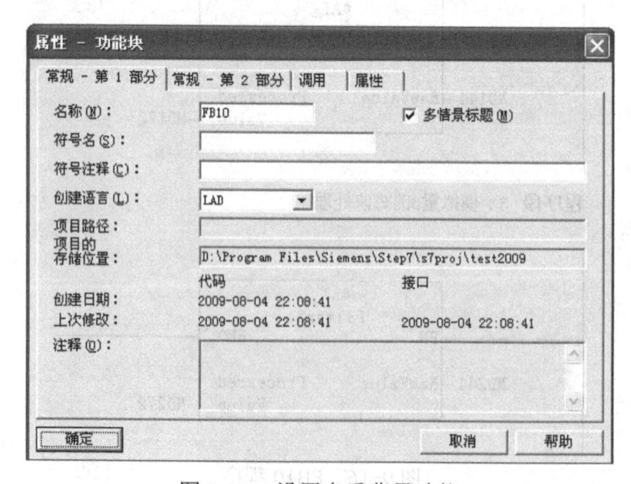


图 9-19 设置多重背景功能

3）在管理多重背景的功能块的变量声明表中，为被调用的 FB 的每一次调用生成一个静态变量作为多重背景，以被调用的功能块的名称作为该静态变量的数据类型。

4）必须有一个背景数据块分配给管理多重背景的功能块，此例为 DB10，背景数据块中的数据是自动生成的。

本例多重背景的调用示意图如图 9-20 所示。

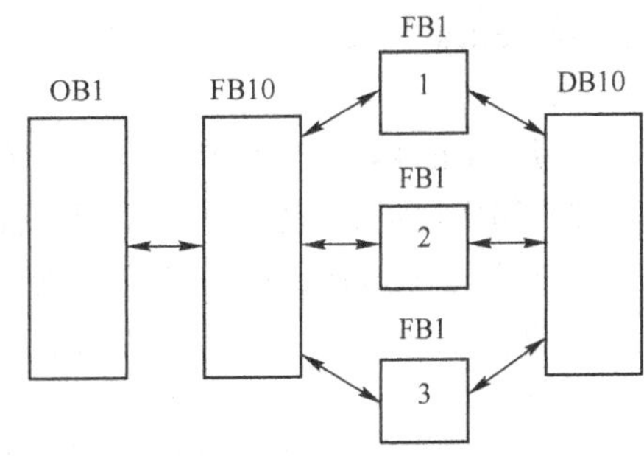


图 9-20　多重背景的结构示意图

## 9.6　系统功能和系统功能块

SIMATIC 中的程序库指的是西门子公司提供的可由用户调用的用于处理复杂功能的可以多次重复调用的程序块，程序块可从现有的项目中复制到一个库中，也可以直接在库中独立于项目而产生。用户可以将这些程序块复制到用户程序中所需要的地方。通过程序库，用户可以重复调用块，节省大量的编程时间并提高效率。

可以在程序库里生成 S7/M7 程序，做法与在项目生成程序的做法相同，只是没有测试功能，另外程序库中的程序块不能直接下载到 CPU。

SIMATIC 管理器允许程序名字多于 8 个字符，但是程序库目录名多于 8 个字符将被截去，所以各程序库的名称在前 8 个字符中不能相同，名字不必区分大小写。注意，不能在老版本的 STEP 7 项目中使用新版 STEP 7 程序库中的程序块。

### 9.6.1　程序库的等级结构

程序库结构按等级进行，与项目一样，程序库可含有 S7 程序，如图 9-21 所示。

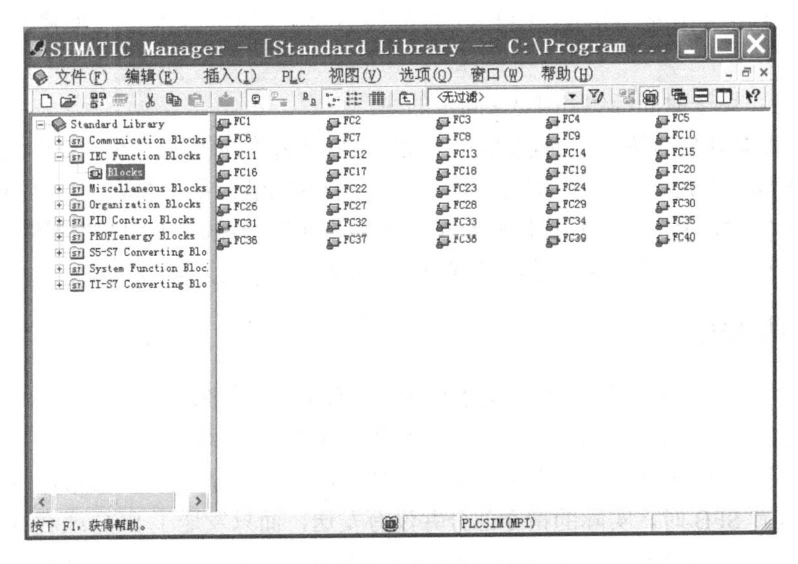


图 9-21　程序库的等级结构

一个 S7 program 可含有一个“块（Blocks）”文件夹（用户程序）、一个“源文件

（Source Files）”文件夹、一个“图表（Charts）”文件夹和一个“符号（Symbols）”对象（符号表）。

“块（Blocks）”文件夹包含可下载到 S7 CPU 中的各种程序块，在文件夹中的变量表（VAT）和用户定义数据类型不能下载到 CPU 中。

“源文件（Source Files）”文件夹包括各种编程语言生成的源文件程序。

“图表（Chart）”文件夹包含 CFC 图表（只有安装了 CFC 可选软件后才出现）。

当插入一个新的 S7 程序时，“Blocks”文件夹、“Source Files”文件夹和“Symbols”对象会自动插入。多次重复使用的块可保存在程序库中；可将块从程序库中复制到相关的用户程序中，并被其他块调用。

### 9.6.2 标准程序库总览

安装 STEP 7 软件时，标准库会自动安装到硬盘上，图 9-21 左边以根目录形式展示的就是标准库中包含的 S7 程序文件夹。

1）Communication Blocks（通信块）：包含使用 S7-300 PROFIBUS CP 时连接分布式 I/O 的功能和功能块（FC 和 FB）。

2）IEC Function Blocks（IEC 功能块）：包含 IEC 功能块，如处理时间和日期信息、比较操作、字符串处理以及选择最大值和最小值。

3）Organization Blocks（组织块）：包含所有具有符号化标识符的关于启动信息的 OB。

4）PID Control Blocks（PID 控制块）：用于 PID 控制的功能块。

5）S5-S7 Converting Blocks（S5-S7 转换块）：包含将 S5 程序转换成 S7 程序所需的标准功能块。

6）System Function Blocks（系统功能块）：包含 S7-300/400 PLC 的所有系统功能和系统功能块（SFC 和 SFB）。

7）TI-S7 Converting Blocks（TI-S7 转换块）：包含通用标准块，如模拟数值的规范化等。

8）其他块：用于时间标签和 TOD 同步的块。

通常附加库是在安装可选包时创建的，因此安装可选软件包时，可增加其他库。

当安装 STEP 7 时，所提供的程序库一般总是自动安装。如果编辑了这些程序库，在重新安装 STEP 7 时，修改过的程序库将会被原始的程序库覆盖。由于这个原因，在进行任何改动之前，复制所提供的程序库，然后只在复制的程序库中进行编辑。

### 9.6.3 系统功能块

那些不能由 STEP 7 指令执行的功能（如创建 DB、与其他的 PLC 通信等功能）可以借助于系统功能（SFC）或者系统功能块（SFB）在 STEP 7 中实现。

SFC 和 SFB 保存在 CPU 操作系统中而不是保存在用户存储器中。因此，在从 CPU 读取一个 SFC 或者 SFB 时，实际的指令部分并没有发送，而只发送了 SFC 或者 SFB 的声明部分。借助于 STL/LAD/FBD 程序编辑器，可打开读出的块并且显示其声明部分。

在用户程序中，可以使用 CALL 指令像调用 FB 一样调用 SFC 和 SFB。因此，对于 SFB 来说，必须将用户 DB 指定为 SFB 的背景 DB。

SFC 和 SFB 的种类很多，使用哪些 SFC 和 SFB 分别取决于使用的 PLC 系统（S7-300 或 S7-400）以及系统的 CPU。无论是在 S7-300 PLC 还是 S7-400 PLC 中调中相同的 SFC 或 SFB，均具有相同的编号、相同的功能和相同的调用接口。

表 9-5～9-9 分别列出了部分 SFC 和 SFB。

**表 9-5　系统功能 SFC（1）**

| 功 能 块 组 | 功　　能 | 功　能　块 |
|---|---|---|
| 复制和块函数 | 块移动 | SFC20 |
| | 预先设置域 | SFC21 |
| | 生成 DB | SFC22 |
| | 删除 DB | SFC23 |
| | 测试 DB | SFC24 |
| | 压缩 | SFC25 |
| | ACCU1 中的替代值 | SFC44 |
| 程序控制 | 多处理器中断 | SFC35 |
| | 触发扫描周期 | SFC43 |
| | 停止状态 | SFC46 |
| | 延时（等待） | SFC47 |
| 处理时钟 | 设定时钟时间 | SFC0 |
| | 读时钟时间 | SFC1 |
| | 同步 | SFC48 |
| 运行时数计时器 | 设定计数器 | SFC2 |
| | 开始和停止 | SFC3 |
| | 读出 | SFC4 |
| | 读系统时间 | SFC64 |

**表 9-6　系统功能 SFC（2）**

| 功 能 块 组 | 功　　能 | 功　能　块 |
|---|---|---|
| 传输数据记录 | 写动态参数 | SFC55 |
| | 写入已定义参数 | SFC56 |
| | 为模块分配参数 | SFC57 |
| | 写数据记录 | SFC58 |
| | 读数据记录 | SFC59 |
| 时间中断 | 置位 | SFC28 |
| | 取消 | SFC29 |
| | 激活 | SFC30 |
| | 扫描 | SFC31 |
| 延时中断 | 开始 | SFC32 |
| | 取消 | SFC33 |
| | 扫描 | SFC34 |
| 同步错误 | 屏蔽错误 | SFC36 |
| | 接触错误屏蔽 | SFC37 |
| | 读状态寄存器 | SFC38 |
| 中断错误和异步错误 | 取消新的中断 | SFC39 |
| | 使能新的中断 | SFC40 |
| | 将新的中断延时 | SFC41 |
| | 使能高优先级的中断 | SFC42 |

表 9-7　系统功能 SFC（3）

| 功能块组 | 功　能 | 功能块 |
|---|---|---|
| 系统诊断 | 读开始信息<br>读部分系统状态表<br>写诊断缓冲区 | SFC6<br>SFC51<br>SFC52 |
| 过程映像 I/O 域 | 更新 PII 输入<br>更新 PIQ 输出<br>在 I/O 中置位位区域<br>在 I/O 中复位位区域 | SFC26<br>SFC27<br>SFC79<br>SFC80 |
| 模块寻址 | 确定逻辑地址<br>确定插槽<br>确定所有逻辑地址 | SFC5<br>SFC49<br>SFC50 |
| 分布式 I/O | 触发硬件中断<br>同步 DP 从站<br>读诊断中断<br>读用户数据<br>写用户数据 | SFC7<br>SFC11<br>SFC13<br>SFC14<br>SFC15 |
| 全局数据通信 | 发送 GD 包<br>接收 GD 包 | SFC60<br>SFC61 |

表 9-8　系统功能 SFC 和系统功能块 SFB（4）

| 功能块组 | 功　能 | 功能块 |
|---|---|---|
| 数据交换使用 SFB，已组态的连接 | 查询状态<br>非协调发送<br>非协调接收<br>发送块<br>接收块 | SFB62<br>SFB8<br>SFB9<br>SFB12<br>SFB13 |
| 数据交换使用 SFB，已组态的连接 | 从远程 CPU 接收数据<br>向远程 CPU 写入数据<br>发送到打印机<br>执行完全重启动<br>停止状态<br>执行重启动<br>查询设备状态<br>接收设备状态 | SFB14<br>SFB15<br>SFB16<br>SFB19<br>SFB20<br>SFB21<br>SFB22<br>SFB23 |
| 数据交换使用 SFC，未组态的连接 | 对外发送数据<br>对外接收数据<br>对外读数据<br>对外写数据<br>对外取消数据<br>对内读数据<br>对内写数据<br>对内取消连接 | SFC65<br>SFC66<br>SFC67<br>SFC68<br>SFC69<br>SFC72<br>SFC73<br>SFC74 |

表 9-9　系统功能块 SFB（5）

| 功能块组 | 功　能 | 功能块 |
|---|---|---|
| 集成闭环控制 | 连续控制<br>步骤控制<br>脉冲修整 | SFB41<br>SFB42<br>SFB43 |
| 整合技术 | 调用汇编块 | SFC63 |
| 集成功能 | 高速计数器<br>频率计数<br>A/B 计数器<br>定位功能 | SFB29<br>SFB30<br>SFB38<br>SFB39 |

（续）

| 功能块组 | 功　能 | 功能块 |
|---|---|---|
| IEC 定时器和 IEC 计数器 | 脉冲<br>On 延时<br>Off 延时<br>加计数<br>减计数<br>加/减计数 | SFB3<br>SFB4<br>SFB5<br>SFB0<br>SFB1<br>SFB2 |
| 块参考信息 | 无应答报文<br>有应答报文<br>具有 8 个通配符的报文<br>没有通配符的报文<br>发送存档数据<br>禁止存档数据<br>激活报文 | SFB36<br>SFB33<br>SFB35<br>SFB34<br>SFB37<br>SFB10<br>SFB9 |

**1．复制函数和块函数**

SFC20：将一个存储区域（源地址）的内容复制到另一存储区域（目标地址）。

SFC21：在一个存储区域中（目标地址）填充指定存储区域（源地址）的内容。

SFC22：在工作存储器中创建一个没有预设值的 DB。

SFC23：在工作存储器中删除一个 DB，也可能是在装载存储器中。

SFC24：确定一个 DB 是否出现在工作存储器中。

SFC25：压缩存储器，当修改块时，会在内存中产生碎片，碎片在压缩过程中被清除。

SFC44：OB122 中调用，在 ACCU 中为一个故障输入模块保存替代数值，也可在 OB121 中使用。

**2．程序控制**

SFC35：可触发所有 CPU 上的 OB60 同步启动。

SFC43：重新开始 CPU 的扫描周期监控。

SFC46：将 CPU 设置为 STOP（停止）状态。

SFC47：在用户程序中执行最长达 32767μs 的等待时间。

**3．运行时钟**

SFC0：设定 CPU 实时时钟的日期和时间。

SFC1：读取当前 CPU 实时时钟的日期和时间。

SFC48：同步一个总线网段上所有的从站时钟，发送时钟的 CPU 必须设为时钟主站。

**4．运行时数计数器**

CPU 具有一定数量的运行时数计数器，可以通过它们记录设备的运行寿命。

SFC2：将工作时数计数器设定为一个特定值。

SFC3：启动或者停止工作时数计数器。

SFC4：读取当前的工作时数和状态。

SFC64：读取 CPU 的系统时间。该系统时间是一个自由运行的计时器，每隔 10ms（S7-300）或者 1ms（S7-400）计数一次。

**5．传输数据记录**

存在一个系统数据区，用于存放可分配参数模块的参数和诊断数据。该区域包含 0～255 的数据记录，并可读出和写入。

SFC55：将动态参数传送到已经分配地址的模块，CPU 中 SDB 中的相关内容并不被覆盖。

SFC56：将参数（数据记录 RECNUM）传送到模块。

SFC57：将所有数据记录从 SDB 传送到模块。

SFC58：将 RECORD 数据记录传送到模块。

SFC59：从模块读出所有的 RECORD 数据记录。

**6．时间中断**

这类块用于处理日期时间中断组织块（OB10～OB17），可以通过 STEP 7 软件或者下面的函数定义起始点。

SFC28：为日期时间中断组织块 OB 设定起始日期和时间。

SFC29：删除日期时间中断组织块 OB（OB10～OB17）所设定的起始日期和时间。

SFC30：激活日期时间中断组织块 OB。

SFC31：查询日期时间中断组织块 OB 的状态。

**7．延时中断**

SFC32：以延时方式启动一个中断（OB20～OB27）。

SFC33：取消延时中断。

SFC34：查询延时中断的状态。

**8．同步错误**

SFC36：屏蔽一个同步错误，即出现一个故障并不导致调用相关的同步错误 OB。

SFC37：解除一个同步错误屏蔽。

SFC38：读取 Error Register（故障寄存器）。

**9．中断错误和异步错误**

SFC39：禁止处理中断和异步错误事件。

SFC40：允许处理中断和异步错误事件。

SFC41：延时处理中断和异步错误事件。

SFC42：允许再一次处理被延时的中断和异步错误事件。

**10．系统诊断**

SFC6：读出最后调用的 OB 的启动信息和启动 OB 的启动信息。

SFC51：读出系统状态表的一部分内容。该表包含系统数据、诊断状态数据和诊断缓冲区。

SFC52：在诊断缓冲区中写入一个用户信息。

**11．过程映像 I/O 区**

SFC26：更新全部的或者部分的过程映像输入表。

SFC27：将整个或部分的过程映像传输到输出模块。

SFC79/80：结合 Master Control Relay 功能用于在 I/O 区将位区域置位或复位。

**12．模块寻址**

SFC5：为物理地址提供逻辑地址。

SFC49：从逻辑地址确定物理地址。

SFC50：提供一个模块的所有逻辑地址。

**13．分布式 I/O**

SFC7：在 DP 主站触发一个硬件中断，SFC7 在一个智能从站（CPU 315-2DP）的用户程序中调用。

SFC11：同步一个或者多个 DP 从站组。

SFC13：读 DP 从站的诊断信息。

SFC14：从一个 DP 从站读连续数据。

SFC15：向一个 DP 从站写连续数据。

**14．全局数据通信**

不使用 SFC 时全局数据可循环（如每隔 8 周期）传送。借助于 SFC60 和 SFC61 系统功能，可在用户程序中发送和接收数据包。

SFC60：发送全局数据包。

SFC61：接收全局数据包。

**15．使用 SFB 进行数据交换**

通过组态的连接，SFB 用于交换数据和管理程序。所谓单边通信或双边方通信取决于 SFB 在通信双方的一边调用还是两边，SFB 仅仅存在于 S7-400 PLC 操作系统。

SFC62：确定本地 SFB 背景数据块的状态和相关连接的状态。

SFB8：无需协调地向一台远程伙伴发送数据。

SFB9：同 SFB8 对等。

SFB12：向远程伙伴发送数据（最多 64KB），带有确认。

SFB13：从远程伙伴接收数据，带有确认。

SFB14：从远程 CPU（单边通信）读数据。

SFB15：向远程 CPU（单边通信）写数据。

SFB16：向远程打印机发送数据和信息。

SFB19：在远程伙伴端触发一个完全重启动。

SFB20：将远程伙伴转为 STOP 状态。

SFB21：在远程伙伴端执行一个重启动。

SFB22：提供远程伙伴的设备状态（运行状态、错误信息）。

SFB23：接收一台远程伙伴的设备信息。

**16．使用 SFC 进行数据交换**

使用 SFC 进行数据交换的通信在 S7-300 PLC 和在 S7-400 PLC 同样可以实现。同 SFB 通信相比，SFC 通信有下列不同之处：

- 无需进行连接组态。
- 不需要背景数据块。
- 最大用户数据长度 76B。
- 连接动态建立。
- 通过 MPI 或者 K 总线通信。

**17．集成闭环控制**

这些集成的系统功能块已经集成在新版本的 CPU314IFM 中。

**18．整合技术**

对于 CPU614（S7-300），单个的块可以使用 C 语言创建。SFC63 系统函数用于调用这些块。

**19．集成函数**

这些块仅仅用于 CPU312IFM（S7-300）。

SFB29：计数集成 CPU 输入端的脉冲。

SFB30：用于测量集成输入端频率。

**20．IEC 定时器和计数器**

这是根据 IEC 1131-3 标准提供的定时器和计数器。基于兼容性的考虑，保留的定时器和计数器函数可用于 SIMATIC S5。IEC 定时器和计数器与 S7 的定时器和计数器在计时值和计数值范围方面有很大的不同。

**21．块参考消息**

这些块用于 HMI 系统，如过程控制系统、提供报文处理等。这些报文在 S7 CPU 中以某种步骤生成，包含过程变量在内的报文发送到登录在线的显示设备。使用了中央应答的概念，即当在一台显示设备上应答一个报文时，有一个应答送到了发起消息的 CPU。信息从该 CPU 分布式地传送到所有登录在线的用户。信号输入端的信号边沿变化触发报文。

处理与块相关的报文也可使用 SFC18“Interrupt_S”和 SFC17“Interrupt_SQ”。这使得具有图形功能的 OP 可以处理这些报文（使用 PROTOOL/ProAgent 开放 Interrupt_S 报文）。

当调用一个系统函数时，系统函数自动复制到相关的用户程序中。此外，所有的系统函数都保存在标准库 Standard Library、S7-Program System Function Blocks 中，可将 SFC 和 SFB 从这个库复制到用户程序中。库中有一个完整的符号表（具有英文名称）。块使用的符号自动从库复制到用户程序的符号表中。

一个 SFC 在用户程序中可显示 CPU 是否成功地执行 SFC 功能。可以通过两种方式收到相应的错误信息：在状态字的 BR 位中或者在输出参数 RET_VAL（返回值）中。

首先需要评价状态字的 BR 位，接着检查 RET_VAL 的输出参数。如果在 BR 中或者在 RET_VAL 中有常规错误码，表明 SFC 的处理过程发生了故障，就不需要再检查 SFC 的特定输出参数。

常规错误码代表可以在所有系统功能中发生的错误。一个常规错误码包含下列两个数据：

1）一个介于 1～127 的参数号码，这里 1 代表调用的 SFC 的第一个参数，2 代表第二个参数，如此类推。

2）一个介于 0～127 的事件号码。事件号码表示一个同步错误。

特定错误是指系统功能（SFC）的一个返回值提供的一个特定的错误代码。该错误代码表明在功能的实现过程中发生了一个特定的系统功能错误。

### 9.6.4 TI-S7 转换块

表 9-10 列出了部分 TI-S7 转换块。

表 9-10 TI-S7 转换块

| 功 能 块 | 符 号 | 含 义 |
| --- | --- | --- |
| FC80 | TONR | 作为保持接通延时的启动时间 |
| FC81 | IBLKMOV | 间接传送数据区域 |
| FC82 | RSET | 将位存储区或者 I/O 区复位 |
| FC83 | SET | 将位存储区或者 I/O 区置位 |
| FC84 | ATT | 在表中输入数据 |
| FC85 | FIFO | 输出表中第一个数据 |
| FC86 | TBL_FIND | 在表中搜索数据 |
| FC87 | LIFO | 输出表中最后一个数值 |
| FC88 | TBL | 执行表格操作 |
| FC89 | TBL_WRD | 从表中复制数据 |
| FC90 | WSR | 将数据保存在移位寄存器中 |
| FC91 | WRD_TBL | 将数值和表中的元素进行逻辑组合并保存 |
| FC92 | SHRB | 将位移到移位寄存器 |
| FC93 | SEG | 为数字显示生成位格式 |
| FC94 | ATH | 将 ASCII 字符串转换成十六进制数 |
| FC95 | HTA | 将十六进制数转换成 ASCII 字符串 |
| FC96 | ENCO | 在字中设置指定的位 |
| FC97 | DECO | 读最低有效位的位号 |
| FC98 | BCDCPL | 产生 10 的补码 |
| FC99 | BITSUM | 计算设置位的数目 |
| FC100 | RSETI | 立即复位输出区域 |
| FC101 | SETI | 立即置位输出区域 |
| FC102 | DEV | 标准偏差 |
| FC103 | CDT | 关联数据表 |
| FC104 | TBL_TBL | 表格逻辑操作 |
| FC105 | SCALE | 刻度值 |
| FC106 | UNSCALE | 非刻度值 |
| FB80 | LEAD_LAG | Lead/Lag 算法 |
| FB81 | DCAT | 离散控制中断 |
| FB82 | MCAT | 电动机控制中断 |
| FB83 | IMC | 索引矩阵比较 |
| FB84 | SMC | 矩阵扫描器 |
| FB85 | DRUM | DRUM（顺序处理器） |
| FB86 | PACK | 收集/分发表格数据 |

FC80：以保持接通延时方式（TONR）开始计时。FC80 累计时间值，直到当前的运行时间值（#ET）到达或者超过预设时间值（#PV）。

FC81：使用间接传送数据段的功能（IBLKMOV），可以将一个包含字节、字、整数（16 位）、双字或双整数（32 位）的数据段从源地址传送到目的地址。块中，“POINTERs”指针#S_DATA 和#D_DATA 分别指向源区域和目的区域的起点。复制的区域的长度由另外的参数定义。

FC82/83：如果 MCR 位为“1”，将位于一个特定区域的位的状态设定为“1”（FC83）或者“0”（FC82）。如果 MC 位为“0”，该区的位的信号状态不改变。

FC84～FC92：该组功能用于处理表格功能，执行 FIFO 功能。数据以字的格式输入并且长度可调整。

FC93～FC99：该组实现了多种转换功能。

FC100～FC101：如果 MCR 位为“1”，该功能（RSETI）将字节中指定范围内的信号状态复位为“0”或者“1”。如果 MCR 位为“0”，则那些范围内的信号状态不改变。

FC102：标准偏差功能（DEV），从保存在一个表（TBL）中的一组数值计算标准偏差，结果保存在 OUT 中。

FC103："相关数据表"（CDT）功能，将一个输入值（#IN）与一个已经存在的表进行比较，该表中包含很多输入值（#IN_TBL），查找第一个大于或者等于这个输入值的数值。

借助于本地数值索引，该数值之后被复制到输出值表（#OUT_TBL）中各自的输出值（#OUT）处。

FC104，FC105：用于从模拟输入或者向一个模拟输出量化模拟值。

### 9.6.5 通信块

表 9-11 是用于通信的功能块，库功能 FC1、FC2、FC3 和 FC4 只用于具有外部 PROFIBUS CP342-5 的 S7-300 CPU 的场合，而在所有其他情况下，即对于具有集成 PROFIBUS-DP 接口的 S7-300 PLC 以及整个 S7-400 PLC 系统，则使用标准加载和传输命令（L、T）或者使用 SFC14（DPRD_DAT）、SFC15（DPWR_DAT）、SFC11（DPSYC_FR）和 SFC13（DPNRM_DG）来实现通信功能。

**表 9-11 通信功能块**

| 功 能 块 | 符 号 | 功 能 |
| --- | --- | --- |
| FC1 | DP_SEND | 向 PROFIBUS-CP 发送数据 |
| FC2 | DP_RECV | 从 PROFIBUS-CP 接收数据 |
| FC3 | DP_DIAG | 加载一个站的诊断数据 |
| FC4 | DP_CTRL | 向 CP 发送控制任务 |

FC1：DP_SEND 块将一个指定的 DP 输出区域的数据传递到 PROFIBUS-CP 以传向分布式 I/O。

FC2：DP_RECV 块接收分布式 I/O 的过程数据以及指定 DP 输入区的状态信息。

FC3：FC 块 DP_DIAG 用于请求诊断信息。下列各种类型的任务有所差异：

- 请求 DP 站列表。
- 请求 DP_diagnostic 列表。
- 请求 DP 单个诊断信息。
- 非循环地读取一个 DP 从站的输入/输出数据。
- 读 DP 运行模式。

FC4：FC 块 DP_CTR 将控制任务传向 PROFIBUS-CP。下面几种任务之间有区别：

- 全局控制循环/非循环。
- 删除老的诊断。
- 设定当前的 DP 工作模式。
- 设定 DP 工作模式用于 PLC/CP 停机。
- 周期性地读输入/输出数据。
- 设置 DP 从站的处理模式。

### 9.6.6 PID 控制块

PID 控制块如表 9-12 所示。

**表 9-12 PID 控制块**

| 功 能 块 | 符 号 | 功 能 |
|---|---|---|
| FB41 | CONT_C | 连续 PID 控制功能块 |
| FB42 | CONT_S | 二进制输出的 PI 控制 |
| FB43 | PULSEGEN | 脉冲输出 PID 控制 |

FB41：SFB“CONT_C”（连续控制）用于 SIMATIC S7 可编程逻辑控制器上，用来控制具有连续输入和输出变量的技术处理。在参数设置阶段，可以激活或者禁止 PID 控制器的子功能，调整控制器以适合该过程。可将该控制器用做一个 PI 固定设定点控制器或者多环控制中的一个级联环、混合或者比率控制器。控制器的功能基于一个具有模拟输出信号的采样控制器的 PID 控制算法，需要时可扩展为添加一个脉冲发生机构，来产生脉冲宽度调制输出信号，服务于具有比例执行机构的二级或者三级控制器。

FB42：SFB“CONT_S”（步进控制器）在 SIMATIC S7 可编程逻辑控制器中用于控制需要向集成执行机构输出数字型输出信号的技术处理。在参数设置阶段，可以激活或者禁止 PI 步进控制器的子功能，以便使控制器适用于过程。可将该控制器用做一个 PI 固定设定点控制器或者级联控制中的一个二级环、混合或者比率控制器，但不能作为首级控制器。控制器的功能建立在采样控制器的 PI 控制算法上，并由从模拟执行信号产生二进制输出信号的功能作补充。

FB43：SFB43“PULSEGEN”（脉冲发生器）用于将一个 PID 控制器和脉冲输出组织到一起服务于比例执行机构。使用 SFB“PULSEGEN”，可组态具有脉冲宽度调制的 PID 二级或者三级控制模块。该功能通常与连续控制器“CONT_C”结合使用。

### 9.6.7 IEC 功能块

IEC 功能块中包含了用于处理 IEC 数据类型的一些功能。标准库中 IEC 库处理 STRING 型变量的 FC 如下：

- FC2（CONCAT）：功能 FC2 是将两个 STRING 变量组合成一个字符串。
- FC4（DELETE）：功能 FC4 是在一个字符串中删除 L 个字符，直到字符 P 位置为止。
- FC11（FINF）：功能 FC11 提供第一个字符串里的第二个字符串的位置。
- FC17（INSERT）：功能 FC17 是将参数 IN2 处的字符串插入到参数 IN1 处的字符串的字符 Pth 之后。
- FC20（LEFT）：功能 FC20 提供一个字符串的第一个 L 个字符。
- FC21（LEN）：功能 FC21 输出字符串当前长度（有效字符数）。
- FC26（MID）：功能 FC26 提供字符串的中间部分。
- FC31（REPLACE）：功能 FC31 是用第二个字符串（IN2）替换第一个字符串（IN1）的 L 个字符直到 P 字符位置为止（包括 P 字符）。

FC32（RIGHT）：功能 FC32 提供一个字符串的最后 L 个字符。

STRING 变量比较的相关功能：FC10（EQ_STRING）、FC13（GE_STRING）、FC15（GT_STRING）、FC19（LE_STRING）、FC24（LT_STRING）、FC29（NE_STRING）。比较功能对字符串执行字母顺序的比较。从左边开始，将字符以其 ASCII 码值进行比较（例如，“a”大于“A”，“A”小于“B”）。第一个不相同的字符决定着比较的结果，如果较长字符串的左边部分与较短字符串相同，则认为较长字符串较大。这些比较功能并不报告任何错误。各比较功能在其返回值 RET_VAL 中表明该比较功能是否完成（RET_VAL=TRUE，完成；RET_VAL=FALSE，未完成）。

通常，使用有关字符串最大长度或所使用的实际字符长度的详细信息，这些功能对错误进行评估。如果这些功能认为有错误发生，那么通常会将 BR 位置为“0”。

INT、DINT、REAL 格式类型与 STRING 数据类型转换的库包括 FC5：DI_STRING、FC37：STRING_DI、FC16：I_STRING、FC38：STRING_I、FC30：R_STRING、FC39：STRING_R。

标准库中 IEC 库处理 DT 型变量的 FC 包括：

- FC1（AD_DT_TM）：功能 FC1 将一个时间段（TIME 格式）加到一个时刻时间（DT 格式）上，并返回新的时刻时间。
- FC34（SB_DT_DT）：功能 FC34 将两个时刻时间（DT 格式）相减，返回一个时间段（TIME 格式）。
- FC35（SB_DT_TM）：功能 FC35 从一个时刻时间（DT 格式）上减去一个时间段（TIME 格式），并返回新的时刻时间（DT 格式）。
- FC3（D_TOD_DT）：功能 FC3 将 DATE 和 TIME_OF_DAY（TOD）日期格式组合起来，并将它们转换成 DATE_AND_TIME（DT）这种日期格式。
- FC6（DT_DATE）：功能 FC6 是从 DATE_AND_TIME 格式中提取日期。
- FC7（DT_DAY）：功能 FC7 是从 DATE_AND_TIME 格式中提取星期。
- FC8（DT_TOD）：功能 FC8 是从 DATE_AND_TIME 格式中提取 TIME_OF_DAY。
- DT#变量比较函数：FC9（EQ_DT）、FC12（GE_DT）、FC14（GT_DT）、FC18（LE_DT）、FC23（LT_DT）、FC28（NE_DT）。

在使用这些 FC 时要注意：

1）FC1、FC35 时刻时间（参数 T）必须在 DT#1990-01-01-00:00:00.000 和 DT#2089-12-31-23:59:59.999 范围之间。该 FC 并不检查其输入参数。如果加或者减的结果不在上面所规定的范围之内，那么加或减的结果均被限制到各自的值，并将二进制结果位 BR 置为“0”。

2）FC34 时刻时间必须在 DT#1990-01-01-00:00:00.000 和 DT#2089-12-31-23:59:59.999 之间。该 FC 并不检查其输入参数。如果第一个时刻时间（参数 T1）大于（较小）第二个时刻时间（参数 T2），则结果为正值。如果第一个时刻时间小于（较老）第二个时刻时间，则结果为负值。如果相减的结果超出了 TIME 格式的数值范围，那么结果被限制到各自的值，并将二进制结果位 BR 置为“0”。

FC3、FC6、FC7、FC8 这些功能计算的结果值不报告任何错误信息，必须由用户自己保证向其输入有效数值参数。

比较功能也不进行任何错误评估。各比较功能在其返回值 RET_VAL 中表明该比较功能是否完成（RET_VAL=TRUE，完成 RET_VAL=FALSE，未完成）。

### 9.6.8 S5-S7 转换块

这个库包含有转换 S5 程序所需的 S7 标准块，即如果一个 FB240 出现在一个 S5 程序中，库中的 FC81 替换 FB240（因为 S5 中的 FB240 与 S7 中的 FC81 功能相同）。

由于转换仅需要传送 FC81 块的调用，必须将被调用的块从库中复制到 S7 程序中。

库中的这些功能可分为下列几种功能类型：

1）浮点运算，如加法和减法。

2）信号发生功能，如以双倍频率闪烁的 first-up 信号。

3）集成功能，如代码转换 BCD→Dual。

4）基本的逻辑功能，如 LIFO。

### 9.6.9 系统库的使用举例

下面通过一个读取 PLC 系统时间的例子说明系统库中块的使用情况。

可以使用系统功能 SFC1 读取系统时间，在程序编辑器“指令总览”中选择“库”→“Standard Library”→“System Function Blocks”→“SFC1（Read CLK）”双击或拖动到编辑区，如图 9-22 所示，此时系统自动在 SIMATIC 管理器的 S7 程序的“块”中插入 SFC1。输出参数 CDT 的数据类型为 DT 型，即 Date_and_Time 型，需要在数据块中建立相应的存储区域。新建数据块 DB1，修改默认变量为 pdt，数据类型为 DT，如图 9-23 所示。在图 9-22 中输入 SFC1 的实际参数，MW10 存储返回值，将读取的系统时间存储在“DB1.pdt”中，新版本 STEP 7 支持这种“一半地址一半符号”的寻址方式，否则需要在符号表中定义数据块的符号名称，编程时通过符号形式寻址。

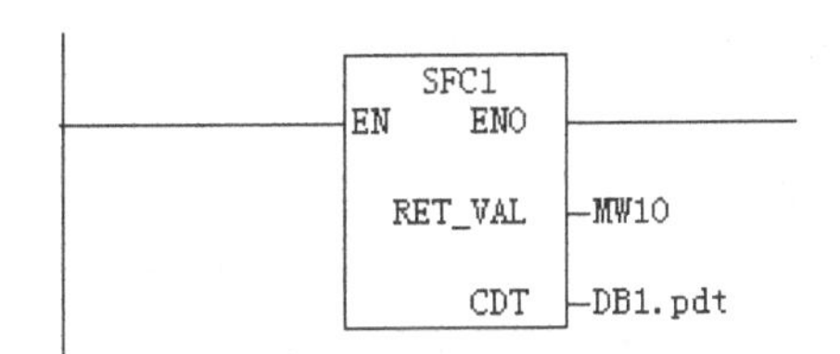


图 9-22 读取系统时间的程序

| 地址 | 名称 | 类型 | 初始值 | 注释 |
| --- | --- | --- | --- | --- |
| 0.0 | | STRUCT | | |
| +0.0 | pdt | DATE_AND_TIME | DT#90-1-1-0:0:0.000 | 当前日期时间 |
| | | | | |
| =8.0 | | END_STRUCT | | |

图 9-23 新建 DT 型变量

下载项目，插入一个变量表，监视读取的系统时间如图 9-24 所示。由于对 Date_and_Time 型数据无法直接监视，故分别监视组成 DB1.pdt 的各个字节的内容。

对于 PLC 系统时间的设置，可以在线连接 CPU，在硬件组态编辑器中，选中 CPU 模块，通过菜单命令“PLC”→“设置时刻”打开图 9-25 所示对话框进行设置。

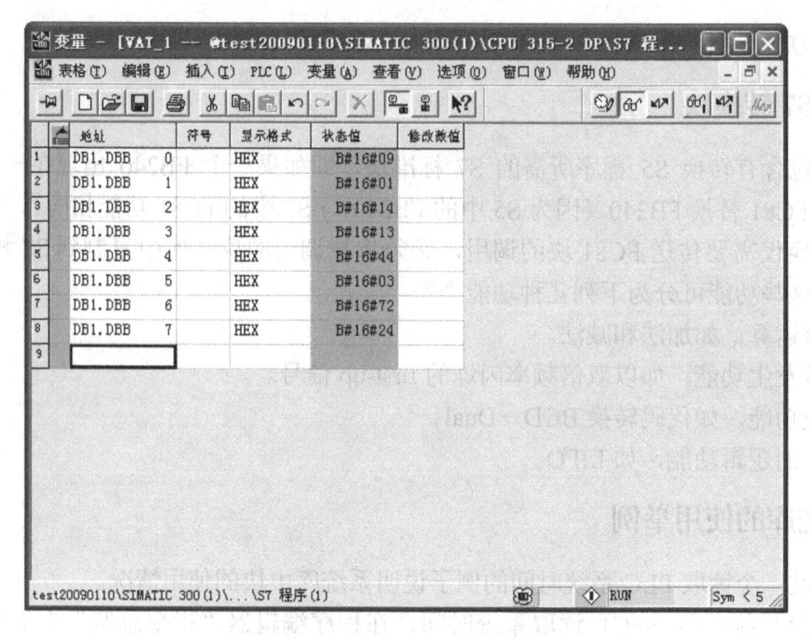


图 9-24 监视读取的系统时间

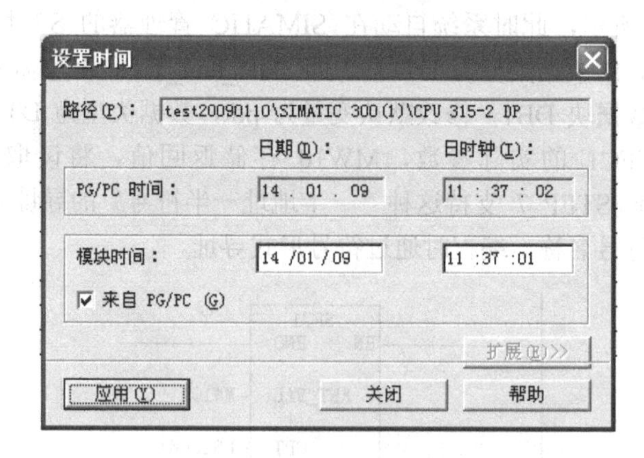


图 9-25 设置系统时间对话框框

## 9.7 用户自定义库

对于编程实现的特定功能，可以新建一个库文件为后续项目继续使用，就像使用系统库一样。

此处通过一个求取平方根的例子说明用户自定义库的实现步骤。

在 SIMATIC 管理器中新建一个“库”项目，命名为“SQRT”，在项目树中插入一个 S7 程序，在 S7 程序的“块”文件夹中插入一个功能 FC1，也可以命名为其他的名称，在 FC1 中按照前面所述的结构化编程步骤编写图 9-9a 所示的求取平方根的程序，形式参数 a_in 和 b_in 为 IN 型整数，c_out 为 OUT 型实数，保存后关闭程序。

在新建的用户项目中，打开程序编辑器，可以调用用户定义的库文件，如图 9-26 所示。

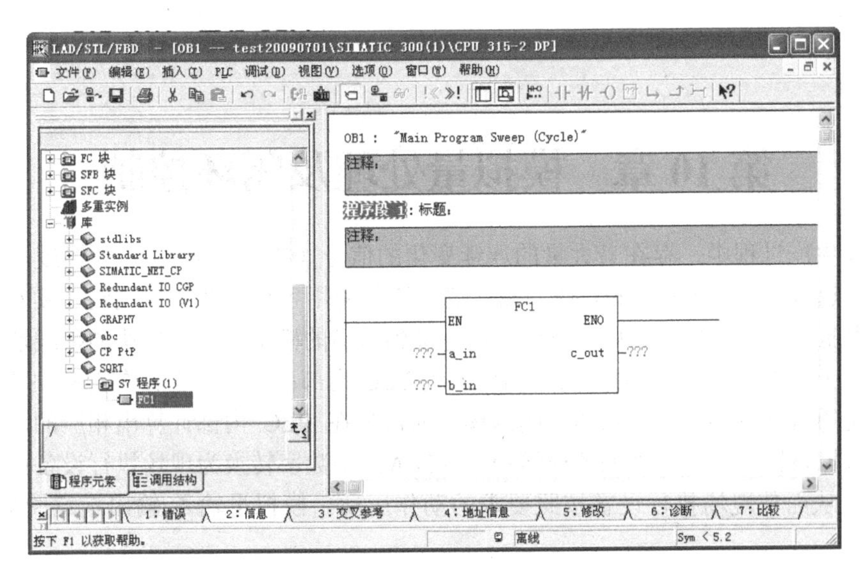


图 9-26 调用用户自定义库文件

## 9.8 习题

1. 首先使用临时变量实现求方程 $ax^2+bx+c=0$ 根的程序，再运用结构化编程方法实现。

2. 使用系统块 SFC0 修改 PLC 中的实时时间。

# 第 10 章　模拟量处理及闭环控制

在工业生产过程中，存在着大量的连续变化的信号（模拟量信号），如温度、压力、流量、位移、速度、旋转速度、pH 值、黏度等。通常先用各种传感器将这些连续变化的物理量变换成电压或电流信号，然后再将这些信号接到适当的模拟量输入模块的接线端上，经过块内的模数（A-D）转换器，最后将数据传入到 PLC 内部；同时，也存在着各种各样的由模拟信号控制的执行设备，如变频器、阀门等，通常先在 PLC 内部计算出相应的运算结果，然后通过模拟量输出模块内部的数模转换器（D-A）将数字转换为现场执行设备可以使用的连续信号，从而使现场执行设备按照要求的动作运动。模拟量输入/输出示意图如图 10-1 所示。

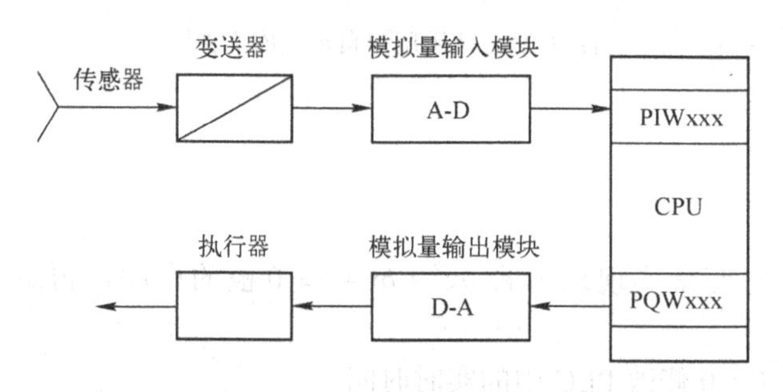


图 10-1　模拟量输入输出示意图

图 10-1 中，传感器利用线性膨胀、角度扭转或电导率变化等原理来测量物理量的变化。变送器将传感器检测到的变化量转换为标准的模拟信号，如±500mV、±10V、±20mA、4～20mA 等，这些标准的模拟信号将接到模拟量输入模块上。PLC 为数字控制器，必须把模拟值转换为数字量，才能被 CPU 处理，模拟输入模块中的 A-D 转换器用来实现转换功能。A-D 转换是顺序执行的，即每个模拟通道上的输入信号是轮流被转换的。A-D 转换的结果保存在结果存储器 PIW 中，并一直保持到被一个新的转换值所覆盖。

用户程序计算出的模拟量的数值存储在存储器 PQW 中，该数值由模拟量输出模块中的 D-A 转换器变换为标准的模拟信号，控制连接到模拟量输出模块上的采用标准模拟输入信号的模拟执行器。

## 10.1　模拟量模块的寻址

S7-300 PLC 为模拟量输入和输出保留了特定的地址区域，以便与数字模块的输入/输出映像区的地址（PII/PIQ）区分开。默认情况下，模拟量地址范围为字节 256～767，每个模拟量通道占 2 个字节，如图 10-2 所示。

对于 S7-400 PLC 模拟量模块的地址区域是从字节 512 开始，每个模拟量通道也是占 2 个字节。

| | | | | | | | | | | | |
|---|---|---|---|---|---|---|---|---|---|---|---|
| 机架 3 | | 电源模块 | IM（接收） | 640 to 654 | 656 to 670 | 672 to 686 | 688 to 702 | 704 to 718 | 720 to 734 | 736 to 750 | 752 to 766 |
| 机架 2 | | 电源模块 | IM（接收） | 512 to 526 | 528 to 542 | 544 to 558 | 560 to 574 | 576 to 590 | 592 to 606 | 608 to 622 | 624 to 638 |
| 机架 1 | | 电源模块 | IM（接收） | 384 to 398 | 400 to 414 | 416 to 430 | 432 to 446 | 448 to 462 | 464 to 478 | 480 to 494 | 496 to 510 |
| 机架 0 | 电源模块 | CPU | IM（发送） | 256 to 270 | 272 to 286 | 288 to 302 | 304 to 318 | 320 to 334 | 336 to 350 | 352 to 366 | 368 to 382 |
| 槽口号 | | 2 | 3 | 4 | 5 | 6 | 7 | 8 | 9 | 10 | 11 |

图 10-2　S7-300 PLC 模拟量模块的寻址示意图

## 10.2　模拟量模块的配置

模拟量模块主要包括模拟量输入模块 SM331、模拟量输出模块 SM332、模拟量输入/输出模块 SM334 和 SM335 等。

### 10.2.1　硬件设置

每个模拟量模块可以选择不同的测量类型和范围，通过量程卡上的适配开关可以设定测量的类型和范围。没有量程卡的模拟量模块具有适应电压和电流测量的不同接线端子，通过正确地连接有关端子可以设置测量的类型。

具有适配开关的量程卡安放在模块的左侧，如图 10-3 所示。在安装模块前必须正确地设置它，允许的设置为 “A”、“B”、“C” 和 “D”，关于设置不同的测量类型及测量范围的简要说明印在量程卡上。其最常见的含义是：“A” 为热电阻、热电偶，“B” 为电压，“C” 为四线制电流，“D” 为二进制电流。

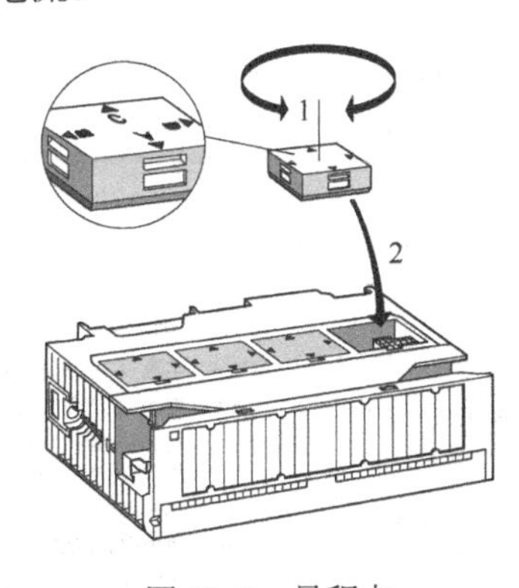


图 10-3　量程卡

在一些模块上，几个通道被组合在一起构成一个通道组（Group）。此时，适配开关的设定应用于整个通道组。

如果没有正确设定量程卡，会损坏模拟量模块，在连接传感器到模块之前，应确保量程卡设定正确。

### 10.2.2 硬件属性

硬件接线方面设定了模拟量模块的测量类型和范围后，还需要在 SIMATIC STEP 7 软件中对模块进行参数设定。必须在 CPU 为 STOP 模式下才能设置参数，且需要将参数进行下载。当 CPU 由 STOP 模式转换为 RUN 模式后，CPU 即将设定的参数传送到每个模拟量模块中。

通过系统功能块 SFC55 可以修改当前用户程序中的动态参数，但是当 CPU 从 RUN 到 STOP 再到 RUN 模式后，将恢复软件设定的模块参数。

在硬件组态编辑器中，右键单击模拟量模块选择属性，打开模拟量模块的属性对话框，此处先以模拟量输入模块 SM331 AI2×12bit 为例，如图 10-4 所示。其中，包含“常规”、“地址”和“输入”三个选项卡，“常规”选项卡给出了该模块的描述、名称、订货号和注释等，“地址”选项卡给出了输入通道的地址，取消“系统默认”选项可以自己定义通道地址。

“输入”选项卡中，根据模块类型及控制要求可以选择“诊断中断”、“超出限制时硬件中断”、“通道组诊断（Group Diagnosis）”、“断线检查”等。选中“诊断中断”，当发生模块诊断故障时会产生一个异步错误中断并由 CPU 调用 OB82；选中“通道组诊断”，有模块发生诊断错误时，会将相关信息记录到模块的诊断数据区。选中“超出限制时硬件中断”，如果输入值超过定义的上限（Upper Limit Value）和下限（Lower Limit Value），则模块触发一个硬件中断，由 CPU 调用 OB40。注意，只有第一个通道具有监视输入超限的功能。

更重要的是设置模拟量的测量类型和范围，图 10-4 所示的 SM331 模块所能测量的各种模拟输入量类型，此处设置要与实际变送器量程相符。对于不使用的通道或通道组，选择“取消激活（Deactivated）”选项，且必须将这些通道接到模块的机架地上。注意图 10-4 中的两路模拟量输入的测量类型和范围是一致的，不能单独设置某一通道。

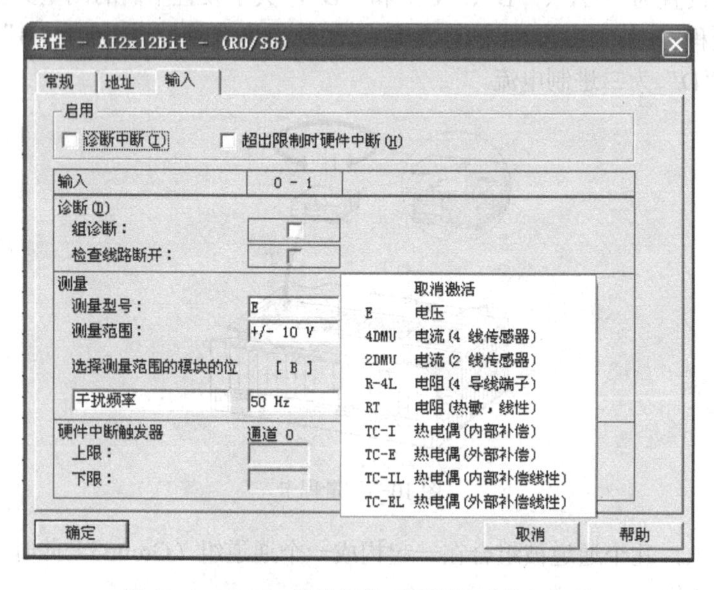


图 10-4　SM331 模块属性对话框的“输入”项

“干涉频率”与模数转换的积分时间有关，分辨率是通过在硬件组态中选择积分时间来间接定义的。表 10-1 为 SM331 模块的积分时间、分辨率和干涉频率的关系。

**表 10-1　SM331 模块的积分时间、分辨率和干涉频率的关系**

| 积分时间/ms | 分辨率/bit | 干涉频率抑制/Hz |
|---|---|---|
| 2.5 | 9+符号位 | 400 |
| 16.6 | 12+符号位 | 60 |
| 20 | 12+符号位 | 50 |
| 100 | 14+符号位 | 10 |

再来讨论模拟量输入/输出模块，此处以 SM335 AI4/AO4×14/12bit 为例，如图 10-5 所示。其中，包含“常规”、“地址”、“输入”和“输出”四个选项卡，与 SM331 一样“常规”项给出了该模块的描述、名称、订货号和注释等，“地址”项给出了输入/输出通道的地址，取消“系统默认”选项可以自己定义通道地址。

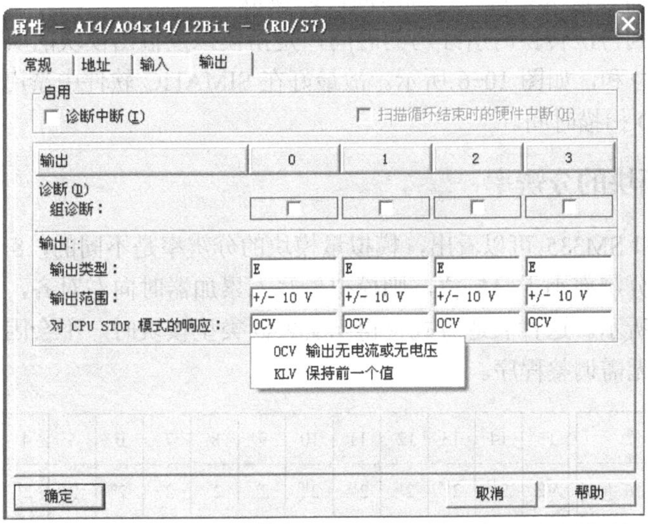

图 10-5　SM335 模块属性对话框的“输出”项

“输入”选项卡与图 10-4 所示的 SM331 的“输入”选项卡类似，只是 SM335 的“超出限制时硬件中断”功能呈现灰度，表示该模块无此功能。另外，SM335 的四路模拟量输入可以单独设置测量范围，且可以设置 A-D 转换的扫描循环时间。扫描循环时间是指模块对所有被激活的模拟输入都转换一次所需的时间，允许的设置范围是 0.5～16ms。

图 10-5 所示为 SM335 的“输出”项，同样可以设置模拟量输出的类型和范围，“对 CPU STOP 模式的响应（Reaction to CPU-STOP）”项用于设置当 CPU 停止时，模拟量输出是无输出电压或电流（OCV）还是保持最终值（KLV）。注意不用的模拟量输出通道在硬件上必须保持开路（与模拟输入不同），在软件上选择“不激活（Deactivated）”。

## 10.2.3　模拟量的转换时间

下面介绍模拟量模块转换、循环、设置和响应时间的问题。

转换时间由基本转换时间和模块的测试及监控处理时间组成。基本转换时间直接取决于模拟量输入模块的转换方法（积分转换、瞬时值转换）。对于积分转换方法，积分时间将直接影响转换时间，积分时间取决于软件中所设置的干扰抑制频率。

模拟量输入通道的扫描时间，即模拟量输入值本次转换到下一次转换时所经历的时间，是指模拟量输入模块的所有激活模拟量输入通道的转换时间总和。图 10-6 所示为一个 $n$ 通道模拟量模块的扫描时间的构成。

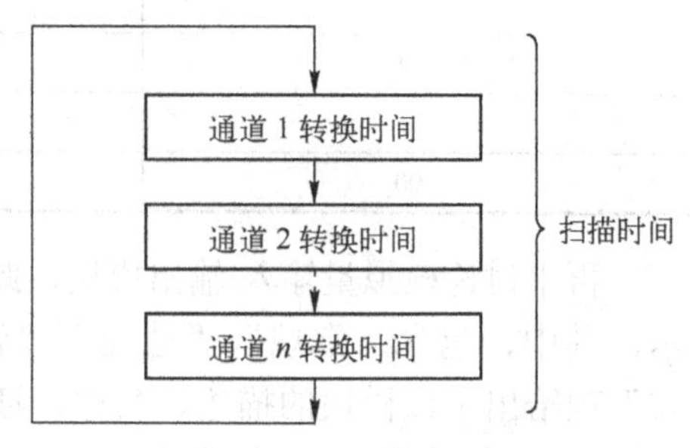

图 10-6　模拟量模块的扫描时间

对于不同模拟量模块的基本转换时间和其他处理时间，请参考相关模块的技术手册。

模拟量输出通道的转换时间由两部分组成：数字量数值从 CPU 存储器传送到输出模块的时间和模拟量模块的数模转换时间。模拟量输出通道也是顺序转换，即模拟量输出通道依次转换。扫描时间，即模拟量输出值本次转换到再次转换时所经历的时间，是指模拟量输出模块的所有激活的模拟量输出通道的转换时间总和，如图 10-6 所示。故最好在 SIMATIC 软件中禁用所有没有使用的模拟量通道来降低 I/O 扫描时间。

## 10.2.4　模拟量模块的分辨率

通过 SM331 和 SM335 可以看出，模拟量模块的分辨率是不同的，8～16 位都有可能。如果模拟量模块的分辨率小于 15 位，则模拟量写入累加器时向左对齐，不用的位用“0”填充，如图 10-7 所示。这种表达方式使得当更换同类型模块时，不会因为分辨率的不同导致转换值的不同，无需调整程序。

| 位的序号 | | 单位 | | 15 | 14 | 13 | 12 | 11 | 10 | 9 | 8 | 7 | 6 | 5 | 4 | 3 | 2 | 1 | 0 |
|---|---|---|---|---|---|---|---|---|---|---|---|---|---|---|---|---|---|---|---|
| 位值 | | 十进制 | 16 进制 | VZ | $2^{14}$ | $2^{13}$ | $2^{12}$ | $2^{11}$ | $2^{10}$ | $2^9$ | $2^8$ | $2^7$ | $2^6$ | $2^5$ | $2^4$ | $2^3$ | $2^2$ | $2^1$ | $2^0$ |
| 位的分辨率+符号 | 8 | 128 | 80 | * | * | * | * | * | * | * | * | 1 | 0 | 0 | 0 | 0 | 0 | 0 | 0 |
| | 9 | 64 | 40 | * | * | * | * | * | * | * | * | * | 1 | 0 | 0 | 0 | 0 | 0 | 0 |
| | 10 | 32 | 20 | * | * | * | * | * | * | * | * | * | * | 1 | 0 | 0 | 0 | 0 | 0 |
| | 11 | 16 | 10 | * | * | * | * | * | * | * | * | * | * | * | 1 | 0 | 0 | 0 | 0 |
| | 12 | 8 | 8 | * | * | * | * | * | * | * | * | * | * | * | * | 1 | 0 | 0 | 0 |
| | 13 | 4 | 4 | * | * | * | * | * | * | * | * | * | * | * | * | * | 1 | 0 | 0 |
| | 14 | 2 | 2 | * | * | * | * | * | * | * | * | * | * | * | * | * | * | 1 | 0 |
| | 15 | 1 | 1 | * | * | * | * | * | * | * | * | * | * | * | * | * | * | * | 1 |

图 10-7　模拟量的表达方式和测量值的分辨率

## 10.3 模拟量规格化

一个模拟量输入信号在 PLC 内部已经转换为一个数，而通常我们希望得到该模拟量输入对应的具体的物理量数值（如压力值、流量值等）或对应的物理量占量程的百分比数值等，因此就需要对模拟量输入的数值进行转换，这称为模拟量的规格化（SCALING）。

不同的模拟量输入信号对应的数值是有差异的，图 10-2 所示为不同的电压、电流、电阻或温度输入信号对应的数值关系。此处仅选取部分典型信号作为示意，具体对应关系请见本书附录。

**表 10-2 不同的电压、电流、电阻或温度输入信号对应的数值关系**

| 范围 | 电压/V<br>例如：<br>测量范围<br>±10V | | 电流 /mA<br>例如：<br>测量范围<br>4～20mA | | 电阻 /Ω<br>例如：<br>测量范围<br>0～300Ω | | 温度/℃<br>例如 Pt100<br>测量范围<br>-200～+850℃ | |
|---|---|---|---|---|---|---|---|---|
| 超上限 | ≥11.759 | 32767 | ≥22.815 | 32767 | ≥352.778 | 32767 | ≥1000.1 | 32767 |
| 超上界 | 11.7589<br>⋮<br>10.0004 | 32511<br>⋮<br>27649 | 22.810<br>⋮<br>20.0005 | 32511<br>⋮<br>27649 | 352.767<br>⋮<br>300.011 | 32511<br>⋮<br>27649 | 1000.0<br>⋮<br>850.1 | 10000<br>⋮<br>8501 |
| 额定范围 | 10.00<br>7.50<br>⋮<br>-7.5<br>-10.00 | 27648<br>20736<br>⋮<br>-20736<br>-27648 | 20.000<br>16.000<br>⋮<br>4.000 | 27648<br>20736<br>⋮<br>0 | 300.000<br>225.000<br>⋮<br>0.000 | 27648<br>20736<br>⋮<br>0 | 850.0<br>⋮<br>-200.0 | 8500<br>⋮<br>-200.0 |
| 超下界 | -10.0004<br>⋮<br>-11.759 | -27649<br>⋮<br>-325.12 | 3.9995<br>⋮<br>1.1852 | -1<br>⋮<br>-4864 | 不允许负值 | -1<br>⋮<br>-4864 | -200.1<br>⋮<br>-243.0 | -200.1<br>⋮<br>-2430 |
| 超下限 | ≤-11.76 | -32768 | ≤1.1845 | -32768 | | -32768 | ≤-243.1 | -32768 |

由表 10-2 可以看出，额定范围内的模拟量输入信号双极性对应数值范围为±27648，如±10V 对应±27648 并呈现线性关系，单极性信号对应数值范围为 0～24648，如 0~10V、4～20mA、0～300Ω等都对应 0～27648；而对于 Pt100，测温范围-200～850℃对应的数值范围为-2000～8500，即 10 倍关系。

对于上面的各种模拟量输入信号的对应关系，需要编写相应的处理程序来将 PLC 内部的数值转换为对应的实际工程量（如温度、压力）的值，因为工艺要求是基于具体的工程量而定的，例如“当压力大于 3.5MPa 时打开排气阀”，所以不进行模拟量转换，就无法知道当前的 0～27648 范围的这个数值到底对应的压力是多少，也就无从谈起编程实现了。

STEP 7 软件的系统库中提供了用于模拟量转换的块 FC105 和 FC106。FC105 用来将模拟输入量规范化，即实现模拟输入量的转换。

打开指令浏览树的“库（Libraries）”→“标准库（Standard Library）”→“TI-S7 转换块（TI-S7 Converting Blocks）”，选择“FC105（SCALE）”块，如图 10-8 所示。

图中，输入参数 IN 输入需要转换的数值，即模拟量输入地址；输入参数 HI_LIM 和 LO_LIM 输入的是图 10-4 设置的测量范围对应的实际物理量或工程量的量程；输入参数 BIPOLAR 输入的是模拟量输入的极性，为 1 时表示为双极性输入，为 0 时为单极性输入；

输出参数 RET_VAL 输出模拟量转换的状态，即转换过程的返回代码，如果转换正确，则返回值为 0，否则为其他代码，根据返回代码可以查看转换出错的原因；输出参数 OUT 输出转换后的物理量。

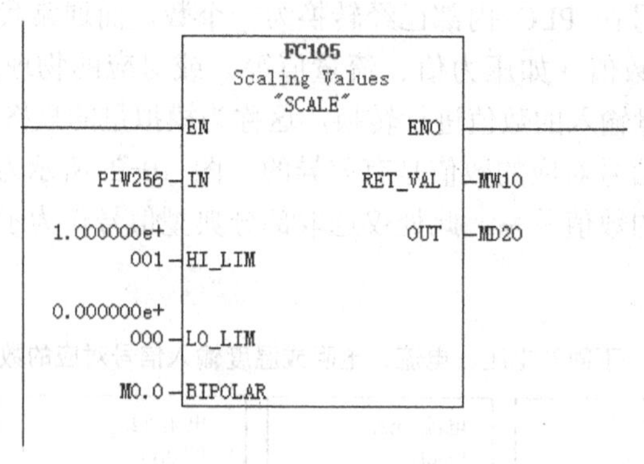


图 10-8 模拟量输入规范化块 FC105

需要说明的是，当变送器输出的量程范围与图 10-4 设置的测量范围不一致时，需要将变送器量程对应的工程量范围转换为图 10-4 设置的测量范围对应的工程量范围作为 FC105 的上下限。例如，当变送器输出电压范围为 0～10V 时，对应的实际工程量范围为 0.0～10.0MPa，而 SM331 模拟量输入模块设置的测量范围为±10V 时，则调用 FC105 时设置的上下限应该为±10.0MPa。

模拟输出量的分析过程与模拟输入量刚好相反，PLC 运算的工程量要转换为一个 0～27648 或±27648 的数，再经 D-A 转换变为连续的电压电流信号，数值和执行器量程的对应关系见表 10-3。

**表 10-3 不同的数值对应的输出电压、电流关系**

| 范围 | 单位 | 电压 | | | 电流 | | |
|---|---|---|---|---|---|---|---|
| | | 输出范围：<br>0～10V | 1～5V | ±10V | 输出范围：<br>0～20mA | 4～20mA | ±20mA |
| 超上限 | ≥32767 | 0 | 0 | 0 | 0 | 0 | 0 |
| 超上界 | 32511<br>⋮<br>27649 | 11.7589<br>⋮<br>10.0004 | 5.8794<br>⋮<br>5.0002 | 11.7589<br>⋮<br>10.0004 | 23.515<br>⋮<br>20.0007 | 22.81<br>⋮<br>20.005 | 23.515<br>⋮<br>20.0007 |
| 额定范围 | 27648<br>⋮<br>0<br>⋮<br>−6912<br>−6913<br>⋮<br>−27648 | 10.0000<br>⋮<br>0<br>0 | 5.0000<br>⋮<br>1.0000<br>0.9999<br>0<br>0 | 10.0000<br>⋮<br>0<br>⋮<br>−10.0000 | 20.000<br>⋮<br>0<br>0 | 20.000<br>⋮<br>4.000<br>3.9995<br>0<br>0 | 20.000<br>⋮<br>0<br>⋮<br>−20.000 |
| 超下界 | −27649<br>⋮<br>−32512 | | | −10.0004<br>⋮<br>−11.7589 | | | −20.007<br>⋮<br>−23.515 |
| 超下限 | ≤32513 | | | 0 | | | 0 |

模拟输出量转换块 FC106 是将模拟输出操作规范化（UNSCALING），即将用户程序运算得到的实际物理量转化为模拟输出模块所需要的 0～27648 或±27648 之间的 16 位整数。

例如，用户程序通过计算要求变频器转速为 1200RPM（转/分钟），PLC 通过 PQW280 输出±10V 的电压信号对应变频器±1440RPM 的转速信号，则 FC106 的调用如图 10-9 所示，MD100 为用户程序计算的要求工程量，即 1200.0RPM，上下限输入的是图 10-6 所示硬件组态的模拟量输出模块的输出范围对应的工程量范围，即±1440.0，设置为双极性输出，“OUT”端输出的规范值为 16 位整数，可以直接传送到输出模块上。

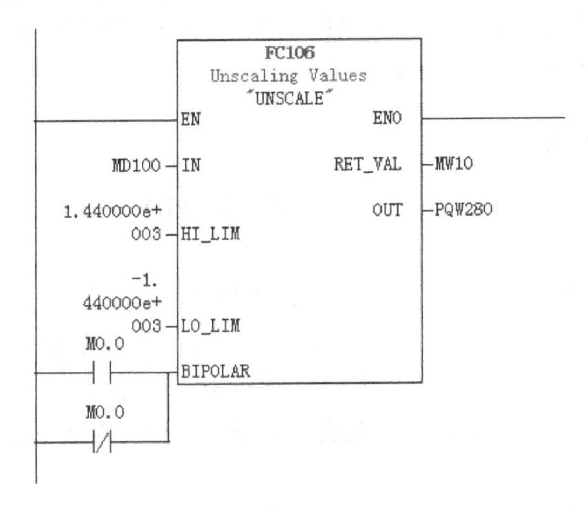


图 10-9　FC106 的调用

**注意：**用于模拟量转换的 FC105 和 FC106 块只能用来转换对应数值为 0～27648 或 ±27648 的情况。另外，当有模拟量转换块 FC105 或 FC106 时，不能再建立一个自定义块 FC105 或 FC106，当不需要调用库中的块 FC105 或 FC106 时，可以建立一个名称为 FC105 或 FC106 的块实现任何希望实现的功能，与模拟量转换没有关系。

## 10.4　闭环控制

典型的 PLC 模拟量单闭环控制系统如图 10-10 所示。其中，被控量 $c(t)$是连续变化的模拟量信号（如压力、温度、流量、转速等），多数执行机构（如晶闸管调速装置、电动调节阀和变频器等）要求 PLC 输出模拟量信号，而 PLC 的 CPU 只能处理数字量信号，故 $c(t)$首先被测量元件（传感器）和变送器转换为标准量程的直流电流信号或直流电压信号 $pv(t)$，如 4～20mA，1～5V，0～10V 等，PLC 通过 A-D 转换器将其转换为数字量 $pv(n)$。图中虚线框的部分都是由 PLC 实现的。

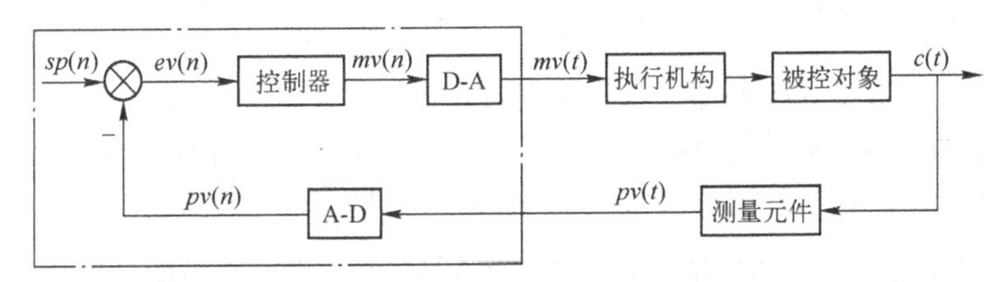


图 10-10　PLC 模拟量闭环控制系统方框图

图 10-10 所示的 $sp(n)$是给定值，$pv(n)$为 A-D 转换后的实际值，通过控制器中对给定值与实际值的误差 $ev(n)$的 PID 运算，经 D-A 转换后去控制执行机构，进而使实际值趋近给定值。

例如，在压力闭环控制系统中，由压力传感器检测罐内压力，压力变送器将传感器输出的微弱电压信号转换为标准量程的电流或电压，然后送给模拟量输入模块，经 A-D 转换后得到与压力成比例的数字量，CPU 将它与压力给定值进行比较并按某种控制规律（如 PID 控制算法或其他智能控制算法等）对误差值进行运算，将运算结果（数字量）送给模拟量输出模块，经 D-A 转换后变为电流信号或电压信号，用来控制变频器的输出频率，进而控制电动机的转速，实现对压力的闭环控制。

### 10.4.1 数字 PID 控制器

PID 是比例（P）、积分（I）、微分（D）的缩写，PID 控制器是工业现场应用最广的闭环控制器，具有以下的优点：

1）不需要被控对象的数学模型。自动控制理论中系统的分析和设计方法主要是建立在被控对象的线性定常数学模型的基础上的。该模型忽略了实际系统中的非线性和时变性，与实际系统有一定的差距，另外对于许多工业控制对象，根本就无法建立较为准确的数学模型，因此自动控制理论中的设计方法很难适用，此时使用 PID 控制可以得到比较满意的效果。

2）结构简单，容易实现。PID 控制器的结构典型，程序设计简单，计算工作量较小，各参数有明确的物理意义，参数调整方便，容易实现多回路控制、串级控制等复杂的控制。

3）有较强的灵活性和适应性。根据被控对象的具体情况，可以采用 PID 控制器的多种变种和改进的控制方式，如 PI、PD、带死区的 PID、被控量微分 PID、积分分离 PID 和变速积分 PID 等，但比例控制一般是必不可少的。随着智能控制技术的发展，PID 控制与神经网络控制等现代控制方法相结合，可以实现 PID 控制器的参数自整定，使 PID 控制器具有经久不衰的生命力。

4）使用方便。现在已有很多 PLC 厂家提供具有 PID 控制功能的产品，如 PID 闭环控制模块、PID 控制指令和 PID 控制系统功能块等，它们使用简单方便，只需设定一些参数即可，有的产品还具有参数自整定功能。

由自动控制原理的知识可以得到 PID 控制器的传递函数为

$$\frac{MV(s)}{EV(s)}=K_{\mathrm{P}}\left(1+\frac{1}{T_{\mathrm{I}}s}+T_{\mathrm{D}}s\right)$$

模拟量 PID 控制器的输出表达式为

$$mv(t)=K_{\mathrm{P}}\left[ev(t)+\frac{1}{T_{\mathrm{I}}}\int ev(t)\mathrm{d}t+T_{\mathrm{D}}\frac{\mathrm{d}ev(t)}{\mathrm{d}t}\right]+M$$

而由于 PLC 为数字式控制器，故需要对 PID 中的积分和微分环节进行近似。我们知道，积分对应于曲线与坐标轴包围的面积，可以用若干个矩形的面积和来近似精确积分，容易计算每块矩形的面积，积分环节的近似计算如图 10-11 所示，$ev(T_{\mathrm{s}}n)$ 简写为 $ev(n)$，输出量 $mv(T_{\mathrm{s}}n)$ 简写为 $mv(n)$。各块矩形的总面积为 $T_{\mathrm{s}}\sum_{j=1}^{n}ev(j)$；微分环节的近似计算为

$$\frac{\mathrm{d}ev(t)}{\mathrm{d}t}=\frac{\Delta ev(t)}{\Delta t}=\frac{ev(n)-ev(n-1)}{T_{\mathrm{s}}}$$

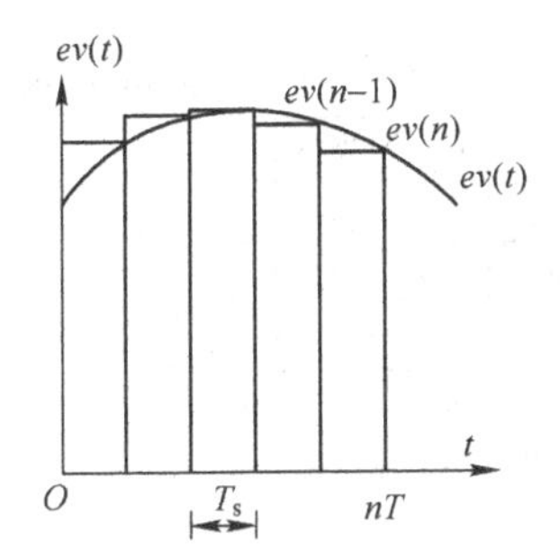


图 10-11　积分的近似运算

由此，可以得到 PID 的数字表达式为

$$mv(n)=K_{\mathrm{P}}\left\{ev(n)+\frac{T_{\mathrm{s}}}{T_{\mathrm{I}}}\sum_{j=1}^{n}ev(j)+\frac{T_{\mathrm{D}}}{T_{\mathrm{s}}}\left[ev(n)-ev(n-1)\right]\right\}+M$$

化简得

$$mv(n)=K_{\mathrm{P}}ev(t)+K_{\mathrm{I}}\sum_{j=1}^{n}ev(j)+K_{\mathrm{D}}\left[ev(n)-ev(n-1)\right]+M$$

式中，$K_{\mathrm{I}}$ 和 $K_{\mathrm{D}}$ 分别是积分系数和微分系数。

### 10.4.2　S7-300/400 PLC 的模拟量闭环控制功能

S7-300/400 PLC 为用户提供了功能强大、简单方便的模拟量闭环控制功能。除专用的闭环控制模块外，还可以用 PID 控制功能块来实现 PID 控制，此时需要配置模拟量输入模块和模拟量输出模块（或数字量输出模块）。连续控制器通过模拟量输出模块输出模拟量数值，步进控制器输出开关量（数字量），如二级控制器和三级控制器用数字量模块输出脉冲宽度可调的方波信号。

系统功能块 SFB41～SFB43 位于程序编辑器库文件夹“\库\Standard Library\System Function Blocks”中，用于 CPU 31xC 的闭环控制。SFB41“CONT_C”用于连续控制，SFB42“CONT_S”用于步进控制，SFB43“PULSEGEN”用于脉冲宽度调制。本节以 SFB41 为例介绍 PID 功能块的使用方法，详细内容请查看帮助文件。

PID 控制（Standard PID Control）块还包括程序编辑器库文件夹“\库\Standard Library\PID Controller”中的 FB41～FB43 和 FB58~FB59，FB41～FB43 用于 PID 控制，FB58 和 FB59 用于 PID 温度控制。FB41～FB43 与 SFB41～SFB43 兼容。

SFB41“CONT_C”可以作为单独的 PID 恒值控制器或在多闭环控制中实现级联控制器、混合控制器和比例控制器。SFB41 可以用脉冲发生器 SFB43 进行扩展，产生脉冲宽度调制的输出信号来控制比例执行机构的二级或三级（Two or Three Step）控制器。

SFB41 包括大量的输入输出参数，要掌握 SFB41 的使用，必须理解图 10-12 所示的框图。可以看出，除了设定值和过程值外，SFB41 还通过持续操作变量输出和手动影响操作值的选项实现完整的 PID 控制器功能。

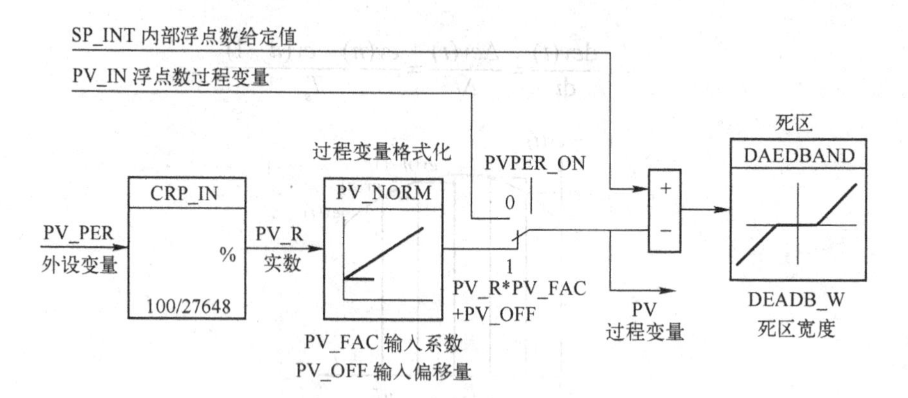


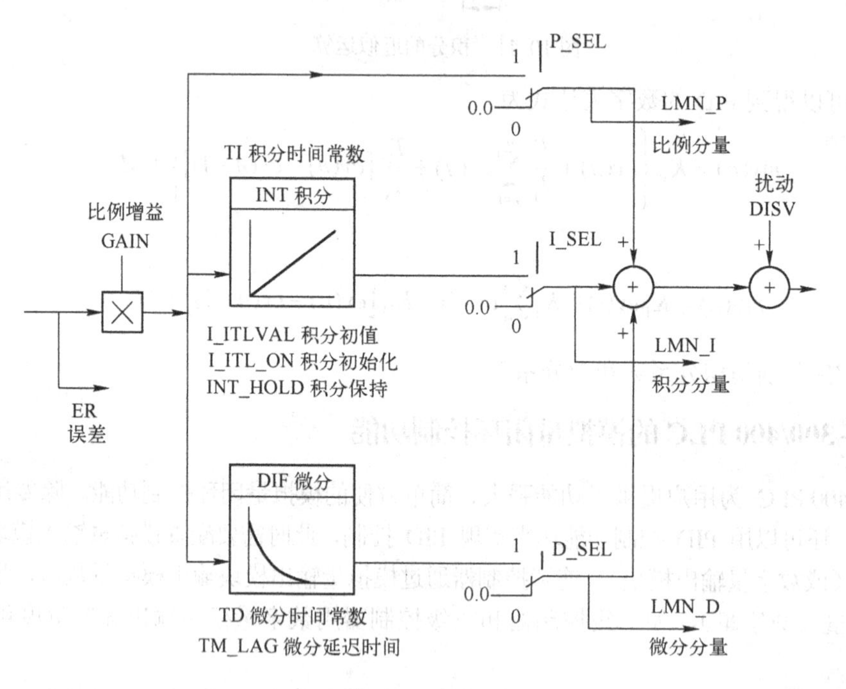


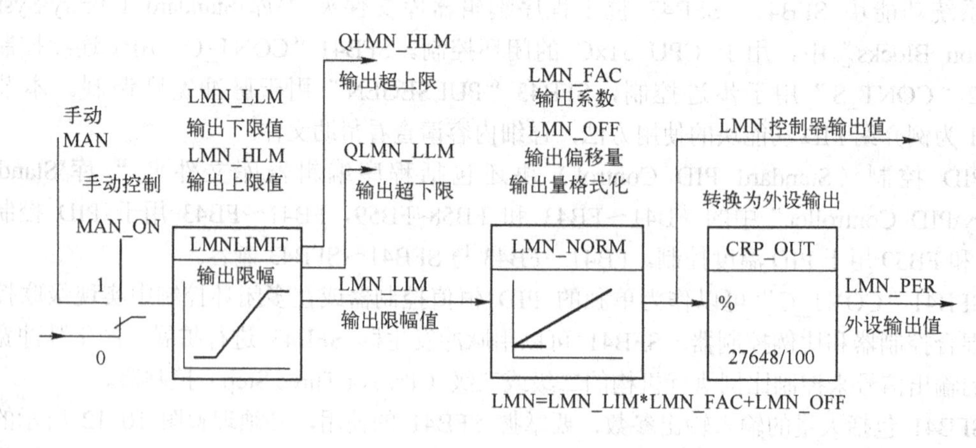


图 10-12　SFB41“CONT_C”框图

（1）设定值分支

以浮点格式在 SP_INT 输入键入设定值。

（2）过程变量分支

可以外设（I/O）或以浮点格式输入过程变量。CRP_IN 功能根据以下公式将 PV_PER 外设值转换为-100%～+100 %间的浮点格式值：

$$PV\_R = PV\_PER \times 100 / 27648$$

PV_NORM 功能根据以下公式统一 CRP_IN 输出的格式：

PV_NORM 的输出= (CPR_IN 的输出) * PV_FAC + PV_OFF

其中，PV_FAC 的默认值为 1，PV_OFF 的默认值为 0。

（3）误差值

设定值和过程变量间的差异就是误差值。为消除由于操作变量量化导致的小幅恒定振荡（例如，在使用 PULSEGEN 进行脉宽调制时），将死区（DEADBAND）应用于误差值。如果 DEADB_W = 0，将关闭死区。

（4）PID 算法

比例、积分（INT）和微分（DIF）操作以并联方式连接，因而可以分别激活或取消激活，这使对 P、PI、PD 和 PID 控制器进行组态成为可能，还可以对纯 I 和 D 控制器进行组态。

（5）手动值

可以在手动和自动模式间进行切换。在手动模式下，使用手动选择的值更正操作变量。积分器（INT）内部设置为 LMN - LMN_P - DISV，微分单元（DIF）设置为 0 并在内部进行匹配。这意味着切换到自动模式不会导致操作值发生任何突变。

（6）操作值

使用 LMNLIMIT 功能可以将操作值限制为所选择的值。输入变量超过限制时，信号位会给予指示。

LMN_NORM 功能根据以下公式统一 LMNLIMIT 输出的格式：

LMN = (LMNLIMIT 的输出) * LMN_FAC + LMN_OFF

其中，LMN_FAC 的默认值为 1，LMN_OFF 的默认值为 0。

也可以得到外设格式的操作值。CPR_OUT 功能根据以下公式将浮点值 LMN 转换为外设值：

$$LMN\_RER = LMN \times 27648 / 100$$

（7）前馈控制

可以在 DISV 输入前馈干扰变量。

（8）初始化

SFB 41 "CONT_C"有一个在输入参数 COM_RST = TRUE 时自动运行的初始化程序。在初始化过程中，将把积分器内部设置为初始化值 I_ITVAL。以周期性中断优先级调用它时，它会从此值开始继续工作。将所有其他输出设置为它们各自的默认值。

（9）出错信息

输出参数 RET_VAL。

## 10.5 习题

1．硬件组态一个模拟量输入模块，通过 FC105 进行规格化。

2．搭建一个单闭环过程控制系统，使用 SFB41 实现 PID 控制。

# 第11章 组 织 块

组织块 OB 是操作系统与用户程序的接口，由操作系统调用。组织块由变量声明表和用户编写的控制程序组成。组织块中除 OB1 可以用来实现 PLC 扫描循环控制以外，还可以完成 PLC 的启动、中断程序的执行和错误处理等功能。各种类型的组织块如图 11-1 所示。

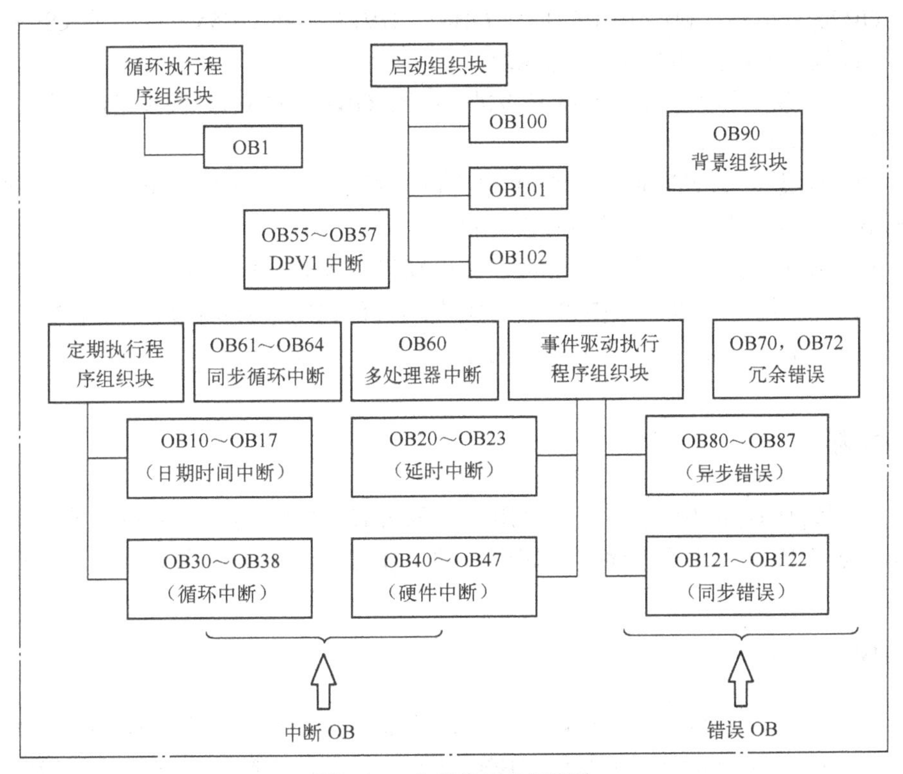


图 11-1 各种类型的组织块

由图 11-1 可以看出组织块分为以下几类：

1）循环执行的组织块。需要连续执行的程序存在组织块 OB1 里。OB1 中的用户程序执行完毕后，将开始一个新的循环——刷新映像区，然后从 OB1 的第一条语句重新开始执行。循环扫描时间和系统响应时间就是由这些操作来决定的。系统响应时间包括 CPU 操作系统总的执行时间和执行所有用户程序的时间。系统响应时间，也就是当输入信号变化后到输出动作的时间，等于两个扫描周期。

2）启动组织块。启动组织块用于系统初始化，CPU 上电或操作模式更改时，在循环程序执行之前，要根据启动的方式执行启动程序 OB100～OB102 中的一个。可以在启动组织块中编程通信的初始化设置。

3）定期执行的组织块。定期执行的组织块包括日期时间中断组织块 OB10～OB17 和循环中断组织块 OB30～OB38，可以根据设定的日期时间或时间间隔执行中断程序。通过循环中断，组织块可以每隔一段预定的时间（如 100ms）执行一次，可以在这些块中调用温度采样控制程序等。通过日期时间中断，一个组织块可以在特定的时间执行，如每天 17:00 保存温度数据等。

4）事件驱动的组织块。延时中断 OB20～OB23 用于过程事件出现后延时一定的时间再执行中断程序；硬件中断 OB40～OB47 用于需要快速响应的过程事件，事件出现时马上中止循环程序，执行对应的中断程序。异步错误中断 OB80～OB87 和同步错误中断 OBl21、OBl22 用于决定在出现错误时系统如何响应。

5）中断组织块。日期时间中断组织块 OB10～OB17、循环中断组织块 OB30～OB38、延时中断 OB20～OB23、硬件中断 OB40～OB47、DVP1 中断 OB55～57 以及 OB60 多处理器中断又可以划分为具备中断功能的组织块。

6）错误组织块。错误组织块包括异步错误中断 OB80～OB87、同步错误中断 OBl21～OBl22 和多处理器错误中断 OB60。

7）背景组织块。背景数据块 OB90 中可以放置一些对实时性要求不高的程序，以便 CPU 在最小循环扫描时间还有剩余的情况下执行。

每一个 OB 在执行程序的过程中可以被更高优先级的事件（OB）中断（在指令边界处）。优先级的范围从 0～28，其中 0 优先级最低，28 优先级最高。具有同等优先级的 OB 不能相互中断，而是按照发生的先后顺序执行。

## 11.1 中断

S7 CPU 提供的各种不同的组织块采用中断的方式在特定的时间或特定情况下执行相应的程序和响应特定事件的程序。理解中断的工作过程及相关概念对组织块的编程有着重要的意义。

### 11.1.1 中断过程

中断处理用来实现对特殊内部事件或外部事件的快速响应。如果没有中断，CPU 循环执行组织块 OB1。因为除背景组织块 OB90 以外，OB1 的中断优先级最低，CPU 检测到中断源的中断请求时，操作系统在执行完当前程序的当前指令（即断点处）后，立即响应中断。CPU 暂停正在执行的程序，调用中断源对应的中断程序。在 S7-300/400 PLC 中，中断用组织块来处理。执行完中断程序后，返回到被中断的程序的断点处继续执行原来的程序。

如果在执行中断程序（组织块）时，又检测到一个中断请求，CPU 将比较两个中断源的中断优先级。如果优先级相同，按照产生中断请求的先后次序进行处理。如果后者的优先级比正在执行的 OB 的优先级高，将中止当前正在处理的 OB，改为调用较高优先级的 OB。这种处理方式称为中断程序的嵌套调用。

当系统检测到一个 OB 块中断时，则被中断块的累加器和寄存器上的当前信息将被作为一个中断堆栈（I 堆栈）存储起来。如果新的 OB 块调用 FB 和 FC，则每一个块的处理数据将被存储在块堆栈（B 堆栈）中。当新的 OB 块执行结束后，操作系统将把 I 堆栈中的信息重新装载并在中断发生处继续执行被中断的块。如果 CPU 转换到 STOP 状态（可能是由于程序中的错误），用户可以使用模块信息选项来检查 I 堆栈和 B 堆栈，将有助于确定模式转换的原因。

中断程序不是由程序块调用，而是在中断事件发生时由操作系统调用。因为不能预知系统何时调用中断程序，中断程序不能改写其他程序中可能正在使用的存储器，应在中断程序中尽可能地使用局域变量。

只有设置了中断的参数，并且在相应的组织块中有用户程序存在，中断才能被执行。如果不满足上述条件，操作系统将会在诊断缓冲区中产生一个错误信息，并执行异步错误处理。

编写中断程序时，应使中断程序尽量短小，以减少中断程序的执行时间，减少对其他处理的延迟，否则可能引起主程序控制的设备操作异常。设计中断程序时应遵循“越短越好”的原则。

### 11.1.2 中断的优先级

PLC 的中断源可能来自 I/O 模块的硬件中断，或 CPU 模块内部的软件中断，如日期时间中断、延时中断、循环中断和编程错误引起的中断等。中断的优先级也就是组织块的优先级，较高优先级的组织块可以中断较低优先级的组织块的处理过程。如果同时产生的中断请求不止一个，最先执行优先级最高的 OB，然后按照优先级由高到低的顺序执行其他 OB。

下面是优先级由低到高顺序的中断：背景循环、主程序扫描循环、日期时间中断、时间延时中断、循环中断、硬件中断、多处理器中断、I/O 冗余错误、异步故障（OB80～OB87）、启动和 CPU 冗余，背景循环的优先级最低。表 11-1 为组织块的优先级，数字越大表示优先级越小。

表 11-1 各种组织块的默认优先级

| 中 断 类 型 | 组 织 块 | 默认优先级 |
|---|---|---|
| 主程序扫描 | OB1 | 1 |
| 日期时间中断 | OB10～OB17 | 2 |
| 延时中断 | OB20 | 3 |
| | OB21 | 4 |
| | OB22 | 5 |
| | OB23 | 6 |
| 循环中断 | OB30 | 7 |
| | OB31 | 8 |
| | OB32 | 9 |
| | OB33 | 10 |
| | OB34 | 11 |
| | OB35 | 12 |
| | OB36 | 13 |
| | OB37 | 14 |
| | OB38 | 15 |

（续）

| 中 断 类 型 | 组 织 块 | 默认优先级 |
| --- | --- | --- |
| 硬件中断 | OB40<br>OB41<br>OB42<br>OB43<br>OB44<br>OB45<br>OB46<br>OB47 | 16<br>17<br>18<br>19<br>20<br>21<br>22<br>23 |
| DPV1 中断 | OB55<br>OB56<br>OB57 | 2<br>2<br>2 |
| 多处理器中断 | OB60 | 25 |
| 同步循环中断 | OB61<br>OB62<br>OB63<br>OB64 | 25 |
| 冗余错误 | OB70 I/O 冗余错误（只在 H 系统）<br>OB72 CPU 冗余错误（只在 H 系统） | 25<br>28 |
| 异步错误 | OB80<br>OB81<br>OB82<br>OB83<br>OB84<br>OB85<br>OB86<br>OB87 | 25<br>（如果异步错误存在于启动程序中则为 28） |
| 背景循环 | OB90 | 29 |
| 启动 | OB100<br>OB101<br>OB102 | 27<br>27<br>27 |
| 同步错误 | OB121<br>OB122 | 导致此错误的 OB 的优先级 |

S7-300 CPU（不包括 CPU 318）中组织块的优先级是固定的，可以使用编程软件 STEP7 修改 S7-400 CPU 和 CPU 318 下组织块的优先级：OBl0～OB47（优先级 2～23）、OB70～OB72（优先级 25 或 28，只适用于 H 系列 CPU），以及在 RUN 模式下的 OB81～OB87（优先级 26 或 28）。

同一个优先级可以分配给几个 OB，具有相同优先级的 OB 按启动它们的事件出现的先后顺序处理。被同步错误启动的故障 OB 的优先级与错误出现时正在执行的 OB 的优先级相同。

生成逻辑块 OB、FB 和 FC 时，同时生成临时局域变量数据，CPU 的局域数据区按优先级划分。可以用 STEP 7 在“优先级”参数块中改变 S7-400 PLC 每个优先级的局域数据区的大小。

每个组织块的局域数据区都有 20 个字节的启动信息，它们是只在该块被执行时使用的临时变量（TEMP），这些信息在 OB 启动时由操作系统提供，包括启动事件、启动日期与时间、错误及诊断事件。将优先级赋值为 0，或分配小于 20 个字节的局域数据给某一个优先级，可以取消相应的中断 OB。

### 11.1.3 事件驱动的程序处理

循环程序处理可以被某些事件中断。如果一个事件出现，当前正在执行的块在语句边界被中断，并且另一个被分配给特定事件的组织块被调用。一旦该组织块执行结束，循环程序将从断点处继续执行，事件驱动程序处理示意图如图 11-2 所示。

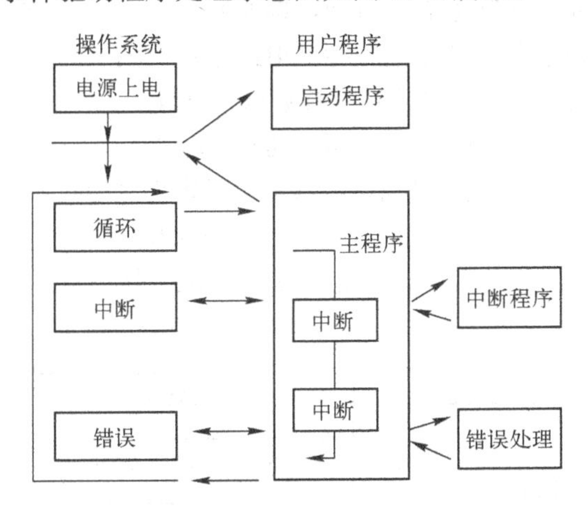


图 11-2　事件驱动的程序处理

事件驱动的程序处理方式意味着部分用户程序可以不必循环处理，只是在需要的时候才进行处理。用户程序可以分割为“子程序”，分布在不同的组织块中。如果用户程序是对一个重要信号的响应，这个信号出现的次数相对较少（例如，用于测量罐中液位的一个限位传感器报警达到了最大上限），当这个信号出现时，要处理的子程序就可以放在一个事件驱动处理的 OB 中。

### 11.1.4 对中断的控制

日期时间中断和延时中断有专用的允许处理中断（或称激活、使能中断）和禁止中断的系统功能（SFC）。

SFC39“DIS_INT”用来禁止中断和异步错误处理，用户可以禁止所有的中断，有选择地禁止某些优先级范围的中断，或者只禁止指定的某个中断。SFC40“EN_INT”用来激活（使能）新的中断和异步错误处理，可以全部允许或有选择地允许。如果用户希望忽略中断，更有效的方法不是禁止中断，而是下载一个只有块结束指令 BEU 的空的 OB 到 CPU。

SFC41“DIS_AIRT”延迟处理比当前优先级高的中断和异步错误，直到用 SFC42 允许处理中断或当前的 OB 执行完毕。SFC42“EN_AIRT”用来允许立即处理被 SFC41 暂时禁止的中断和异步错误，SFC42 和 SFC41 要配对使用。

## 11.2 启动组织块

用于启动时的组织块包括 OB100、OB101、OB102。S7 CPU 在处理用户程序前，先要执行一个启动程序，就是操作系统要调用的启动组织块。CPU 启动有三种类型，即前面提到过的暖启动、热启动和冷启动，暖启动方式下调用 OB100，热启动方式下调用 OB101，冷启动方式下调用 OB102。

### 11.2.1 CPU 的启动

S7-300 PLC 的启动类型为完全再启动，即暖启动，启动时过程映像和不保持的定时器、计数器及标志存储器被清除，然后程序从 OB1 的第一条指令开始执行。S7-400 PLC 还有再启动的启动类型，即热启动，在启动时所有数据（过程映像、定时器、计数器及标志存储器）被保持，程序从断点处恢复执行。完全再启动和再启动如图 11-3 所示。CPU 318-2 和 CPU 417-4 还具有冷启动型的启动方式。针对电源故障可以定义这种附加的启动方式。它是通过硬件组态时的 CPU 参数来设置。冷启动时，所有过程映像和定时器、计数器及标志存储器被清除，数据块保持其预置值。首先执行启动组织块 OB102，然后从 OB1 的第一条指令开始执行。

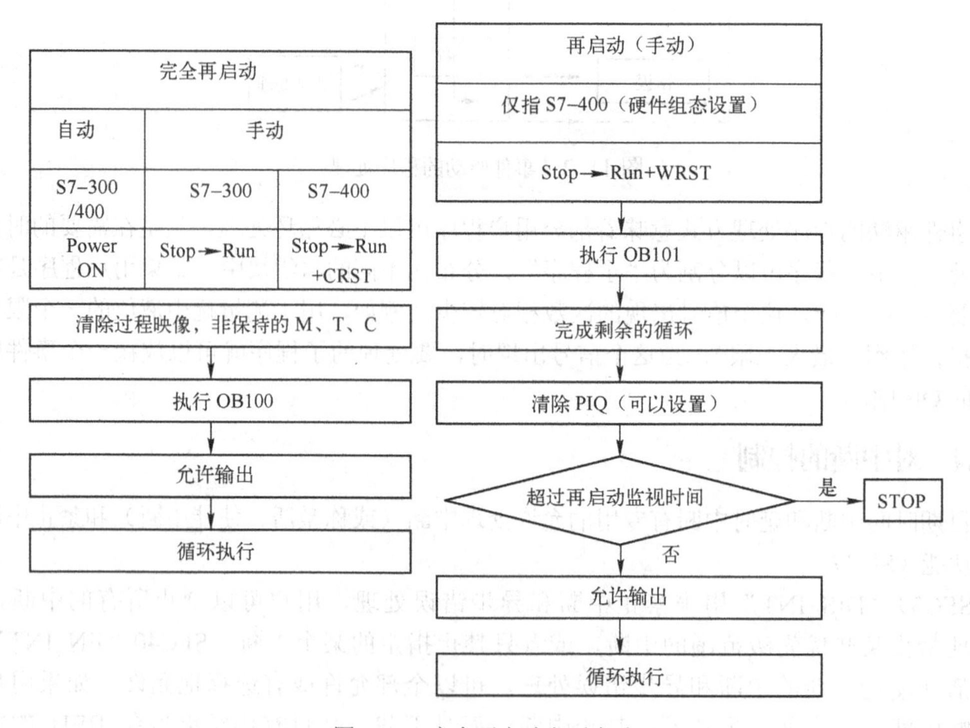


图 11-3 完全再启动和再启动

在启动期间，不能执行时间驱动的程序和中断驱动的程序，运行时间计数器开始工作，所有的数字量输出信号都为“0”状态，如图 11-4 所示。

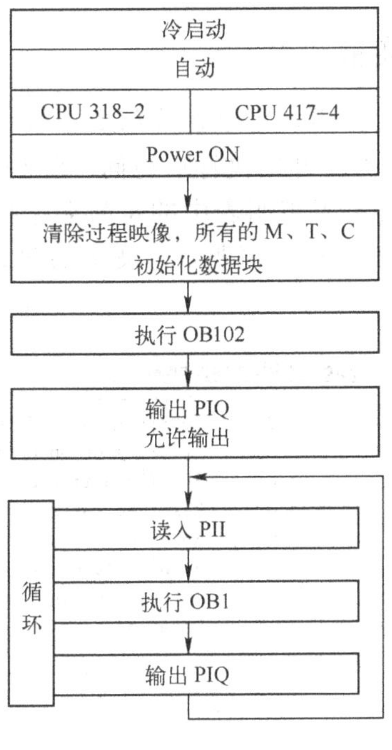


图 11-4　冷启动方式

### 11.2.2　启动组织块的设置

发生下列事件时，CPU 执行启动功能：PLC 电源上电后；CPU 的模式选择开关从 STOP 位置拨到 RUN 或 RUN-P 位置；接收到通过通信功能发送来的启动请求；多 CPU 方式同步之后和 H 系统连接好后（只适用于备用 CPU）。

启动用户程序之前，先执行启动 OB。在暖启动、热启动或冷启动时，操作系统分别调用 OB100、OB101 或 OB102，S7-300 PLC 和 S7-400H PLC 不能热启动。

用户可以通过在启动组织块 OB100～OB102 中编写程序，来设置 CPU 的初始化操作，如开始运行的初始值、I/O 模块的起始值、通信的初始化设置等。

启动程序没有长度和时间的限制，因为循环时间监视还没有被激活，在启动程序中不能执行时间中断程序和硬件中断程序。

在硬件组态编辑器设置 CPU 模块属性的对话框中，选择“启动（Startup）”选项卡，可以设置启动的各种参数。

启动 S7-400 CPU 时，作为默认的设置，将输出过程映像区清零。如果希望在启动之后继续在用户程序中使用原有的值，也可以选择不将过程映像区清零。

为了在启动时监视是否有错误，可以选择以下的监视时间：

1）向模块传递参数的最大允许时间。

2）上电后模块向 CPU 发送“准备好”信号允许的最大时间。

3）S7-400 CPU 热启动允许的最大时间，即电源中断的时间或由 STOP 转换为 RUN 的时间。一旦超过监视时间，CPU 将进入停机状态或只能暖启动。如果监控时间设置为 0，表示不监控。

### 11.2.3 启动组织块的临时变量

当 OB 被操作系统调用时，用户可以在局部数据堆栈中获得规范化的启动信息。启动信息的长度为 20B，可在 OB 开始执行后访问。STEP 7 软件为启动信息提供了一个标准的变量声明表，因此可利用声明表中的符号名来访问启动信息，以 OB100 为例，如图 11-5 所示，表 11-2 是标准声明表中变量的含义。标准的声明表可以由用户进行改变和补充。

| Name | Data Type | Address | Comment |
|---|---|---|---|
| OB100_EV_CLASS | Byte | 0.0 | 16#13, Event class 1, Entering event state, |
| OB100_STRTUP | Byte | 1.0 | 16#81/82/83/84 Method of startup |
| OB100_PRIORITY | Byte | 2.0 | Priority of OB Execution |
| OB100_OB_NUMBR | Byte | 3.0 | 100 (Organization block 100, OB100) |
| OB100_RESERVED_1 | Byte | 4.0 | Reserved for system |
| OB100_RESERVED_2 | Byte | 5.0 | Reserved for system |
| OB100_STOP | Word | 6.0 | Event that caused CPU to stop (16#4xxx) |
| OB100_STRT_INFO | DWord | 8.0 | Information on how system started |
| OB100_DATE_TIME | Date_A... | 12.0 | Date and time OB100 started |

图 11-5　OB100 启动信息的声明表

**表 11-2　声明表中变量的含义**

| 变　量 | 类　型 | 描　述 |
|---|---|---|
| OB100_EV_CLASS | Byte | 事件类型及标识符 |
| OB100_STARTUP | Byte | 启动方式 |
| OB100_PRIORITY | Byte | OB 优先级 |
| OB100_OB_NUMBR | Byte | OB 号 |
| OB100_RESERVED_1 | Byte | 系统保留 |
| OB100_RESERVED_2 | Byte | 系统保留 |
| OB100_STOP | Word | 导致 CPU 停止的事件 |
| OB100_STRT_INFO | DWord | 系统启动信息 |
| OB100_DATE_TIME | Date_And_Time | OB100 启动的日期和时间 |

**【例 11-1】** S7-300 PLC 中，只有一个既用于手动也用于自动的暖启动组织块 OB100。如果需要根据控制器的启动类型作不同的反应，要分析 OB100 中的启动信息。根据启动类型，操作系统在变量 OB100_STRTUP (BYTE)中输入如下标识：B#16#81 = 手动暖启动，B#16#82 = 自动暖启动。

在 OB100 中编写程序如图 11-6 所示，当 S7-300 CPU 从 STOP 转到 RUN 时，输出 Q4.5 指示灯亮表示为手动暖启动。

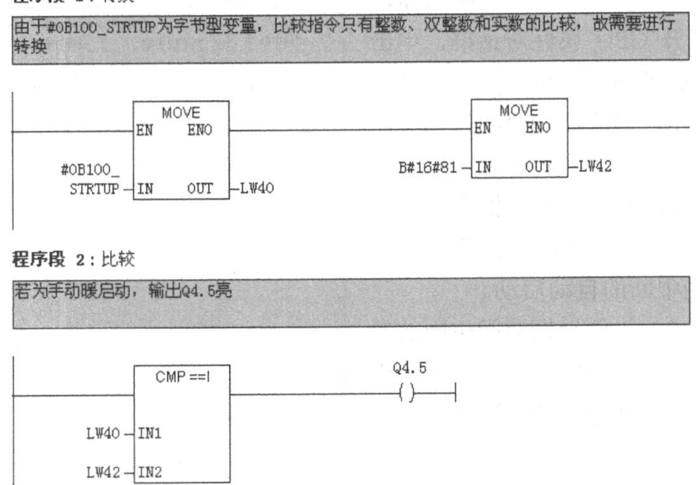


图 11-6　判断手动暖启动程序例子

## 11.3　定期执行组织块

定期执行的组织块包括日期时间中断组织块 OB10～OB17 和循环中断组织块 OB30～OB38，可以根据设定的日期时间或时间间隔执行中断程序。

### 11.3.1　日期时间中断组织块

日期时间中断也称为时刻中断。各 CPU 可以使用的日期时间中断 OB（OB10～OB17）的个数与 CPU 的型号有关，S7-300（不包括 CPU 318）CPU 只能使用 OB10，如图 11-7 所示，CPU 类型为 CPU 315-2 DP，故只有组织块 OB10 可以使用，其他组织块呈现灰度，无法使用。

日期时间中断 OB 可以在某一特定的日期和时间执行一次，也可以从设定的日期时间开始，周期性地重复执行，例如每分钟、每小时、每天、每月、月末甚至每年执行一次。除了可以通过图 11-7 所示的 S7 硬件组态工具 CPU 属性来设置日期时间中断外，还可以用系统功能 SFC28～SFC31 设置、取消、激活或查询日期时间中断。

只有设置了中断的参数，并且在相应的组织块中有用户程序存在，日期时间中断才能被执行。如果不满足上述条件，操作系统将会在诊断缓冲区中产生一个错误信息，并执行异步错误处理。如果设置从 1 月 31 日开始每月执行一次 OB10，只在有 31 天的那些月启动它。

日期时间中断在 PLC 暖启动或热启动时被激活，而且只能在 PLC 启动过程结束之后才能执行。暖启动后必须重新设置日期时间中断。

（1）设置和启动日期时间中断

为了启动日期时间中断，用户首先必须设置日期时间中断的参数，然后再激活它。有以下三种途径启动日期时间中断：

1）在用户程序中用 SFC 28“SET_TINT”和 SFC_30“ACT_TINT”设置和激活日期时间中断。

2）在 STEP 7 中打开硬件组态编辑器，双击 CPU 模块打开 CPU 属性对话框，单击“时刻中断（Time-of-Day Interrupts）”选项卡，如图 11-7 所示，设置启动时间日期中断的日期和时间，选中“激活（Active）”选项框，在“执行（Execution）”列表框中选择执行方式。将硬件组态数据下载到 CPU 后，就可以实现日期时间中断的自动启动。

3）采用方法 2）设置日期时间中断的参数，但是不勾选“激活”，而是在用户程序中用 SFC30“ACT_TINT”激活日期时间中断。

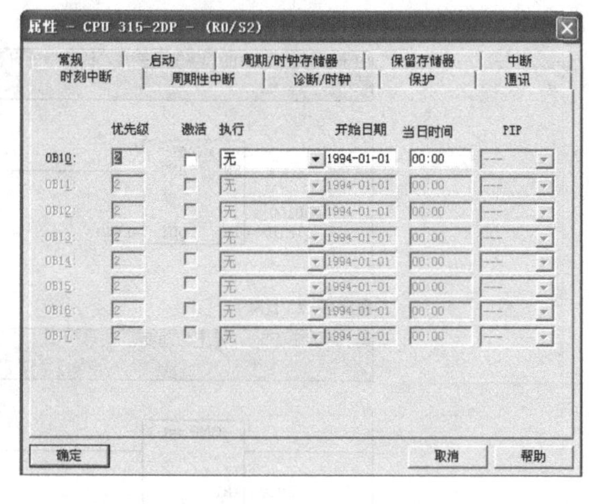


图 11-7　S7-300 PLC 中设置日期时间中断 OB10

（2）查询日期时间中断

查询设置的日期时间中断以及这些中断发生的时间，可以调用 SFC31“QRY_TINT”，或查询系统状态表中的“中断状态”表。

SFC31 输出的状态字节 STATUS 见表 11-3。

**表 11-3　SFC31 输出的状态字节 STATUS**

| 位 | 取　值 | 意　义 |
|---|---|---|
| 0 | 0 | 日期时间中断已被激活 |
| 1 | 0 | 允许新的日期时间中断 |
| 2 | 0 | 日期时间中断未被激活或时间已过去 |
| 3 | 0 | — |
| 4 | 0 | 没有装载日期时间中断组织块 |
| 5 | 0 | 日期时间中断组织块的执行没有被激活的测试功能禁止 |
| 6 | 0 | 以基准时间为日期时间中断的基准 |
| 7 | 1 | 以本地时间为日期时间中断的基准 |

（3）禁止与激活日期时间中断

用户可以使用 SFC29“CAN_TINT”取消（禁止）日期时间中断，用 SFC28“SET_TINT”重新设置那些被禁止的日期时间中断，用 SFC30“ACT_TINT”重新激活日期时间中断。

在调用 SFC28 时，设置参数“OBl0_PERIOD_EXE”为十六进制数 W#16#0000、W#16#0201、W#16#0401、W#16#1001、W#16#1201、W#16#1401、W#16#1801 和 W#16#2001，分别表示执行一次，每分钟、每小时、每天、每周、每月、每年和月末执行一次。

**【例 11-2】** 在 I0.0 的上升沿时启动日期时间中断 OB10，在 I0.1 为 1 时禁止日期时间中断，从 2004 年 7 月 1 日 8 点开始，每分钟中断一次，每次中断 MW2 被加 1。

在 STEP 7 中生成项目，对日期时间中断的操作放在 FC12 中，在 OB1 中调用 FC12。FC 12 有一个 DT 型临时局域变量“OUT_TIME_DATE”。程序代码如图 11-8 所示。

IEC 功能 D_TOD_TD（FC3）在程序编辑器左边的指令目录与程序库窗口的文件夹“\库\Standard Library\IEC Function Blocks”中。

**程序段 1**：标题：

查询OB10的状态

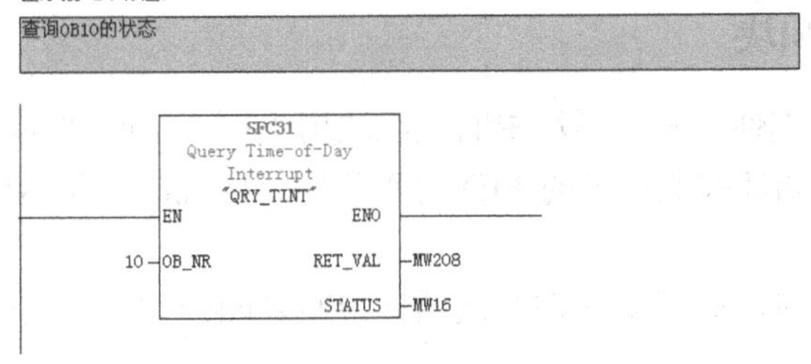


**程序段 2**：标题：

合并日期和时间，调用了库中的块FC（D_TOD_DT），其功能为合并日期时间

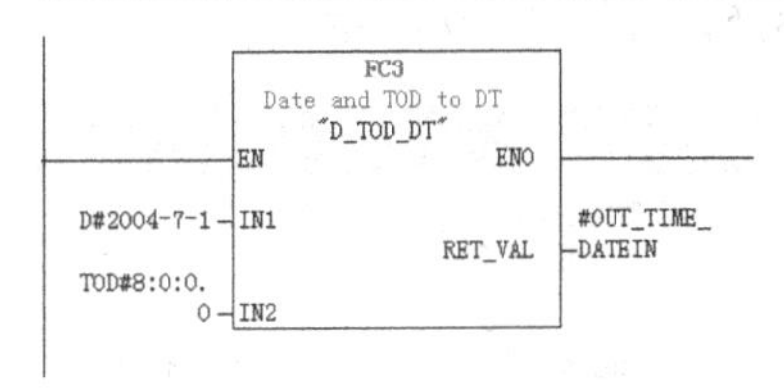


**程序段 3**：在I0.0的上升沿设置和激活日期时间中断

在I0.0的上升沿，M1.0为1；如果日期时间中断为被激活，M17.2的常闭触点闭合；如果装载了日期时间中断OB，M17.4的常开触点闭合；同时满足上面三个条件则调用SFC28来设置日期时间中断参数并调用SFC30来激活日期时间中断

I0.0　M1.0 (P)　M17.2　M17.4

SFC28 Set Time-of-Day Interrupt "SET_TINT"　EN　ENO　10 OB_NR　RET_VAL MW200　#OUT_TIME_DATEIN SDT　W#16#201 PERIOD

SFC30 Activate Time-of-Day Interrupt "ACT_TINT"　EN　ENO　10 OB_NR　RET_VAL MW204

**程序段 4**：标题：

在I0.1的上升沿禁止日期时间中断

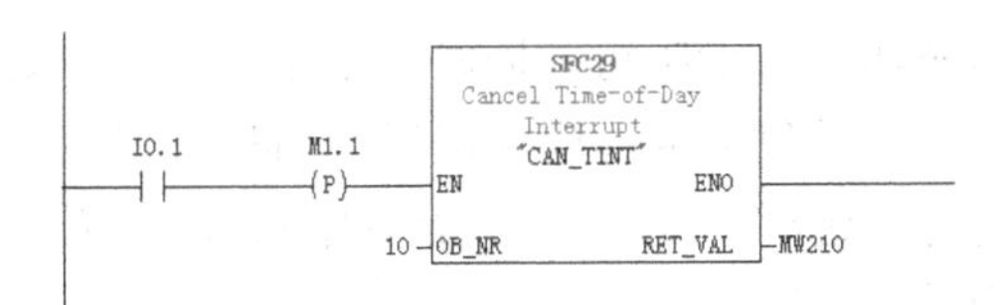


a)

**程序段 1**：标题：

每分钟MW2加一次1

ADD_I　EN　ENO　MW2 IN1　OUT MW2　1 IN2

b)

图 11-8　日期时间中断程序例子

a) FC12 程序　b) OB10 程序

## 11.3.2 循环中断组织块

循环中断也称为周期性中断。循环中断组织块用于按一定时间间隔循环执行中断程序，例如周期性地定时执行闭环控制系统的 PID 运算程序，间隔时间从 STOP 切换到 RUN 模式时开始计算。

用户定义时间间隔时，必须确保在两次循环中断之间的时间间隔中有足够的时间处理循环中断程序。

各 CPU 可以使用的循环中断 OB（OB30～0838）的个数与 CPU 的型号有关，S7-300 CPU（不包括 CPU 318）只能使用 OB35，如图 11-9 所示。

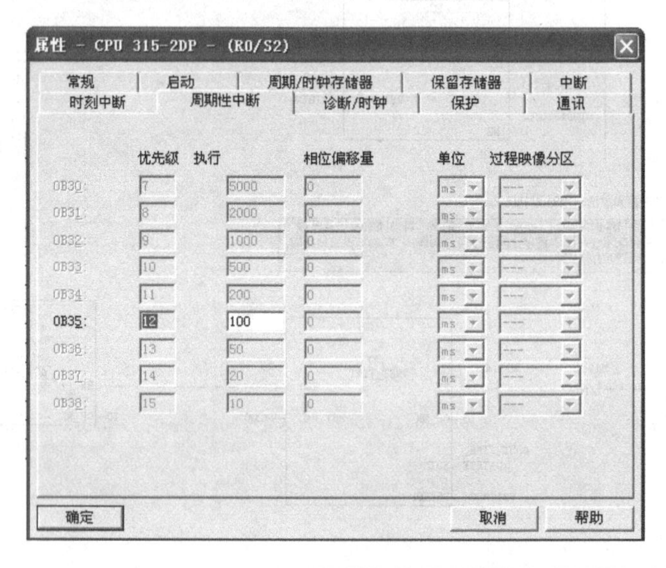


图 11-9　S7-300 PLC 中设置循环中断 OB35

如果两个 OB 的时间间隔成整倍数，不同的循环中断 OB 可能同时请求中断，造成处理循环中断服务程序的时间超过指定的循环时间。为了避免出现这样的错误，用户可以定义一个相位偏移。相位偏移用于在循环时间间隔到达时，延时一定的时间后再执行循环中断。相位偏移 $m$ 的单位为 ms，应有 $0 \leqslant m < n$，式中 $n$ 为循环的时间间隔。

假设 OB38 和 OB37 的中断时间间隔分别为 10ms 和 20ms，它们的相位偏移分别为 0ms 和 3ms。OB38 分别在 $t$=10ms、20ms、…、60ms 时产生中断，而 OB37 分别在 $t$=23ms、43ms、63ms 时产生中断。

没有专门的 SFC 来激活和禁止循环中断，可以用 SFC40 和 SFC39 来激活和禁止它们。SFC40“EN_INT”是用于激活新的中断和异步错误的系统功能，其参数 MODE 为 0 时激活所有的中断和异步错误，为 1 时激活部分中断和错误，为 2 时激活指定的 OB 编号对应的中断和异步错误。SFC39“DIS_INT”是禁止新的中断和异步错误的系统功能，MODE 为 2 时禁止指定的 OB 编号对应的中断和异步错误，MODE 必须用十六进制数来设置。

**【例 11-3】** 在 I0.0 的上升沿时启动 OB35 对应的循环中断，在 I0.1 的上升沿禁止 OB35 对应的循环中断，在 OB35 中使 MW2 加 1。

在 STEP 7 中生成项目，选用 CPU 315-2 DP，在硬件组态工具中打开 CPU 属性的组态窗口，由“Cyclic Interrupts”选项卡可知只能使用OB35，其循环周期的默认值为100ms，将它修改为1000ms，将组态数据下载到CPU中。

程序代码如图11-10所示。

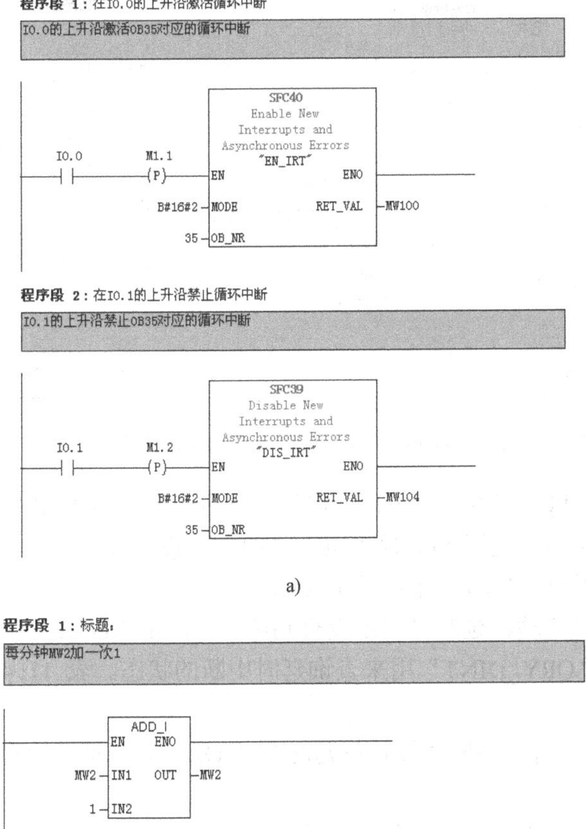


b)

图11-10　循环中断程序例子

a) OB1程序　b) OB35程序

## 11.4　事件驱动组织块

可以采用延时中断在过程事件出现后延时一定的时间再执行中断程序；硬件中断则用于需要快速响应的过程事件，事件出现时马上中止循环程序，执行对应的中断程序。

### 11.4.1　延时中断组织块

PLC中的普通定时器的工作与扫描工作方式有关，其定时精度受到不断变化的循环扫描周期的影响。使用延时中断可以获得精度较高的延时，延时中断以毫秒（ms）为单位定时。

各CPU可以使用的延时中断OB（OB20～OB23）的个数与CPU的型号有关，S7-300 CPU（不包括CPU 318）只能使用OB20，如图11-11所示。

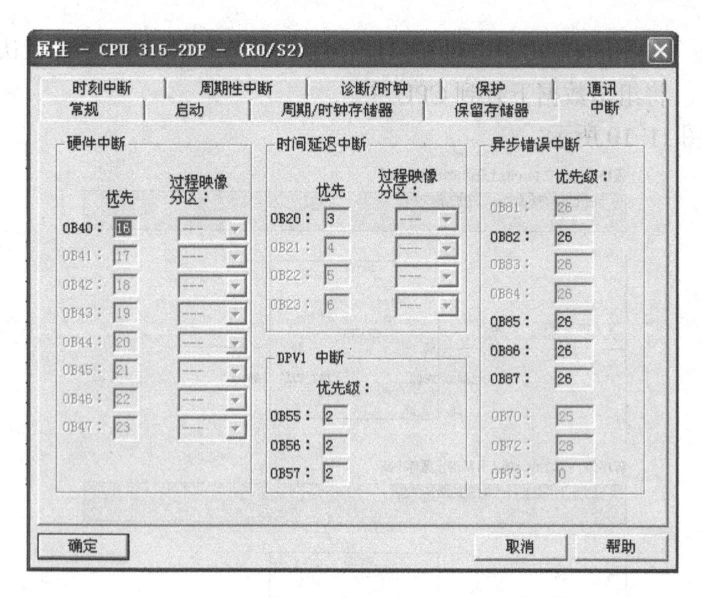


图 11-11　S7-300 CPU 中硬件中断、延时中断以及异步错误中断

延时中断 OB 用 SFC32“SRT_DINT”启动，延时时间在 SFC32 中设置，启动后经过设定的延时时间后触发中断，调用 SFC32 指定的 OB。需要延时执行的操作放在 OB 中，必须将延时中断 OB 作为用户程序的一部分下载到 CPU。

如果延时中断已被启动，延时时间还没有到达，可以用 SFC33“CAN_DINT”取消延时中断的执行。SFC34“QRY_DINT”用来查询延时中断的状态。表 11-4 给出了 SFC34 输出的状态字节 STATUS。

只有在 CPU 处于运行状态时才能执行延时中断 OB，暖启动或冷启动都会清除延时中断 OB 的启动事件。

对于延时中断，如果下列任何一种情况发生，操作系统将会调用异步错误处理 OB：

1）OB 已经被 SFC32 启动，但是没有下载到 CPU。

2）延时中断 OB 正在执行延时，又有一个延时中断 OB 被启动。

**表 11-4　SFC34 输出的状态字节 STATUS**

| 位 | 取　值 | 意　义 |
|---|---|---|
| 0 | 0 | 延时中断已被允许 |
| 1 | 0 | 未拒绝新的延时中断 |
| 2 | 0 | 延时中断未被激活或已完成 |
| 3 | 0 | — |
| 4 | 0 | 没有装载延时中断组织块 |
| 5 | 0 | 日期时间中断组织块的执行没有被激活的测试功能禁止 |

**【例 11-4】** 在主程序 OB1 中实现下列功能：

1）在 I0.0 的上升沿用 SFC32 启动延时中断 OB20，10s 后 OB20 被调用，在 OB20 中将 Q4.0 置位，并立即输出。

2）在延时过程中如果 I0.1 由 0 变为 1，在 OB1 中用 SFC33 取消延时中断，OB20 不会再被调用。

3）I0.2 由 0 变为 1 时 Q4.0 被复位。

示例程序如图 11-12 所示。

**程序段 1**：I0.0的上升沿时启动延时中断

I0.0的上升沿调用SFC32启动延时中断OB20，延时时间为10s，参数“SIGN”保存延时中断是否启动的标志

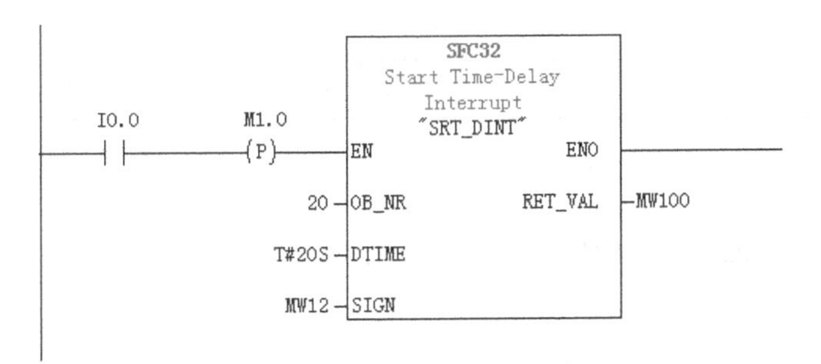


**程序段 2**：查询延时中断

调用SFC34查询延时中断OB20的状态

SFC34
Query Time-Delay
Interrupt
"QRY_DINT"
EN ENO
20 OB_NR RET_VAL MW102
STATUS MW4

**程序段 3**：I0.1的上升沿时取消延时中断

I0.1的上升沿，且延时中断激活或未完成（状态字第2位为0）时调用SFC33禁止OB20延时中断

SFC33
Cancel Time-Delay
Interrupt
"CAN_DINT"
I0.1 M1.1 (P) M5.2
EN ENO
20 OB_NR RET_VAL MW10

**程序段 4**：复位Q4.0

I0.2按下复位Q4.0

I0.2 Q4.0 (R)

a)

图 11 12 例子程序

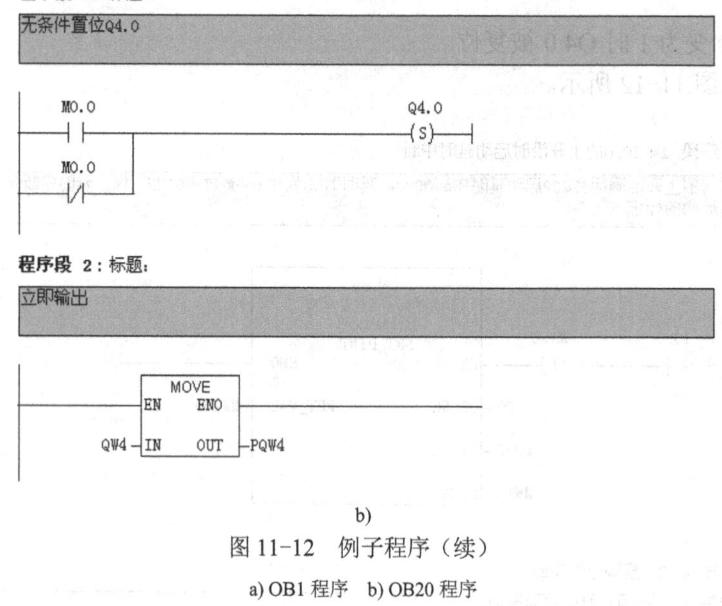


b)

图 11-12　例子程序（续）

a) OB1 程序　b) OB20 程序

## 11.4.2　硬件中断组织块

硬件中断组织块（OB40～OB47）用于快速响应信号模块（SM，即输入/输出模块）、通信处理器（CP）和功能模块（FM）的信号变化。具有中断能力的信号模块将中断信号传送到 CPU 时，或者当功能模块产生一个中断信号时，将触发硬件中断。

各 CPU 可以使用的硬件中断 OB（OB40～OB47）的个数与 CPU 的型号有关，S7-300 的 CPU（不包括 CPU 318）只能使用 OB40，如图 11-11 所示。

用户可以用 STEP 7 的硬件组态功能来决定信号模块哪一个通道在什么条件下产生硬件中断，将执行哪个硬件中断 OB，OB40 被默认用于执行所有的硬件中断。对于 CP 和 FM，可以在对话框中设置相应的参数来启动 OB。

只有用户程序中有相应的组织块，才能执行硬件中断，否则操作系统会向诊断缓冲区中输入错误信息，并执行异步错误处理组织块 OB80。

硬件中断被模块触发后，操作系统将自动识别是哪一个槽的模块和模块中哪一个通道产生的硬件中断。硬件中断 OB 执行完后，将发送通道确认信号。

如果在处理硬件中断的同时，又出现了其他硬件中断事件，新的中断按以下方法识别和处理：

1）如果正在处理某一中断事件，又出现了同一模块同一通道产生的完全相同的中断事件，新的中断事件将丢失，即不处理它。在图 11-13 中数字量模块输入信号的第 1 个上升沿时触发中断，由于正在用 OB40 处理中断，第 2 个和第 3 个上升沿产生的中断信号丢失。

2）如果正在处理某一中断信号时，同一模块中其他通道产生了中断事件，新的中断不会被立即触发，但是不会丢失。在当前已激活的硬件中断执行完后，再处理被暂存的中断。

3）如果硬件中断被触发，并且它的 OB 被其他模块中的硬件中断激活，新的请求将被记录，空闲后再执行该中断。

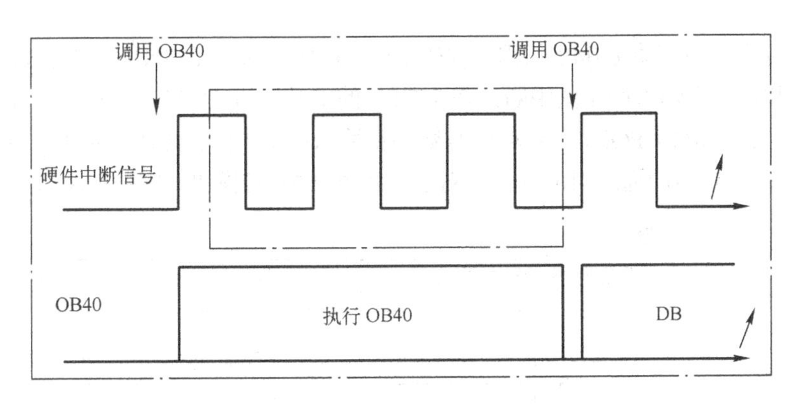


图 11-13　硬件中断信号的处理

用 SFC39～SFC42 可以禁止、延迟和再次激活硬件中断。

以 S7-300 PLC 插在 4 号槽的 16 点数字量输入模块为例，模块的起始地址为 0（IB0），模块内输入点 I0.0～I1.7 的位地址为 0～15。

**【例 11-5】** CPU 313C-2 DP 集成的 16 点数字量输入 I124.0～I125.7 可以逐点设置中断特性，通过 OB40 对应的硬件中断，在 I124.0 的上升沿将 CPU 313C-2DP 集成的数字量输出 Q124.0 置位，在 I124.1 的下降沿将 Q124.0 复位。此外要求在 I124.2 的上升沿时激活 OB40 对应的硬件中断，在 I124.3 的下降沿禁止 OB40 对应的硬件中断。

在 STEP 7 中生成项目，选用 CPU 313C-2 DP，在硬件组态工具中打开 CPU 属性的组态窗口，由“中断（Interrupts）”选项卡可知在硬件中断中，只能使用 OB40。双击机架中 CPU 313C-2 DP 内的集成 I/O“DI16/DO16”所在的行，在打开的对话框的“输入（Input）”选项卡中，设置在 I124.0 的上升沿和 I124.1 的下降沿产生中断。OB1 的程序代码如图 11-14 所示。

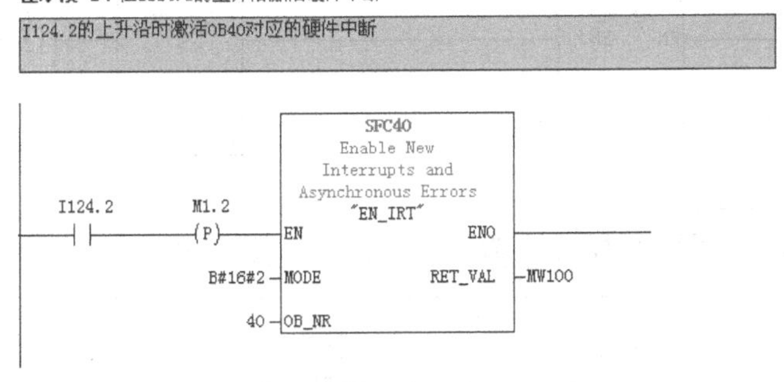


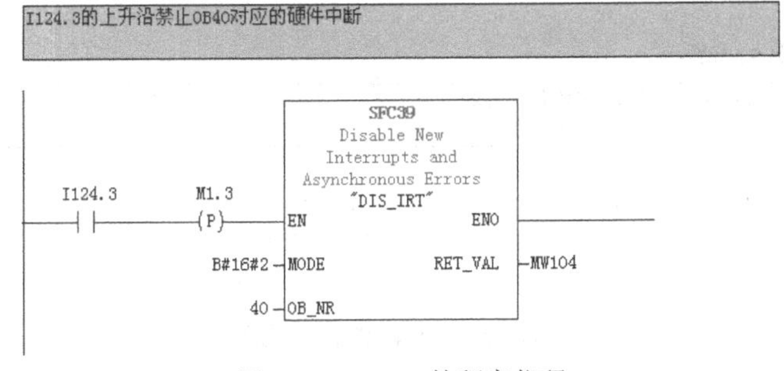


图 11-14　OB1 的程序代码

编写的硬件中断组织块 OB40 的程序代码如图 11-15 所示，在 OB40 中通过比较指令判别是哪一个模块和哪一点输入产生的中断。在 I124.0 的上升沿将 Q124.0 置位，在 I124.1 的下降沿将 Q124.0 复位。OB40_POINT_ADDR 是数字量输入模块内的位地址（第 0 位对应第一个输入），或模拟量模块超限的通道对应的位。对于 CP 和 FM 是模块的中断状态（与用户无关）。

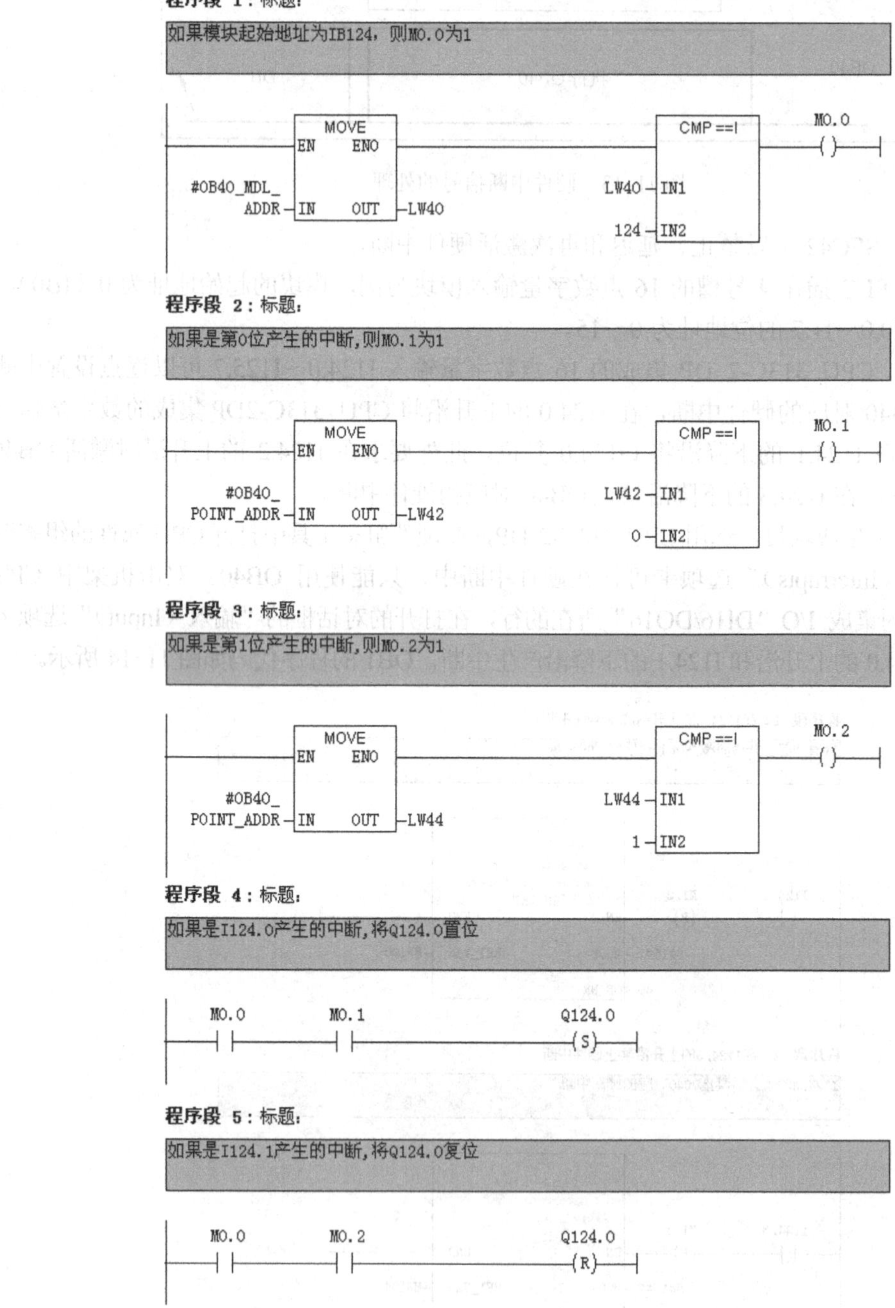


图 11-15　OB40 的程序代码

## 11.5 中断处理组织块

除日期时间中断、循环中断组织块、延时中断、硬件中断外，DVP1 中断以及多处理器中断也有相应的组织块进行处理。

### 11.5.1 DPV1 中断

DPV1 从站可以触发中断，可以使用 S7 CPU 操作系统提供的不同的 OB 来处理诊断，提取和插入中断，DPV1 中断组织块见表 11-5。

表 11-5 DPV1 中断组织块

| DPV1 中断 | OB | 解　释 |
| --- | --- | --- |
| 状态中断 | OB55 | 一个模块操作状态的转换，如从运行到停止可以触发一个状态中断 |
| 更新中断 | OB56 | 当某个槽重新组态后可能触发一个更新中断，本地或者远程访问参数后可能出现这个结果 |
| 制作商指定的中断 | OB57 | 由 DPV1 制作商指定的触发事件 |

用 SFB52～SFB54 可以读取数据记录、写数据记录以及从 DP 从站接收中断。

### 11.5.2 多处理器中断

多处理器意味着一个 S7-400 PLC 中央机架上同时有超过 1 个，最多 4 个 CPU 在运行。运行的 CPU 自动同步更改其运行模式，即这些 CPU 同时启动同时停止。每个 CPU 中的用户程序互相独立运行，即控制任务可以并行。

以下情况可以使用多处理器：

1）当用户程序太大而一个 CPU 或存储器无法满足要求时。

2）如果用户程序中的某些部分要求必须快速处理，可将其放到另一个 CPU。

3）如果一个系统可以清晰地分为几个部分，而且每部分可以各自独立控制，那么可以采用多个处理器。

可以调用 SFC35“MP_ALM”使多处理器模式下所有的 CPU 响应某些中断事件。调用 SFC35 触发一个多处理器中断而导致所有 CPU 调用 OB60。

当调用 SFC35 时，事件的信息以工作标识符的形式传递到所有的 CPU，工作标识符区分 16 个不同的事件。对于多处理器中断，发送者用户程序以及其他 CPU 上的用户程序都要检查是否识别此工作标识符并动作。可以在用户程序的任何位置调用 SFC35，因为只在运行模式下调用，所以多处理器中断在停止模式下被禁止。多处理器中断只有在当前的多处理器中断被确认后下一次多处理器中断才能被触发。

## 11.6 错误处理组织块

### 11.6.1 错误处理概述

S7-300/400 有很强的 PLC 内部的功能性错误或编程错误（或称故障）的检测和处理能

力。CPU 检测到某种错误后，操作系统调用对应的组织块，可以在组织块中编程，对发生的错误采取相应的措施。对于大多数错误，如果没有编写相应的组织块处理程序，出现错误时 CPU 将进入 STOP 模式。

S7 系统程序可以检测出下列错误：不正确的 CPU 功能、系统程序执行中的错误、用户程序中的错误和 I/O 中的错误。根据错误类型的不同，CPU 将采取不同的措施，如进入 STOP 模式或调用一个错误处理 OB。

当 CPU 检测到错误时，会调用适当的组织块进行处理，错误处理组织块见表 11-6，如果没有相应的错误处理 OB，CPU 将进入 STOP 模式。用户可以在错误处理 OB 中编写如何处理这种错误的程序，以减小或消除错误的影响。

**表 11-6　错误处理组织块**

| OB 号 | 错 误 类 型 |
|---|---|
| OB 70 | I/O 冗余错误（仅 H 系列 CPU） |
| OB 72 | CPU 冗余错误（仅 H 系列 CPU） |
| OB 73 | 通信冗余错误（仅 H 系列 CPU） |
| OB 80 | 时间错误 |
| OB 81 | 电源故障 |
| OB 82 | 诊断中断 |
| OB 83 | 插入，取出模块中断 |
| OB 84 | CPU 硬件故障 |
| OB 85 | 优先级错误 |
| OB 86 | 机架故障或分布式 I/O 的站故障 |
| OB 87 | 通信错误 |
| OB 121 | 编程错误 |
| OB 122 | I/O 访问错误 |

为避免发生某种错误时 CPU 进入停机状态，可以在 CPU 中建立一个对应的空的组织块。

操作系统检测到一个异步错误时，将启动相应的 OB。异步错误 OB 具有最高等级的优先级，如果当前正在执行的 OB 的优先级低于 26，则异步错误 OB 的优先级为 26，如果当前正在执行的 OB 的优先级为 27（启动组织块），则异步错误 OB 的优先级为 28，其他 OB 不能中断它们。如果同时有多个相同优先级的异步错误 OB 出现，则将按出现的顺序处理它们。

可以利用 OB 中的变量声明表提供的信息来判别错误的类型，OB 的局域数据中的变量 OB8x_FLT_ID 和 OB12x_SW_FLT 包含有错误代码。

### 11.6.2　错误的分类

被 S7 CPU 检测到并且用户可以通过组织块对其进行处理的错误分为两个基本类型：异步错误和同步错误。

异步错误是与 PLC 的硬件或操作系统密切相关的错误，与程序执行无关，不能跟踪到程序中的某个具体位置（例如，模块的诊断中断）。异步错误的后果一般都比较严重。异步错误对应的组织块为 OB70～OB73 和 OB80～OB87，有最高的优先级。

同步错误是与程序执行有关的错误，可以跟踪到某一具体指令的位置，由同步错误所触发的错误处理组织块将作为程序的一部分来执行。OB121 和 OB122 用于处理同步错误，它们的优先级与出现错误时被中断的块的优先级相同，即同步错误 OB 中的程序可以访问块被中断时累加器和状态寄存器中的内容。对错误进行适当处理后，可以将处理结果返回被中断的块。

### 11.6.3 异步错误处理组织块

（1）电源故障处理组织块（OB81）

电源故障包括后备电池失效或未安装、S7-400 的 CPU 机架或扩展机架上的 DC 24V 电源故障。电源故障出现和消失时操作系统都要调用 OB81。OB81 的局域变量 OB81_FLT_ID 是 OB81 的错误代码，指出属于哪一种故障，OB81_EV_CLASS 用于判断故障是刚出现或是刚消失。与其他类型的错误不同，当相应的错误 OB 不存在时，CPU 仍处于运行状态，此时 CPU 模块上的红色错误指示灯点亮。

（2）时间错误处理组织块（OB80）

循环监控时间的默认值为 150ms，时间错误包括实际循环时间超过设置的循环时间、因为向前修改时间而跳过日期时间中断、处理优先级时延迟太多等。当时间错误在一个循环周期中发生两次，则 CPU 进入停机状态。

（3）诊断中断处理组织块（OB82）

如果模块有诊断功能并且激活了它的诊断中断，当它检测到错误时，以及错误消失时，操作系统都会调用 OB82。当一个诊断中断被触发时，有问题的模块自动地在诊断中断 OB 的启动信息和诊断缓冲区中存入 4 个字节的诊断数据和模块的起始地址。在编写 OB82 的程序时，要从 OB82 的启动信息中获得与出现的错误有关的更确切的诊断信息，例如，是哪一个通道出错，出现的是哪种错误。使用 SFC51“RDSYSST”可以读出模块的诊断数据，用 SFC52“WR_USMSG”可以将这些信息存入诊断缓冲区。也可以发送一个用户定义的诊断报文到监控设备。

OB82 在下列情况时被调用：有诊断功能的模块的断线故障、模拟量输入模块的电源故障、输入信号超过模拟量模块的测量范围等。

（4）插入/拔出模块中断组织块（OB83）

S7-400 PLC 可以在 RUN、STOP 或 STARTUP 模式下带电拔出和插入模块，但是不包括 CPU 模块、电源模块、接口模块和带适配器的 S5 模块，上述操作将会产生插入/拔出模块中断。当模块插入时，操作系统检查所插入的模块类型是否正确。该功能允许在运行状态下插入或移除模块，即热插拔技术。

（5）CPU 硬件故障处理组织块（OB84）

在 S7-400 PLC 中，当 CPU 检测到 MPI 网络的接口故障、通信总线的接口故障或分布式 I/O 网卡的接口故障时，操作系统调用 OB84。故障消除时也会调用该 OB 块。

（6）优先级错误处理组织块（OB85）

以下情况将会触发优先级错误中断：

1）产生了一个中断事件，但是对应的 OB 块没有下载到 CPU。

2）访问一个系统功能块的背景数据块时出错。

3）刷新过程映像表时 I/O 访问出错，模块不存在或有故障。

（7）机架故障组织块（OB86）

扩展机架故障（不包括 CPU 318）、DP 主站系统故障或分布式 I/O 的故障都会触发机架故障中断，故障产生和故障消失时，操作系统都将调用 OB86。

（8）通信错误组织块（OB87）

在使用通信功能块或全局数据（GD）通信进行数据交换时，如果出现通信错误，操作系统将调用 OB87。对于 S7-300 PLC，通信错误包括接收全局数据时得到错误的标识信息或数据块太短不足以存储状态信息。对于 S7-400 PLC，还包括其他错误，如不能发出同步信息等。

### 11.6.4 同步错误组织块

（1）同步错误

同步错误是与执行用户程序有关的错误，程序中如果有不正确的地址区、错误的编号或错误的地址，都会出现同步错误，操作系统将调用同步错误 OB。同步错误可分为编程错误和访问错误，编程错误指在程序中调用一个 CPU 中并不存在的块，访问错误指访问的一个模块有故障或不存在的模块（例如，直接访问一个不存在的 I/O 模块）。OB121 用于对编程错误的处理，OBl22 用于处理模块访问错误。

同步错误 OB 的优先级与检测到出错的块的优先级一致，因此 OB121 和 OB122 可以访问中断发生时累加器和其他寄存器中的内容。用户程序可以用它们来处理错误，例如出现对某个模拟量输入模块的访问错误时，可以在 OB122 中用 SFC44 定义一个替代值。

同步错误可以用 SFC36“MASK_FLT”来屏蔽，使某些同步错误不触发同步错误 OB 的调用，但是 CPU 在错误寄存器中记录发生的被屏蔽的错误。用错误过滤器中的一位来表示某种同步错误是否被屏蔽。错误过滤器分为程序错误过滤器和访问错误过滤器，分别占一个双字。

表 11-7 中的变量 PRGFLT_SET_MASK 和 ACCFLT_SET_MASK 分别用来设置程序错误过滤器和访问错误过滤器，某位为 1 表示该位对应的错误被屏蔽。屏蔽后的错误过滤器可以用变量 PRGFLT_MASKED 和 ACCFLT_MASKED 读出。错误信息返回值 RET_VAL 为 0 时表示没有错误被屏蔽，为 1 时表示至少有一个错误被屏蔽。

**表 11-7 SFC36“MASK_FLT”的局域变量表**

| 参 数 | 声 明 | 数据类型 | 存 储 区 | 描 述 |
| --- | --- | --- | --- | --- |
| PRGFLT_SET_MASK | INPUT | DWORD | I、Q、M、D、L、常数 | 要屏蔽的程序错误 |
| ACCFLT_SET_MASK | INPUT | DWORD | I、Q、M、D、L、常数 | 要屏蔽的访问错误 |
| RET_VAL | OUTPUT | INT | I、Q、M、D、L | 错误信息返回值 |
| PRGFLT_MASKED | OUTPUT | DWORD | I、Q、M、D、L | 被屏蔽的程序错误 |
| ACCFLT_MASKED | OUTPUT | DWORD | I、Q、M、D、L | 被屏蔽的访问错误 |

调用 SFC37“DMSK_FLT”并且在当前优先级被执行完后，将解除被屏蔽的错误，并且清除当前优先级的事件状态寄存器中相应的位。

可以用 SFC 38 “READ_ERR” 读出已经发生的被屏蔽的错误。

对于 S7-300 PLC（CPU 318 除外），不管错误是否被屏蔽，错误都会被送入诊断缓冲区，并且 CPU 的“组错误”LED 会被点亮。

（2）编程错误组织块（OB121）

出现编程错误时，CPU 的操作系统将调用 OB121。局域变量 OB121_SW_FLT 给出错误代码，见表 11-8。

**表 11-8　OB121 中的错误代码表**

| | |
|---|---|
| B#16#21<br>OBl21_FLT_REG | BCD 转换错误<br>有关寄存器的标识符，例如累加器 1 的标识符为 0 |
| B#16#22<br>B#16#23<br>B#16#28<br>B#16#29<br>OB121FLT_REG<br><br>OB121_RESERVED_1 | 读操作时的区域长度错误<br>写操作时的区域长度错误<br>用指针读字节、字和双字时位地址不为 0<br>用指针写字节、字和双字时位地址不为 0<br>不正确的字节地址，可以从 OB121_RESERVED_1 读出数据区和访问类型<br>第 4～7 位为访问类型，为 0～3 分别表示访问位、字节、字和双字<br>第 0～3 位为存储器区，为 0～7 分别表示 I/O 区、过程映像输入表、过程映像输出表、位存储器、共享 DB、背景 DB、自己的局域数据和调用者的局域数据 |
| B#16#24<br>B#16#25<br>OB121_FLT_REG | 读操作时的范围错误<br>写操作时的范围错误<br>低字节有非法区域的标识符（B#16#86 为自己的数据区） |
| B#16#26<br>B#16#27<br>OBl21_FLT_REG | 定时器编号错误<br>计数器编号错误<br>非法的编号 |
| B#16#30<br>B#16#31<br>B#16#32<br>B#16#33<br>OB121_FLT_REG | 对有写保护的全局 DB 的写操作<br>对有写保护的背景 DB 的写操作<br>访问共享 DB 时的 DB 编号错误<br>访问背景 DB 时的 DB 编号错误<br>非法的 DB 编号 |
| B#16#34<br>B#16#35<br>B#16#3A<br>B#16#3C<br>B#16#3D<br>B#16#3E<br>B#16#3F<br>OB121_FLT_REG | 调用 FC 时的 FC 编号错误<br>调用 FB 时的 FB 编号错误<br>访问未下载的 DB，DB 编号在允许范围<br>访问未下载的 FC，FC 编号在允许范围<br>访问未下载的 SFC，SFC 编号在允许范围<br>访问未下载的 FB，FB 编号在允许范围<br>访问未下载的 SFB，SFB 编号在允许范围<br>非法的编号 |

（3）I/O 访问错误组织块（OB122）

STEP 7 指令访问有故障的模块，例如直接访问 I/O 错误（模块损坏或找不到），或者访问了一个 CPU 不能识别的 I/O 地址，此时 CPU 的操作系统将会调用 OB122。

OB122 的局域变量提供了错误代码、S7-400 PLC 出错的块的类型、出现错误的存储器地址、存储区与访问类型等信息。错误代码 B#16#44 和 B#16#45 表示错误相当严重，例如可能是因为访问的模块不存在，导致多次访问出错，这时应采取停机的措施。

对于某些同步错误，可以调用系统功能 SFC44，为输入模块提供一个替代值来代替错误值，以便使程序能继续执行。

**【例 11-6】** 建立一个项目，在 OB1 中编写一段错误的指令（访问错误的 I/O 地址）：

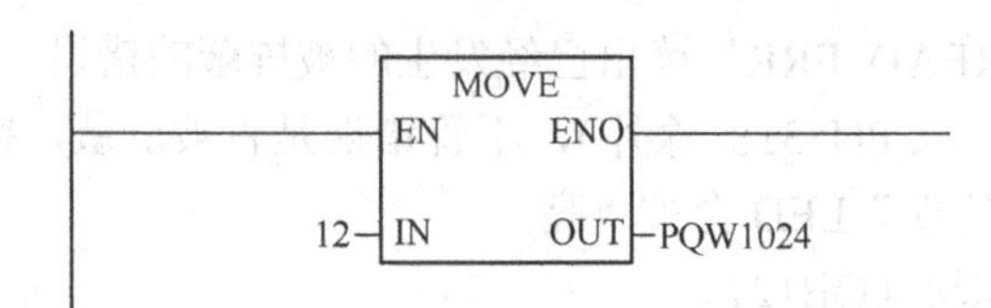


可以使用仿真软件模拟运行程序，CPU 上的红色 SF 灯亮，绿色的 RUN 灯熄灭，橙色的 STOP 灯亮，PLC 切换到 STOP 状态。

在 SIMATIC 管理器中通过菜单命令“PLC”→“Diagnostics/Settings”→“Module Information”，打开“模块信息”对话框，选中“诊断缓冲区”选项卡，可以看到红色的错误标志。关于诊断缓冲区的详细内容在后面将进行介绍。

返回 SIMATIC 管理器，生成 OB121（可以是一个空的模块），下载后重新运行，可以看到用 I0.0 调用 FC2 时不会停机，但是 SF 灯会亮。

### 11.6.5 冗余错误处理组织块

如果 PROFIBUS DP 出现冗余丢失（例如 DP 主站总线故障或者 DP 从站接口模块故障等），H 系统 CPU 的操作系统将调用 OB70。

可以使用 OB70 来获得 OB70 的启动信息，从而知道触发 I/O 冗余丢失的事件，利用 SFC51 来获得系统状态。

当出现 I/O 冗余错误而 OB70 没有编写程序时，CPU 不会停机。如果 OB70 下载了而 H 系统没有运行在冗余状态，则所有 CPU 都处理 OB70，H 系统保持冗余模式。

如果 H 系统 CPU 冗余丢失，或者出现比较错误等事件则调用 OB72。通过 OB72 可以知道 CPU 冗余丢失的原因，使用 SFC51 获得系统状态。

当出现 CPU 冗余错误而 OB70 没有编写程序时，CPU 不会停机。

### 11.6.6 背景组织块

CPU 可以保证设置的最小扫描循环时间，如果它比实际的扫描循环时间长，在循环程序结束后 CPU 处于空闲的时间内可以执行背景组织块（OB90）。如果没有对 OB90 编程，CPU 要等到定义的最小扫描循环时间到达为止，再开始下一次循环的操作。可以将对运行时间要求不高的操作放在 OB90 中去执行，以避免出现等待时间。

背景 OB 的优先级为 29（最低），不能通过参数设置进行修改。OB90 可以被所有其他的系统功能和任务中断。

由于 OB90 的运行时间不受 CPU 操作系统的监视，故可以在 OB90 中编写长度不受限制的程序。

## 11.7 习题

1．组织块有哪些类型？
2．举例说明各种组织块的使用。

# 第12章　故障诊断

工业过程中，当某种故障导致一个系统或设备停机或功能不正确时，及时对其进行诊断是非常重要的。系统或设备出现的错误根据可否由PLC识别分为两类：

1）由PLC的操作系统识别并导致CPU进入停机状态。

2）功能错误，即CPU正常运行，但所需的功能或者不执行或者不正确执行。

针对不同的故障，应采用不同的手段予以排除：导致CPU停机的故障，应使用“模块信息（Module Information）”工具。对于逻辑错误，即程序可执行但功能实现不正确，应使用“程序状态（Program Status）”和“参考数据（Referece Data）”工具。对于偶尔出现的故障，即只在特定的系统状态下才出现的故障，它可能导致停机或逻辑错误，可采用“CPU Messages”工具或生成“自定义触发点（Your Own Trigger Point）”等。

## 12.1　检测导致CPU停机的故障

SIMATIC S7-300/400 PLC内部集成了识别和记录功能，称为诊断。记录错误信息的区称为诊断缓冲区。诊断缓冲区的大小和CPU的型号有关，如CPU314的诊断缓冲区可以存储100个信息。

当操作系统识别出一个错误或事件发生（比如模式转换）时，系统将把标有时间和日期的信息保存到诊断缓冲区中。诊断缓冲区中的信息为先入先出，最近时间的信息保存到缓冲区的开始，即第一条。如果缓冲区满，最旧的信息将覆盖。复位CPU存储器也不会删除诊断缓冲区中的内容。另外，还将刷新系统状态信息以及调用错误相关的OB块。

利用CPU的诊断缓冲区的信息，可以识别CPU或模板中的系统错误或者CPU中的程序错误等，以便快速诊断故障的原因及位置。

### 12.1.1　CPU信息

SIMATIC管理器与CPU连接后，通过菜单命令“PLC”→“CPU消息”可以打开图12-1所示的“CPU消息”对话框，可以用来查看零星的错误消息。在程序编辑器中，通过菜单命令“PLC”→“CPU消息”也可以打开“CPU消息”对话框。

由图12-1可以看出，选项表分为4列：第一列中的图标用来表示该连接是否被外部设备中断；“W”列中，可以激活或禁止系统诊断和用户诊断信息；“A”列中，可以激活或禁止中断信息；“模块”列用于显示模块的名字或S7程序的路径。

CPU信息功能将检查出现问题的模块是否支持诊断和中断功能。如果不支持，则显示错误信息。

CPU消息对话框的工具栏按钮含义见表12-1。

**表 12-1　CPU 消息对话框的工具栏按钮**

| 图标 | 名　称 | 功　能 |
| --- | --- | --- |
| | 打印 | 打印消息 |
| | 清空归档 | 删除归档中的所有消息，需要确认 |
| | 显示信息文本 | 在信息文本窗口中显示来自 ALARM_S 块的消息的信息文本 |
| | 自动滚动 | 新消息将始终滚动进窗口中并处于被选定状态 |
| | 多行消息 | 在多行显示“中断”选项卡中的消息 |
| | 高亮显示 | 收到消息，且窗口不位于顶部，则“CPU 消息”在 Windows 任务栏中高亮显示。消息保存在归档中，可在必要时显示 |
| | 置于后台 | 在后台接收 CPU 消息，“CPU 消息”不在 Windows 任务栏中高亮显示。消息显示在窗口中，但窗口留在后台。消息保存在归档中，可在必要时显示 |
| | 忽略 | 消息不在窗口中显示，也不保存在归档中 |
| | 自定义 | 打开自定义对话框 |
| | 帮助 | 选中，单击某对象将显示其帮助信息 |

单击工具栏中的按钮或通过菜单命令“选项”→“自定义”可以打开自定义对话框，如图 12-2 所示，在此可以修改存档的数目（40～2000 条信息）或清空存档信息。

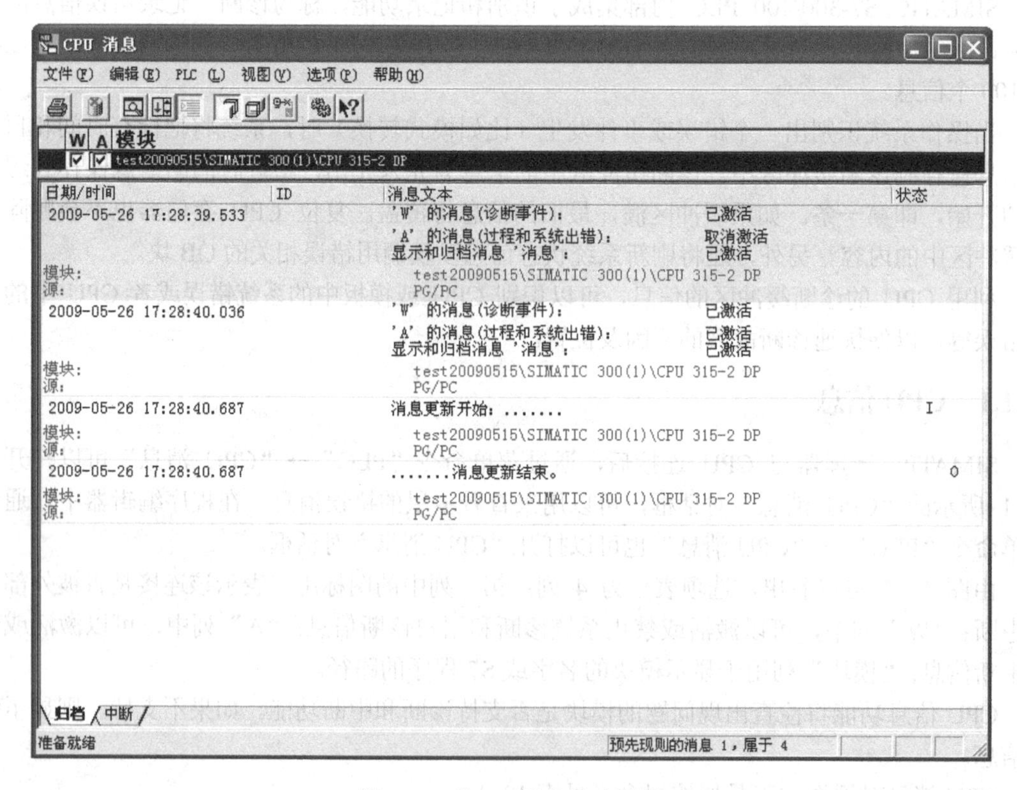

图 12-1　“CPU 消息”对话框

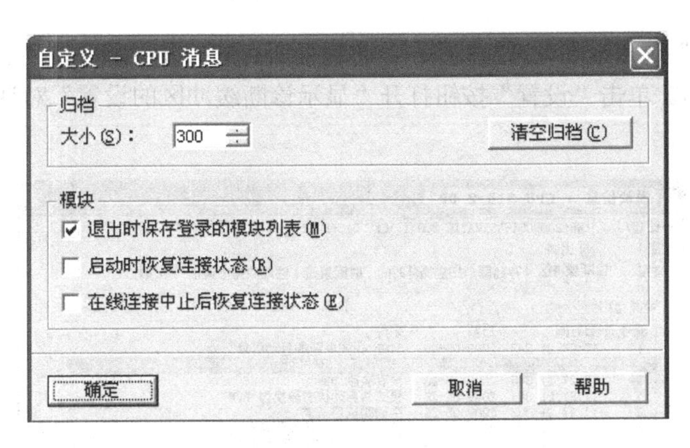


图 12-2 自定义对话框

### 12.1.2 模块信息

在 SIMATIC 管理器中，通过菜单命令"PLC"→"诊断/设置"→"模块信息"可打开"模块信息"对话框，如图 12-3 所示，模块信息功能可以从直接连接的模块中读取最重要的数据。

在硬件组态编辑器中，选中 CPU，通过菜单命令"PLC"→"模块信息"也可以打开"模块信息"对话框。

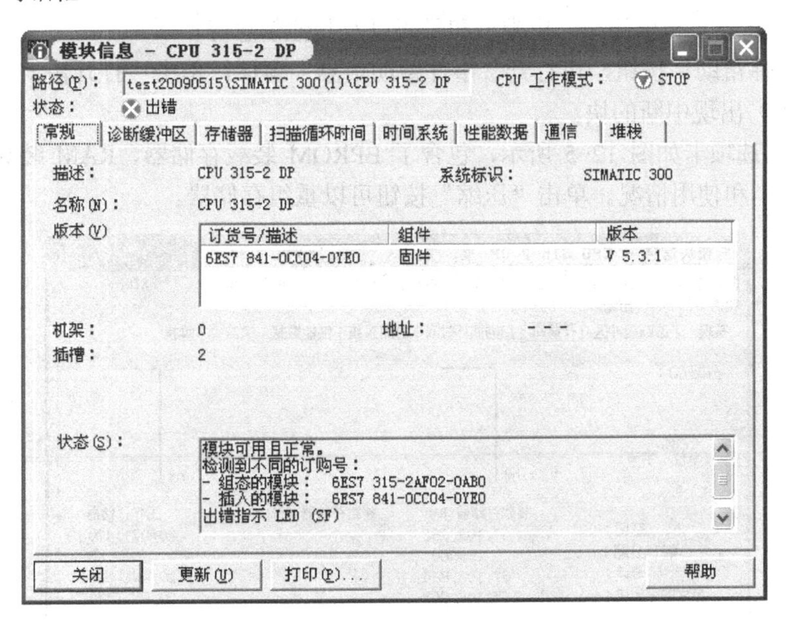


图 12-3 "模块信息"对话框

由图 12-3 可以看出，"模块信息"对话框包括多个选项卡。"常规"选项卡包含模块描述、硬件和软件版本等信息，如图 12-3 所示。在"状态"栏中显示从 CPU 角度描述的模块状态信息，如模块存在且正常、模块故障、模块已组态但不存在、维护请求、维护要求等。需要注意的是，只有在分配参数时启用了诊断中断的情况下，才会显示"错误"状态。

“诊断缓冲区”选项卡如图 12-4 所示，它包括所有的按发生顺序排列的诊断事件。所有的事件以文本列出。单击“设置”按钮打开“显示诊断缓冲区的设置”对话框，可以设置显示各种需要的事件。

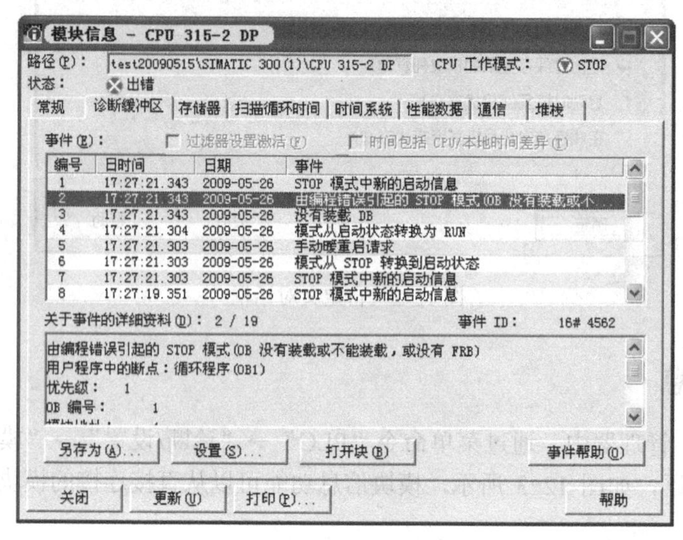


图 12-4　诊断缓冲区

选中了一个事件后，在“关于事件的详细资料”栏中可以看到关于该事件的详细说明，包括事件 ID（代号）和事件号、块类型和号码以及其他信息等。

单击“事件帮助”按钮，可打开“事件帮助信息”窗口，单击“打开块”按钮，可在线打开（CPU 中）出现中断的块。

“存储器”选项卡如图 12-5 所示，包含了 EPROM 装载存储器、RAM 装载存储器和工作存储器的大小和使用情况。单击“压缩”按钮可以重组存储器。

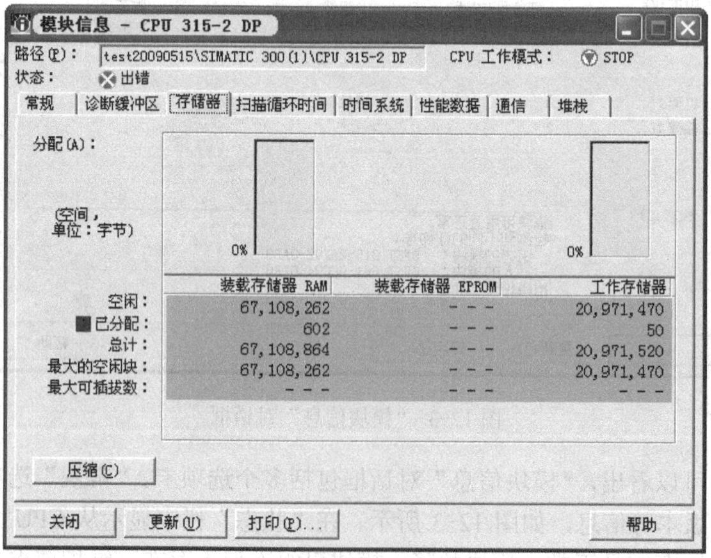

图 12-5　“存储器”选项卡

“扫描循环时间”选项卡用于显示设置的监视时间，最短的、最长的和上一次循环时间，如图 12-6 所示。

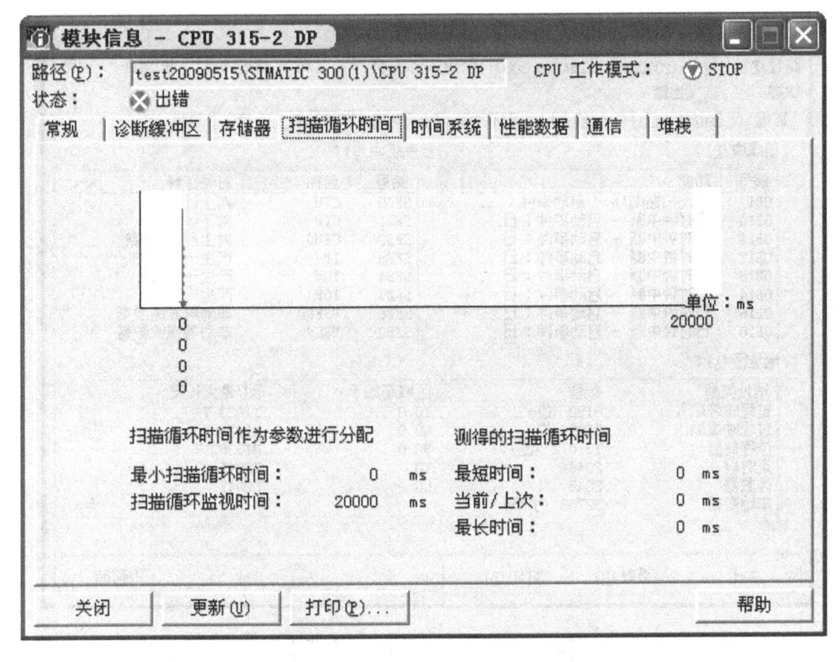


图 12-6 “扫描循环时间”选项卡

“时间系统”选项卡显示 PLC 的实时时钟和集成运行时间表，如图 12-7 所示。

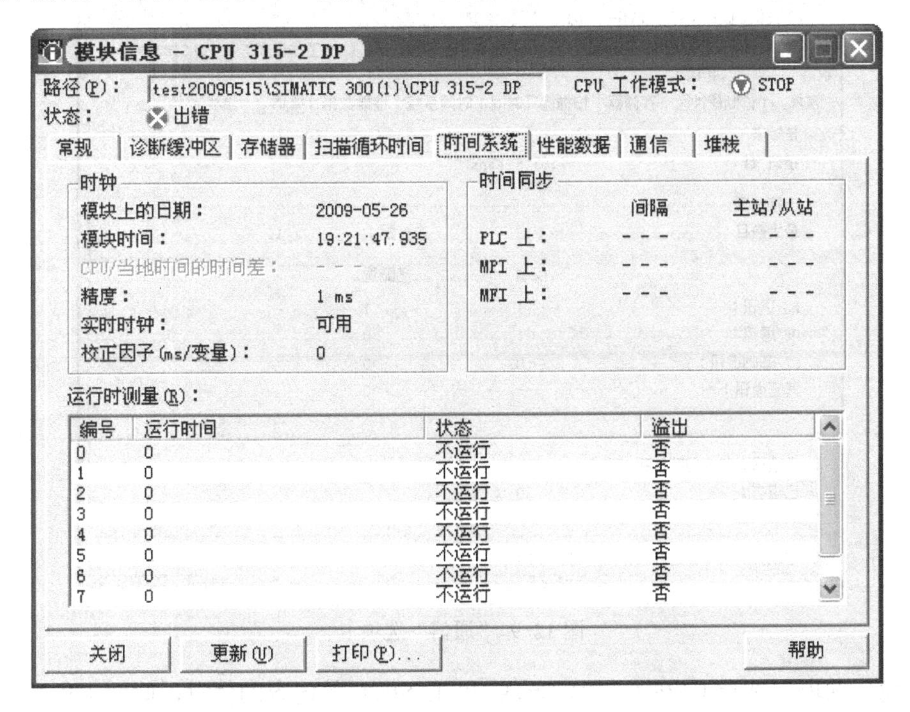


图 12-7 “时间系统”选项卡

“性能数据”选项卡用于显示集成的系统块和可执行的组织块以及地址区（I、Q、M、T、C、L）等，如图 12-8 所示。

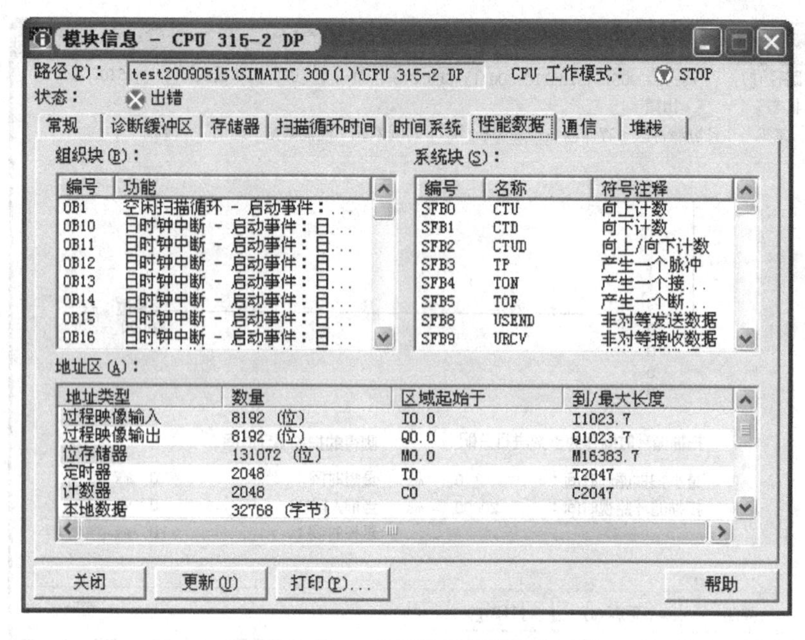


图 12-8 “性能数据”选项卡

“通信”选项卡用于显示通信接口的性能数据和连接概况，如图 12-9 所示。

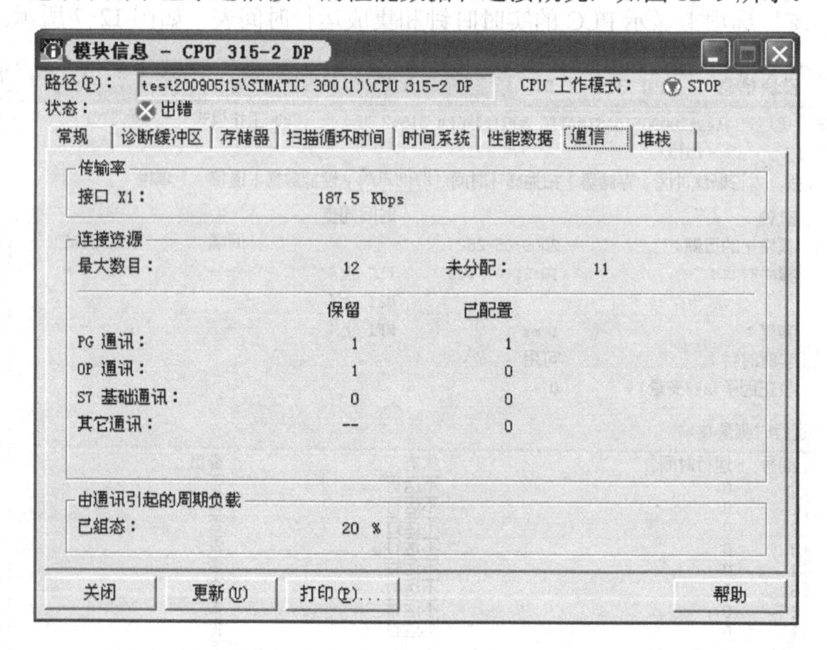


图 12-9 “通信”选项卡

“堆栈”选项卡显示 I Stack、 B Stack 和 L Stack 的内容的信息，此时 CPU 必须处于 STOP 或到达断点，如图 12-10 所示。

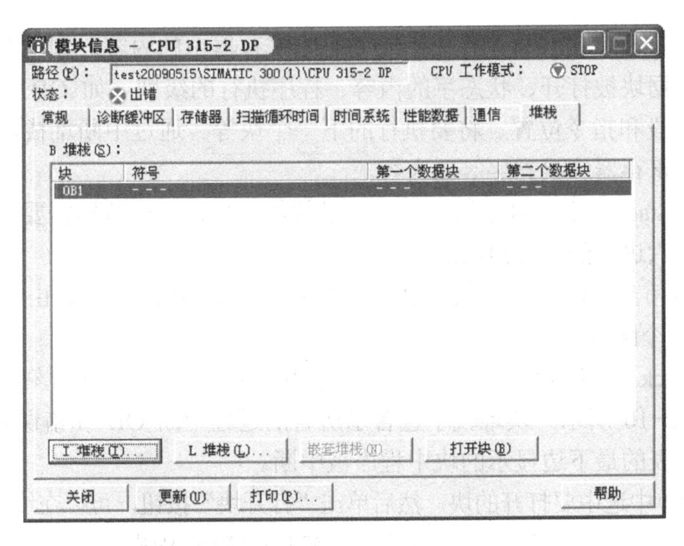


图 12-10 “堆栈”选项卡

## 12.1.3 使用诊断缓冲区

诊断缓冲器（Diagnostic Buffer）是一个 FIFO（先入先出）缓冲器，它是 CPU 中一个用电池支持的区域。诊断缓冲器中按先后顺序存储着所有可用于系统诊断的事件。存储器复位时也不会被删除。

诊断缓冲区中最后发生的事件位于事件列表的最上面，时间将表明哪些错误信息属于该事件，如图 12-4 中事件 1～3 发生在同一时刻。

图 12-4 中，在故障出现前曾执行了一次暖启动（事件 4～6）。重启动后，出现故障并将序号为 1、2 和 3 的 3 条信息记入诊断缓冲器中。

事件 2 显示了由于错误处理的 OB（OB121）未编程而导致 CPU 停机。在“关于事件的详细资料”栏中显示处理级，例如 OB1（Cycle），以及出现错误的块和指令的地址（OB1）。

事件 3 显示了真正的停机原因是当这种错误出现时错误 OB （OB 121）“没有装载 DB”。在详细资料框中显示了没有装载 DB 数据块，同时显示了被操作系统调用。

对所谓的同步错误，即由用户程序中错误的指令触发引起的错误，单击图 12-4 的“打开块”按钮可以打开被中断的块。如果选择了 STL 语言，光标直接停在导致中断的语句之前。在 LAD/FBD 方式下，将显示导致中断的段。

## 12.1.4 利用堆栈进行诊断

对同步错误（需要调用 OB121、OB122），使用堆栈（包括 I Stack、B Stack 和 L Stack）的内容可以显示关于故障原因和位置的进一步信息。通过堆栈可以知道，诸如 CPU 停机之前累加器中的内容等。

在用户程序中块常常被多次调用，这就意味着有关错误出现的调用链中导致中断的块号码和指令的信息不能清楚地指示。块堆栈（B Stack）中包含了在停机时执行的但没有完成的所有块的清单。通过块堆栈可以看到发生错误之前曾执行过的块。

中断堆栈（I Stack）中包含了在中断发生时刻寄存器中的内容，例如累加器和地址寄存器的内容、哪些数据块被打开、状态字的内容、程序执行的级别（如 OB1 或 OB10）、发生中断的块及具体的段和指令位置、将要执行的下一个块等。通过中断堆栈，可以看到当中断发生时，累加器、寄存器、状态字等的内容。

局部堆栈（L Stack）中包含了块的临时变量的值。分析这些数据需要有一定的经验，因为这些内容是以十六进制的形式给出的。

为了显示堆栈信息，CPU 必须进入停机状态，如由于程序错误或由于编程的停机指令（SFC）或到达了一个断点等。

块堆栈（B Stack）用图解方式表明了程序调用的层次，即在中断时刻被调用块的顺序和嵌套情况，如图 12-10 所示。块堆栈中包含了所有的过程中断 OB 和错误处理 OB，以及打开的数据块。在该表的最下边显示的块中程序被中断。

在块堆栈的清单中选中要打开的块，然后单击“打开块”按钮，可以在线打开这个块，也可以编辑这个块。光标将停在引起中断的指令之后或在 LAD/FBD 中程序执行被中断的段。

中断堆栈（I Stack）用来指示程序执行的级别。打开中断堆栈之前，必须选中块堆栈中相关的组织块。中断堆栈窗口中显示中断发生时刻所有有关寄存器中的内容，如图 12-11 所示。

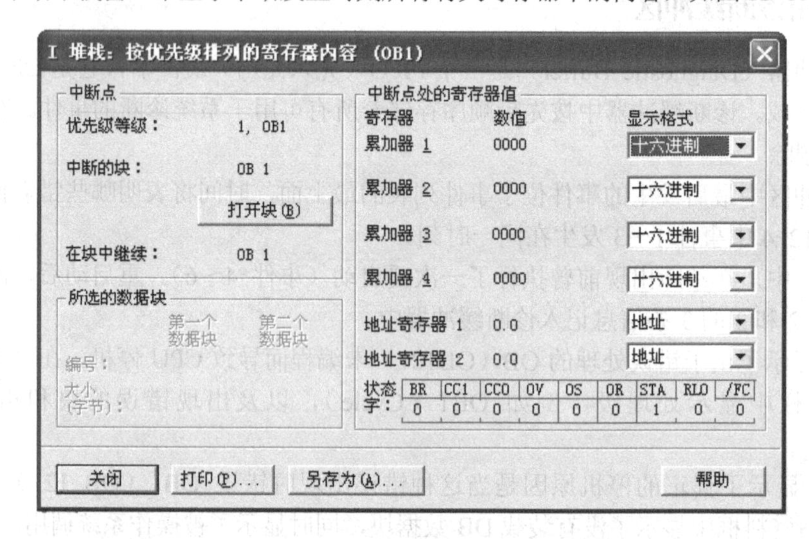


图 12-11　中断堆栈

其各项含义如下：

- 累加器：在“显示格式”列表中可以选择累加器中数据的显示格式。
- 地址寄存器：在“显示格式”列表中可以选择地址寄存器中数据的显示格式。
- 状态字：状态字的 0～8 位被显示出来，并用缩写指示它们的含义。

“中断点”窗口中显示了下列信息：被中断的块，可以直接打开（光标定位在出错的指令之前）；OB 的优先级，被中断的执行级别；打开数据块的号码和长度。

在中断发生的时刻，未结束的块的临时变量被存储在局部堆栈（L Stack）中。在 CPU 停机时没有执行完毕的块被列在块堆栈（B Stack）中，在局部堆栈窗口中显示的是在块堆栈中选中的块的临时变量，如图 12-12 所示。

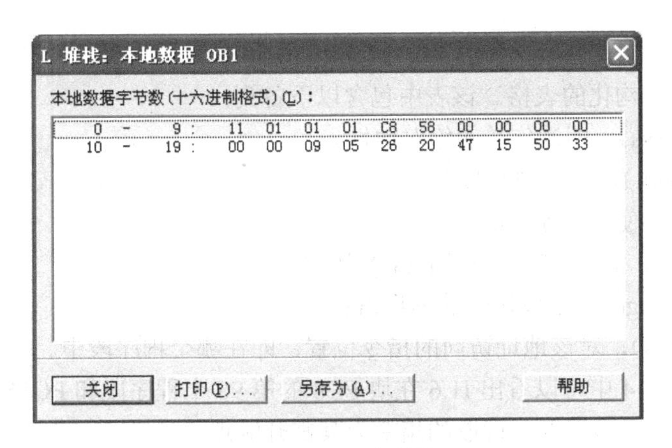


图 12-12　局部堆栈

## 12.2　检测逻辑错误

“程序状态（Program Status）”工具的使用已经在第 7 章中介绍过。本节主要介绍使用“参考数据”工具检测逻辑错误。

对于复杂的程序，当排除故障时特别需要有一个概览，在哪里哪个地址被扫描或赋值、哪个输入或输出被实际使用或整个用户程序关于调用层次的基本结构如何等。“参考数据”工具将提供一个用户程序结构的概览以及所用地址的查看。参考数据从离线存储的用户程序生成。

选中 SIMATIC 管理器项目下的“块”文件夹，通过菜单命令“选项”→“参考数据”→“显示”可以打开参考数据工具。在程序编辑器中通过菜单命令“选项”→“参考数据”→“显示”也可以打开参考数据工具。

打开参考数据工具时，需要选择“重新生成”或是“更新”数据，还要选择在打开的表格中首先显示哪个表，如图 12-13 所示。

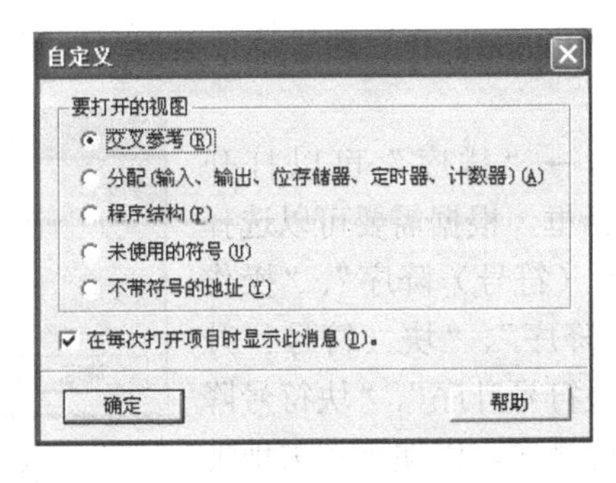


图 12-13　“选择”对话框

### 12.2.1　交叉参考

交叉参考（表）提供哪个地址在哪个块中随着哪条指令被使用的信息，如图 12-14 所示。交叉参考可以显示所有输入、输出、位存储区、定时器、计数器、块（除了 OB）、外设输入和输出的交叉参考。

交叉参考表是结构化的表格。该表中包含以下各列：

- 地址（Address），即操作数的绝对地址。
- 符号（Symbol），地址的符号名。
- 块（Block），使用该地址的块。
- 类型（Type），只读（R）或只写（W）访问。
- 语言（Language），生成块时的编程语言。
- 位置（Details），对该地址访问的指令位置，即在哪个程序段中。

例如，从图 12-14 中可以看出 I1.6 在块 FC8 的第 98 个程序段和 FC16 的第 4 和第 25 个程序段中以梯形图语言被读取，读取的指令为其常开触点。

参考 - [S7 Program(9) (交叉参考) -- Qingdao\QINGDTH\CPU 414-2 DP]

参考数据(R) 编辑(E) 视图(V) 窗口(W) 帮助(H)

已经过滤

| 地址(符号) | 块(符号) | 类型 | 语言 | 位置 | 位置 |
|---|---|---|---|---|---|
| I 1.1 (LS303) | FC5 | R | LAD | NW 11 /A | |
| I 1.6 (ZS301) | FC8 | R | LAD | NW 98 /A | |
| | FC16 | R | LAD | NW 4 /A | NW 25 /A |
| I 1.7 (ZS302) | FC8 | R | LAD | NW 101 /A | NW 105 /A |
| I 2.0 (ZS303) | FC8 | R | LAD | NW 102 /A | NW 103 /A |
| I 2.1 (ZS304) | FC8 | R | LAD | NW 113 /A | |
| I 2.2 (ZS305) | FC8 | R | LAD | NW 96 /O | NW 107 /A |
| I 2.3 (ZS306) | FC8 | R | LAD | NW 77 /A | NW 96 /O |
| I 2.5 (SA2) | FC4 | R | SCL | ------ | |
| I 2.6 (SA3) | FC4 | R | SCL | ------ | |
| I 2.7 (SA4) | FC4 | R | SCL | ------ | |
| I 3.0 (SA5) | FC4 | R | SCL | ------ | |
| I 3.1 (SA6) | FC4 | R | SCL | ------ | |
| I 3.2 (SA7) | FC4 | R | SCL | ------ | |
| I 3.3 (SA8) | FC4 | R | SCL | ------ | |
| I 3.4 (SA9) | FC4 | R | SCL | ------ | |
| I 4.4 (KV203) | FC7 | R | LAD | NW 11 /A | NW 13 /A |
| I 4.5 (KV204) | FC7 | R | LAD | NW 13 /A | NW 15 /A |
| I 4.6 (KV205) | FC7 | R | LAD | NW 11 /A | |
| I 5.0 (KV209) | FC7 | R | LAD | NW 11 /A | NW 13 /A |
| I 5.1 (KV210) | FC7 | R | LAD | NW 11 /A | NW 15 /A |
| I 5.2 (KV211) | FC7 | R | LAD | NW 13 /A | |
| I 5.3 (KV301) | FC7 | R | LAD | NW 8 /AN | |
| I 6.0 (KV202) | FC7 | R | LAD | NW 22 /A | |
| I 6.1 (KV206) | FC7 | R | LAD | NW 1 /AN | NW 6 /AN |
| I 6.2 (KV208) | FC8 | R | LAD | NW 13 /A | |
| I 6.3 (KV212) | FC7 | R | LAD | NW 1 /AN | NW 6 /AN |
| I 6.4 (KV213) | FC7 | R | LAD | NW 1 /A | NW 6 /A |
| I 6.5 (KV302a) | FC8 | R | LAD | NW 6 /A | NW 6 /A |
| I 6.6 (KV302b) | FC8 | R | LAD | NW 6 /A | NW 6 /A |
| I 6.7 (KV302c) | FC8 | R | LAD | NW 6 /A | NW 6 /A |

将显示过滤后的数据。

图 12-14 交叉参考

对交叉参考的操作非常 Windows 化。通过菜单命令“编辑”→“查找”打开“查找”对话框，输入查找内容即可。

通过菜单命令“视图”→“排序”可以打开图 12-15 所示的“排序”对话框，根据需要可以选择“地址（符号）升序”、“地址（符号）降序”、“操作数符号升序”、“操作数符号降序”、“块（符号）升序”、“块（符号）降序”、“块符号升序”、“块符号降序”等来对当前窗口的列进行排序，以便于相关地址的查找定位。

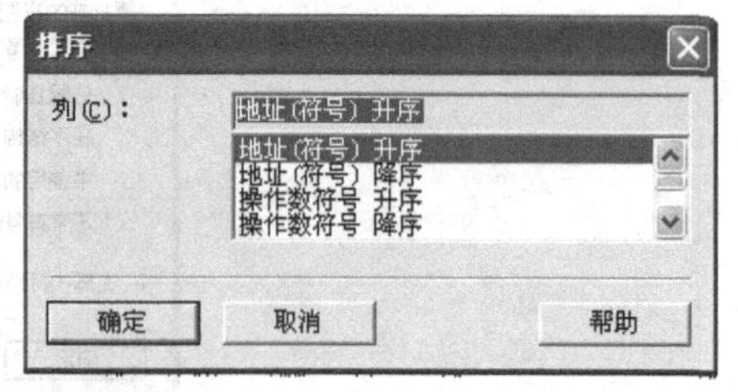


图 12-15 “排序”对话框

当交叉参考表中内容太多时，可以通过菜单命令“视图”→“过滤器”或单击工具栏中的按钮打开图 12-16 所示的“过滤参考数据”对话框，可以勾选希望显示的地址类型，输入地址中的号码等，通配符“*”表示数字，例如要查询 M1.x 的使用情况，则只勾选“位存储器”后，在其后的框中输入“1.*”即可。过滤区数字可以分几段输入，如输入“10-50; 70;

100-130” 意味着地址 70 和地址范围 10～50 以及 100～130 的地址将被显示。

在图 12-16 中，还可以设置只显示符号或只显示绝对地址，可以设置只显示只读或只写访问等。

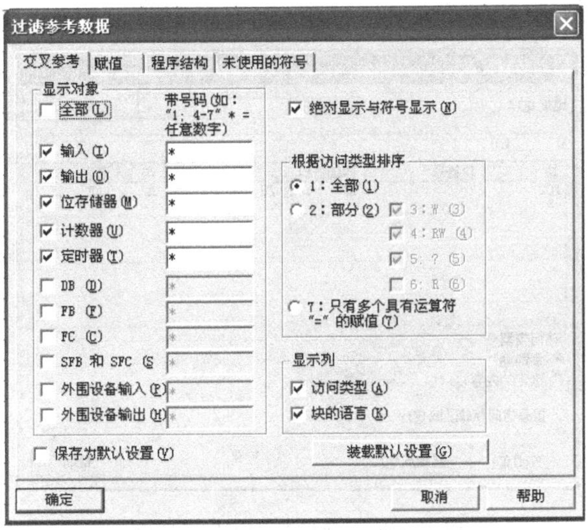

图 12-16 “过滤参考数据”对话框

交叉参考通过菜单命令“视图”→“导出”可以以数据交换格式（*.DIF）的文件格式导出存储，可以使用 Excel 打开。

在交叉参考表中的地址上双击，可以打开 LAD/FBD/STL 编辑器并显示使用该地址的块，光标停在访问该地址的段（LAD/FBD）上或行（STL）上。

由于参考数据是从离线数据库存储的块中产生的，故必须确定离线和在线存储的块是相同的，可以在 SIMATIC 管理器中通过菜单命令“选项”→“比较块”打开“比较块”对话框实现，如图 12-17 所示。

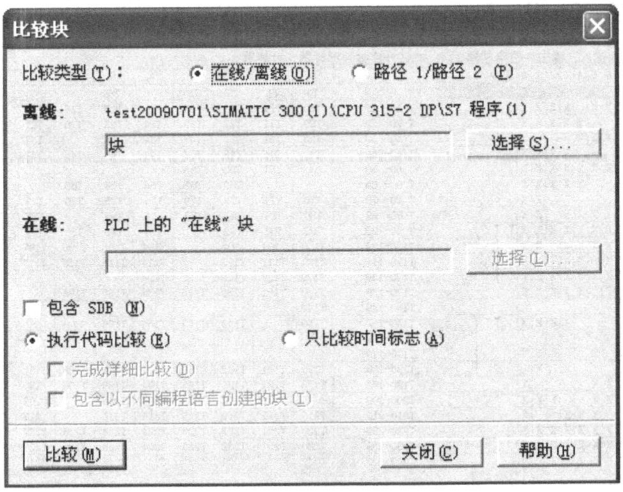

图 12-17 “比较块”对话框

检测故障时，往往只需确定一个地址在程序的何处被使用或赋值。此时，比交叉参考表更有效的手段是在程序编辑器中选中某个地址，使用“跳转到”→“应用位置”功能，打开“跳转到位置”对话框，如图 12-18 所示。在程序编辑器中，可以通过定位功能显示一个特定地址的交叉参考信息。

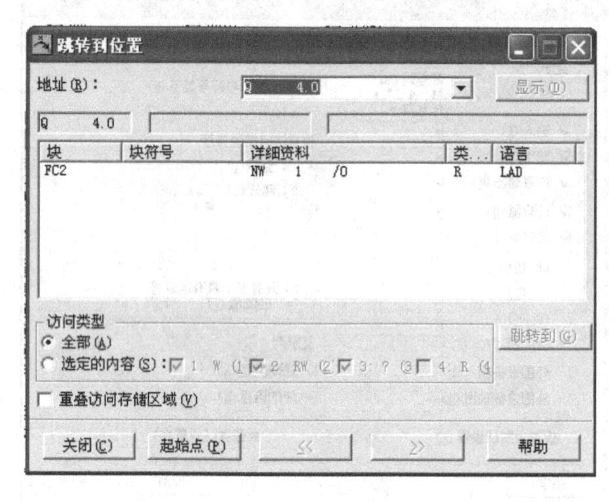


图 12-18 “跳转到位置”对话框

图 12-18 中，勾选“重叠访问存储区域”，则显示使用重叠地址访问的所有位置以及指定的绝对地址对应的位置。重叠地址访问是指访问地址区与所选地址重叠的部分。

### 12.2.2 地址分配

在图 12-14 中，单击工具栏中的▦按钮打开输入/输出、位存储器、定时器、计数器的赋值表，即地址分配表，如图 12-19 所示，其中概括了输入（I）、输出（Q）和位存储器（M）的各字节中位、字节、字、双字及定时器和计数器的使用情况。

参考 - [S7 Program(9) (赋值) -- Qingdao\QINGDTH\CPU 414-2 DP]

参考数据(R) 编辑(E) 视图(V) 窗口(W) 帮助(H)

无过滤

按升序排列输入，输出，位存储器

| / | 7 | 6 | 5 | 4 | 3 | 2 | 1 | 0 | B | W | D |
|---|---|---|---|---|---|---|---|---|---|---|---|
| IB 1 | X | X | | | | | X | | | | |
| IB 2 | X | X | X | | X | X | X | X | | | |
| IB 3 | | | | X | X | X | X | X | | | |
| IB 4 | | X | X | X | | | | | | | |
| IB 5 | | | | | X | X | X | X | | | |
| IB 6 | X | X | X | X | X | X | X | X | | | |
| IB 7 | X | | | X | X | X | X | X | | | |
| IB 8 | X | | | | X | | X | X | | | |
| IB 9 | X | X | X | X | X | | X | X | | | |
| IB 10 | X | X | X | X | X | X | X | X | | | |
| IB 11 | X | X | X | X | X | | X | X | | | |
| IB 12 | X | X | | X | | | X | X | | | |
| IB 13 | X | X | X | X | X | X | X | X | | | |
| IB 14 | | | | X | X | X | X | X | | | |
| IB 15 | | | | | | | | | | | |
| IB 16 | | | | | | X | X | X | | | |
| IB 17 | X | | | | | | | | | | |
| IB 18 | X | | X | | | | X | X | | | |
| IB 19 | X | | X | | X | | X | | | | |
| IB 20 | X | X | X | | | | | X | | | |
| IB 21 | | X | X | | | X | X | X | | | |
| IB 22 | | | X | X | X | | | X | | | |
| IB 23 | X | X | X | X | X | X | X | X | | | |
| IB 24 | X | X | X | X | X | X | X | X | | | |

按升序排列定时器，计数器

| / | 0 | 1 | 2 | 3 | 4 | 5 | 6 | 7 | 8 |
|---|---|---|---|---|---|---|---|---|---|
| T 0- 9 | T0 | T1 | T2 | T3 | T4 | T5 | | | |
| T 10- 19 | T10 | T11 | T12 | T13 | T14 | T15 | T16 | T17 | T18 |
| T 20- 29 | T20 | T21 | T22 | T23 | T24 | T25 | T26 | T27 | T28 |
| T 30- 39 | T30 | T31 | | T33 | T34 | T35 | | T37 | T38 |
| T 40- 49 | T40 | T41 | T42 | T43 | T44 | T45 | T46 | T47 | T48 |
| T 50- 59 | | T51 | T52 | T53 | | | | | |
| T 60- 69 | | | T62 | T63 | T64 | T65 | T66 | | T68 |
| T 70- 79 | T70 | T71 | T72 | T73 | T74 | T75 | T76 | T77 | T78 |
| T 80- 89 | T80 | T81 | T82 | T83 | | T85 | | T87 | T88 |
| T 90- 99 | T90 | T91 | T92 | | T94 | T95 | T96 | T97 | T98 |
| T100-109 | T100 | T101 | T102 | | T104 | T105 | T106 | T107 | T108 |
| T110-119 | T110 | T111 | T112 | | T114 | T115 | T116 | T117 | T118 |
| T120-129 | T120 | T121 | T122 | T123 | T124 | | | | |
| T130-139 | T130 | T131 | T132 | T133 | T134 | T135 | T136 | | |
| T140-149 | T140 | | | | | | | | |
| T150-159 | T150 | | T152 | T153 | T154 | T155 | | | |
| T160-169 | | | | | | | | | |
| T170-179 | | | | | | | | | |
| T180-189 | T180 | T181 | T182 | T183 | | T185 | T186 | T187 | T188 |
| T190-199 | T190 | T191 | T192 | T193 | T194 | T195 | T196 | T197 | T198 |
| T200-209 | | T201 | T202 | T203 | T204 | T205 | | T207 | T208 |
| T210-219 | T210 | T211 | T212 | T213 | T214 | T215 | | T217 | T218 |
| T220-229 | T220 | T221 | T222 | T223 | T224 | T225 | T226 | T227 | T228 |
| T230-239 | T230 | T231 | T232 | T233 | T234 | T235 | T236 | T237 | T238 |

按 F1 获得帮助。

图 12-19 地址分配表

输入（I）、输出（Q）和位存储器（M）以行为单位逐字节地显示，位被标上“X”表示位地址被用在程序中，例如图中 I0.1，I0.6 和 I0.7 等在程序中被使用过。通过纵向一条绿色的线标出了字节、字或双字的使用情况，例如输入字节 IB10、IW10、IW12、IW16、ID16 等被用在程序中，地址的范围（字节、字或双字）来自“B”（字节）、“W”（字）和“D”（双字）列中的垂线。若地址既被涂色又被标上“X”，则表示既以位地址又通过字节、字或双字被用在程序中。

同样，右侧定时器和计数器表格中，列出了定时器编号和计数器编号表示在程序中被使用过。

地址分配表也可以通过菜单命令“视图”下的“排序”和“过滤”工具进行排序和过滤处理，方便地址的查找。

### 12.2.3 程序结构

图 12-19 中，单击工具栏中的按钮打开程序结构表，如图 12-20 所示，它描述了 S7 用户程序中块调用的层次。例如，图 12-20 中 OB1 中调用了 FC2、FC4 和 FC21 等，FC21 中调用了 FB1（背景数据块 DB21），“DB？”则是由于块被保护而未知。

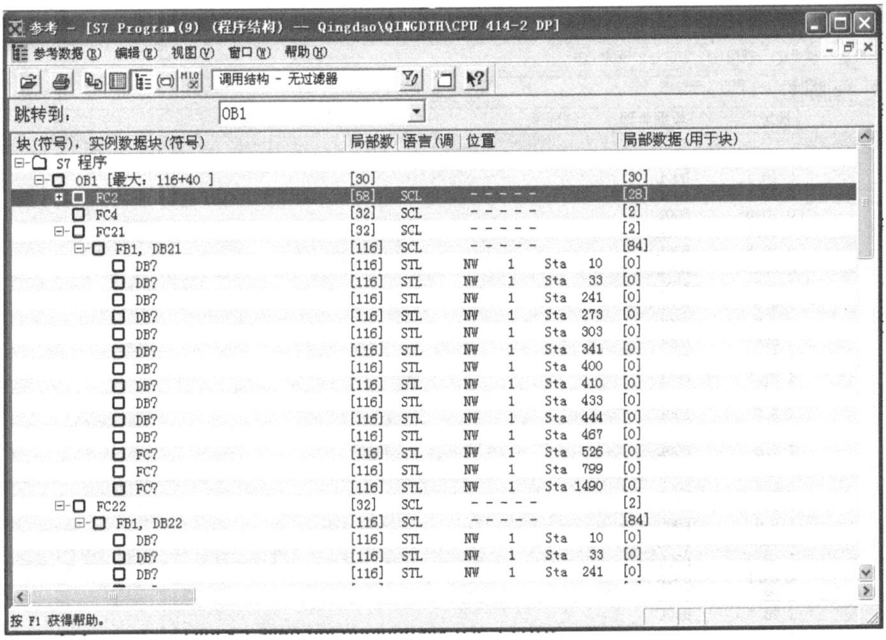

图 12-20 程序结构

程序结构也可以通过菜单命令“视图”→“过滤”进行过滤处理，根据过滤器中设置的不同，程序路径可以两种格式来显示：Tree Structure（树状结构）或 Parent/Child Structure（从属结构），在这两种格式中都将显示调用块和被调用块。

树状结构中显示的符号意义如下：

- <maximum: nnn>：在树状结构的根部给出对局部数据存储器的最大需求量（以字节为单位）。

- [nnn]：在每个调用路径的最后一个块上给出该路径上对局部数据存储器的最大需求量。
- ：块正常调用，如 CALL FB10。
- ：块有条件调用，如 CC FB10。
- ：块无条件调用，如 UC FB10。
- ：使用数据块。
- ：递归，循环。
- ：递归，循环，有条件调用。
- ：递归，循环，无条件调用。
- ：块没有调用。

### 12.2.4 未使用的符号

图 12-20 中，单击工具栏中的按钮打开未使用的符号表，如图 12-21 所示，显示一个地址表，它们是在符号表中定义过但未在用户程序中使用的地址。

通过单击右键选择“删除符号”，可以从符号表删除这些地址或符号。

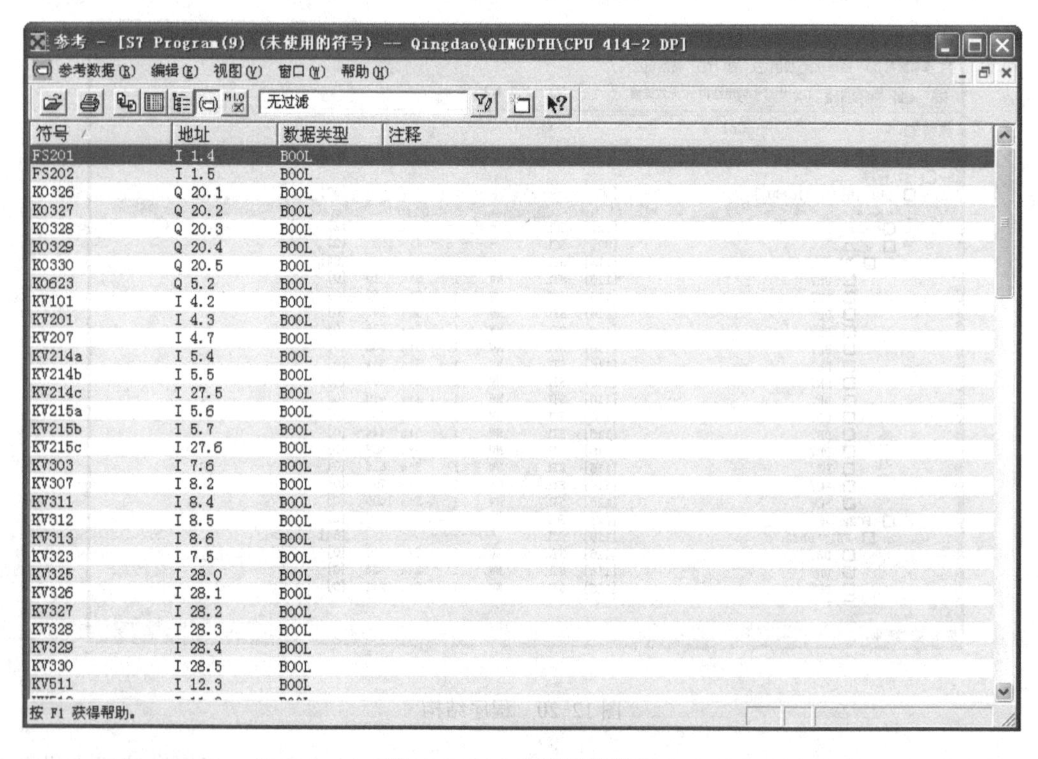


| 符号 | 地址 | 数据类型 | 注释 |
|---|---|---|---|
| FS201 | I 1.4 | BOOL | |
| FS202 | I 1.5 | BOOL | |
| K0326 | Q 20.1 | BOOL | |
| K0327 | Q 20.2 | BOOL | |
| K0328 | Q 20.3 | BOOL | |
| K0329 | Q 20.4 | BOOL | |
| K0330 | Q 20.5 | BOOL | |
| K0623 | Q 5.2 | BOOL | |
| KV101 | I 4.2 | BOOL | |
| KV201 | I 4.3 | BOOL | |
| KV207 | I 4.7 | BOOL | |
| KV214a | I 5.4 | BOOL | |
| KV214b | I 5.5 | BOOL | |
| KV214c | I 27.5 | BOOL | |
| KV215a | I 5.6 | BOOL | |
| KV215b | I 5.7 | BOOL | |
| KV215c | I 27.6 | BOOL | |
| KV303 | I 7.6 | BOOL | |
| KV307 | I 8.2 | BOOL | |
| KV311 | I 8.4 | BOOL | |
| KV312 | I 8.5 | BOOL | |
| KV313 | I 8.6 | BOOL | |
| KV323 | I 7.5 | BOOL | |
| KV325 | I 28.0 | BOOL | |
| KV326 | I 28.1 | BOOL | |
| KV327 | I 28.2 | BOOL | |
| KV328 | I 28.3 | BOOL | |
| KV329 | I 28.4 | BOOL | |
| KV330 | I 28.5 | BOOL | |
| KV511 | I 12.3 | BOOL | |

图 12-21 未使用的符号表

### 12.2.5 不带符号的地址

图 12-21 中，单击工具栏中的按钮打开不带符号的地址表，如图 12-22 所示，显示一个地址表，它们是曾在用户程序中使用但未在符号表中定义过的地址。

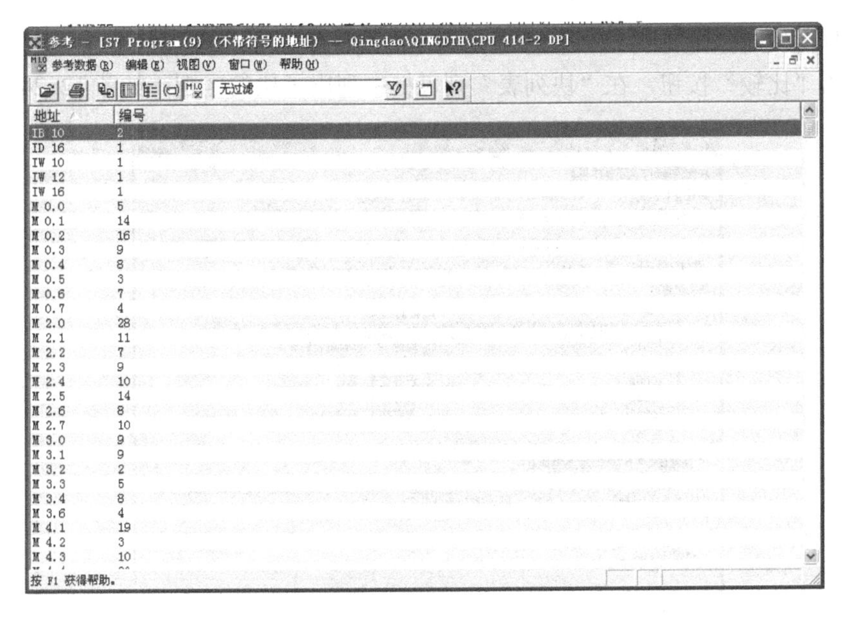


图 12-22 不带符号的地址表

通过单击右键选择“编辑符号”，可以为这些使用的地址声明符号。

通过菜单命令“视图”中的“排序”和“过滤”功能可以选择要显示的未用符号的详细信息。

## 12.3 块的比较

块的比较功能可以用来比较离线和在线的块或者 PG 的硬盘上的两个用户程序的块。例如，可以利用该功能来确定后来在 CPU 中是否对程序做过修改及在哪些段上程序不同。其步骤如下：

1）SIMATIC 管理器中选择 S7 程序中的块文件夹。

2）单击右键选择“比较块”，打开“比较块”对话框，如图 12-23 所示。

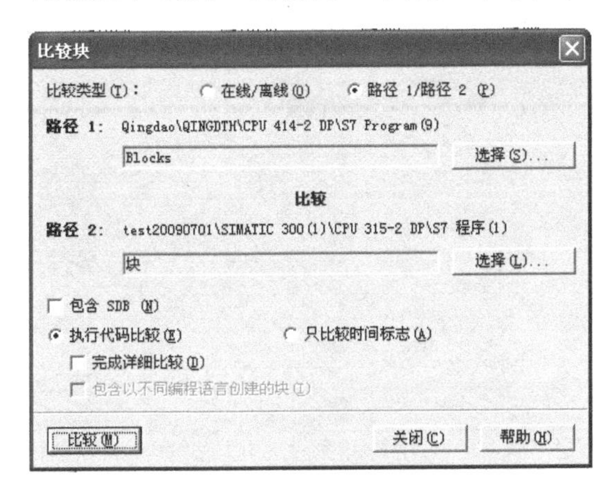


图 12-23 “比较块”对话框

3）选择比较对象是在线/离线程序还是两个离线程序。

4）单击“比较”按钮，在“块列表”列表框中列出了块的区别，如图 12-24 所示。

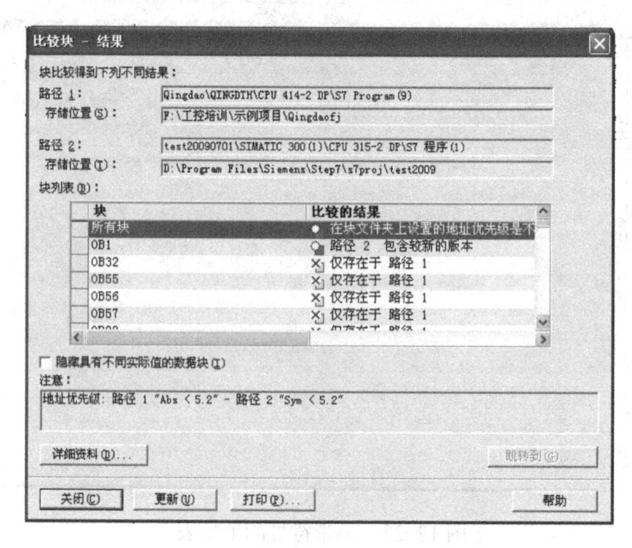


图 12-24 “比较块—结果”对话框

5）选择有区别的行单击“详细资料”按钮。

6）在“比较块-详细资料”窗口中可以确定块被修改的时间和块的长度是否被改变等。

7）单击“跳转到”按钮后，有区别的块将分别在两个窗口中打开，并显示第一个不同之处。如果 LAD/STL/FBD 程序编辑器默认设置为以语句表（STL）打开块，光标将停留在第一条不同的指令上。

## 12.4 习题

1．查看 CPU 诊断缓冲区信息，分析各个事件的含义。

2．熟悉参考数据工具的使用。

# 第13章 文档处理

为便于项目的管理，对其进行纸质和电子备份是很重要的。STEP 7 集成了打印和归档功能，可以方便地实现项目资料的打印和项目数据的备份。

## 13.1 打印文档

STEP 7 提供了非常完善的打印功能，几乎每一个视图都可以进行打印输出。

在项目管理器中，可以打印以下内容：

1）选定对象的树形图（项目结构）。

2）选定目录中的对象清单（如块文件夹）。

3）选定对象的内容（如 OB1）。

打开一个对象，进入相应的视图后，STEP 7 标准软件包可以打印下列内容：

1）使用 LAD/STL/FBD 编写的程序块。

2）带有符号名称和绝对地址的符号表。

3）组态表，包括 PLC 中模块的排列及模块参数。

4）诊断缓冲区中的内容。

5）变量表，包括监控格式、监控值和修改值。

6）参考数据，包括交叉参考表、地址分配表、程序结构、未使用的符号、无符号的地址表等。

7）全局数据表。

8）带有模块状态的模块信息。

9）操作者相关文本，如用户文本和文本库等。

同多数 Windows 程序的打印界面类似，STEP 7 的打印包括了页面设置、打印预览和打印等功能。在编辑器中单击工具栏中的打印机图标，或通过菜单命令“文件”→“打印”即可对相关文档进行打印。

在 SIMATIC 管理器中，可以设置整个项目中所有文档的标题和页脚。通过菜单命令“文件”→“页面设置”可显示输入标题和页脚的对话框，对话框中已默认设置了在页眉和页脚上打印日期、文件名和页码的功能。

通过 LAD/STL/FBD 编辑器的菜单命令“选项”→“自定义”→“LAD/FBD”，可以设置 LAD 语言下打印页的外观。例如，对地址区域长度的设置会影响打印页上可在一行中显示的串联触点的数量及触点上方符号名中一行可显示的字符数等。

## 13.2 管理多语言文本

STEP 7 可以在一个项目中使用多种语言管理生成的文档（文本和注释）。这些文档可以为翻译的目的从项目中导出，再以翻译后的语言导入项目，这样就可以在不同的语言之间进行选择。

下列文本的类型可以多种语言管理：

1）块标题和块注释。

2）段标题和段注释。

3）STL 程序的行注释。

4）符号表、变量声明表、用户定义的数据类型和数据块的注释。

5）通过工程工具如 S7-GRAPH 或 S7-PDIAG 生成块的注释、状态名等。

SIMATIC 管理器中，通过菜单命令“选项”→“管理多语言文本”下的各个命令对文档进行多语言管理，各项含义如下：

1）导出：导出所选择的对象下的所有块和符号表，为每个文本类型创建导出文件。文件包含源语言栏和目标语言栏。源语言文本不得改变。生成的导出文件可用 Excel 编辑。该文件包含一列用原来语言的源文本和一列可翻译的文本。

2）导入：在导入时，将翻译的文本导入所选的项目。只有原来的源文本仍然存在翻译的文本才被接受。

3）切换语言：选择导入项目的任一语言作为当前语言。勾选“切换语言”对话框中的“标题和注释”项，则语言切换只适用于所选择的对象，勾选“显示文本”项，则语言切换适用于整个项目。

4）删除语言：删除一种语言，该语言所有文本都从内部数据库删除。

5）重新组织：在重新组织时，语言会改变为当前设置的语言。当前设置语言是选作“未来块的语言”的语言。重新组织只影响标题和注释。

6）注释管理：指定以多语言管理文本的项目中如何管理块的注释。

## 13.3 项目管理

如果一个项目中的数据占用了大量的存储空间，可以使用项目归档（Archiving）功能，即把项目的全部数据（如带有所有硬件站的注释、符号表和硬件组态的用户程序）以压缩的格式（如*.zip 或 *.arj）存储到一个压缩文件中，以便于程序的转移和备份。压缩文件比不压缩文件小很多且可以直接进行移动或复制。使用时，可以从压缩文件中恢复（Retriving）项目。通过 SIMATIC 管理器中菜单命令“文件”下的“归档”和“重新获取”实现项目的归档和恢复。

归档功能是由外部的归档程序实现的，STEP 7 自动调用这些程序。在 SIMATIC 管理器中，通过菜单命令“选项”→“自定义”打开“自定义”对话框，选择“归档”选项卡，如图 13-1 所示，在这里可以选择不同的归档程序。其中，Arj 和 PKZip4.0 已包含在 STEP 7 软件包内，它们安装在“...\STEP 7\S7BIN”目录下。如果用户安装了其他归档程序，单击“组态”按钮打开对话框输入该程序的路径即可。

除了使用归档/恢复功能，还可以通过菜单命令“文件”→“另存为”来备份和转移项目，以这种方式存储的项目是未经压缩的整个项目目录以及其中的所有文件。

在 SIMATIC 管理器中，通过菜单命令“文件”→“删除”打开“删除”对话框，选中要删除的项目即可将该项目从计算机中删除。

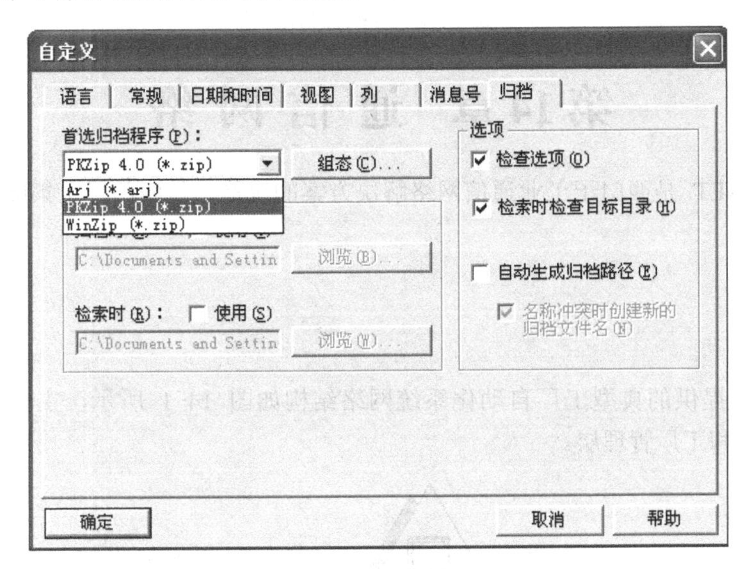


图 13-1 “归档”选项卡

## 13.4 习题

1. 通过打印预览查看编写的程序。
2. 对编写的项目进行归档。

# 第14章 通信网络

SIMATIC NET 是西门子工业通信网络解决方案的统称，是西门子全集成自动化的重要组成部分。

## 14.1 概述

西门子公司提供的典型工厂自动化系统网络结构如图 14-1 所示，主要包括现场设备层、车间监控层和工厂管理层。

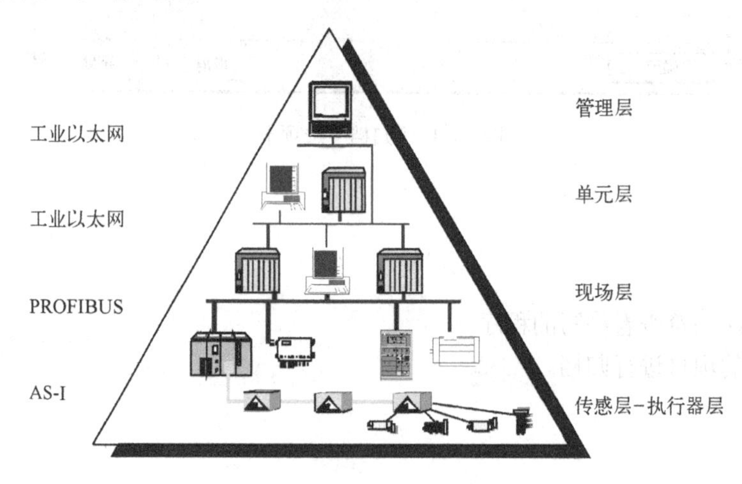


图 14-1 西门子公司提供的网络结构示意图

（1）现场设备层

现场设备层的主要功能是连接现场设备，如分布式 I/O、传感器、驱动器、执行机构和开关设备等，主要完成现场设备控制及设备间连锁控制。主站（如 PLC、PC 或其他控制器）负责总线通信管理及与从站的通信。总线上所有设备生产工艺控制程序存储在主站中，并由主站执行。

西门子的 SIMATIC NET 网络系统将执行器和传感器单独分为一层，主要使用 AS-I（执行器-传感器接口）网络。

（2）车间监控层

车间监控层又称为单元层，用来完成车间主生产设备之间的连接，实现车间级设备的监控。车间级监控包括生产设备状态的在线监控、设备故障报警及维护等。通常还具有诸如生产统计、生产调度等车间级生产管理功能。车间级监控通常要设立车间监控室，有操作员工作站及打印设备。车间级监控网络可采用 PROFIBUS-FMS 或工业以太网等。

（3）工厂管理层

车间操作员工作站可以通过集线器与车间办公管理网连接，将车间生产数据送到车间管理层。车间管理网作为工厂主网的一个子网，通过交换机、网桥或路由器等连接到厂区骨干网，将车间数据集成到工厂管理层。

工厂管理层通常采用符合 IEC 802.3 标准的以太网，即 TCP/IP 标准。厂区骨干网可以根据工厂实际情况，采用 FDDI 或 ATM 等网络。

### 14.1.1 S7-300/400 PLC 的通信功能

S7-300/400 PLC 有很强的通信功能，CPU 模块集成有 MPI 和 DP 通信接口，有 PROFIBUS-DP 和工业以太网的通信模块以及点到点通信模块。通过 PROFIBUS-DP 或 AS-I 现场总线，CPU 与分布式 I/O 模块之间可以周期性地自动交换数据。在自动化系统之间，PLC 与计算机和 HMI（人机接口）站之间，均可以交换数据。数据通信可以周期性地自动进行，或基于事件驱动（由用户程序块调用）。

下面介绍 S7-300/400 PLC 支持的主要通信方式。

（1）MPI

MPI（Multi-Point Interface，多点接口）通信用于小范围、小点数的现场级通信。S7-300/400 CPU 都集成了 MPI 通信协议，MPI 的物理层是 RS-485，最大传输速率为 12Mbit/s。MPI 是为 S7/C7 系统提供的多点接口，它可设计用于编程设备的接口，也可以用来在少数 CPU 之间传递少量数据。STEP 7 的用户界面提供了通信组态功能，使得通信的组态非常简单。联网的 CPU 可以通过 MPI 接口实现全局数据（GD）服务，周期性地相互进行数据交换。每个 CPU 可以使用的 MPI 连接总数与 CPU 的型号有关，为 6～64 个。

（2）PROFIBUS

PROFIBUS 符合国际标准 IEC 61158，是目前国际上通用的现场总线标准之一，是网络连接节点最多的现场总线。PROFIBUS 协议包括 PROFIBUS-DP、PROFIBUS-PA 和 PROFIBUS-FMS 三个主要部分。

S7-300/400 PLC 可以通过通信处理器或集成在 CPU 上的 PROFIBUS-DP 接口连接到 PROFIBUS-DP 网络上。带有 PROFIBUS-DP 主站/从站接口的 CPU 能够实现高速和使用方便的分布式 I/O 控制。对于用户来说，处理分布式 I/O 就像处理集中式 I/O 一样，系统组态和编程的方法完全相同。

PROFIBUS 的物理层是 RS-485，最大传输速率为 12Mbit/s，最多可以与 127 个网络节点进行数据交换。网络中最多可以串接 10 个中继器来延长通信距离。使用光纤作通信介质，通信距离可达 90km。

如果 PROFIBUS 网络采用 FMS 协议，工业以太网采用 TCP/IP 或 ISO 协议，S7-300 PLC 可以与其他公司的设备实现数据交换。

可以通过 CP 342/343 通信处理器将 SIMATIC S7-300 PLC 与 PROFIBUS-DP 或工业以太网总线系统相连。可以连接的设备包括 S7-300/400 PLC、S5-115U/H、编程器、个人计算机、SIMATIC 人机界面（HMI）、数控系统、机械手控制系统、工业 PC、变频器和非西门子装置。

（3）工业以太网

工业以太网符合国际标准 IEEE 802.3，是功能强大的区域和单元网络，主要用于对时间要求不太严格且需要传送大量数据的通信场合，可以通过网关来连接远程网络。它支持广域的开放型网络模型，可以采用多种传输媒体。西门子的工业以太网的传输速率为 10Mbit/s 或者 100Mbit/s，最多 1024 个网络结点，网络的最大范围为 150km。

西门子公司的 S7 和 S5 这两代 PLC 通过 PROFIBUS（FDL 协议）或工业以太网 ISO 协议，可以利用 S5 和 S7 的通信服务进行数据交换。

CP 通信处理器不会加重 CPU 的通信服务负担，S7-300 PLC 最多可以使用 8 个通信处理器，每个通信处理器最多能建立 16 条链路。

（4）PROFINET

PROFINET 将成熟的 PROFIBUS 现场总线技术的数据交换技术和基于工业以太网的通信技术整合到一起，是一种开放的工业以太网标准。

（5）点对点连接

在 SIMATIC 中，通过串口连接模块实现点对点的连接。点对点连接（Point to Point Connections）可以连接两台 S7 PLC 和 S5 PLC 以及计算机、打印机、机器人控制系统、扫描仪和条码阅读器等非西门子设备。使用 CP 340、CP 341 和 CP441 通信处理模块或通过 CPU 313C-2 PtP 和 CPU 314C-2 PtP 集成的通信接口，可以建立起经济而方便的点对点连接。

点对点通信可以提供的接口有 20mA（TTY）、RS-232C 和 RS-422A/RS-485。点对点通信可以使用的通信协议有 ASCII 驱动器、3964（R）和 RK 512（只适用于部分 CPU）。

全双工模式（RS-232C）的最高传输速率为 19.2kbit/s，半双工模式（RS-485）的最高传输速率为 38.4kbit/s。

使用西门子公司的通信软件 PRODAVE 和编程用的 PC/MPI 适配器，通过 PLC 的 MPI 编程接口，可以很方便地实现计算机与 S7-300/400 PLC 的通信。

（6）AS-I 接口

AS-I（Actuator-Sensor Interface，传感器-执行器接口）是用于自动化系统最底层的通信网络，专门设计用来连接二进制的传感器和执行器，只能传送少量的数据，如开关的状态等。

CP 342-2 通信处理器是用于 S7-300 PLC 和分布式 I/O ET200M 的 AS-I 主站，它最多可以连接 62 个数字量或 31 个模拟量 AS-I 从站。通过 AS-I 接口。每个 CP 最多可以访问 248 个数字量输入和 186 个数字量输出。通过内部集成的模拟量处理程序，可以像处理数字量值那样非常容易地处理模拟量值。

### 14.1.2 S7 通信的分类

S7 通信可以分为全局数据通信、基本通信及扩展通信 3 类，如图 14-2 所示。

（1）全局数据通信

全局数据（GD）通信通过 MPI 接口在 CPU 间循环交换数据，用全局数据表来设置各 CPU 之间需要交换的数据存放的地址区和通信的速率，通信是自动实现的，不需要用户编程。当过程映像被刷新时，在循环扫描检测点进行数据交换。S7-400 PLC 的全局数据通信可以用 SFC 来起动。全局数据可以是输入、输出、位存储区、定时器、计数器和数据块。

S7-300 CPU 每次最多可以交换 4 个包含 22B 的数据包，最多可以有 16 个 CPU 参与数据交换。

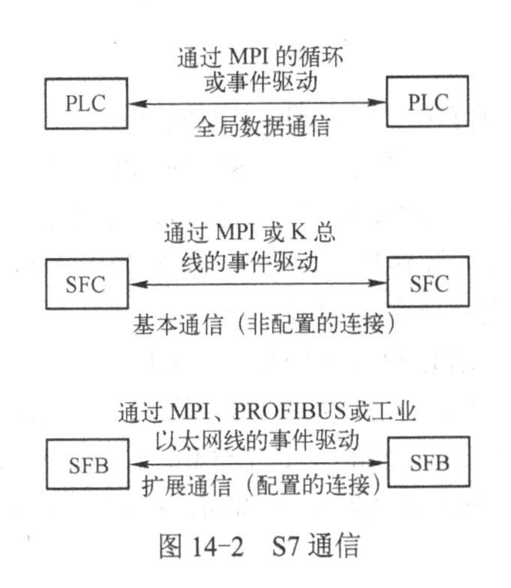


图 14-2 S7 通信

S7-400 CPU 可以同时建立最多 64 个站的连接，MPI 网络最多 32 个结点。任意两个 MPI 节点之间可以串联 10 个中继器，以增加通信的距离。每次程序循环最多 64B，最多 16 个 GD 数据包。在 CR2 机架中，两个 CPU 可以通过 K 总线用 GD 数据包进行通信。

通过全局数据通信，一个 CPU 可以访问另一个 CPU 的数据块、存储器位和过程映像等。全局通信用 STEP 7 中的 GD 表进行组态。对 S7 和 C7 的通信服务可以用系统功能块来建立。

MPI 默认的传输速率为 187.5kbit/s，与 S7-200 PLC 通信时只能指定 19.2kbit/s 的传输速率。通过 MPI 接口，CPU 可以自动广播其总线参数组态（如波特率），然后 CPU 可以自动检索正确的参数，并连接至一个 MPI 子网。

（2）基本通信（非配置的连接）

这种通信可以用于所有的 S7-300/400 CPU，通过 MPI 或站内的 K 总线（通信总线）来传送最多 76B 的数据。在用户程序中用系统功能（SFC）来传送数据。在调用 SFC 时，通信连接被动态地建立，CPU 需要一个自由的连接。

（3）扩展通信（配置的通信）

这种通信可以用于所有的 S7-300/400 CPU，通过 MPI、PROFIBUS 和工业以太网最多可以传送 64KB 的数据。通信是通过系统功能块（SFB）来实现的，支持有应答的通信。在 S7-300 PLC 中可以用 SFB15“PUT”和 SFB14 “GET”来写出或读入远端 CPU 的数据。

扩展的通信功能还能执行控制功能，如控制通信对象的起动和停机。这种通信方式需要用连接表配置连接，被配置的连接在站起动时建立并一直保持。

## 14.2 MPI 网络

MPI 网络可以连接的设备包括编程器或运行 STEP 7 的计算机、人机界面及其他 SIMATIC S7 和 C7。有两种硬件 MPI 连接器，一种带有 PG（编程器）接口，一种没有 PG 接口。在计算机上应插一块 MPI 卡（如 CP5611）或使用 PC/MPI 适配器。位于网络终端的站，应将其连接器上的“终端电阻”开关合上，以接入终端电阻。

每个 MPI 节点都有自己的 MPI 地址（0~126），编程设备、人机界面和 S7 CPU 的默认地址分别为 0、1、2。

通过 MPI 可以访问 PLC 所有的智能模块，如功能模块等。在 S7-300 PLC 中，MPI 总线在 PLC 中与 K 总线（通信总线）连接在一起，S7-300 PLC 机架上 K 总线的每一个节点（功能模块 FM 和通信处理器 CP）也是 MPI 的一个结点，有自己的 MPI 地址。在 S7-400 PLC 中，MPI（187.5kbit/s）通信模式被转换为内部 K 总线（10.5Mbit/s）。S7-400 PLC 只有 CPU 有 MPI 地址，其他智能模块没有独立的 MPI 地址。

通过全局数据通信，一个 CPU 可以访问另一个 CPU 的位存储器、输入/输出映像区、定时器、计数器和数据块中的数据。对 S7 和 C7 的通信服务可以用系统功能块来建立。

MPI 默认的传输速率为 187.5kbit/s 或 1.5Mbit/s，与 S7-200 PLC 通信时只能指定 19.2kbit/s。两个相邻节点间的最大传送距离为 50m，加中继器后为 1000m，使用光纤和星形连接时为 23.8km。

### 14.2.1 全局数据包

参与全局数据包交换的 CPU 构成了全局数据环（GD Circle，简称 GD 环）。同一个 GD 环中的 CPU 可以向环中其他的 CPU 发送数据或接收数据。在一个 MPI 网络中，可以建立多个 GD 环。

具有相同的发送者和接收者的全局数据可以集合成一个全局数据包（GD Packet，简称 GD 包）。每个 GD 包有 GD 包编号，GD 包中的变量有变量号。例如 GDl.2.3 是 1 号 GD 环、2 号 GD 包中的 3 号数据。

S7-300 CPU 可以发送和接收的 GD 包的个数（4 个或 8 个）与 CPU 的型号有关，每个 GD 包最多 22B 数据，最多 16 个 CPU 参与全局数据交换。

S7-400 CPU 可以发送和接收的 GD 包的个数与 CPU 的型号有关，可以发送 8 个或 16 个 GD 包，接收 16 个或 32 个 GD 包，每个 GD 包最多有 64B 数据。S7-400 CPU 具有对全局数据交换的控制功能，支持事件驱动的数据传送方式。

### 14.2.2 组态 MPI 网络

通过一个例子说明组态 MPI 网络的方法。

在 SIMATIC 管理器中，新建一个项目，插入三个站，假定分别为 CPU413-2 DP 和两个 CPU315-2 DP，分别进行硬件组态并保存编译。

在 SIMATIC 管理器项目浏览树中，选中项目，在右侧的数据窗口中双击“MPI(1)”对象或单击右键选择“打开对象”将打开网络组态编辑器 NetPro，如图 14-3 所示。可以看出，该项目中的三个站已出现在网络组态编辑器中，但是它们并没有与已存在的“MPI(1)”网络进行连接。

将这三个站连接到 MPI(1)网络上。在网络组态编辑器 NetPro 中，选中某个站的 CPU，双击“CPU413-2 DP”或单击右键选择“对象属性”将打开 CPU 的属性对话框，如图 14-4 所示。注意，双击“SIMATIC 400(1)”站将打开硬件组态编辑器。

在图 14-4 的“常规”选项卡中，单击“属性”按钮打开 MPI 接口属性对话框，如图 14-5 所示，在“参数”选项卡中选择连接的子网为“MPI(1)”，当然也可以重新建立一个新的 MPI 网络。“MPI 地址”采用默认地址 2 即可。单击“确定”按钮在 NetPro 中可以发现此时 S7-400 PLC 站已连接到 MPI(1)网络上。

MPI(1)
MPI
SIMATIC 300(1)
SIMATIC 400(1)
SIMATIC 300(2)
PROFIBUS DP
PROFIBUS-PA
PROFINET IO
Stations
Subnets

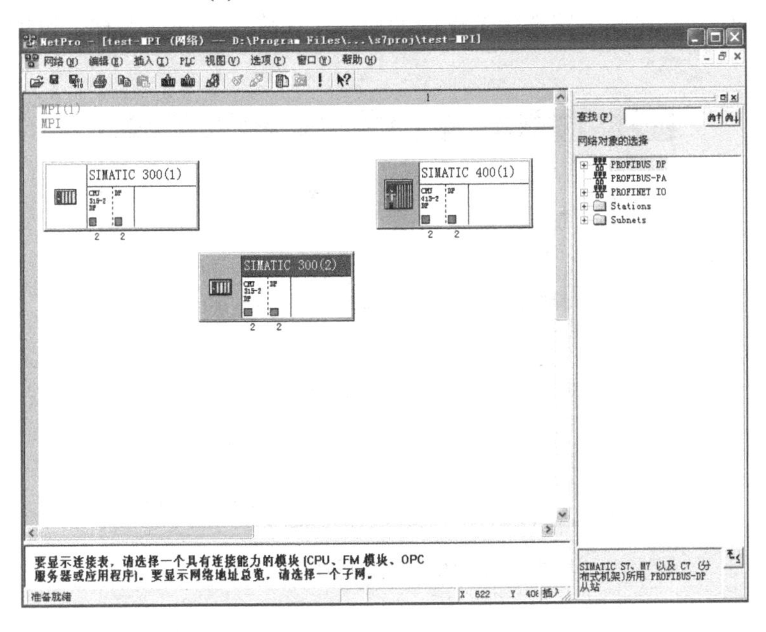

图 14-3　网络组态编辑器 NetPro

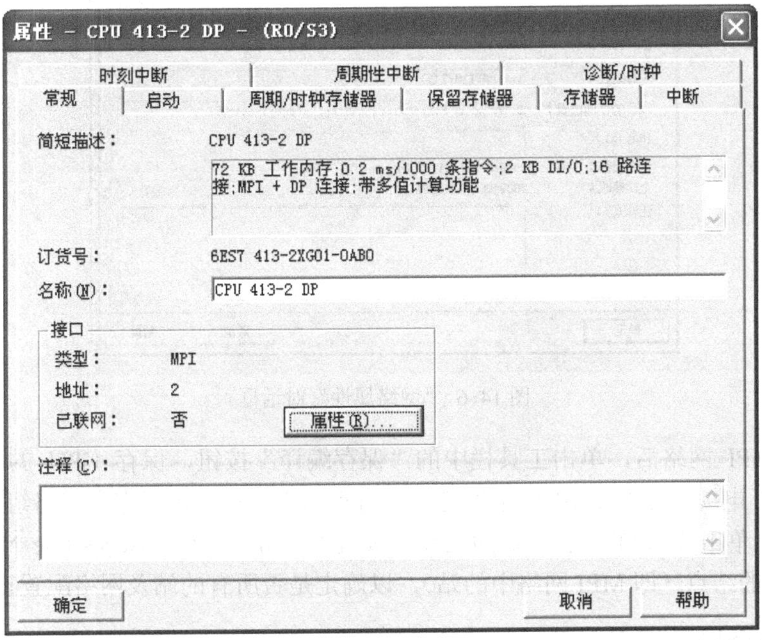

属性 - CPU 413-2 DP - (R0/S3)
时刻中断
周期性中断
诊断/时钟
常规
启动
周期/时钟存储器
保留存储器
存储器
中断
简短描述：
CPU 413-2 DP
72 KB 工作内存;0.2 ms/1000 条指令;2 KB DI/O;16 路连接;MPI + DP 连接;带多值计算功能
订货号：
6ES7 413-2XG01-0AB0
名称(N)：
CPU 413-2 DP
接口
类型：
MPI
地址：
2
已联网：
否
属性(R)...
注释(C)：
确定
取消
帮助

图 14-4　“CPU 属性”对话框

采用同样的方法将两个 S7-300 站连接到 MPI(1)网络上，设置其 MPI 地址分别为 3 和 4。

**注意：**各个站的 MPI 地址应互不重叠。

在图 14-5 中，选中子网“MPI（1）”，单击右侧的“属性”按钮可以打开网络属性对话框，如图 14-6 所示，在此设置选中的子网的属性，如修改子网的名称、设置子网的传输速率等。

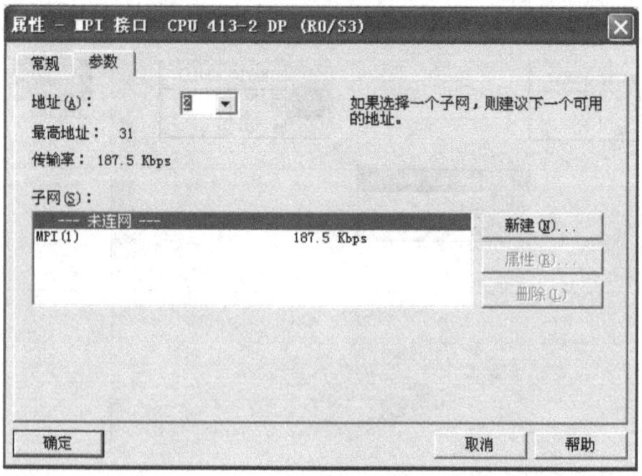

图 14-5 “MPI 接口属性”对话框

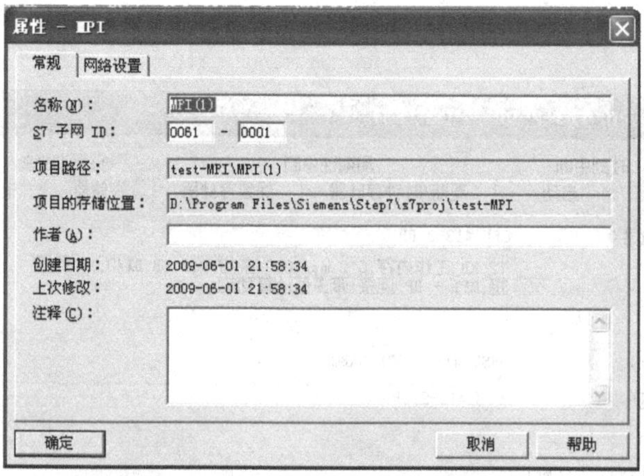

图 14-6 “网络属性”对话框

配置好 MPI 网络后，单击工具栏中的“保存编译”按钮，保存 CPU 的配置参数。注意，要用 MPI 电缆或 PROFIBUS 电缆通过点对点的方式将硬件组态和网络组态分别下载到各个 CPU 中。单击 SIMATIC 管理器的工具栏按钮“可访问结点（Accessible Nodes）”，可以查看能够访问的结点（即 MPI 网络中的站），以确定是否所有的站及网络配置正确地下载。

### 14.2.3 组态全局数据表

联成 MPI 网络的 CPU 可以通过全局数据通信实现周期性的数据交换。全局数据通信用全局数据表（GD 表）来设置。全局数据通信的组态步骤如下：

1）生成和填写 GD 表。

2）第一次编译 GD 表。

3）设置 GD 包状态双字的地址和扫描速率，此步是可选的。

4）第二次编译 GD 表。

5）下载 GD 表。

**1. 生成和填写 GD 表**

在图 14-3 的网络组态编辑器 NetPro 中选中要设置的 MPI 网络线，则网络线变粗，单击菜单命令“选项”→“定义全局数据”或单击鼠标右键选择“定义全局数据”，打开图 14-7 所示的“全局数据”表格。单击表格的第一行第二列选中整个表格第二列，再单击右键选择“CPU”打开“选择 CPU”对话框，或者直接双击表格的第一行第二列也可以打开“选择 CPU”对话框，选择要进行通信的 CPU。将前面组态的三个 CPU 分别添加到全局通信表格中。

下面开始定义要通信的数据，以将 CPU413-2 DP 中的 MW0 发送到两个 CPU315-2 DP 的 QW4 为例。

选中表格 CPU413-2 DP 下的单元，右键选择“发送器”或单击工具栏按钮中的 按钮，该表格变为深绿色，且出现符号“>”，表示在该行中 CPU 413-2 DP 为发送站，在该单元中输入要发送的全局数据的地址 MW0。在两个 CPU315-2 DP 对应的该行中分别直接输入 QW4，表示它们为接收站，其背景颜色为白色。

可以通过变量的复制因子来定义连续的数据区的长度，如在表格中输入 MB20：4 表示从 MB20 开始的 4 个字节，MW0：11 表示从 MW0 开始的 11 个字等。

注意：

1）在表格中只能输入绝对地址，不能输入符号地址。

2）包含定时器和计数器地址的单元只能作为发送方。

3）在每一行中应定义一个并且只能有一个 CPU 作为数据的发送方。

4）同一行中各个单元的字节数应相同。

定义好要发送和接收的数据后，单击工具栏中的 按钮进行编译，则系统自动将各单元中的变量组合为 GD 包并生成 GD 环，即在表格第一列“全局数据（GD）ID”列生成 GD 标识符，如图 14-7 所示。

其中，GD 1.1.1 表示 1 号 GD 环 1 号 GD 包中的 1 号数据，即将 CPU413-2 DP 中的 MW0 发送到两个 CPU315-2 DP 的 QW4，而 GD2.1.1 表示 2 号 GD 环 1 号 GD 包中的 1 号数据，即将 S7-300(1)站 CPU315-2 DP 中的 MB0 开始的 10 个字节分别发送到 CPU413-2 DPMB100 开始的 10 个字节和另一个 CPU315-2 DP QB20 开始的 10 个字节。

发送方 CPU 自动周期性地将指定地址中的数据发送到接收方指定的地址区中，如图 14-7 中的第 1 行 GD 数据意味着 CPU413-2 DP 定时地将 MW0 中的数据发送到两个 CPU315-2 DP 的 QW4 中。CPU315-2 DP 对其自身的 QW4 的访问，就好像在访问 CPU413-2 DP 的 MW0 一样。

**2. 设置扫描速率和状态双字的地址**

扫描速率用来定义 CPU 刷新全局数据的时间间隔。在第一次编译后，单击菜单命令“查看”→“扫描速率”，会发现图 14-7 中每个数据包将增加标有“SR”的行，用来设置该数据包的扫描速率（1～255），扫描速率的单位是 CPU 的循环扫描周期，S7-300 默认的扫描速率为 8，S7-400 为 22，可以修改默认的扫描速率。如果选择 S7-400 的扫描速率为 0，则表示是事件驱动的 GD 发送和接收，此时需要通过调用 CPU 的系统功能 SFC60(GD_SND)和 SFC61(GD_RCV)来完成。

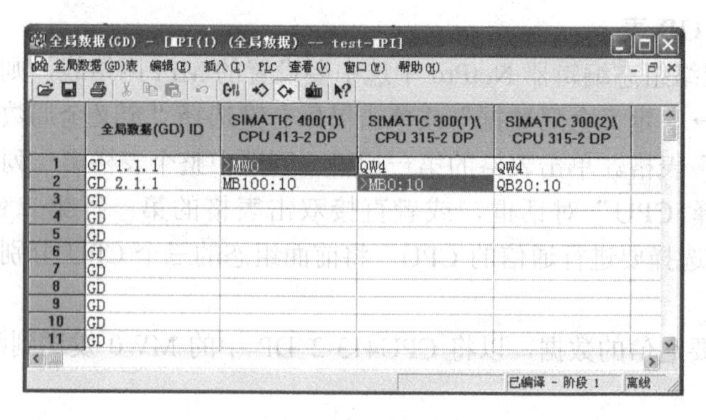


图 14-7 全局数据表

可以通过 GD 数据传输的状态双字来检查数据是否被正确地传送。单击菜单命令“查看”→“全局数据状态”，在出现的 GDS 行中可以给每个数据包指定一个用于状态双字的地址。最上面一行的全局状态双字 GST 是各 GDS 行中的状态双字相与的结果。状态双字中使用的各位的意义见表 14-1，被置位的位将保持其状态不变，直到它被用户程序复位。

状态双字使用户程序能及时了解通信的有效性和实时性，增强了系统的故障诊断能力。

**表 14-1 GD 通信状态双字**

| 位　号 | 说　明 | 状态位设定者 |
| --- | --- | --- |
| 0 | 发送方地址区长度错误 | 发送或接收 CPU |
| 1 | 发送方找不到存储 GD 的数据块 | 发送或接收 CPU |
| 3 | 全局数据包在发送方丢失<br>全局数据包在接收方丢失<br>全局数据包在链路上丢失 | 发送 CPU<br>发送或接收 CPU<br>接收 CPU |
| 4 | 全局数据包语法错误 | 接收 CPU |
| 5 | 全局数据包 GD 对象遗漏 | 接收 CPU |
| 6 | 接收方发送方数据长度不匹配 | 接收 CPU |
| 7 | 接收方地址区长度错误 | 接收 CPU |
| 8 | 接收方找不到存储 GD 的数据块 | 接收 CPU |
| 11 | 发送方重新启动 | 接收 CPU |
| 31 | 接收方接收到新数据 | 接收 CPU |

设置好扫描速率和状态字的地址后，应再次对全局数据表进行编译，使扫描速率和状态双字地址包含在配置数据中。第二次编译完成后，需要将配置数据下载到 CPU 中。下载完成后将各 CPU 切换到 RUN 模式，各 CPU 之间将开始自动地交换全局数据。

在循环周期结束时发送方的 CPU 发送数据，在循环周期开始时，接收方的 CPU 将接收到的数据传送到相应的地址区中。

## 14.2.4 编写程序

**1. 事件驱动的全局数据通信**

只有 S7-400 PLC 支持此种方式，使用 SFC60“GD-SEND”和 SFC61 “GD-RCV”用事件驱动的方式发送和接收 GD 包，实现全局通信。在全局数据表中，必须对要传送的 GD 包组态，并将扫描速率设置为 0。

SFC60 和 SFC61 可以在用户程序中的任何地方调用。SFC60 和 SFC61 能够被更高优先级的块中断。为了保证全局数据交换的连续性，在调用 SFC60 之前应调用 SFC39“DIS-IRT”或 SFC41“DIS-AIRT”来禁止或延迟更高级的中断和异步错误。SFC60 执行完后调用 SFC40“EN-IRT”或 SFC42“EN-AIRT”，再次确认高优先级的中断和异步错误。

图 14-8 所示的例子为用 SFC60 发送全局数据的程序。

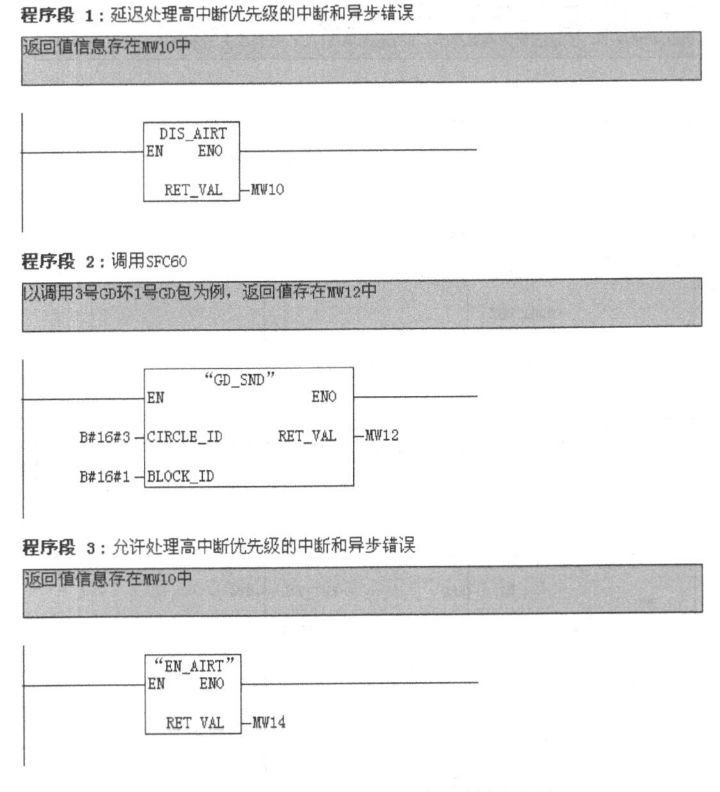


图 14-8 用 SFC60 发送全局数据示例

CIRCLE ID 和 BLOCK ID 分别是要发送的全局数据包的 GD 环和 GD 包的编号，允许的取值范围分别为 1～16 和 1～4。

**2. 不用连接组态的 MPI 通信**

不用连接组态的 MPI 通信用于 S7-300 PLC 之间、S7-300/400 PLC 之间、S7-300/400 PLC 与 S7-200 PLC 之间的通信，是一种应用广泛、经济的通信方式。此时需要调用 SFC65～SFC69，但是，一些老式 S7-300/400 CPU 不含有 SFC65～SFC69，只能用全局数据包的方式来通信。

通过调用 SFC 来实现通信可以分为两种方式：双向通信和单向通信。下面通过例子分别介绍。

（1）双向通信

通信双方都需要调用通信块，一方调用发送块，另一方就要调用接收块来接收数据。这种通信方式适用于 S7-300/400 PLC 之间通信，发送块是 SFC65(X_SEND)，接收块是 SFC66(X_RCV)。

新建一个项目，创建两个站 CPU 416（MPI 站地址为 2）和 CPU315-2 DP（MPI 站地址为 4），将 2 号站中的数据发送给 4 号站，4 号站判断后放在相应的数据区中。注意：在 2 号站的 OB35 中调用 SFC65，如果扫描时间太短，发送频率太快，对方没有响应将加重 CPU 的负荷，在 OB35 中调用发送块，发送任务将间隔 100ms 执行一次。图 14-9 所示为示例程序。

**程序段 1**：发送数据1

REQ=1,激活发送请求；CONT=1，发送完成后保持连接；DEST ID接收方的MPI地址；REQ ID数据标识符，此处数据标识符为1；SD本地PLC发送区，表示第一包数据为DB1中从DBX0.0开始的76个字节，发送区最大为76字节；RET返回值；BUSY =1表示发送未完成。

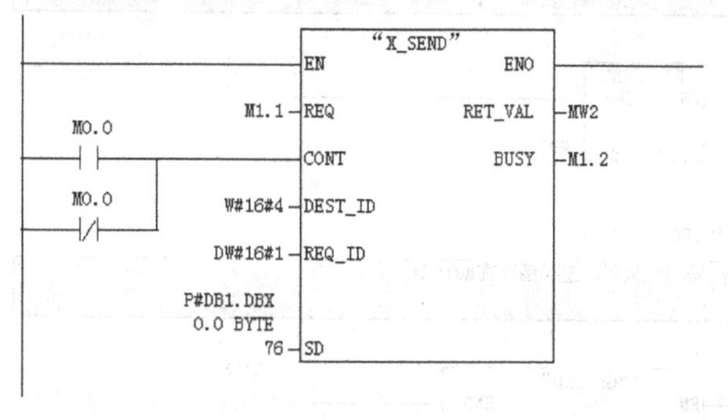


**程序段 2**：发送数据2

第二包数据为DB2中从DBX0.0开始的76个字节

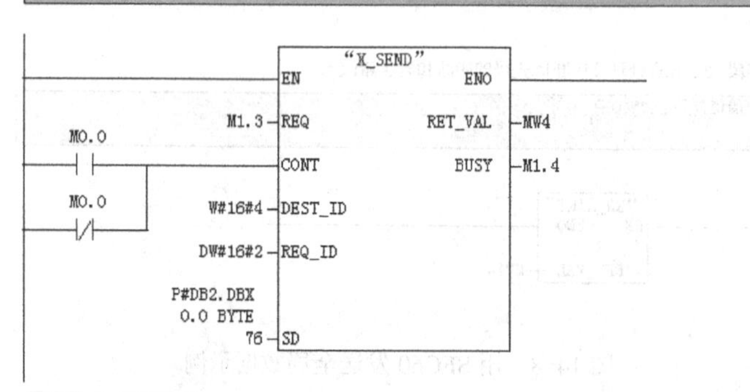


**程序段 3**：释放连接

M1.5为1时，与4号站建立的连接断开

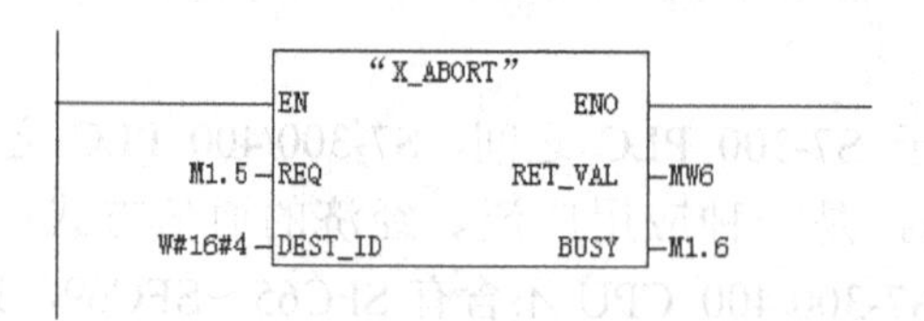


图 14-9　OB35 程序

图 14-9 中，M1.1 和 M1.3 为 1 时，CPU416 将发送标识符为 1 和 2 的两包数据给 4 号站 CPU315-2 DP。M1.1 和 M1.3 为 0 时，建立的连接并没有释放，必须调用 SFC69 释放连接。

编写多个连接时，由于 CPU 的资源有限而不能通信，可以通过查看 CPU 的“模块信息”对话框的“通信”选项卡进行检测。

图 14-10 所示为 4 号站 OB1 接收程序。

**程序段 1**：标题：

EN_DT表示接收使能，REQ_ID接收数据包的标识符，NDA为1时表示有新的数据包，为0时没有，RD表示接收区， 接收区放在DB10中从DBB0开始的76个字节中

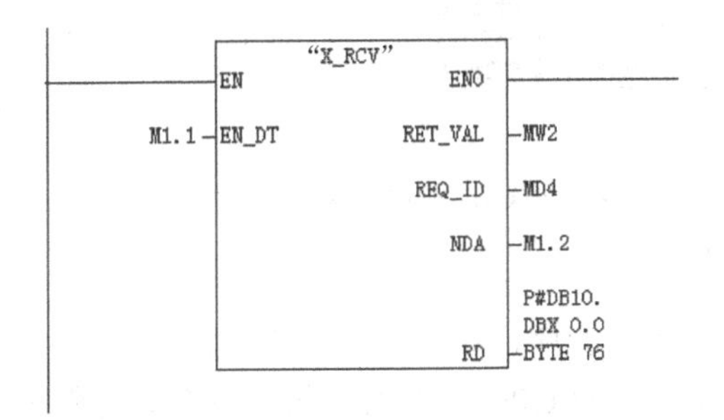


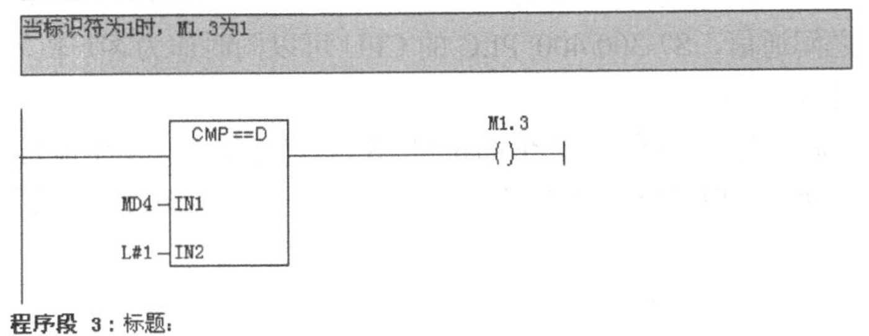


**程序段 3**：标题：

当标识符为2时，M1.4为1

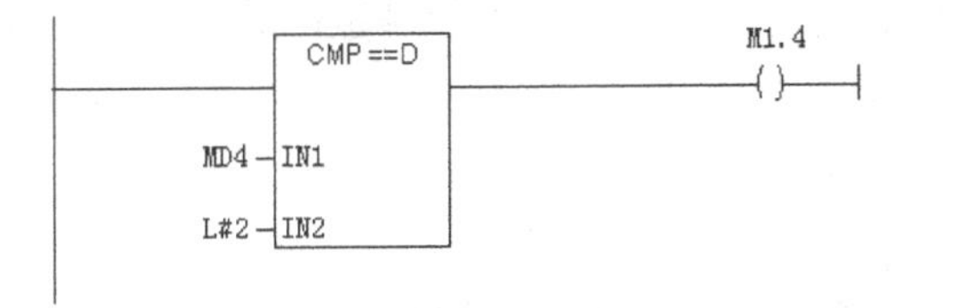


**程序段 4**：标题：

复制接收区的数据到DB20的前76个字节中

M1.3
"BLKMOV"
EN
ENO
P#DB10.
DBX 0.0
BYTE 76
SRCBLK
RET_VAL
MW10
P#DB20.
DBX 0.0
DSTBLK
BYTE 76

图 14-10　4 号站 OB1 程序

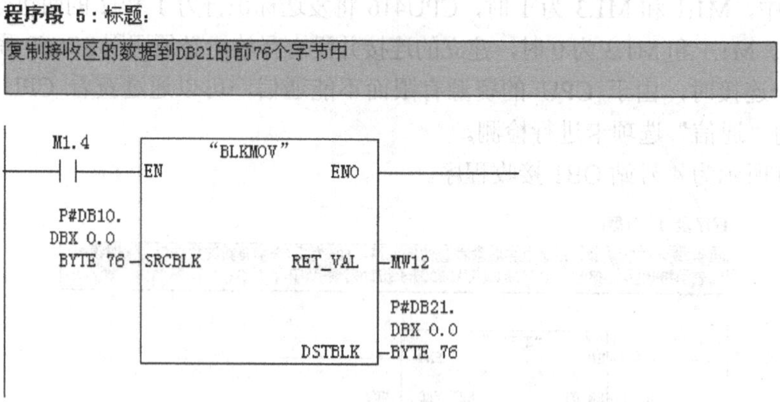

程序段 5：标题：
复制接收区的数据到DB21的前76个字节中
M1.4
"BLKMOV"
EN
ENO
P#DB10.
DBX 0.0
BYTE 76
SRCBLK
RET_VAL
MW12
P#DB21.
DBX 0.0
DSTBLK
BYTE 76

图 14-10　4 号站 OB1 程序（续）

（2）单向通信

双向通信发送方和接收方都需要编写程序，单向通信只需要在一方编写通信程序，这也是客户机与服务器的关系，编写程序一方的 CPU 作为客户机，没有编写程序一方的 CPU 作为服务器，客户机调用 SFC 通信块对服务器的数据进行读写操作，这种通信方式适合 S7-300/400/200 PLC 之间通信，S7-300/400 PLC 的 CPU 可以同时作为客户机和服务器，S7-200 PLC 只能作为服务器。

与前面例子类似，建立两个站 CPU416 和 CPU315-2 DP，MPI 地址分别为 2 和 4。CPU416 作为客户机，CPU315-2 DP 为服务器。在 CPU416 中编写程序如图 14-11 所示。

程序段 1：标题：
DEST_ID表示对方MPI地址，VAR_ADDR指定服务器的数据区，SD为本地数据区。
M1.1 为1时，CPU416将数据区的数据DB1.DBB0开始的76个字节存放到CPU315的DB1.DBB0开始的76个字节
"X_PUT"
EN
ENO
M1.1
REQ
RET_VAL
MW2
M0.0
CONT
BUSY
M1.2
M0.1
W#16#4
DEST_ID
P#DB1.DBX
0.0 BYTE
76
VAR_ADDR
P#DB1.DBX
0.0 BYTE
76
SD

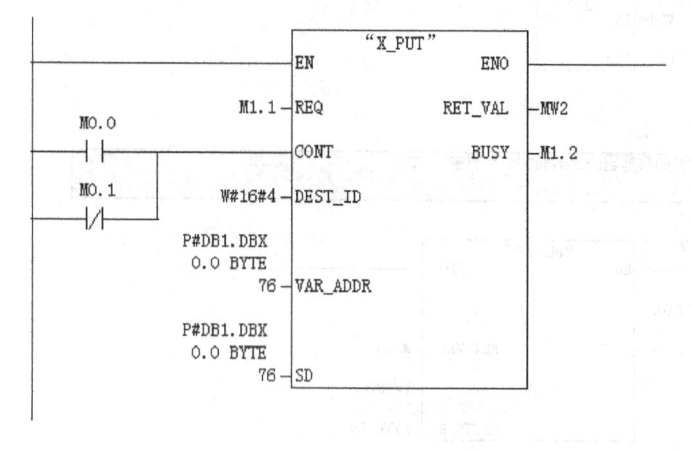

图 14-11　示例程序

**程序段 2**：标题：

RD为本地接收区，M1.3为1时CPU416将CPU315的数据DB1.DBB0开始的76个字节存放到本地数据区DB2.DBB0开始的76个字节中

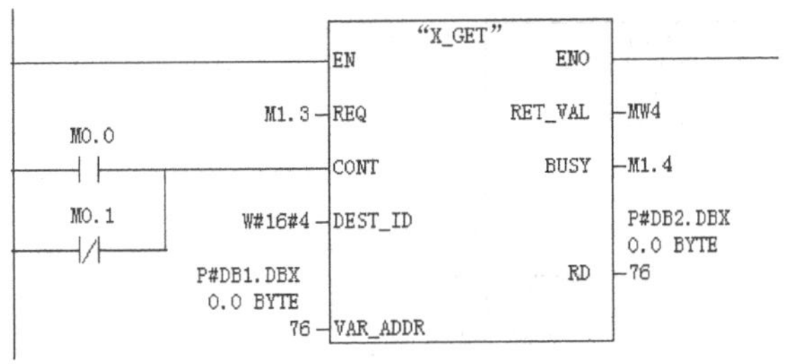


**程序段 3**：释放连接

同时在一个CPU调用SFC67、68占用一个动态连接，M1.5为1时，与4号站建立的连接断开

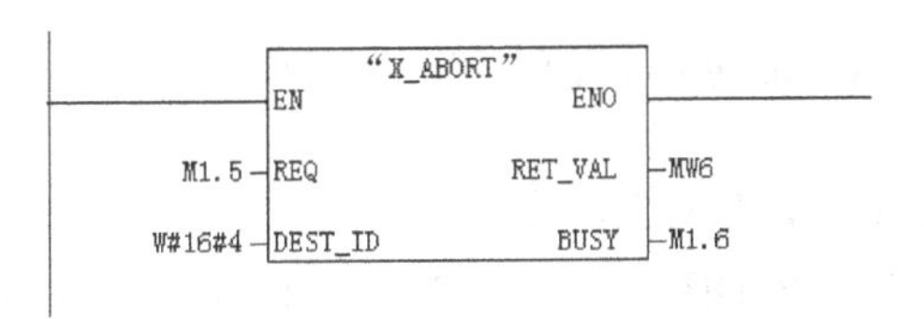


图 14-11　示例程序（续）

S7-300 PLC 与 S7-200 PLC 的 MPI 通信，只能采用单边编程方式，即 S7-200 PLC 作为服务器，无需任何编程，S7-300 PLC 作为客户机，利用 S7-300 PLC 编程软件的库功能 SFC67(X_GET)读取 S7-200 PLC 数据区的数据到 S7-300 PLC 的本地数据区，利用 SFC68 (X_PUT)将本地数据区数据写入 S7-200 PLC 的指定数据区。

S7-300 PLC 采用默认的 MPI 站地址 2，默认波特率 187.5kbit/s。在 STEP 7-Micro/Win 的系统块中，设定 S7-200 PLC 的站地址为 4，通信波特率 187.5kbit/s，将系统块下载到 S7-200 PLC 中。

使用 PROFIBUS 电缆连接 CPU315-2 DP 的 X1 MPI 口和 CPU 224XP 的端口 0 后，在 S7-300 PLC 中编写程序如图 14-12 所示。之后，将整个 S7-300 项目下载到 S7-300 PLC 中。

**程序段 1**：标题：

当M1.1为1时，CPU调用SFC68（X-PUT）把S7-300中的数据MB6写入S7-200（站地址为4）的QB0中

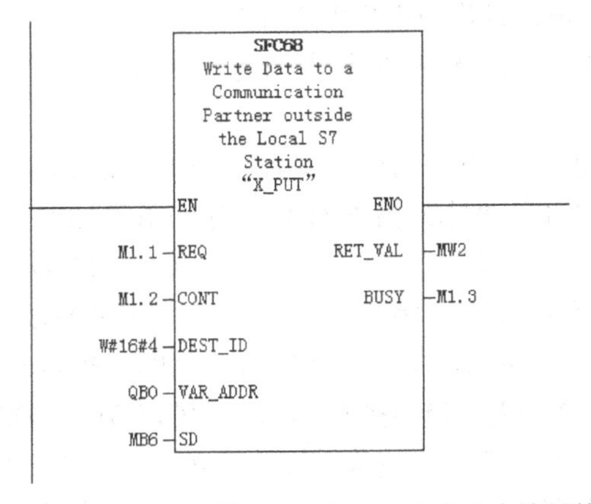


图 14-12　S7-300 PLC 中编写的程序

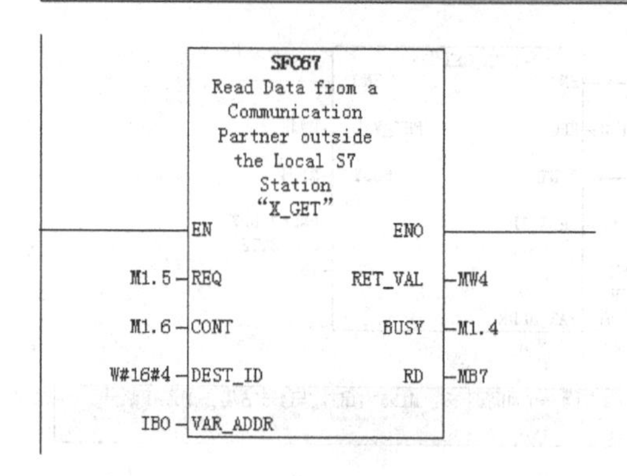


图 14-12　S7-300 PLC 中编写的程序（续）

**注意：**如果要读取 S7-200 PLC 的 V 存储区，在 S7-300 PLC 中相对应的是 DB1，则梯形图中的 参数 VAR_ADDR 应设定为 P#DB1.××× BYTE n，该地址对应的就是 S7-200 PLC V 存储区中 VB××到 VB（××+n）的数据区。例如要读取 S7-200 PLC 中 VB100 开始的 16 个字节，则在参数 VAR_ADDR 写入 P#DB1.DBX100.0 BYTE 16。

另外，还可以通过 S7-200 PLC 的 PROFIBUS-DP 扩展模块 EM277 与 S7-300/400 PLC 的 MPI 接口通信，则在 S7-300/400 PLC 中调用 SFC67、SFC68，参数与前面相同，地址写成 EM277 的地址即可，在 S7-200 PLC 中用拨码开关设定 EM277 的站号而不用软件下载设定，连接好以后，重新上电通信速率可以自适应。

**3. 调用 SFB 实现 MPI 通信**

对于 MPI 网络，调用 SFB 进行 PLC 站之间的通信只适合 S7-300/400 PLC、S7-400/400 PLC 之间的通信。S7-300/400 PLC 通信时，由于 S7-300 CPU 中不能调用 SFB12（BSEND）、SFB13（BRCV）、SFB14（GET）和 SFB15（PUT），不能主动发送和接收数据，只能进行单向通信，所以 S7-300 PLC 只能作为一个数据服务器，S7-400 PLC 可以作为客户机对 S7-300 PLC 进行读写操作。S7-400/400 PLC 通信时，S7-400 PLC 可以调用 SFB14 和 SFB15，既可以作为数据服务器同时也可以作为客户机进行单向通信，又可以调用 SFB12 和 SFB13，发送和接收数据进行双向通信，在 MPI 网络上调用 SFB 通信，最大一包数据不能超过 160 个字节。

此处以 S7-300/400 PLC 之间的单向通信为例，与前面类似，CPU416 站地址为 2，CPU315-2 DP 站地址为 4。假设 CPU416 把本地数据 DB1 中字节 0 开始的 20 个字节数据写到 CPU315 DB1 中字节 0 开始的 20 个字节数据中，然后再读出 CPU315 DB1 字节 0 开始的 20 个字节数据并放到 CPU416 本地数据 DB2 中字节 0 以后的 20 个字节的数据中。

在 SIMATIC 管理器中，打开网络组态编辑器，选中 S7-400 站的 CPU416 模块，在网络组态编辑器下半部分出现连接表，双击连接表选择连接的 CPU 为"CPU315-2 DP"，连接类型为"S7 连接"，如图 14-13 所示，单击"应用"按钮完成连接的建立。右键单击"连接表"，选择"对象属性"可以查看连接表的详细属性。完成以后要编译保存并下载连接表信息。

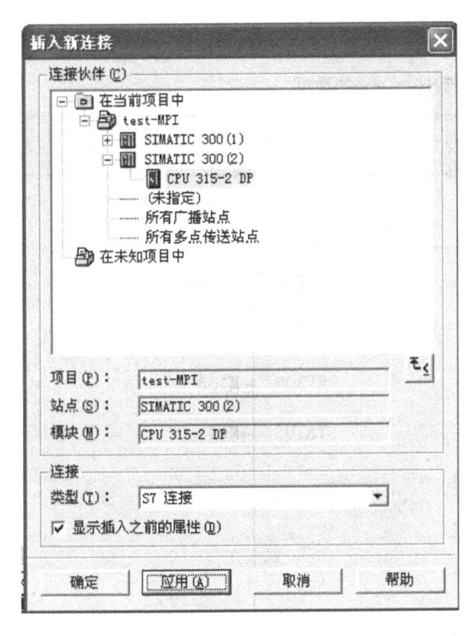


图 14-13 “插入新连接”对话框

在 PLC 中调用通信所需 SFB，由于是单向通信，只能在 S7-400 PLC 中编程，如图 14-14 所示。

程序编写完毕下载到 CPU 中，通信就可以建立了。

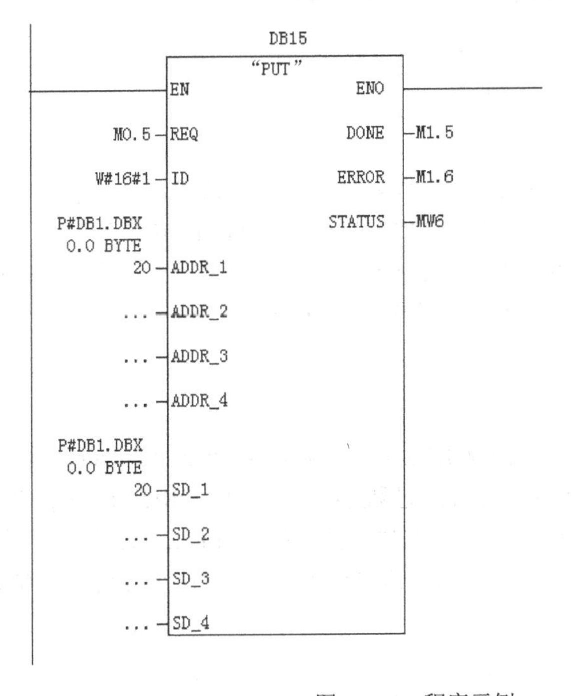


图 14-14 程序示例

**程序段 2**：调用SFB14读出S7-300的数据

注释：

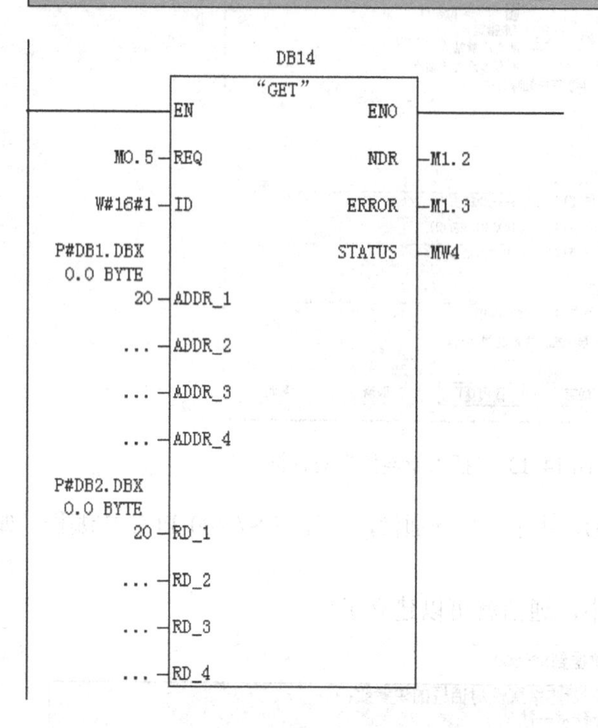


图 14-14　程序示例（续）

## 14.3　PROFIBUS 网络

PROFIBUS 是目前国际上通用的现场总线标准之一，是不依赖生产厂家的、开放式的现场总线，各种自动化设备均可以通过同样的接口交换信息。PROFIBUS 可以用于分布式 I/O 设备、传动装置、PLC 以及基于 PC 的自动化系统等。目前，全球自动化和流程自动化应用系统所安装的 PROFIBUS 结点设备已远远超过其他现场总线。

### 14.3.1　PROFIBUS 协议

PROFIBUS 由 3 部分组成，即 PROFIBUS-DP（Decentralized Periphery，分布式外部设备）、PROFIBUS-PA（Process Automation，过程自动化）和 PROFIBUS-FMS（Fieldbus Message Specification，现场总线报文规范），其协议结构如图 14-15 所示。可以看出，三种 PROFIBUS 使用一致的总线存取协议。在 PROFIBUS 中，第 2 层称为现场总线数据链路层（Fieldbus Data Link，FDL）。

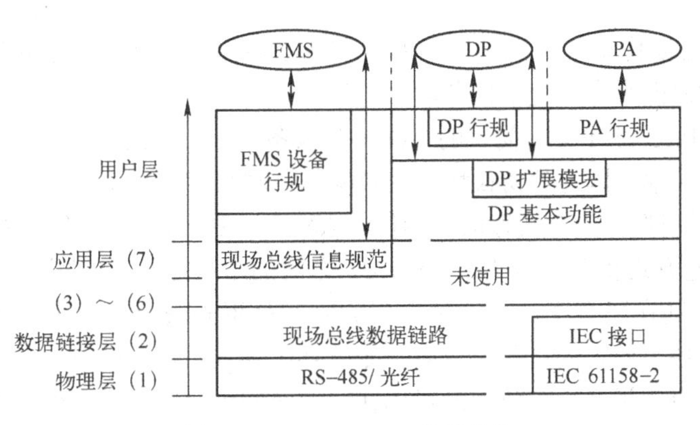


图 14-15　PROFIBUS 协议结构

（1）PROFIBUS-FMS

PROFIBUS-FMS 定义了主站与主站之间的通信模型，它使用 OSI 7 层模型的第 1 层、第 2 层和第 7 层。应用层（第 7 层）包括现场总线报文规范（FMS）和低层接口（Lower Layer Interface，LLI）。

FMS 包含应用层协议，并向用户提供功能很强的通信服务。LLI 协调不同的通信关系，并提供不依赖于设备的第二层访问接口。第 2 层（总线数据链路层）提供总线存取控制和保证数据的可靠性。

FMS 主要用于系统级和车间级的不同供应商的自动化系统之间的数据传输，处理单元级（PLC 和 PC）的多主站数据通信，为解决复杂的通信任务提供了很大的灵活性。

（2）PROFIBUS-DP

PROFIBUS-DP 用于自动化系统中单元级控制设备与分布式 I/O 的通信，可以取代 4～20mA 模拟信号传输。

PROFIBUS-DP 使用第 1 层、第 2 层和用户接口层，第 3～7 层未使用，这种精简的结构确保了高速数据传输。直接数据链路映像程序（DDLM）提供对第 2 层的访问。用户接口规定了设备的应用功能、PROFIBUS-DP 系统和设备的行为特性。PROFIBUS-DP 特别适合于 PLC 与现场级分布式 I/O 设备之间的通信。主站之间的通信为令牌方式，主站与从站之间为主从方式，另外还有两种方式的混合。

（3）PROFIBUS-PA

PROFIBUS-PA 用于过程自动化的现场传感器和执行器的低速数据传输，使用扩展的 PROFIBUS-DP 协议，此外还描述了现场设备行为的 PA 行规。由于传输技术采用 IEC 61158-2 标准，确保了本质安全和通过总线对现场设备供电，可以用于防爆区域的传感器和执行器与中央控制系统的通信。使用分段式耦合器可以将 PROFIBUS-PA 设备很方便地集成到 PROFIBUS-DP 网络中。

PROFIIBUS-PA 使用屏蔽双绞线电缆，由总线提供电源。在危险区域每个 DP/PA 链路可以连接 15 个现场设备，在非危险区域每个 DP/PA 链路可以连接 31 个现场设备。

介质存取控制（Medium Access Contro1，MAC）具体控制数据传输的程序，MAC 必须确保在任何时刻只有一个站点发送数据。

PROFIBUS 协议的设计满足介质控制的两个基本要求：

1）在复杂的自动化系统（主站）间的通信，必须保证在确切限定的时间间隔中，任何一个站点有足够的时间来完成通信任务。

2）在复杂的 PLC 或 PC 和简单的 I/O 外部设备（从站）间的通信，应尽可能简单快速地完成数据的实时传输，因通信协议增加的数据传输时间应尽量少。

PROFIBUS 采用混合的总线存取控制机制来实现上述要求，包括主站（Master）之间的令牌（Token）传递方式和主站与从站（Slave）之间的主从方式，如图 14-16 所示。令牌是一条特殊的报文，其在所有主站上循环一周的时间是事先规定的。主站之间构成令牌逻辑环，令牌传递仅在各主站之间进行。令牌按令牌环中各主站地址的升序在各主站之间依次传递。当某主站得到令牌报文后，该主站可以在一定时间内执行主站工作。在这段时间内，它可以依照主从通信关系表与所有从站通信，也可以依照主主通信关系表与所有主站通信。令牌传递程序保证每个主站在一个确切规定的时间内得到总线存取权（令牌）。

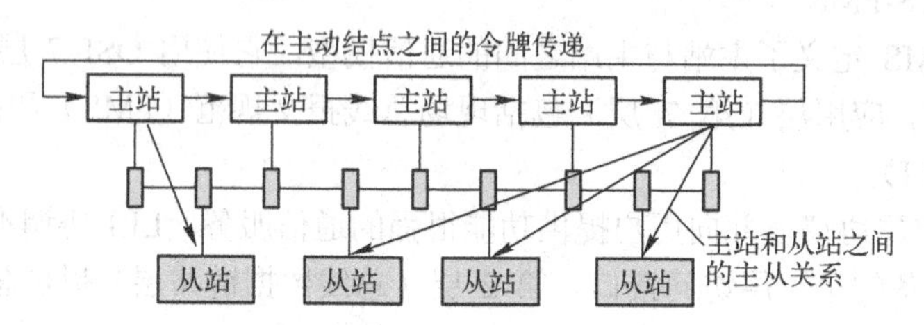


图 14-16　PROFIBUS 总线存取控制机制示意图

在总线初始化和启动阶段，主站介质存取控制（MAC）通过辨认主站来建立令牌环，首先自动判定总线上所有主站的地址，并将它们的结点地址记录在主站表中。在总线运行期间，从令牌环中去掉有故障的主站结点，将新上电的主站结点加入到令牌环中。PROFIBUS 介质存取控制还可以监视传输介质和收发器是否有故障、检查站点地址是否出错以及令牌是否丢失或有多个令牌等。

主站与从站间的通信基于主从原理，主站按轮询表依次访问从站，主站与从站间周期性地交换用户数据。主站与从站间的一个报文循环由主站发出的请求帧（轮询报文）和由从站返回的有关应答或响应帧组成。

PROFIBUS 现场总线中，PROFIBUS-DP 的应用最广。DP 主要用于 PLC 与分布式 I/O 和现场设备的高速数据通信。典型的 DP 配置是单主站结构，也可以是多主站结构。DP 的功能包括 DP-V0、DP-V1 和 DP-V2 三个版本。

**1．基本功能（DP-V0）**

（1）总线存取方法

各主站间为令牌传送，主站与从站间为主从循环传送，支持单主站或多主站系统，总线上最多 126 个站。可以采用点对点用户数据通信、广播（控制指令）方式和循环主从用户数据通信。

（2）循环数据交换

DP-V0 可以实现主站与从站间的快速循环数据交换，主站发出请求报文，从站收到后返回响应报文。总线循环时间应小于主站的循环时间，DP 的传送时间与网络中站的数量和传输速率有关。

（3）诊断功能

经过扩展的 PROFIBUS-DP 诊断，能对站级、模块级、通道级三级故障进行诊断和快速定位，诊断信息在总线上传输并由主站采集。

（4）保护功能

只有授权的主站才能直接访问从站。主站用监控定时器监视与从站的通信。从站用监控定时器检测与主站的数据传输。

（5）基于网络的组态功能与控制功能

可以实现下列功能：动态激活或关闭从站，对主站进行配置，可以设置站点的数目、从站地址、输入输出数据的格式、诊断报文的格式等，还可以检查从站的组态等。

（6）同步与锁定功能

主站可以发送命令给一个从站或同时发送给一组从站。接收到主站的同步命令后，从站进入同步模式，这些从站的输出被锁定在当前状态。

锁定（FREEZE）命令使指定的从站组进入锁定模式，即将各从站的输入数据锁定在当前状态，直到主站发送下一个锁定命令时才可以刷新。

此外，还支持主站与从站或系统组态设备之间的循环数据传输。

**2．DP-V1 的扩展功能**

（1）非循环数据交换

除 DP-V0 的功能外，DP-V1 最主要的特征是具有主站与从站之间的非循环数据交换功能，可以用它来进行参数设置、诊断和报警处理。非循环数据交换与循环数据交换是并行执行的，但是优先级较低。

（2）工程内部集成 EDD 与 FDT

在工业自动化中，GSD（电子设备数据）文件适用于较简单的应用；EDD（Electronic Device Description，电子设备描述）适用于中等复杂程序的应用；FDT/DTM（Field Device Tool/Device Type Manager，现场设备工具假备类型管理）是独立于现场总线的“万能”接口，适用于复杂的应用场合。

（3）基于 IEC 61131-3 的软件功能块

为了实现与制造商无关的系统行规，应为现存的通信平台提供应用程序接口（API），PNO（PROFIBUs 用户组织）推出了“基于 IEC 61131-3 的通信与代理（Proxy）功能块”。

（4）故障-安全通信（PROFIsafe）

PROFIsafe 定义了与故障-安全有关的自动化任务以及故障-安全设备怎样用故障-安全控制器在 PROFIBUS 上通信。PROFIsafe 考虑了在串行总线通信中可能发生的故障，如数据的延迟、丢失、重复，不正确的时序、地址和数据的损坏等。

（5）扩展的诊断功能

DP 从站通过诊断报文将突发事件（报警信息）传送给主站，主站收到后发送确认报文给从站。从站收到后只能发送新的报警信息，这样可以防止多次重复发送同一报警报文。状态报文由从站发送给主站，不需要主站确认。

**3．DP-V2 的扩展功能**

（1）从站与从站之间的通信

广播式数据交换实现了从站之间的通信，从站作为出版者（Publisher），不经过主站直接将信息发送给作为订户（Subscribers）的从站。

（2）同步（Isochronous）模式功能

同步功能激活主站与从站之间的同步，误差小于 1ms。通过“全局控制”广播报文，所有有关的设备被周期性地同步到总线主站的循环。

（3）时钟控制与时间标记（Time Stamps）

通过用于时钟同步的新的连接 MS3，主站将时间标记发送给所有的从站，将从站的时钟同步到系统时间，误差小于 1ms。利用这一功能可以实现高精度的事件追踪。在有大量主站的网络中，对于获取定时功能特别有用。主站与从站之间的时钟控制通过 MS3 服务来进行。

（4）HARTonDP

HARTonDP 是一种应用较广的现场总线。HART 规范将 HART 的客户-主机-服务器模型映射到 PROFIBUS。

（5）上载与下载（区域装载）

此功能允许用少量的命令装载任意现场设备中任意大小的数据区，如不需要人工装载就可以更新程序或更换设备。

（6）功能请求（Function Invocation）

功能请求服务用于 DP 从站的程序控制（启动、停止、返回或重新启动）和功能调用。

（7）从站冗余

在很多应用场合，要求现场设备的通信有冗余功能。冗余的从站有两个 PROFIBUS 接口，一个是主接口，一个是备用接口。它们可能是单独的设备，也可能分散在两个设备中。冗余从站设备可以在一条 PROFIBUS 总线或两条冗余的 PROFIBUS 总线上运行。

### 14.3.2 PROFIBUS 的硬件

#### 1. PROFIBUS 的物理层

PROFIBUS 可以使用多种通信介质，包括电、光、红外、导轨以及混合方式等。传输速率为 9.6kbit/s～12Mbit/s，每个 DP 从站的输入数据和输出数据最大为 244B。使用屏蔽双绞线电缆时最长通信距离为 9.6km，使用光缆时最长 90km，最多可以接 127 个从站。

PROFIBUS 可以使用灵活的拓扑结构，支持线形、树形、环形结构以及冗余的通信模型。支持基于总线的驱动技术和符合 IEC 61508 的总线安全通信技术。

（1）DP/FMS 的 RS-485 传输

PROFIBUS-DP 和 PROFIBUS-FMS 使用相同的传输技术和统一的总线存取协议，可以在同一根电缆上同时运行。DP/FMS 符合 EIA RS-485 标准（也称为 H2），采用价格便宜的屏蔽双绞线电缆，电磁兼容性（EMC）条件较好时也可以使用不带屏蔽的双绞线电缆。一个总线段的两端各有一套有源的总线终端电阻。传输速率为 9.6kbit/s～12Mbit/s，所选的传输速率适用于连接到总线段上的所有设备，每个网段电缆的最大长度与传输速率有关。一个总线段最多 32 个站，带中继器最多 127 个站，串联的中继器一般不超过 3 个。中继器没有站地址，但是被计算在每段的最大站数中。

如果用屏蔽编织线和屏蔽箔，应在两端与保护接地连接，数据线必须与高压线隔离。

RS-485 采用半双工、异步的传输方式，1 个字符帧由 8 个数据位、1 个起始位、1 个停止位和 1 个奇偶校验位组成（共 11 位）。

（2）D 型总线连接器

PROFIBUS 标准推荐站与总线的相互连接使用 9 针 D 型连接器。D 型连接器的插座与总线站相连接，而 D 型连接器的插头与总线电缆相连接。在传输期间，A、B 线上的波形相反。信号为 1 时 B 线为高电平，A 线为低电平。各报文间的空闲（Idle）状态对应于二进制“1”信号。

（3）总线终端器

在数据线 A 和 B 的两端均应加接总线终端器。总线终端器的下拉电阻与数据基准电位相连，上拉电阻与供电正电压相连。总线上没有站发送数据时，这两个电阻确保总线上有一个确定的空闲电位。几乎所有标准的 PROFIBUS 总线连接器上都集成了总线终端器，可以由跳接器或开关来选择是否使用它。

传输速率大于 1500kbit/s 时，由于连接的站的电容性负载引起导线反射，因此必须使用附加有轴向电感的总线连接插头。

（4）DP/FMS 的光纤电缆传输

PROFIBUS 另一种物理层通过光纤中光的传输来传送数据。单芯玻璃光纤的最大连接距离为 15km，价格低廉的塑料光纤为 80m。光纤电缆对电磁干扰不敏感，并能确保站之间的电气隔离。近年来，由于光纤的连接技术已大大简化，这种传输技术已经广泛地用于现场设备的数据通信。

光链路模块（OLM）用来实现单光纤环和冗余的双光纤环。在单光纤环中，OLM 通过单工光纤电缆相互连接，如果光纤电缆断线或 OLM 出现故障，则整个环路将崩溃。在冗余的双光纤环中，OLM 通过两个双工光纤电缆相互连接，如果两根光纤线中的一根出了故障，则总线系统将自动地切换为线性结构。光纤导线中的故障排除后，总线系统即返回到正常的冗余环状态。许多厂商提供专用总线插头来转换 RS-485 信号和光纤导体信号。

（5）PA 的 IEO 1158-2 传输

PROFIBUS-PA 采用符合 IEC 1158-2 标准的传输技术，这种技术确保本质安全，并通过总线直接给现场设备供电，能满足石油化工业的要求。传输速率为 31.25kbit/s。传输介质为屏蔽或非屏蔽的双绞线，允许使用线形、树形和星形网络。总线段的两端用一个无源的 RC 线终端器（100Ω电阻与 1μF 电容的串联电路）来终止。在一个 PA 总线段上最多可以连接 32 个站，总数最多为 126 个，最多可以扩展 4 台中继器。最大的总线段长度取决于供电装置、导线类型和所连接的站的电流消耗。

为了增加系统的可靠性，总线段可以用冗余总线段作备份。段耦合器或 DP/PA 链接器用于 PA 总线段与 DP 总线段的连接。

**2. PROFIBUS-DP 设备**

PROFIBUS-DP 设备可以分为三种不同类型的设备。

（1）1 类 DP 主站

1 类 DP 主站（DPM1）是系统的中央控制器，DPM1 在预定的周期内与从站循环地交换信息，并对总线通信进行控制和管理。DPM1 可以发送参数给从站，读取从站的诊断信息，用全局控制命令将它的运行状态告知给各从站等。此外，还可以将控制命令发送给个别从站或从站组，以实现输出数据和输入数据的同步。下列设备可以做1类DP主站：

1）集成了DP接口的PLC，如CPU 315-2DP、CPU 313C-2DP等。

2）没有集成DP接口的CPU加上支持DP主站功能的通信处理器（CP）。

3）插有PROFIBUS网卡（如CP 5411、CP 5511、CP 5611和CP5613等）的PC，如WinAC控制器等。可以设置选择PC作1类主站或者作编程监控的2类主站。

4）IE/PB链路模块。

5）ET 200S/ET 200X的主站模块。

（2）2类DP主站

2类DP主站（DPM2）是DP网络中的编程、诊断和管理设备。DPM2除了具有1类主站的功能外，在与1类DP主站进行数据通信的同时，可以读取DP从站的输入/输出数据和当前的组态数据，可以给DP从站分配新的总线地址。下列设备可以作2类DP主站：

1）以PC为硬件平台的2类主站。PC加PROFIBUS网卡可做2类主站，PC和STEP 7编程软件来做编程设备，PC和WinCC组态软件做监控操作站。

2）操作员面板/触摸屏（OP/TP）。操作员面板和触摸屏用于操作人员对系统的控制和操作，如参数的设置与修改、设备的启动和停机以及在线监视设备的运行状态等。

（3）DP从站

DP从站是进行输入信息采集和输出信息发送的外部设备，只与组态它的DP主站交换用户数据，可以向该主站报告本地诊断中断和过程中断。下列设备可以做DP从站：

1）分布式I/O。分布式I/O（非智能型I/O）具有PROFIBUS-DP通信接口，但没有程序存储和程序执行功能，通信适配器用来接收主站指令，按主站指令驱动I/O，并将I/O输入及故障诊断等信息返回给主站。ET200系列是西门子典型的分布式I/O，有ET200M/L/S/iS/B等多种类型，ET200B为紧凑型的分布式I/O，ET200M为模块型的分布式I/O。

2）PLC智能DP从站。某些型号的PLC可以做PROFIBUS的从站，称为智能型从站。PLC的CPU通过用户程序驱动I/O，在PLC的存储器中有一片特定区域作为与主站通信的共享数据区，主站通过通信间接控制从站PLC的I/O。

3）具有PROFIBUS DP接口的其他现场设备。西门子的SINUMERIK数控系统、SITRANS现场仪表、MicroMaster变频器、SIMOREG DC MASTER直流传动装置以及SIMOVERT交流传动装置都有PROFIBUS-DP接口或可选的DP接口，可以做DP从站。其他公司支持DP接口的输入输出、传感器、执行器或其他智能设备也可以接入PROFIBUS-DP网络。

（4）DP组合设备

可以将1类、2类DP主站或DP从站组合在一个设备中，形成一个DP组合设备。如第1类DP主站与第2类DP主站的组合，DP从站与第1类DP主站的组合等。

（5）PROFIBUS网络部件

网络部件包括通信介质（电缆）、总线部件（总线连接器、中继器、耦合器、链路）和网络转接器，后者包括PROFIBUS与串行通信、以太网、AS-I和EIB通信网络的转接器等。

### 3. PROFIBUS 通信处理器

（1）CP 342-5 通信处理器

CP 342-5 是将 S7-300 PLC 连接到 PROFIBUS-DP 总线的低成本的 DP 主站接口模块，减轻了 CPU 的通信负担，通过 FOC 接口可以直接连接到光纤 PROFIBUS 网络。通过接口模块 IM 360/361，CP 342-5 也可以工作在扩展机架上。

CP 342-5 提供下列通信服务：PROFIBUS-DP、S7 通信、S5 兼容通信功能和 PG/OP 通信，通过 PROFIBUS 进行配置和编程。

CP 342-5 作为 DP 主站自动处理数据传输，通过它将 DP 从站连接到 S7-300 PLC 上。CP 342-5 提供 SYNC（同步）、FREEZE（锁定）和共享输入/输出功能。CP 342-5 也可以作为 DP 从站，允许 S7-300 PLC 与其他 PROFIBUS 主站交换数据。这样可以进行 S5/S7、PC、ET200 和其他现场设备的混合配置。

通过 STEP 7 的网络组态编辑器 NCM 对 CP 342-5 进行配置，CP 模块的配置数据存放在 CPU 中，CPU 启动后自动地将配置参数传送到 CP 模块。

（2）CP 342-5 FO 通信处理器

CP 342-5 FO 是带光纤接口的 PROFIBUS-DP 主站或从站模块，用于将 S7-300 PLC 连接到 PROFIBUS。通过内置的 FOC 光纤电缆接口直接连接到光纤 PROFIBUS 网络，即使有强烈的电磁干扰也能正常工作。模块的其他性能与 CP 342-5 相同。

S7-300 PLC 和 C7 可以与下列部件进行通信：

1）带集成光纤接口的 ET 200 I/O。

2）带 CP 5613 FO/5614 FO 的 PC。

3）使用 IM 467 FO 和 CP 325-5 FO 可以进行 S7-300 和 S7-400 之间的通信。

4）使用光纤总线端子（OBT）可与其他 PROFIBUS 结点通信。

（3）CP 443-5 通信处理器

CP 443-5 是 S7-400 PLC 用于 PROFIBUS-DP 总线的通信处理器，它提供下列通信服务：S7 通信，S5 兼容通信，与计算机、PG/OP 的通信和 PROFIBUS-FMS。可以通过 PROFIBUS 进行配置和远程编程，实现实时钟的同步，在 H 系统中实现冗余的 S7 通信或 DP 主站通信。通过 S7 路由器在网络间进行通信。

CP 443-5 分为基本型和扩展型，扩展型作为 DP 主站运行，支持 SYNC 和 FREEZE 功能、从站到从站的直接通信和通过 PROFIBUS-DP 发送数据记录等。

（4）用于 PC/PG 的通信处理器

用于 PC/PG 的通信处理器将计算机/编程器连接到 PROFIBUS 网络中，具体见表 14-2，支持标准 S7 通信、S5 兼容通信、PG/OP 通信和 PROFIBUS-FMS，OPC 服务器随通信软件供货。

**表 14-2　用于 PC/PG 的通信处理器**

| | CP5613/CP 5613FO | CP5614/CP 5614FO | CP 5611 |
|---|---|---|---|
| 可以连接的 DP 从站数 | 122 | 122 | 60 |
| 可以并行处理的 FDL 任务数 | 120 | 120 | 100 |
| PG/PC 和 S7 的连接数 | 50 | 50 | 8 |
| FMS 的连接数 | 40 | 40 | |

表 14-2 中，CP 5613 是带微处理器的 PCI 卡，有一个 PROFIBUS 接口，仅支持 DP 主站；CP 5614 用于将计算机连接到 PROFIBUS，有两个 PROFIBUS 接口，可以将两个 PROFIBUS 网络连接到 PC，网络间可以交换数据，可以作 DP 主站或 DP 从站；CP 5613 FO/CP 5614 FO 有光纤接口，用于将 PC/PG 连接到光纤 PROFIBUS 网络；CP 5611 用于将带 PCMCIA 插槽的笔记本电脑连接到 PROFIBUS 和 S7 的 MPI 接口，有一个 PROFIBUS 接口，支持 PROFIBUS 主站和从站。

**4. GSD 电子设备数据文件**

GSD 是可读的 ASCII 码文本文件，包括通用的和与设备有关的通信的技术规范。为了将不同厂家生产的 PROFIBUS 产品集成在一起，生产厂家必须以 GSD 文件（电子设备数据库文件）方式提供这些产品的功能参数，如 I/O 点数、诊断信息、传输速率、时间监视等。标准的 GSD 数据将通信扩大到操作员控制级。GSD 文件分为三个部分：

1）总规范。包括生产厂商和设备名称、硬件和软件版本、传输速率、监视时间间隔、总线插头指定信号。

2）主站规范。包括适用于主站的各项参数，如最大可以连接的从站个数和上载下载的选项。

3）与 DP 从站有关的规范。如输入/输出通道个数、类型和诊断数据等。

在 STEP 7 硬件组态编辑器中通过菜单命令“选项”→“安装 GSD 文件”安装制造商提供的 GSD 电子设备数据文件，之后在硬件目录中将会找到相应的设备。

**5. PROFIBUS 网络的配置方案**

根据现场设备是否具有 PROFIBUS 接口可以分为三种类型：

1）现场设备不具备 PROFIBUS 接口，则可以通过分布式 I/O 连接到 PROFIBUS 上。如果现场设备可以分为相对集中的若干组将可以更好地发挥现场总线技术的优点。

2）现场设备都有 PROFIBUS 接口，可以通过现场总线技术实现完全的分布式结构。

3）只有部分现场设备有 PROFIBUS 接口，应采用有 PROFIBUS 接口的现场设备与分布式 I/O 混合使用的办法。

由上，PROFIBUS-DP 网络的配置方案通常有下列结构类型：

1）PLC 作 1 类主站，不设监控站，在调试阶段配置一台编程设备。由 PLC 完成总线通信管理、从站数据读写、从站远程参数设置工作。

2）PLC 作 1 类主站，监控站通过串口与 PLC 一对一的连接。因为监控站不在 PROFIBUS 网上，不是 2 类主站，不能直接读取从站数据和完成远程组态工作。监控站所需的从站数据只能通过串口从 PLC 中读取。

3）用 PLC 或其他控制器作 1 类主站，监控站（2 类主站）连接在 PROIBUS 总线上。可以完成远程编程、组态以及在线监控功能。

4）用配备了 PROFIBUS 网卡的 PC 作 1 类主站，监控站与 1 类主站一体化。这是一个低成本方案，但 PC 应选用具有高可靠性、能长时间连续运行的工业级 PC。对于这种结构类型，PC 的故障将导致整个系统瘫痪。另外通信厂商通常只提供模块的驱动程序，总线控制程序、从站控制程序和监控程序可能要由用户开发，因此开发工作量较大。

5）工业控制 PC+PROFIBUS 网卡+SOFTPLC 的结构形式。SOFTPLC 是将通用型 PC 改造成一台由软件（软逻辑）实现的 PLC。这种软件将符合 IEC 61131 标准的 PLC 的编程、应用程序运行功能、操作员监控站的图形监控开发和在线监控功能等集成到一台 PC 上，形成一个 PLC 与监控站一体化的控制器工作站。

### 14.3.3 PROFIBUS-DP 的应用

下面通过几个例子说明 PROFIBUS-DP 网络的组态、通信的编程方法及步骤。

**1．PROFIBUS-DP 网络的组态**

新建一个项目，插入一个 S7-300 站 CPU315-2 DP 并进行硬件组态。在硬件组态编辑器中，选中数据表格中的“DP”项，单击右键选择“添加主站系统”，打开“PROFIBUS 接口 DP”属性对话框，如图 14-17 所示，在“地址”项输入该站的 PROFIBUS 地址，单击“新建”按钮，打开图 14-18 所示的“PROFIBUS 网络属性”对话框，在“常规”选项卡中输入新建的 PROFIBUS 网络的名称，在“网络设置”选项卡中选择传输速率和总线行规，此处采用默认即可。

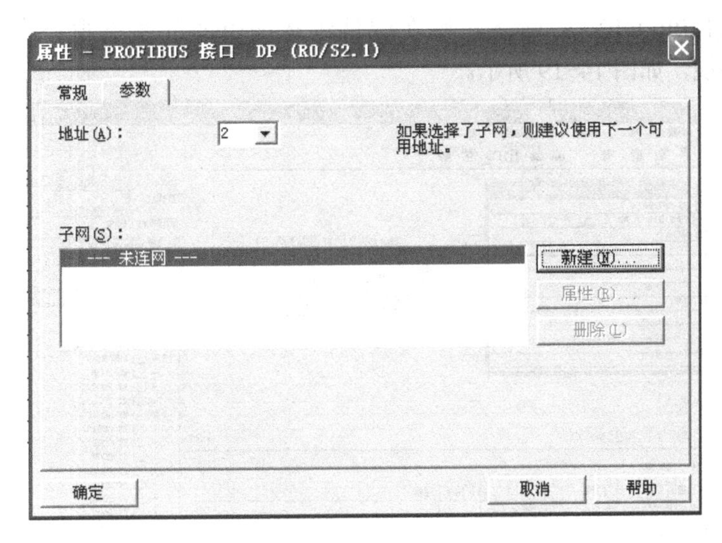


图 14-17 “PROFIBUS 接口 DP”属性对话框

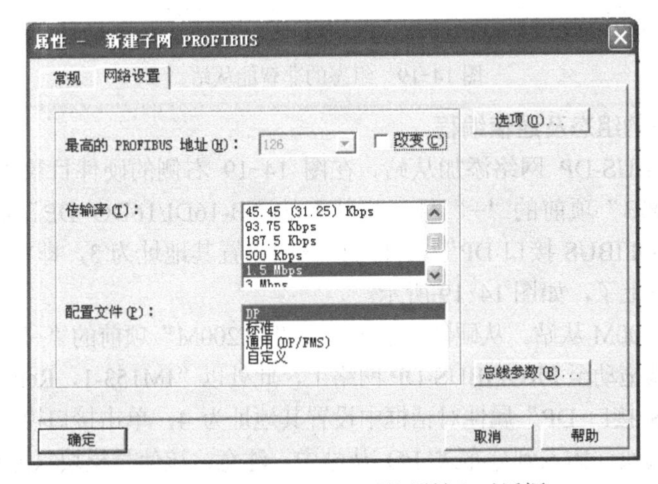


图 14-18 “PROFIBUS 网络属性”对话框

PROFIBUS 的总线行规为不同的 PROFIBUS 应用提供基准，每个总线行规包含一个 PROFIBUS 总线参数集。

（1）DP 行规

PROFIBUS-DP 单主站系统或多主站系统选用“DP”行规，这些站必须是 STEP 7 项目的组成部分，且已被组态。

（2）标准（Standard）行规

不能用 STEP 7 组态或不属于当前 STEP 7 项目处理的站可以选用“Standard”行规。

（3）通用（Universal）（DP/FMS）行规

适合多主站 S5-S5 PLC、S5-S7 PLC 之间 FDL、FMS 协议通信。

（4）自定义行规

可以自己修改 PROFIBUS 参数以适合最佳的总线行规，适合和第三方设备已定义的 PROFIBUS 参数相匹配。

选中新建的 PROFIBUS 网络，则在硬件组态编辑器的组态窗口中 DP 后面出现 PROFIBUS 网络线，如图 14-19 所示。

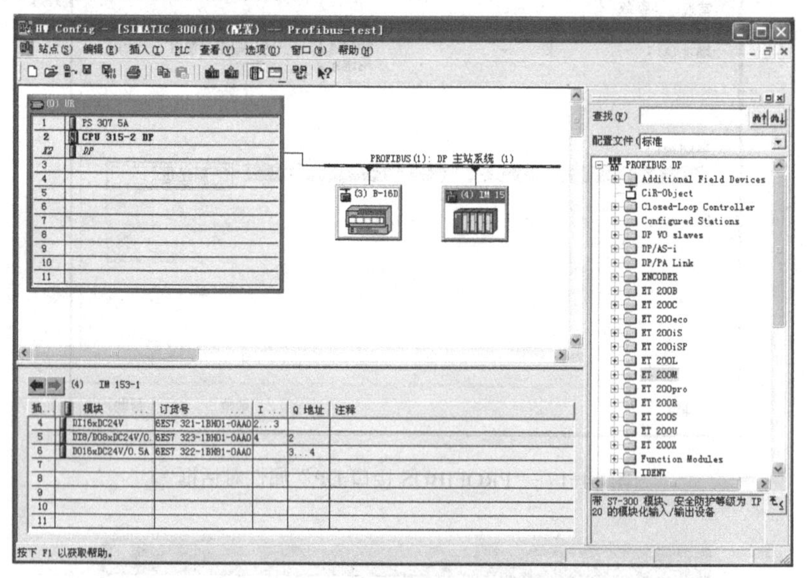


图 14-19　组态的非智能从站

**2．非智能从站的组态及通信编程**

下面向 PROFIBUS-DP 网络添加从站。在图 14-19 右侧的硬件目录“PROFIBUS-DP”项中，单击“ET200B”项前的“+”号，将其下的“B-16DI/16DO DP”拖动至左侧的网络上，在打开的“PROFIBUS 接口 DP”属性对话框中设置其地址为 3，即将该 I/O 从站连接至 PROFIBUS-DP 网络上了，如图 14-19 所示。

接下来添加 ET200M 从站。从硬件目录中单击“ET200M”项前的“+”号，根据实际订货号选择接口模块将其拖动至 PROFIBUS-DP 网络上，此处以“IM153-1，Release 1-5”为例，在打开的“PROFIBUS 接口 DP”属性对话框中设置其地址为 4，单击接口模块前的“+”号，从其下选择各种信号模块并插入到分布式 I/O 从站中。注意：该信号模块只能从对应的接口模块项下选择。ET200M 为模块式的分布式从站，其采用的机架和模块与 S7-300 PLC 相同。

右键单击图 14-19 所示的从站选择“对象属性”可以打开“DP 从站”属性对话框，如图 14-20 所示，在此可以看到已组态的 DP 从站的一些参考信息，如订货号、设备系列、类型、诊断地址和站地址等。“诊断地址”用于组织块 OB86 来读出诊断信息，以找到 DP 从站出现故障的原因。“SYNC/FREEZE 能力”指出 DP 从站是否能执行由 DP 主站发出的 SYNC（同步）和 FREEZE（锁定）控制命令。选择“响应监视器”功能，在预定义的响应监视时间内，如果 DP 从站与主站之间没有数据通信，DP 从站将切换到安全状态，所有输出被设置为 0 状态或输出一个替代值。建议只是在调试时才关闭“响应监视器”。

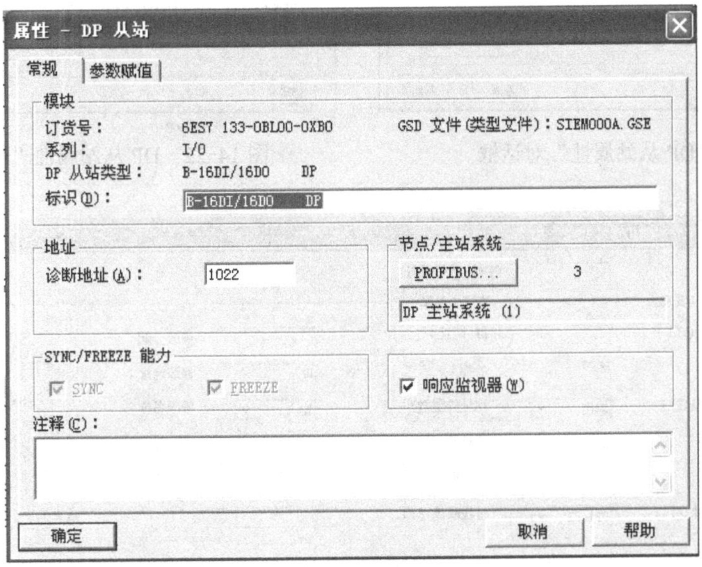

图 14-20 “DP 从站”属性对话框

在图 14-19 中可以查看系统分配的 DP 从站的 I/O 地址，由 CPU 的 DP 接口连接的 PROFIBUS-DP 网络中从站 I/O 地址可以像机架上的 I/O 一样直接访问。

**3. 智能从站的组态及通信编程**

下面通过一个例子介绍智能从站的组态和编程。

新建一个项目，插入一个 S7-400 站 CPU416-2 DP 和一个 S7-300 站 CPU315-2 DP。对 S7-300 PLC 进行硬件组态，在“PROFIBUS 接口 DP”对话框中将其地址设置为 4，但不连接到任何 PROFIBUS 网络上。在 DP 的“对象属性”对话框“工作模式”选项卡中将该站设置为“DP 从站”。

组态 S7-400 站，插入一个 DP 网络，将硬件组态编辑器右侧硬件目录中的“PROFIBUS DP”→“Configured Stations”→“CPU 31x”拖放到建立的 DP 网络上，此时将自动打开“DP 从站属性”对话框，如图 14-21 所示，选中列表中的“CPU315-2 DP”，单击“连接”按钮将该站连接到网络中。连接好后，单击“断开连接”按钮可以将从站从网络上断开。

选择图 14-21 的“组态”选项卡，用于为主从通信配置通信双方的输入/输出区地址，如图 14-22 所示。单击“新建”按钮，打开图 14-23 所示的组态对话框，其部分项含义如下：

1）地址类型：选择“输入”对应 I 区，“输出”对应 Q 区。

2）长度：设置通信区域的大小，最多 32B。

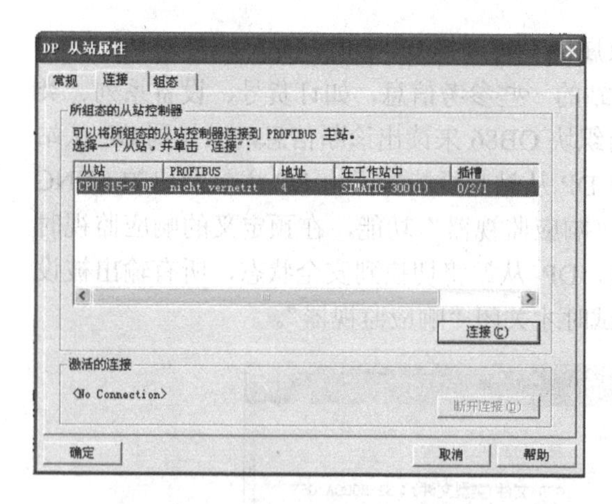


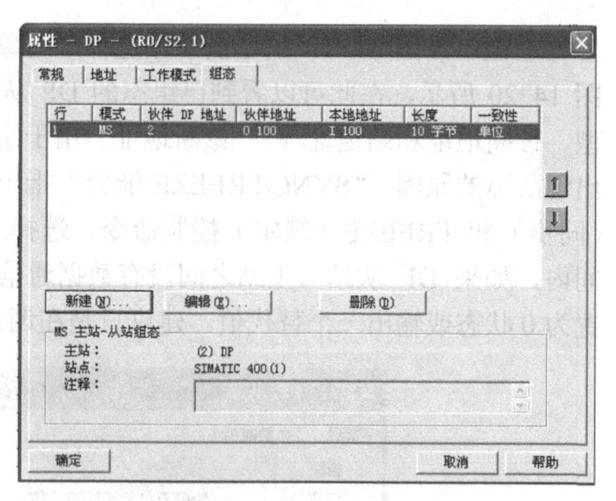

图 14-21 “DP 从站属性”对话框

图 14-22 DP 从站属性“组态”选项卡

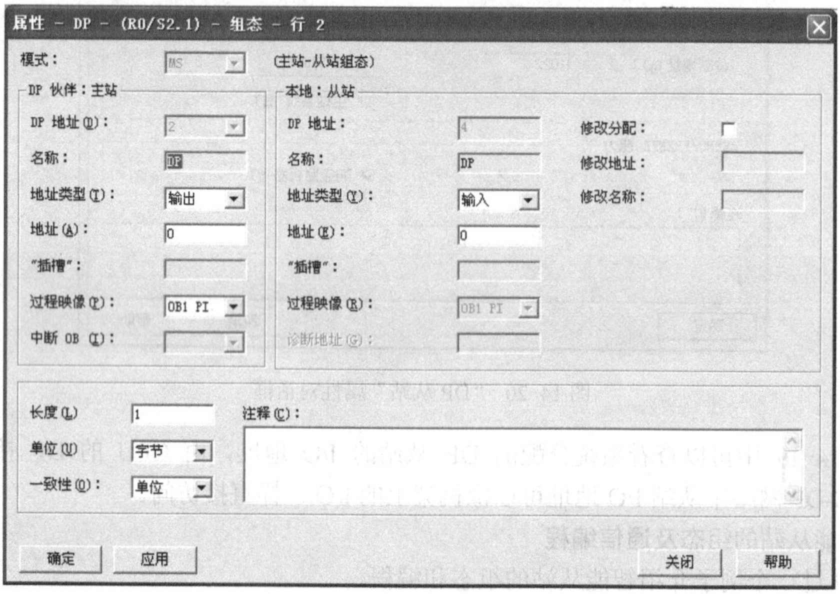

图 14-23 组态对话框

3）单位：选择是按字节还是按字来通信。

4）一致性：选择“单位”是按在定义的数据格式即字节或字发送；若选择“全部”表示是打包发送，每包最多 32B。

设置完成单击“应用”按钮确认，可继续加入通信数据，通信区的大小与 CPU 型号有关，最大为 244B。

图 14-23 所示为设置将主站 S7-400 PLC 的输出 QB0 自动对应从站 S7-300 PLC 的输入 IB0。

**4．使用 SFC 14 和 SFC 15 传输连续数据**

组态 DP 时经常遇到参数“一致性（Consistency）”，如图 14-23 所示，若选择“单位”则数据的通信以定义的字节或字发送和接收，假设主站以字节格式发送 20B 数据，从站将逐字节地接收和处理这 20B 数据。如果数据不在同一时刻到达从站接收区，从站就可能不在一个循环周期处理接收区的数据，对处理复杂的控制功能，如模拟量闭环控制或电气传动等从站，需要保持数据的一致性，则要选择参数“全部”；同时从站需要更大的输入/输出区域，可以调用系统功能 SFC14“DPRD_DAT”和 SFC15“DPWR_DAT”来访问这些输入/输出数据区域。

使用 MOVE 指令访问 I/O 时，最多只能读写 4 个连续字节即一个双字。通过 SFC14 和 SFC15 可以读写 DP 标准从站的多个连续数据，最大长度与 CPU 的型号有关。

下面通过一个例子说明 SFC14 和 SFC15 的使用方法。假设 CPU416-2 DP 作为主站，CPU315-2 DP 作为智能从站，将从站的 DB10.DBB0 开始的 10B 数据发送给主站 DB20.DBB0 开始的 10B 数据中。

在从站的 OB1 编写的程序如图 14-24 所示，主站编写的 OB1 程序如图 14-25 所示，注意 SFC14 和 SFC15 位于“库”→“Standard Library”→“System Function Blocks”中。分别将程序下载后，用变量表进行调试观察运行结果。

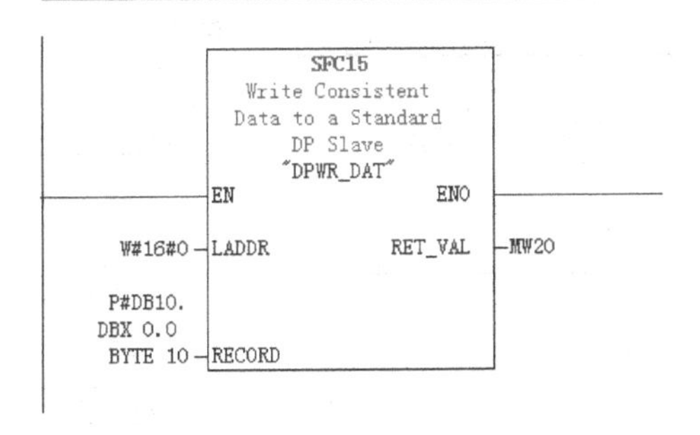


图 14-24　从站程序

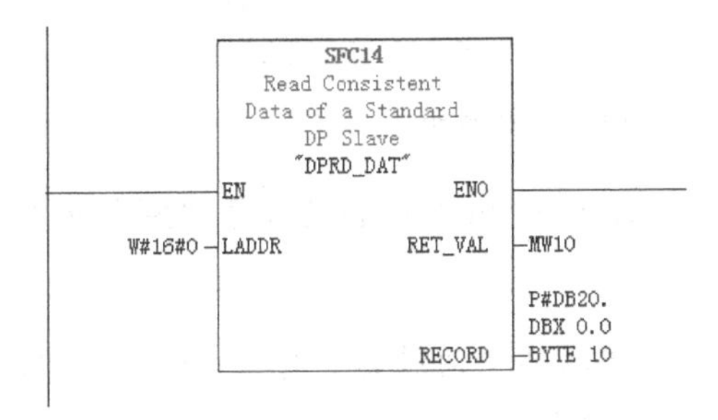


图 14-25　主站程序

### 5. CP342-5 作为 DP 主站或从站

CP342-5 是 S7-300 系列 PLC 的 PROFIBUS 通信模块，可以作为 DP 主站或从站，但是不能同时作为主站和从站，且只能在 S7-300 PLC 的中央机架上使用。CP342-5 与 CPU 上集成的 DP 接口不一样，其对应的通信接口区不是 I 区和 Q 区，而是虚拟的通信区，需要调用 CP 通信功能 FC1 和 FC2。

（1）CP342-5 作为 DP 主站

此处通过一个例子即 S7-300 PLC 通过 CP342-5 连接分布式从站 ET200M 等来说明其配置方法及编程。

新建一个项目，插入一个 S7-300 站，硬件组态如图 14-26 所示。插入 S7-300 PLC 的各种模块后，选中 CP342-5，单击右键选择“添加主站系统”，添加 PROFIBUS 网络，网络设置采用默认即可。与前面操作类似，在 DP 网络上分别添加 ET200M 及 ET200B，此处 ET200M 的配置如图 14-26 所示，ET200B 为 24DI/8DO。由图可以看出，分布式从站的输入/输出地址均是从 0 开始的，该地址为 S7-300 PLC 的虚拟地址映射区，不占用 S7-300 PLC 的实际 I/Q 区。虚拟地址的输入区和输出区在主站上要分别调用 FC1（DP_SEND）和 FC2（DP_RECV）进行访问。

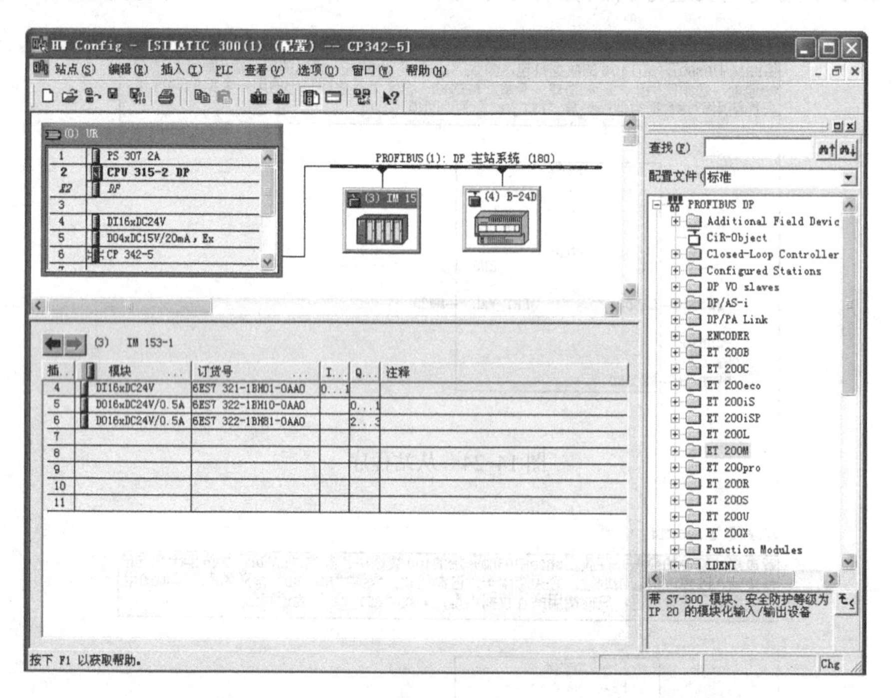


图 14-26　硬件组态

主站编写 OB1 程序如图 14-27 所示，注意 FC1 和 FC2 位于“库”→“SIMATIC_NET_CP →CP300”中。

**注意：CP342-5 的地址在硬件组态编辑器中通过其“对象属性”→“地址”选项卡查看，地址选项卡的地址为十进制，要转换为十六进制。**

FC1 的发送区大小和 FC2 的接收区大小要和虚拟的输出和输入字节数匹配。此处虚拟的输入输出都为 5B。如果虚拟地址的起始地址不为 0，则调用 FC 的长度要增加，假设虚拟地址的输入区开始为 4，长度为 10B，则对应的接收区偏移 4B，相应长度为 14B，接收区的第 5 字节对应从站输入的第 1 个字节。

**程序段 1**：FC1

参数“CPLADDR”为CP342-5的地址；参数“SEND”为发送区，对应从站的输出区；参数“DONE”发送完成一次产生一个脉冲；参数“ERROR”为错误位；参数“STATUS”为状态字

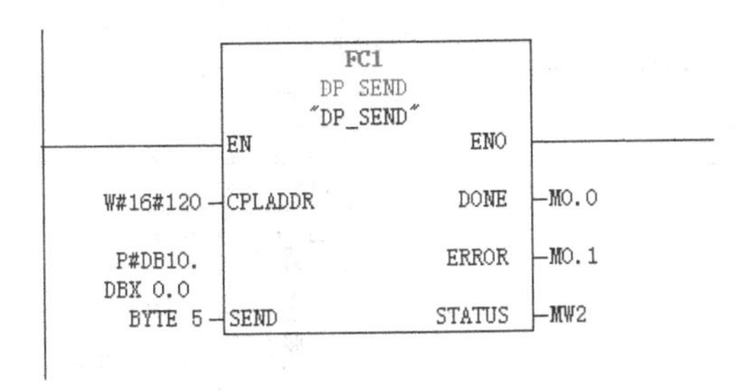


**程序段 2**：FC2

参数“CPLADDR”为CP342-5的地址；参数“RECV”为接收区，对应从站的输入区；参数“DONE”发送完成一次产生一个脉冲；参数“ERROR”为错误位；参数“STATUS”为状态字；参数为“PROFIBUS-DP”的状态字节

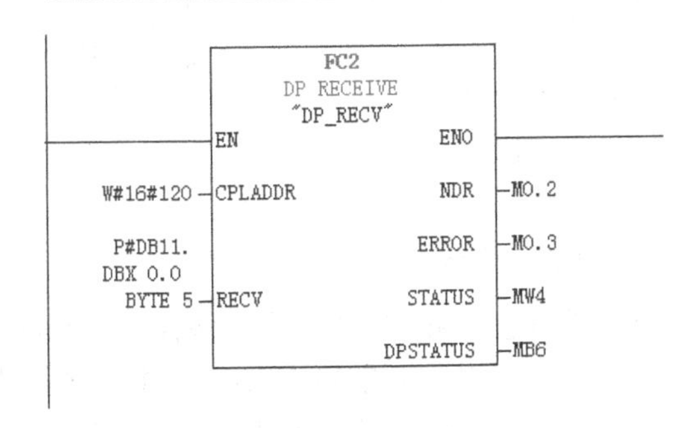


图 14-27　OB1 程序

使用 CP342-5 作为主站时，本身数据是打包发送，不需要调用 SFC14 和 SFC15。由于 CP342-5 寻址方式是通过调用 FC1 和 FC2 访问从站地址而不是直接访问 I/Q 区，所以从站上不能插入智能模块，如 FM350-1、FM352 等。

（2）CP342-5 作为 DP 从站

CP342-5 作为从站时同样需要调用 FC1 和 FC2 建立通信接口区。此处以 CPU416-2 DP 作为主站、CP342-5 作为从站为例说明其配置及编程。

新建一个项目，插入一个 S7-300 站，第 4 槽为 CP342-5。新建一个 PROFIBUS 网络，其参数为默认值。在硬件组态编辑器中通过 CP342-5 的“对象属性”→“工作模式”选项卡设置其为“DP 从站”。组态完成保存编译并下载到 S7-300 PLC 中。

插入 S7-400 站，组态 CPU 时选择建立的 PROFIBUS 网络。在硬件目录“PROFIBUS DP”→“Configured Staitons”→“S7-300 CP 342-5 DP”中选择订货号和版本号完全相同的 CP342-5，在出现的“属性-DP 从站”对话框中单击“连接”按钮连接从站到主站的 PROFIBUS 网络上。

连接完成后，在硬件目录刚才的 CP342-5 项中选择“16 bytes DI/Total consistency”和“16 bytes DO/Total consistency”插入到从站的列表中，如图 14-28 所示，即插入了 16B 的输入和 16B 数据的输出。

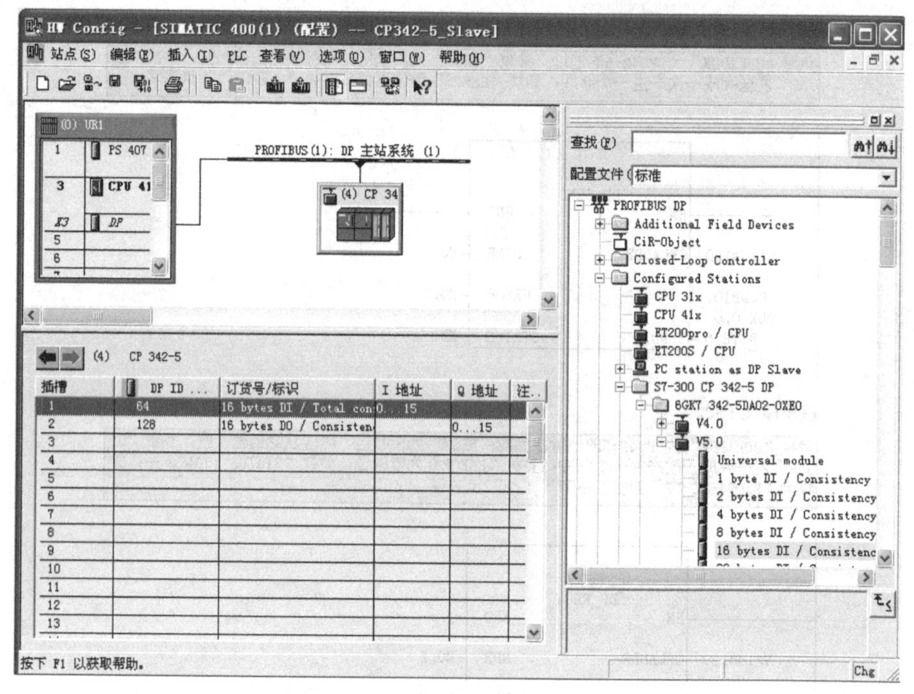


图 14-28　组态从站

此处按字节通信，在主站中不需要对通信进行编程。组态完成保存编译下载到 CPU 中。

由图 14-28 可以看到主站发送到从站的数据区为 QB0～QB15，主站接收从站的数据区为 IB0～IB15，从站需要调用 FC1 和 FC2 建立通信区。从站编程如图 14-29 所示。

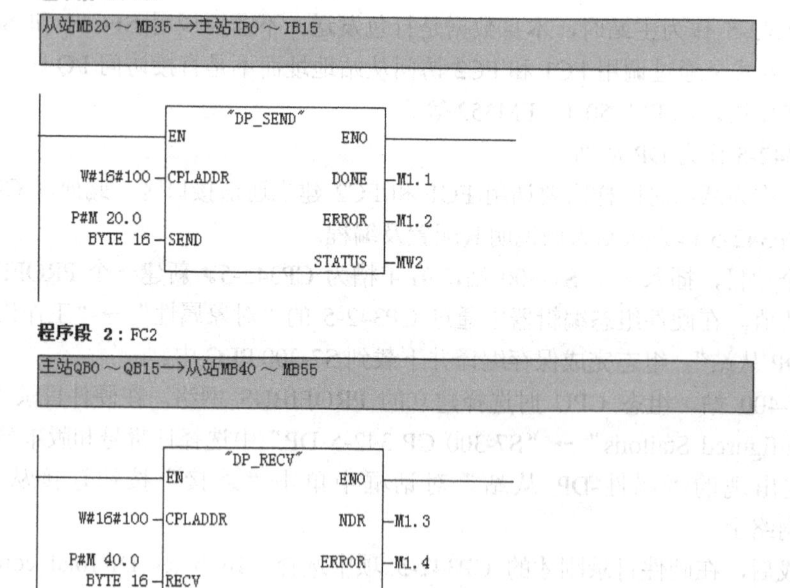


图 14-29　从站程序

**6. 直接数据交换通信方式的组态**

直接数据交换（Direct Data Exchange，DX），又称为交叉通信。在直接数据交换通信的组态中，智能 DP 从站或 DP 主站的本地输入地址区被指定为 DP 通信伙伴的输入地址区。智能 DP 从站或 DP 主站利用它们来接收从 PROFIBUS-DP 通信伙伴发送给它的 DP 主站的输入数据。在选型时应注意某些 CPU 没有直接数据交换功能。

以下介绍直接数据交换的应用场合。

（1）单主站系统中 DP 从站发送数据到智能从站（I 从站）

如图 14-30 所示，通过此种组态，来自 DP 从站的输入数据可以迅速地传送到 PROFIBUS-DP 网络的智能从站。所有的 DP 从站或其他智能从站原则上都能提供用于 DP 从站之间的直接数据交换的数据，只有智能 DP 从站才能接收这些数据。

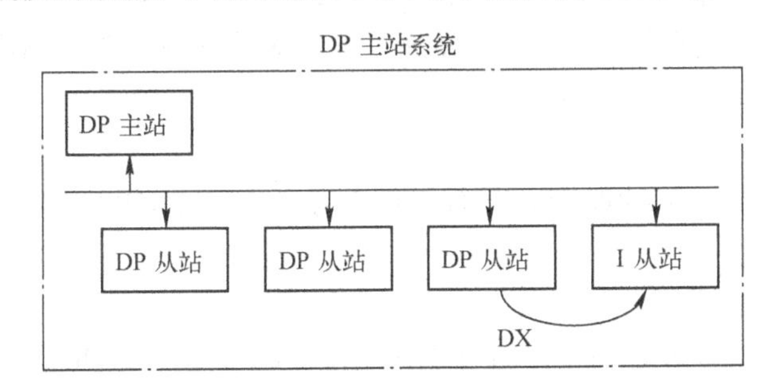


图 14-30　单主站系统中 DP 从站发送数据到智能从站

（2）多主站系统中从站发送数据到其他主站

如图 14-31 所示，同一个 PROFIBUS-DP 网络中有几个 DP 主站的系统称为多主站系统。智能 DP 从站或简单的 DP 从站来的输入数据，可以被同一 PROFIBUS-DP 网络中不同 DP 主站系统的主站直接读取。这种通信方式也叫做“共享输入”，因为输入数据可以跨 DP 主站系统使用。

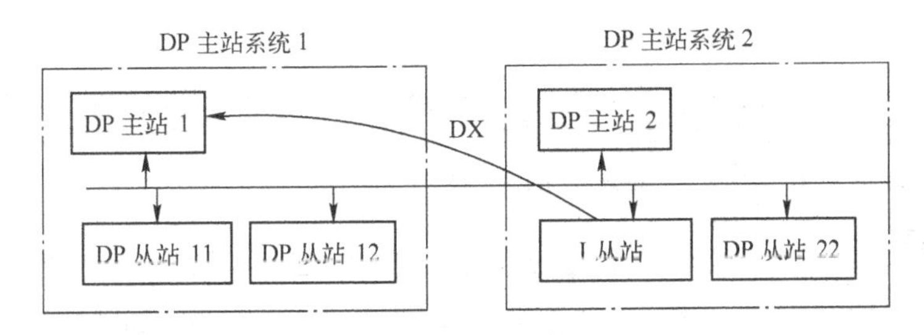


图 14-31　多主站系统中从站发送数据到其他主站

（3）多主站系统中从站发送数据到智能从站

如图 14-32 所示，在这种组态下，DP 从站来的输入数据可以被同一 PROFIBUS-DP 网络的智能从站读取，这个智能从站可以在同一个主站系统或其他主站系统中。在这种方式下，来自不同主站系统的 DP 从站的输入数据可以直接传送到智能 DP 从站的输入数据区。

原则上所有 DP 从站都可以提供用于 DP 从站之间进行直接数据交换的输入数据，这些输入数据只能被智能 DP 从站使用。

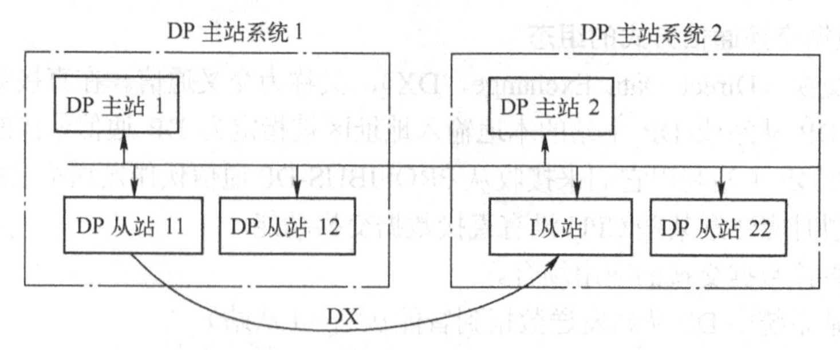


图 14-32　多主站系统中从站发送数据到智能从站

下面通过一个例子说明直接数据交换通信方式的组态步骤。项目中包括三个站：CPU417-4 作为主站（地址 2），CPU315-2 DP 作为发送从站（地址 3），CPU316-2 DP 作为接收从站（地址 4）。通信要求如下：3 号站发送连续的 8 个字到 DP 主站，4 号站用直接数据交换功能接收这些数据中的第 3～6 个字。

（1）组态主站

新建一个项目，插入 S7-400 站，进行硬件组态，添加 PROFIBUS-DP 网络，选择默认的网络参数。

（2）组态智能从站

在项目中插入 S7-300 站，对该站进行硬件组态，CPU 315-2 DP 的站地址设为 3，但不连接到网络上。

同样插入另一个 S7-300 站并进行硬件组态，CPU 316-2DP 站地址为 4，也不连网。

注意两个智能从站的“工作模式”要设置为“DP 从站”。

（3）将智能从站连接到 PROFIBUS-DP 网络上

打开 S7-400 主站的硬件组态界面，将右侧硬件目录中“\PROFIBUS-DP \Configured Stations”文件夹下的“CPU 31x”拖到 PROFIBUS 网络线上，在打开的“DP 从站属性”→“连接”选项卡中单击“连接”按钮将相应的从站连接到 DP 网络中。同样将另一个从站也连接到 DP 网络中，如图 14-33 所示。

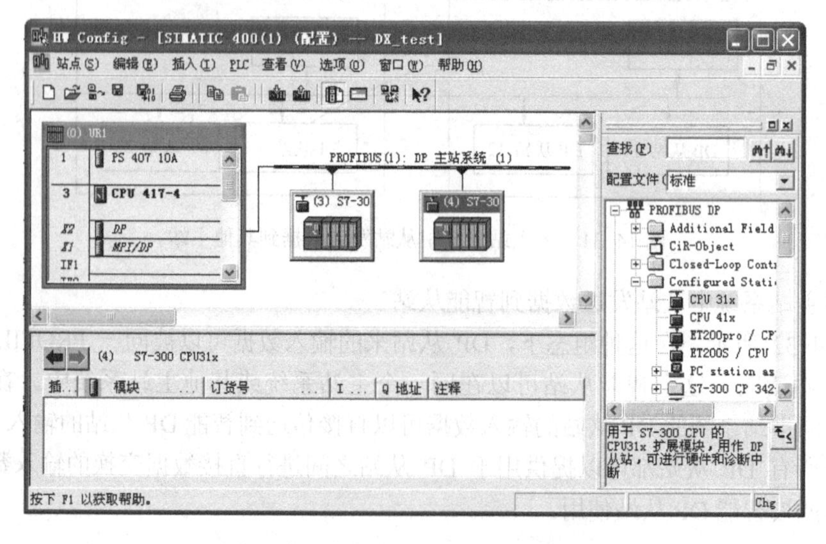


图 14-33　组态的 PROFIBUS-DP 网络

（4）组态发送站的地址区

在图 14-33 所示的硬件组态界面中，双击 3 号智能从站，打开“DP 从站属性“对话框，在“组态”选项卡中，按表 14-3 生成组态表格。可以看出，DP 主站通过地址 I200 从 CPU 315-2 DP 读取数据，同时通过输出区 O180 向 CPU 315-2 DP 发送数据。

**表 14-3　CPU 315-2DP（3 号从站）的通信区地址组态**

| 行号 | 模式 | 通信伙伴站地址 | 通信伙伴地址 | 本地地址 | 数据长度 | 连续性 |
|---|---|---|---|---|---|---|
| 1 | MS | 2 | I 200 | O 100 | 8 个字 | 全部 |
| 2 | MS | 2 | O 180 | I 80 | 10 个字节 | 全部 |

（5）组态接收站的地址区

返回到图 14-33 所示硬件组态界面，双击 4 号智能从站，按表 14-4 配置输入/输出区地址，使 4 号从站通过直接数据交换，接收 CPU 315-2 DP 发送到主站的数据中的第 3～6 个字。值得注意的是，在 DX 通信组态中通信伙伴被自动指定为发送数据的 3 号站，但是通信伙伴的地址必须是主站（2 号站）中接收 3 号站发送的数据的输入区地址。

**表 14-4　CPU 316-2 DP（4 号从站）的通信区地址组态**

| 行号 | 模式 | 通信伙伴站地址 | 通信伙伴地址 | 本地地址 | 数据长度 | 连续性 |
|---|---|---|---|---|---|---|
| 1 | DX | 3 | I 204 | I 100 | 4 个字 | 全部 |
| 2 | MS | 2 | I 220 | O 140 | 4 个字 | 全部 |

这样，直接数据交换的组态就完成了。保存编译后，分别下载到相应 CPU 中，即可进行测试。

**7. SFC 和 SFB 在 PROFIBUS 通信中的应用**

西门子公司提供了丰富的系统功能（SFC）和系统功能块（SFB），用于 PROFIBUS 的通信。用于数据交换的 SFB/FB 见表 14-5。

**表 14-5　用于数据交换的 SFB/FB**

<table>
<tr><th colspan="2">编　号</th><th rowspan="2">助记符</th><th colspan="2">传输的字节数</th><th rowspan="2">描　述</th></tr>
<tr><th>S7-400</th><th>S7-300</th><th>S7-400</th><th>S7-300</th></tr>
<tr><td>SFB8</td><td>FB8</td><td>U_SEND</td><td rowspan="2">440B</td><td rowspan="2">160B</td><td>不对等的发送数据给远方通信伙伴，不需对方应答</td></tr>
<tr><td>SFB9</td><td>FB9</td><td>U_RCV</td><td>不对等的异步接收对方用 U_SEND 发送的数据</td></tr>
<tr><td>SFB12</td><td>FB12</td><td>B_SEND</td><td rowspan="2">64KB</td><td rowspan="2">32KB</td><td>发送段数据：要发送的数据区被划分为若干段，各段被单独发送到通信伙伴</td></tr>
<tr><td>SFB13</td><td>FB13</td><td>B_RCV</td><td>接收段数据：接收到每一数据段后，发送一个应答，同时参数 LEN（接收到的数据的长度）被刷新</td></tr>
<tr><td>SFB15</td><td>FB15</td><td>PUT</td><td rowspan="2">400B</td><td rowspan="2">160B</td><td>写数据到远方 CPU，对方不需要额外的通信功能，接收到后发送执行应答</td></tr>
<tr><td>SFB14</td><td>FB14</td><td>GET</td><td>读取远方 CPU 的数据，对方不需要额外的通信功能</td></tr>
<tr><td>SFB16</td><td>—</td><td>PRINT</td><td></td><td></td><td>发送数据和指令格式到远方打印机（S7-400）</td></tr>
</table>

S7-400 PLC 中用于改变远方设备运行方式的 SFB 见表 14-6。

表 14-6　S7-400 PLC 中用于改变远方设备运行方式的 SFB

| 编　号 | 助 记 符 | 描　述 |
| --- | --- | --- |
| SFB19 | START | 初始化远方设备的暖启动或冷启动，启动完成后，远方设备发送一个肯定的执行应答 |
| SFB20 | STOP | 将远方设备切换到 STOP 状态，操作成功完成后，远方设备发送一个肯定的执行应答 |
| SFB21 | RESUME | 初始化远方设备的热启动。远方启动完成后，远方设备发送一个肯定的执行应答 |

查询远方 CPU 操作系统状态的 SFB 包括：

1）SFB22 “STATUS”：查询远方通信伙伴的状态，通过是否接收到应答来判断它是否有问题。

2）SFB23 “USTATUS”：接收远方通信设备的状态发生变化时主动提供的状态信息。

查询连接的 SFC 包括：

1）SFC62 “CONTROL”：查询 S7-400 PLC 本地通信 SFB 的背景数据块的连接的状态。

2）FC62 “C_CNTRL”：通过连接 ID 查询 S7-300 PLC 的连接状态。

分布式 I/O 使用的 SFC 有：

1）SFC7 “DP_PRAL”：触发 DP 主站的硬件中断。

2）SFC11 “DPSYC_FR”：同步锁定 DP 从站组。

3）SFC12 “D_ACT_DP”：取消或激活 DP 从站。

4）SFC13 “DPNRM_DG”：读 DP 从站的诊断数据（从站诊断）。

5）用系统功能 SFC14 和 SFC15 访问 DP 标准从站中的连续数据。

## 14.4　工业以太网

以太网是指遵循 IEEE 802.3 标准，可以在光缆和双绞线上传输的局域网络。工业以太网是为工业应用专门设计的局域网，已经广泛地应用于工业网络的管理层，并且有向中间层和现场层发展的趋势。工业以太网有两种类型，分别为 10Mbit/s 工业以太网和 100Mbit/s 工业以太网。

工业以太网产品的设计制造必须充分考虑并满足工业网络应用的需要，工业现场对网络的要求包括：

1）工业生产现场环境的高温、潮湿、空气污浊及腐蚀性气体的存在，要求工业级的产品具有气候环境适应性，并要耐腐蚀、防尘和防水。

2）工业生产现场的粉尘、易燃易爆和有毒性气体的存在，需要采取防爆措施以保证生产安全。

3）工业现场的振动、电磁干扰大，工业控制网络必须具有机械环境适应性（耐振动、耐冲击）、电磁环境适应性或电磁兼容性等。

4）工业网络器件的供电通常是采用柜内低压直流电源标准，大多数工业环境中控制柜内所需电源为低压 DC 24V。

5）采用标准导轨安装，维护方便，适用于工业环境安装的要求。工业网络器件要能方便地安装在工业现场控制柜内，并容易更换。

以太网有以下优点：

1）可以采用冗余的网络拓扑结构，可靠性高。

2）通过交换技术可以提供实际上没有限制的通信性能。

3）灵活性好，现有的设备可以不受影响地扩张。

4）在不断发展的过程中具有良好的向下兼容性，保证了投资的安全。

5）易于实现管理控制网络的一体化。

6）以太网可以接入广域网（WAN）或互联网，可以在整个公司范围内通信或实现公司之间的通信。

### 14.4.1 工业以太网的交换技术

**1．交换技术**

在共享局域网（LAN）中，所有站点共享网络性能和数据传输带宽，所有的数据包都经过所有的网段，在同一时间只能传送一个报文。

在交换式局域网中，每个网段都能达到网络的整体性能和数据传输速率，在多个网段中可以同时传输多个报文。本地数据通信在本网段进行，只有指定的数据包可以超出本地网段的范围。

交换模块是从网桥发展而来的设备，利用终端的以太网 MAC 地址，交换模块可以对数据进行过滤，局部子网的数据仍然是局部的，交换模块只传送发送到其他子网络终端的数据。与一般的以太网相比，交换模块扩大了可以连接的终端数，可以限制子网内的错误在整个网络上的传输。

交换技术虽然较复杂，但与中继技术相比有下面的优点：

1）可以选择用来构建部分网络或者网段，通过数据交换结构提高了数据吞吐量和网络性能，网络配置规则简单。

2）不必考虑传输延时，可以方便地实现有 50 个 OSM 或 ESM 的网络拓朴结构。通过连接单个的区域或部分网络，可以实现网络规模的无限扩展。

**2．全双工模式**

在全双工模式，一个站能同时发送和接收数据。如果网络采用全双工模式，不会发生冲突。全双工模式需要采用发送通道和接收通道分离的传输介质，以及能够存储数据包的部件。

由于在全双工连接中不会发生冲突，支持全双工的部件可以同时以额定传输速率发送和接收数据，因此以太网和高速以太网的传输速率分别提高到 20Mbit/s 和 200Mbit/s。

由于不需要检测冲突，全双工网络的距离仅受到它使用的发送部件和接收部件性能的限制，光纤网络亦是这样。

**3．电气交换模块与光纤交换模块**

电气交换模块（ESM）与光纤交换模块（OSM）用来构建 10Mbit/s、100Mbit/s 交换网络，能低成本、高效率地在现场建成具有交换功能的线性结构或星形结构的工业以太网。

可以将网络划分为若干个部分或网段，并将各网段连接到 ESM 或 OSM 上，这样可以分散网络的负担，实现负载解耦，改善网络的性能。

利用 ESM 或 OSM 中的网络冗余管理器，可以构建环形冗余工业以太网。最大的网络重构时间为 0.3s。环形网中的数据传输速率为 100Mbit/s，每个环最多可以用 50 个 ESM 或 50 个 OSM。

通过 ESM 可以方便地构建适用于车间的网络拓朴结构，包括线形结构和星形结构。级联深度和网络规模仅受信号传输时间的限制，使用 ESM 可以使网络总体规模达 5km，使用 OSM 时网络长度可达 150km。通过将各个子网络连接到 ESM，可以重构现有的网络。

**4．自适应与自协商功能**

具有自适应功能的网络站点（终端设备和网络部件）能自动检测出信号传输速率（10Mbit/s 或 100Mbit/s），自适应功能可以实现所有以太网部件之间的无缝互操作性。

自协商是高速以太网的配置协议，该协议使有关站点在数据传输开始之前就能协商，以确定它们之间的数据传输速率和工作方式，如全双工或半双工。也可以不使用自协商功能，以保证各网络站点使用某一特定的传输速率和工作方式。

不支持自协商功能的传统以太网部件（如工业以太网的 OLM）能通过双绞线连接与具有自协商功能的高速以太网部件协同工作。

**5．冗余网络**

冗余软件包 S7-REDCONNECT 用来将 PC 连接到高可靠性的 SIMATIC S7-H 系统。S7-H 冗余系统可以避免设备停机。万一出现子系统故障或断线，系统交换模块会切换到双总线，或者切换到冗余环的后备系统或后备网络，以保证网络的正常通信。

**6．SIMATIC NET 的快速重新配置**

网络发生故障后，应尽快对网络进行重构。重新配置的时间对工业应用是至关重要的，否则网络上连接的终端设备将会断开连接，从而引起工厂生产过程的失控或紧急停机。

SIMATIC NET 采用了专门为此开发的冗余控制程序，对于有 50 个交换模块（OSM/ESM）的 100Mbit/s 环形网络，重新配置时间不超过 0.3s。

终端设备不受网络变化的影响，并不清除其逻辑连接，这就确保了任何时候都可以对生产过程进行控制。在 100Mbit/s 环形网络中，OSM/ESM 具有环或者网段的高速冗余接口。

只要配置两个 OSM 或 ESM，它们与工业以太网的 OLM 环之间，或任意个数的网段都能相互连接。

**7．SNMP-OPC Server**

使用 SNMP-OPC 服务器（Server），用户可以通过 OPC 客户端软件，如 SIMATIC NET OPC Scout、WinCC、OPC Client、MS Office OPC Client 等，对支持 SNMP 的网络设备进行远程管理。SNMP-OPC Server 可以读取网络设备参数，如交换模块的端口状态、端口数据流量等；可以修改网络设备的状态，如关闭/开启交换模块的某个端口等。

### 14.4.2 西门子 S7-300/400 PLC 工业以太网组成方案

典型的工业以太网络由以下 4 类网络器件组成：

1）通信介质：可以采用普通屏蔽双绞线（TP）、工业屏蔽双绞线（ITP）和光纤。

2）连接部件：包括 FC 快速连接插座、电气链接模块（ELS）、电气交换模块（ESM）、光纤交换模块（OSM）和光纤电气转换模块（MC TP11）等。

3）SIMATIC PLC 的工业以太网通信处理器：用于将 PLC 连接到工业以太网。

4）PG/PC 的工业以太网通信处理器：用于将 PG/PC 连接到工业以太网。

SIMATIC NET 工业以太网网络部件包括工业以太网链路模板 OLM、ELM、工业以太网交换机 OSM/ESM 和 ELS，以及工业以太网链路模块 OMC。其中 OLM（光链路模块）有三个 ITP 接口和两个 BFOC 接口，ITP 接口可以连接三个终端设备和网段，BFOC 接口可以连接两个光路设备（如 OLM 等），速度为 10Mbit/s。ELM（电气链路模块）有三个 ITP 接口和一个 AUI 接口。通过 AUI 接口可以将网络设备连接到 LAN 上，速度为 10Mbit/s。在普通 OSM 上，电气接口（TP/ITP）都是 10Mbit/s、100Mbit/s 自适应的，且线序自适应的。光纤接口为 100Mbit/s 全双工的 BFOC 接口，适用于多模光纤连接。两个 OSM 之间的最远距离为 3km。在同一个网段上最多可以连接 50 个 OSM，扩展距离为 150km。同时它还有地址学习、地址删除、设置传输波特率（10Mbit/s 或 100Mbit/s）及自适应功能，简化了网络配置，增强了网络扩展能力。此外，根据 IEEE 802.1Q 标准，OSM/ESM 还支持 VLAN（虚拟局域网），它提供数据包的 VLAN 优先权标签。它将数据分配为由低到高（0～7）的优先权级别，对于没有目的地址的数据包则被视为低优先权的数据帧。

**1. 用于 PC 的工业以太网网卡**

用于 PC 的工业以太网网卡如下：

1）CP1612 PCI 以太网卡和 CP 1512 PCMCIA 以太网卡提供 RJ-45 接口，与配套的软件包一起支持以下的通信服务：传输协议 ISO 和 TCP/IP、PG/OP 通信、S7 通信、S5 兼容通信，支持 OPC 通信。

2）CP1515 是符合 IEEE 802.1lb 的无线通信网卡，应用于 RLM（无线链路模块）和可移动计算机。

3）CP1613 是带微处理器的 PCI 以太网卡，使用 AUI/ITP 或 RJ-45 接口，可以将 PG/PC 连接到以太网网络。用 CP1613 可以实现时钟的网络同步。与有关的软件一起，CP1613 支持以下的通信服务：ISO 和 TCP/IP 通信协议、PG/OP 通信、S7 通信、S5 兼容通信和 TF 协议，支持 OPC 通信。

由于集成了微处理器，CP1613 有恒定的数据吞吐量，支持“即插即用”和自适应（10Mbit/s 或 100Mbit/s）功能。支持运行大型的网络配置，可以用于冗余通信，支持 OPC 通信。

**2. S7-300/400 PLC 的工业以太网通信处理器**

S7-300 / 400 PLC 工业以太网通信处理器通过 UDP 连接或群播功能可以向多用户发送数据；CP 443-1 和 CP 443-1 IT 可以用网络时间协议（NTP）提供时钟同步；使用 TCP/IP 的 WAP 功能，通过电话网络（如 ISDN），CP 可以实现远距离编程和对设备进行远程调试；可以实现 OP 通信的多路转换，最多连接 16 个 OP；使用集成在 STEP 7 中的 NCM，提供范围广泛的诊断功能，包括显示 OP 的操作状态，实现通用诊断和统计功能，提供连接诊断和 LAN 控制器统计及诊断缓冲区。

（1）CP 343-1/CP 443-1 通信处理器

CP 343-1/CP 443-1 是分别用于 S7-300 PLC 和 S7-400 PLC 的全双工以太网通信处理器，通信速率为 10Mbit/s 或 100Mbit/s。CP 343-1 的 15 针 D 型插座用于连接工业以太网，允许 AUI 和双绞线接口之间的自动转换。RJ-45 插座用于工业以太网的快速连接，可以使用电话线通过 ISDN 连接互联网。CP 443-1 有 ITP、RJ-45 和 AUI 接口。

CP 343-1/CP 443-1 在工业以太网上独立处理数据通信，有自己的处理器，可以使 S7-300/400 PLC 与编程器、计算机、人机界面装置和其他 S7 和 S5 PLC 进行通信。

通信服务包括用 ISO 和 TCP/IP 建立多种协议格式、PG/OPP 通信、S7 通信、S5 兼容通信和对网络上所有的 S7 站进行远程编程。通过 S7 路由，可以在多个网络间进行 PG/OP 通信，通过 ISO 传输连接的简单而优化的数据通信接口、每次最多传输 8 KB 的数据。

可以使用下列接口协议：ISO 传输；带 RFC 1006 的或不带 RFC 1006 的 TCP；UDP；S5 兼容通信用于 S7 和 S5，S7-300/400 PLC 与计算机之间的通信；S7 通信功能用于与 S7-300 PLC（只限服务器）、S7-400 PLC（服务器和客户机）、HMI 和 PC 之间的通信。

可以用嵌入 STEP 7 的 NCM S7 工业以太网软件对 CP 进行配置。模块的配置数据存放在 CPU 中，CPU 启动时自动将配置参数传送到 CP 模块。连接在网络上的 S7 PLC 可以通过网络进行远程配置和编程。

（2）CP 343-1 IT/CP 443-1 IT 通信处理器

CP 343-1 IT/CP 443-1 IT 通信处理器分别用于 S7-300 PLC 和 S7-400 PLC，除了具有 CP 343-1/CP 443-l 的特性和功能外，CP 343-1 IT/CP 443-1 IT 可以实现高优先级的生产通信和 IT 通信，它有下列 IT 功能：

1）Web 服务器：可以下载 HTML 网页，并用标准浏览器访问过程信息（有口令保护）。

2）标准的 Web 网页：用于监视 S7-300/400 PLC，这些网页可以用 HTML 工具和标准编辑器来生成，并用标准 PC 工具 FTP 传送到模块中。

3）Email：通过 FC 调用和 IT 通信路径，在用户程序中用 Email 在本地和世界范围内发送事件驱动信息。

（3）CP 444 通信处理器

CP 444 将 S7-400 PLC 连接到工业以太网，根据 MAP 3.0（制造自动化协议）标准提供 MMS（制造业信息规范）服务，包括环境管理（启动、停止和紧急退出）、VMD（设备监控）和变量存取服务。可以减轻 CPU 的通信负担，实现深层的连接。

**3．工业以太网的拓扑结构**

SIMATIC NET 工业以太网的拓扑结构包括总线型、环形以及环网冗余型等。

（1）总线型拓扑结构

在 OLM 或 ELM 的总线拓扑结构中，DTE 设备可以通过 ITP 电缆及接口连接在 OLM 或 ELM 上。每个 OLM 或 ELM 有三个 ITP 接口。OLM 之间可以通过光缆进行连接，最多可以级联 11 个。而在 ELM 之间可以通过 ITP XP 标准电缆进行连接，最多可以级联 13 个。ESM 可以通过 TP/ITP 电缆相连组成总线型网络。任何一个端口都可以作为级联的端口使用。两个 ESM 之间的距离不能超过 100m，整个网络最多可以连接 50 个 ESM。

（2）环形拓扑结构

OLM 可以通过光缆将总线型网络首尾相连，从而构成环形网络。整个网络上最多可以级联 11 个 OLM，与总线型网络相比，冗余环网增加了数据交换的可靠性。而 OSM/ESM 也能够构成环网拓扑结构，具有网络冗余管理功能。它们通过 DIP 开关可以设置网络中的任何一个 OSM/ESM 作为冗余管理器。因而可以组成冗余的环网，其中 OSM/ESM 上 7、8 口作为环网的光缆级连接口。作为冗余管理器的 OSM 监测 7、8 口的状态，一旦检测到网络中断，将重新构建整个网络，将网络切换到备份的通道上，保证数据交换不会中断。网络重构时间小于 0.3s。

（3）环网冗余型结构

在西门子工业以太网中，每个 OSM/ESM 上（除 OSM TP22 和 ESM TP40）都有 standby-sync 接口。使用一对 OSM/ESM，通过 DIP 开关设置备用（Standby）主站和备用从站。用 ITP XP 标准电缆，将备用接口连接起来，则该对 OSM/ESM 可以用来冗余连接另外一个环网。备用主站和从站之间通过 ITP XP9/9 标准电缆连接。当备用主站通道出现故障时，备用从站连接通道工作；当备用主站通道恢复正常时，备用主站会通知备用从站，备用的从站将停止工作。整个网络重构的时间小于 0.3s。

**4．工业以太网的方案**

工业以太网可以采用下面的 3 种方案。

（1）三同轴电缆网络

网络以三同轴电缆作为传输介质，由若干条总线段组成，每段的最大长度为 500m。一条总线段最多可以连接 100 个收发器，可以通过中继器接入更多的网段。

网络为总线型结构，因为采用了无源设计和一致性接地的设计，极其坚固耐用。网络中各设备共享 10Mbit/s 带宽。

可以混合使用电气网络和光纤网络，使二者的优势互补，网络的分段改善了网络的性能。

三同轴电缆网络分别带有一个或两个终端设备接口的收发器，中继器用来将最长 500m 的分支网段接入网络中。

（2）双绞线和光纤网络

双绞线和光纤网络的传输速率为 10Mbit/s，可以是总线型或星形拓扑结构，使用光纤链接模块（OLM）和电气链接模块（ELM）。

OLM 和 ELM 是安装在 DIN 导轨上的中继器，它们遵循 IEEEE 802.3 标准，带有 3 个工业双绞线接口，OLM 和 ELM 分别有两个和一个 AUI 接口。在一个网络中最多可以级联 11 个 OLM 或 13 个 ELM。

（3）高速工业以太网

高速工业以太网的传输速率为 100Mbit/s，使用光纤交换模块（OSM）或电气交换模块（ESM）。工业以太网与高速工业以太网的数据格式、CSMA/CD 访问方式和使用的电缆都是相同的，高速以太网最好用交换模块来构建。

以太网和高速以太网的工作过程：以太网使用带冲突检测的载波侦听多路访问（CSMA/CD）协议，各站用竞争方式发送信息到传输线上，两个或多个站可能因同时发送信息而发生冲突。为了保证正确地处理冲突，以太网的规模必须根据一个数据包最大可能的传输延迟来加以限制。在传统的 10Mbit/s 以太网中，允许的冲突范围为 4520m，因为传输速率的提高，高速以太网的冲突范围减小为 452m。为了扩展冲突范围，需要使用有中继器功能的网络部件，如工业以太网的 OLM 和 ELM。用具有全双工功能的交换模块来构建较大的网络时，不必考虑高速以太网冲突区域的减小。

**5．以太网的地址**

（1）MAC 地址

在 OSI 7 层网络协议参考模型中，第 2 层（数据链路层）由 MAC（Media Access Control，媒体访问控制）子层和 LLC（逻辑链路控制）子层组成。

MAC 地址也叫做物理地址、硬件地址或链路地址。MAC 地址是识别 LAN（局域网）节点的标识，即以太网接口设备的物理地址。它通常由设备生产厂家烧入 EEPROM 或闪存芯片，在传输数据时，用 MAC 地址标识发送和接收数据主机的地址。在网络底层的物理传输过程中，是通过 MAC 地址来识别主机的。MAC 地址是 48 位二进制数，通常分成 6 段（6 个字节），一般用十六进制数表示，例如 00-05-BA-CE-07-0C。其中的前 6 位十六进制数 00-05-BA 是网络硬件制造商的编号，由 IEEE（电气与电子工程师协会）分配，后 6 位十六进制数 CE-07-0C 代表该制造商制造的某个网络产品（如网卡）的系列号。MAC 地址具有全球唯一性。

在 Windows 操作系统的 DOS 窗口中输入命令行"ipconfig /all"，将显示出计算机网卡的 MAC 地址、IP 地址和子网掩码等。

MAC 地址是以太网包头的组成部分，以太网交换机根据以太网包头中的 MAC 源地址和 MAC 目的地址实现包的交换和传递。使用 ISO 协议必须输入模块的 MAC 地址。

（2）IP 地址

为了使信息能在以太网上准确快捷地传送到目的地，连接到以太网上的每台计算机必须拥有一个唯一的地址，指定的计算机地址称为 IP 地址。IP 地址由 32 位二进制数组成，是 Internet（网际）协议地址，每个 Internet 包必须有 IP 地址，每个 Intemet 服务提供商（ISP）必须向有关组织申请一组 IP 地址，一般是动态分配给其用户，用户也可以根据接入方式向 ISP 申请一个 IP 地址。

IP 地址通常用十进制数表示，用"."号分隔，如 192.168.0.117。同一个 IP 地址可以使用具有不同 MAC 地址的网卡。更换网卡后可以使用原来的 IP 地址。

（3）子网掩码

子网掩码（Subnet Mask）是一个 32 位地址，用于将网络分为一些小的子网。IP 地址由子网地址和子网内结点的地址组成，子网掩码用于将这两个地址分开。由子网掩码确定的两个 IP 地址段分别用于寻址子网 IP 和结点 IP。

以子网掩码 255.255.255.0 为例，其高 24 位二进制数为 1，表示 IP 地址中的网络标识（类似于长途电话的地区号）为 24 位；低 8 位二进制数为 0，表示子网内结点的标识（类似于长途电话的电话号）为 8 位。IP 地址和子网掩码进行"与"逻辑运算，可得子网地址。IP 地址和取反后的子网掩码 0.0.0.255 进行"与"逻辑运算，可得结点地址。

**6．西门子支持的网络协议和服务**

工业以太网上可以运行的服务有标准通信、S5 兼容通信、S7 通信和 PG/OP 通信等，服务独立于网络，可以在不同网络中运行，在服务中包含不同的网络协议，以适应不同的网络。工业以太网上网络通信需要遵循一定的协议。

（1）标准通信

标准通信（Standard Communication）是运行于 OSI 参考模型第 7 层的协议，包括 MMS～MAP3.0 协议。MAP （Manufacturing Automation Protocol，制造业自动化协议）提供 MMS 服务，主要用于传输结构化的数据。MMS 是一个符合 ISO/IEC 9506-4 的工业以太网通信标准，MAP3.0 的版本提供了开放统一的通信标准，可以连接各个厂商的产品，现在很少应用。

（2）S7 通信

S7 通信（S7 Communication）集成在每一个 SIMATIC S7 和 C7 的系统中，属于 OSI 参考模型第 7 层应用层的协议，独立于各个网络，可以应用于多种网络（MPI、PROFIBUS、工业以太网）。S7 通信通过不断地重复接收数据来保证网络报文的正确。在 SIAMTIC S7 中，通过组态建立 S7 连接来实现 S7 通信。在 PC 上，S7 通信需要通过 SAPI S7 接口函数或 OPC（过程控制用对象链接与嵌入）来实现。

在 STEP 7 中，S7 通信需要调用功能块 SFB（S7-400）或 FB（S7-300），S7 通信功能块见表 14-7，最大的通信数据可达 64KB。

表 14-7 S7 通信功能块

| 功 能 块 | 名 称 | 功 能 描 述 |
| --- | --- | --- |
| SFB 8/9<br>FB 8/9 | USEND<br>URCV | 无确认的高速数据传输，不考虑通信接收方的通信处理时间，因而有可能会覆盖接收方的数据 |
| SFB 12/13<br>FB 12/13 | BSEND<br>BRCV | 保证数据安全性的数据传输，当接收方确认收到数据后，传输才完成 |
| SFB 14/15<br>FB 14/15 | CET<br>PUT | 读、写通信对方的数据而无需对方编程 |

（3）S5 兼容通信

SEND/RECEIVE 是 SIMATIC S5 通信的接口，在 S7 系统中，将该协议进一步发展为 S5 兼容通信（S5-Compatible Communication）。该服务包括的协议有 ISO 传输协议、TCP、ISO-on-TCP 和 UDP 等。

ISO 传输协议支持基于 ISO 的发送和接收，使得设备（如 SIMATIC S5 或 PC）在工业以太网上的通信非常容易。该服务支持大数据量的数据传输（最大 8KB）。ISO 数据接收由通信方确认，通过功能块可以看到确认信息。

TCP 即 TCP/IP 中的传输控制协议提供了数据流通信，但并不将数据封装成消息块，因而用户并不接收到每一个任务的确认信号。TCP 支持面向 TCP/IP 的 Socket。TCP 支持基于 TCP/IP 的发送和接收，使得设备（如 PC 或非西门子公司设备）在工业以太网上的通信非常容易。该协议支持大数据量的数据传输（最大 8KB），数据可以通过工业以太网或 TCP/IP 网络（拨号网络或因特网）传输。通过 TCP，SIMATIC S7 可以通过建立 TCP 连接来发送/接收数据。

ISO-on-TCP 提供了 S5 兼容通信协议，通过组态连接来传输数据和变量长度。ISO-on-TCP 符合 TCP/IP，但相对于标准的 TCP/IP，还附加了 RFC 1006 协议。RFC 1006 是一个标准协议，该协议描述了如何将 ISO 映射到 TCP 上去。

UDP（User Datagram Protocol，用户数据报协议）提供了 S5 兼容通信协议，适用于简单的、交叉网络的数据传输，没有数据确认报文，不检测数据传输的正确性，属于 OSI 参考模型第 4 层的协议。

UDP 支持基于 UDP 的发送和接收，使得设备（如 PC 或非西门子公司设备）在工业以太网上的通信非常容易。该协议支持较大数据量的数据传输（最大 2KB），数据可以通过工业以太网或 TCP/IP 网络（拨号网络或因特网）传输。通过 UDP，SIMATIC S7 通过建立 UDP 连接，提供了发送/接收通信功能，与 TCP 不同，UDP 实际上并没有在通信双方建立一个固定的连接。

除了上述协议，FETCH/WRITE 还提供一个接口，使得 SIMATIC S5 或其他非西门子公司控制器可以直接访问 SIMATIC S7 CPU。

### 14.4.3 S7-300/400 PLC 的工业以太网通信组态与编程举例

工业以太网通信用于管理层和车间层控制器之间或控制器与 PC 之间的通信，一般数据量较大，传输距离较远，传输速度快，可以适应环境恶劣和抗干扰要求高的工业场合。工业以太网采用屏蔽双绞线或光缆实现通信。

西门子工业以太网的通信方式很多，此处以两个例子进行说明。

**1．基于以太网的 S7 通信**

新建一个项目，插入一个 S7-300 站，CPU 为 CPU315-2 DP，注意有些较低版本的 CPU 不支持 S7 通信。硬件组态编辑器中，将 CP343-1 插入到机架上，将自动打开“属性-

Ethernet 接口”对话框，如图 14-34 所示，在“参数”选项卡中设置 CP 的 MAC 地址、IP 地址和子网掩码等，可以使用默认的 IP 地址和子网掩码。MAC 地址可以在 CP 模块的外壳上找到。不使用 ISO 和 ISO-on-TCP 通信服务时，MAC 地址可以不设。

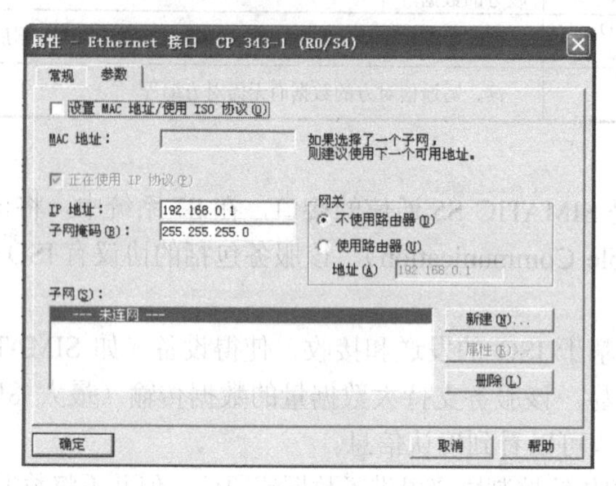


图 14-34 “属性-Ethernet 接口”对话框

单击图 14-34 中的“新建”按钮，生成一条名为“Ethernet(1)”的以太网，选中“子网”列表框中的该网络，单击“确定”按钮，将 CP 连接到网上，返回 CP 属性对话框。

插入第二个 S7-300 站，硬件组态编辑器中将 CP 343-1 插入机架，设置它的 IP 地址、子网掩码和 MAC 地址，注意项目中两个 CP 的 IP 地址必须在同一个网段内。将 CP 连接到前面生成的以太网“Ethernet(1)”上。

组态好两个 S7-300 站后，在 SIMATIC 管理器选中左侧项目，双击右侧的“Ethernet (1)”打开网络组态编辑器，如图 14-35 所示，可以看到两个 S7-300 站都连接到以太网上了。选中某个站的 CPU 所在的小方框，在下面的窗口出现连接表，双击连接表第一行的空白处打开“插入新连接”对话框，如图 14-36 所示，选择连接伙伴为与本站通信的 CPU315-2 DP，连接类型为“S7 连接”，建立一个新连接，单击“应用”按钮将出现“S7 连接”属性对话框，如图 14-37 所示。完成后，单击工具栏中的 （保存编译）按钮。

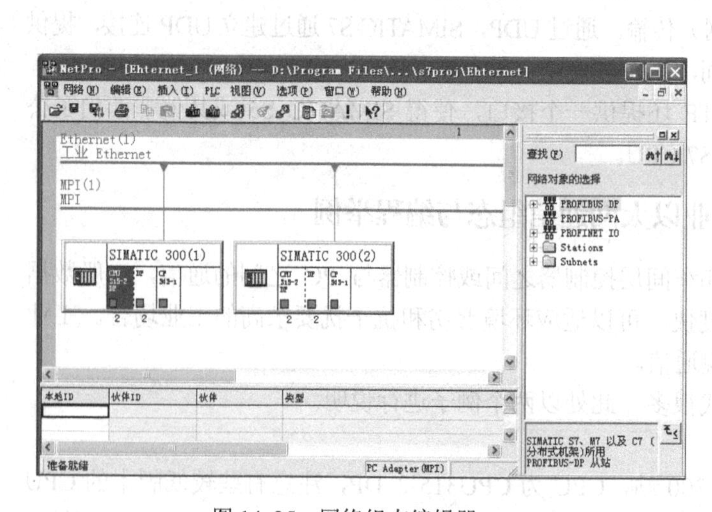


图 14-35 网络组态编辑器

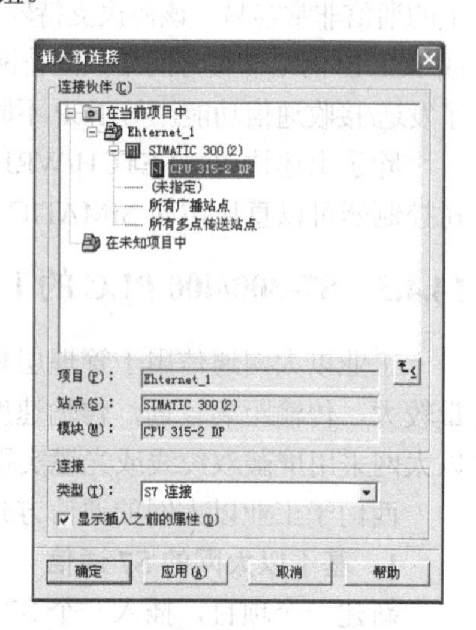


图 14-36 “插入新连接”对话框

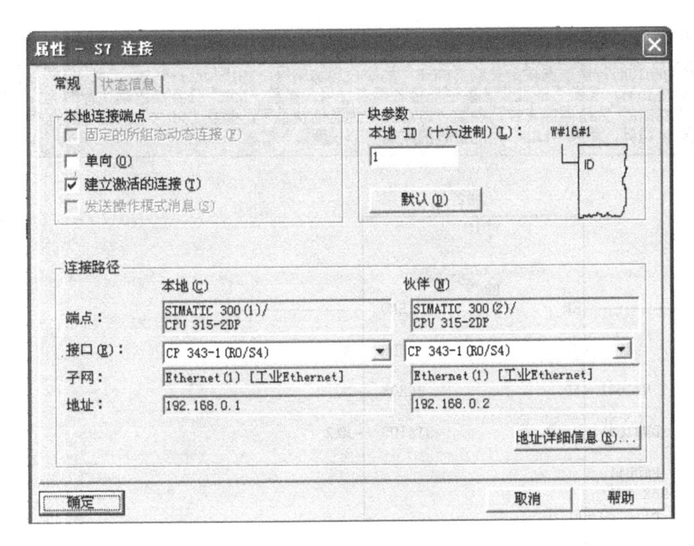


图 14-37 “S7 连接”属性对话框

硬件组态和网络组态完成后，接下来就要进行编程了。MPI、PROFIBUS 和以太网的 S7 通信使用相同的编程方法。下面以“BSEND”和“BRCV”为例，介绍基于以太网的 S7 通信的编程。

第一个 S7-300 站 OB35 中编写的发送程序如图 14-38 所示，第二个 S7-300 站 OB1 中编写的接收程序如图 14-39 所示，通信块 FB12 和 FB13 位于“\库\SIMATIC-NET_CP\CP300”中。再将要发送的数据送到相应的数据存储区，从接收区取用需要的数据即可。

**程序段 1**：调用FB12发送数据

DB1为FB12的背景数据块；参数“REQ”为通信请求，上升沿时启动数据发送；参数“R”上升沿时中止正在进行的数据交换；参数“ID”为S7的连接ID号；参数“DW#16#1”为发送与接收请求号；参数“DONE”任务被正确执行时为1；参数“ERROR”为错误标志位；参数“STATUS”为通信状态字；参数“SD_1”为本地数据发送区地址指针；参数“LEN”为要发送的数据的字节长度

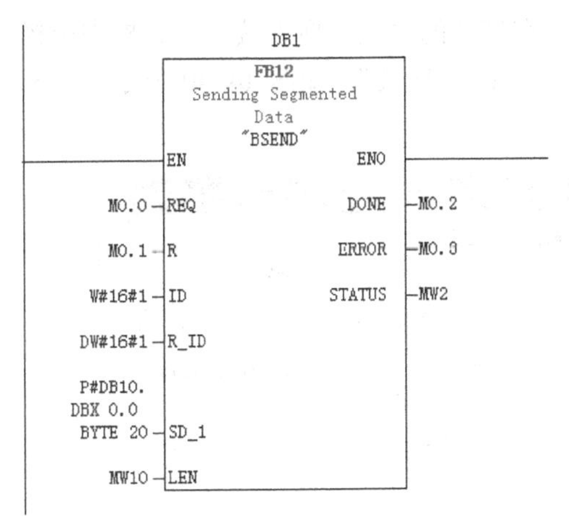


图 14-38 发送程序

选中 SIMATIC 管理器中的站，单击工具栏中的（下载）按钮将硬件和程序下载，还要在图 14-35 选中某个站的 CPU 所在的小方框，单击工具栏中的（下载）按钮将网络组态下载到 CPU 中。

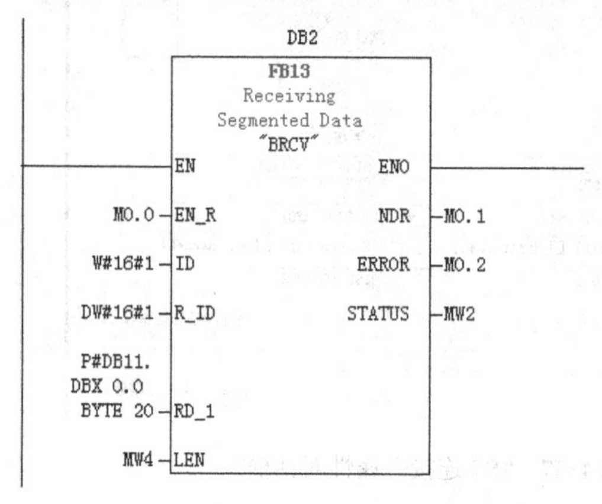


图 14-39　接收程序

**2．基于以太网的 S5 兼容通信**

基于以太网的 S5 兼容通信包括 ISO、ISO-on-TCP、TCP 和 UDP 通信，它们的组态和编程方法基本相同。下面以 S7-300 PLC 之间通过 CP 343-1 IT 和 CP 343-1 建立的 TCP 连接为例，介绍 S5 兼容通信的组态和编程方法。

新建一个项目，插入一个 S7-300 站，与 S7 通信的组态步骤类似，硬件组态编辑器中，将 CP343-1 插入到机架上，在“属性-Ethernet 接口”对话框的“参数”选项卡中设置 CP 的 MAC 地址、IP 地址和子网掩码等。生成一条以太网，将 CP 连接到网上。插入第二个 S7-300 站，在硬件组态编辑器中将 CP 343-1 插入机架，设置它的 IP 地址、子网掩码和 MAC 地址，注意项目中两个 CP 的 IP 地址必须在同一个网段内。

在网络组态编辑器中建立连接。在打开的“插入新连接”对话框中选择连接伙伴为与本站通信的 CPU315-2 DP，连接类型为“TCP 连接”，如图 14-40 所示。完成后，单击工具栏中的“保存编译”按钮。

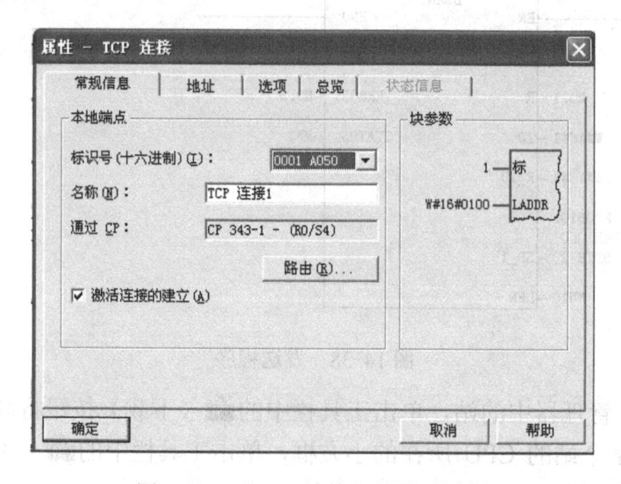


图 14-40　“TCP 连接”属性对话框

硬件组态和网络组态完成，接下来就要进行编程了。第一个 S7-300 站 OB1 中编写的发送程序如图 14-41 所示，第二个 S7-300 站 OB1 中编写的接收程序如图 14-42 所示，通信块 FC5 和 FC6 位于“\库\SIMATIC-NET_CP\CP300”中。再将要发送的数据送到相应的数据存储区，从接收区取用需要的数据即可。

**程序段 1**：发送程序

参数“ACT”为发送使能位；参数“ID”为连接ID号；参数“LADDR”为十六进制的CP地址；参数“SEND”为数据发送缓冲区地址指针；参数“LEN”为发送数据长度；参数“DONE”每次发送成功产生一个脉冲；参数“ERROR”为错误标志位；参数“STATUS”为错误状态字

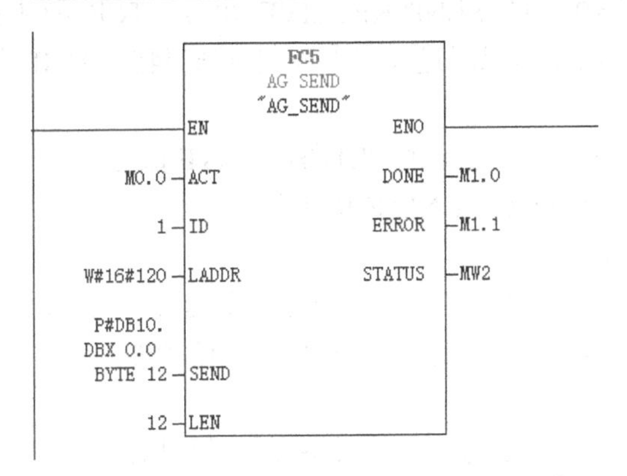


图 14-41　发送程序

**程序段 1**：接收程序

参数“ID”为组态时指定的连接ID号；参数“LADDR”为十六进制的CP地址；参数“RECV”为数据接收缓冲区地址指针；参数“NDR”为每次接收新数据产生一个脉冲；参数“ERROR”为错误标志位；参数“STATUS”为错误状态字；参数“LEN”为实际接收的数据长度

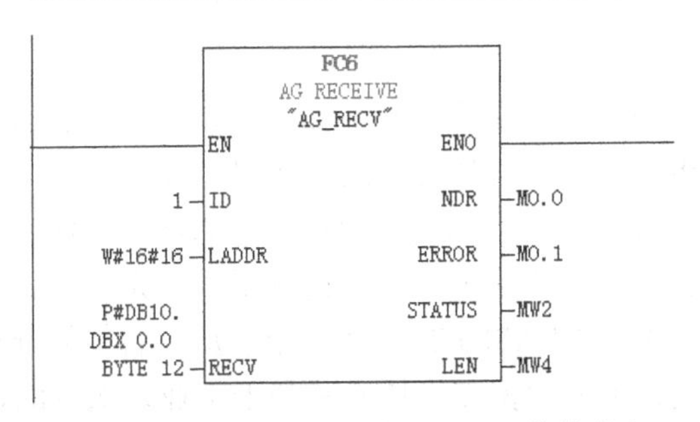


图 14-42　接收程序

**注意**：CP 地址在硬件组态编辑器通过 CP 的“对象属性-地址”查看，程序中是十六进制，而“地址”选项卡中是十进制。

选中 SIMATIC 管理器中的站，单击工具栏中的“下载”按钮将硬件和程序下载，还要在图 14-35 选中某个站的 CPU 所在的小方框，单击工具栏中的“下载”按钮将网络组态下载到 CPU 中。

### 14.4.4　S7-300/400 PLC 的工业以太网 IT 解决方案

SIMATIC S7 可以通过带有 IT 功能的 CP 模块提供工业以太网 IT 解决方案。以 CP 343-1

IT 为例，它支持下列基本通信服务：

1）S7 通信和 PG/OP 通信。

2）PG 功能（包括路由），利用 PG 功能，一些模板（如 FM354）可以通过 CP 进行访问。

3）操作和监控功能（HMI），支持多个 TD/OP 连接。

4）在 Server 和 Client 端同时调用 S7 功能块（BSEND FB12、BRCV FB13、PUT FB14、GET FB15、USEND FB8、URCV FB9、C_CNTRL FC62），建立 S7 连接，进行数据交换。

5）S5 兼容通信，包括 ISO 连接上的 SEND/RECEIVE 服务，TCP 和 UDP 连接上的 SEND/RECEIVE 服务以及 UDP 连接上可以通过在组态连接时选择特定的 IP 地址来完成的组播通信等。

6）在 ISO、ISO-on-TCP 和 TCP 连接上建立的 FETCH/WRITE 服务。

7）与 FETCH/WRITE 服务相应的 LOCK/UNLOCK 服务。

8）工业以太网上的时钟同步功能。

9）可以通过出厂设置的 MAC 地址访问 CP，直接通过以太网进行初始化。

除了以上的基本功能外，CP 343-1 IT 模板还支持下列 IT 通信功能：

1）发送 Email。

2）通过 HTML 语言编辑网页，以 Web 方式监控设备和处理数据。

3）FTP（File Transfer Protocol）功能，可以做为 FTP Server 和 Client 端进行文件管理，访问 CPU 的数据块。

关于工业以太网 IT 解决方案的详细内容请见参考文献[6]。

## 14.5 PROFINET

PROFINET 是新一代基于工业以太网技术的自动化总线标准，兼容工业以太网和现有的现场总线（PROFIBUS）技术，由 PROFIBUS 现场总线国际组织（PI）推出。

PROFINET 明确了 PROFIBUS 和工业以太网之间数据交换的格式，使跨厂商、跨平台的系统通信问题得到了彻底的解决。该技术为当前的用户提供了一套完整、高性能、可伸缩的、升级至工业以太网平台的解决方案。PROFINET 技术基于开放、智能的分布式自动化设备，将成熟的 PROFIBUS 现场总线技术的数据交换技术和基于工业以太网的通信技术整合到一起，定义了一个满足 IT 标准的统一的通信模型。

PROFINET 提供了一种全新的工程方法，即基于组件对象模型（Component Object Model，COM）的分布式自动化技术；PROFINET 规范以开放性和一致性为主导，以微软公司的 OLE/COMA/DCOM 为技术核心，最大程度地实现了开放性和可扩展性，向下兼容传统工控系统，使分散的智能设备组成的自动化系统模块化。PROFINET 指定了 PROFIBUS 与国际 IT 标准之间的开放和透明的通信；提供了一个独立于制造商，包括设备层和系统层的完整系统模型，保证了 PROFIBUS 和 PROFINET 之间的透明通信。

### 14.5.1 PROFINET 技术

**1．PROFINET 的通信机制**

PROFINET 的基础是组件技术，在 PROFINET 中，每个设备都被看做是一个具有组件对象模型（COM）接口的自动化设备，同类设备都具有相同的 COM 接口，系统通过调用 COM 接口来实现设备功能。组件模型使不同的制造商能遵循同一原则，它们创建的组件能在一个系统中混合应用，并能极大地减少编程的工作量。同类设备具有相同的内置组件，对外提供相同的 COM 接口，使不同厂家的设备具有良好的互换性和互操作性。COM 对象之间通过 DCOM 连接协议进行互联和通信。传统的 PROFIBUS 设备通过代理设备（Proxy）与 PROFINET 中的 COM 对象进行通信。COM 对象之间的调用是通过 OLE（Object Linking and Embedding，对象链接与嵌入）自动化接口实现的。

PROFINET 用标准以太网作为连接介质，使用标准的 TCP/UDP/IP 和应用层的 RPC/DCOM 来完成结点之间的通信和网络寻址。

设备在建立连接时可以选择使用哪种实时通信协议，这样可以满足系统对较高的通信实时性的需求。

PROFIBUS 网段可以通过代理设备连接到 PROFINET，PROFIBUS 设备和协议可以原封不动地在 PROFINET 中使用。

**2．PROFINET 的技术特点**

PROFINET 的开放性基于以下的技术：微软公司的 COM/DCOM 标准、OLE、ActiveX 和 TCP/UDP/IP。

PROFINET 定义了一个运行对象模型，每个 PROFINET 都必须遵循这个模型。该模型给出了设备中包含的对象和外部都能通过 OLE 进行访问的接口和访问的方法，对独立的对象之间的联系也进行了描述。

在运行对象模型中，提供了一个或多个 IP 网络之间的网络连接，一个物理设备可以包含一个或多个逻辑设备，一个逻辑设备代表一个软件程序或由软硬件结合体组成的固件包，它在分布式自动化系统中对应于执行器、传感器和控制器等。

在应用程序中将可以使用的功能组织成固定功能，可以下载到物理设备中。软件的编制严格独立于操作系统，PROFINET 的内核经过改写后可以下载到各种控制器和系统中，并不要求一定是 Windows 操作系统。

组件技术不仅实现了现场数据的集成，也为企业管理人员通过公用数据网络访问过程数据提供了方便。在 PROFINET 中使用了 IT 技术，支持从办公室到工业现场的信息集成，PROFINET 为企业的制造执行系统 MES 提供了一个开放式的平台。

由图 14-43 可以看出，PROFINET 技术的核心是代理服务器，它负责将所有的 PROFIBUS 网段、以太网设备和 PLC、变频器、现场设备等集成到 PROFINET 中，代理设备完成的是 COM 对象中的交互，它将挂接的设备抽象为 COM 服务器，设备之间的交互变为 COM 服务器之间的相互调用。只要设备能够提供符合 PROFINET 标准的 COM 服务器，该设备就可在 PROFINET 网络中正常进行。

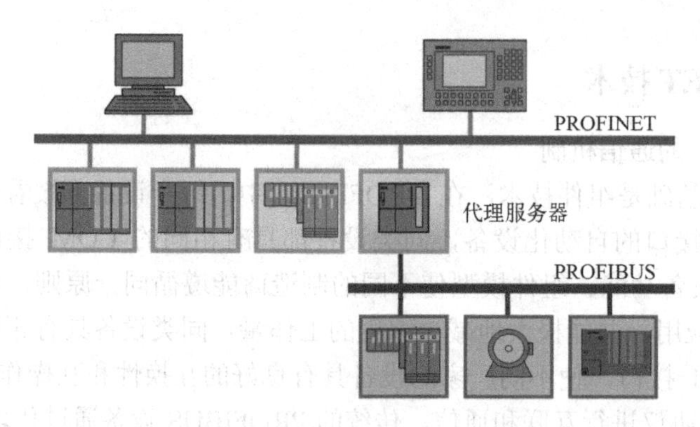

图 14-43　PROFINET 系统结构图

**3．PROFINET 的实时性**

为了保证通信的实时性，需要对信号的传输时间进行计算。不同的现场应用对通信系统的实时性要求不同，根据响应时间的不同，PROFINET 支持三种通信方式。

（1）TCP/IP 标准通信

PROFINET 基于工业以太网技术，使用 TCP/IP 和 IT 标准。TCP/IP 的响应时间大概为 100ms，对于工厂控制级是足够的。

（2）实时（RT）通信

对于传感器和执行器设备之间的数据交换，系统对响应时间的要求更为严格，大概需要 5～10ms 的响应时间。目前，可以使用现场总线技术达到这个响应时间，如 PROFIBUS-DP。

PROFINET 提供了一个优化的、基于以太网第二层的实时通信通道，通过该实时通道，极大地减少了数据的处理时间，因此，PROFINET 获得了等同，甚至超过传统现场总线系统的实时性能。

（3）等时同步实时（IRT）通信

运动控制对通信实时性的要求最高。伺服运行控制对通信网络提出了极高的要求，在 100 个节点下，其响应时间要小于 1ms，抖动误差要小于 1μs，以此来保证及时、确定的响应。

PROFINET 使用等时同步实时（Isochronous Real-Time，IRT）技术来满足上述响应时间。为了保证高质量的等时通信，所有的网络节点必须很好地实现同步，这样才能保证数据在精确相等的时间间隔内被传输，网络上的所有站点必须通过精确的时钟同步以实现等时同步实时。通过规律的同步数据，其通信循环同步的精度可以达到微秒级。该同步过程精确地记录其所控制的系统的所有时间参数，因此能够在每个循环的开始时间实现非常精确的时间同步。

**4．PROFINET 的主要应用**

PROFINET 主要有两种应用方式：PROFINET IO 和 PROFINET CBA。

PROFINET IO 适合模块化分布式的应用，与 PROFIBUS-DP 方式类似，PROFIBUS-DP 分为主站和从站，而 PROFINET CBA 中有 IO 控制器和 IO 设备。

PROFINET CBA 适合分布式智能站之间通信的应用。把大的控制系统分成不同功能、分布式、智能的小控制系统，生成功能组件，利用 IMAP 工具软件，连接各个组件之间的通信。

### 14.5.2 PROFINET IO 组态

使用 PROFINET IO 就像在 PROFIBUS 中使用非智能从站一样，不用编写任何通信程序，只需要根据实际的硬件连接，在硬件组态编辑器中组态好 PROFINET 网络系统。组态时系统自动统一分配 PROFINET IO 的地址，编程时就像访问中央机架中的 IO 一样访问 PROFINET IO。

下面通过图 14-44 所示的例子说明 PROFINET IO 组态步骤，关于 CBA 的内容请见参考文献[5]和[6]。图中，CPU317-2 PN/DP 的集成 PN 口、ET200S PN 和计算机分别通过网线连接到工业网络管理型交换机 SCALANCE X400 上。

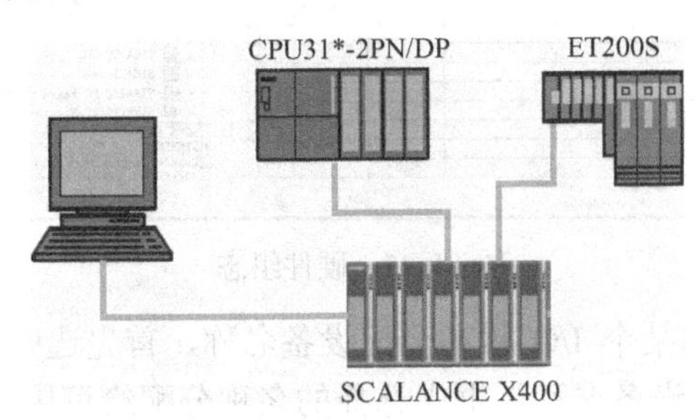


图 14-44　PROFINET IO 组态示意图

新建一个项目，插入一个 S7-300 站，在硬件组态编辑器中插入机架、电源和 CPU 317-2 PN/DP，在自动出现的“属性-Ethemet 接口 PN-IO”对话框的“参数”选项卡中新建一个名为“Ethernet(1)”的以太网，并将 CP 连接到网上，设置 IP 地址为 192.168.0.1，子网掩码 255.255.255.0。这样 PROFINET IO 控制器就组态好了。下面组态 ET200S PN。

在硬件组态编辑器的硬件目录“PROFINET IO”→“I/O”→“ET200S”下选择 IM151-3 PN，将其拖放到以太网上，如图 14-45 所示，在“对象属性”对话框中设置 IP 地址为 192.168.0.2。选中刚生成的 IM151-3 PN 站，将刚才拖放的子文件夹“IM151-3 PN”→“PM”中的电源模块“PM-E DC24-48V/AC24..230V”插入下面表格窗口的 1 号槽，子文件夹“IM151-3 PN→DI”中的数字量输入模块“4DI DC24V HF”插入 2 号槽，子文件夹“IM151 -3 PN→DO”中的数字量输出模块“4DO DC24V/2A ST”插入 3 号槽，如图 14-45 所示。

工业以太网交换机用来连接网络中的各个站。在硬件组态编辑器硬件目录“PROFINET IO”→“Network Coomponents”中选择 X400 系列以太网交换机，将其拖放到以太网上，如图 14-45 所示，在“对象属性”对话框中设置 IP 地址 192.168.0.3。

PN-IO 网络组态完毕，单击硬件组态编辑器工具栏中的“下载”按钮将硬件组态进行下载。之后，需要给 I/O 设备分配设备名称。注意：此时要确保“PG/PC 接口”设置为 TCP/IP 接口网卡。

在硬件组态编辑器中通过菜单命令“PLC”→“Ethernet”→“分配设备名称”打开“分配设备名称”对话框，“设备名称”框给出了 STEP 7 已组态的设备名称。在“可用设备”列表中，列出了以太网上所有的可用设备及其 IP 地址（如果可用）、MAC 地址和在线获得的设备类型，MAC 地址是自动生成的。

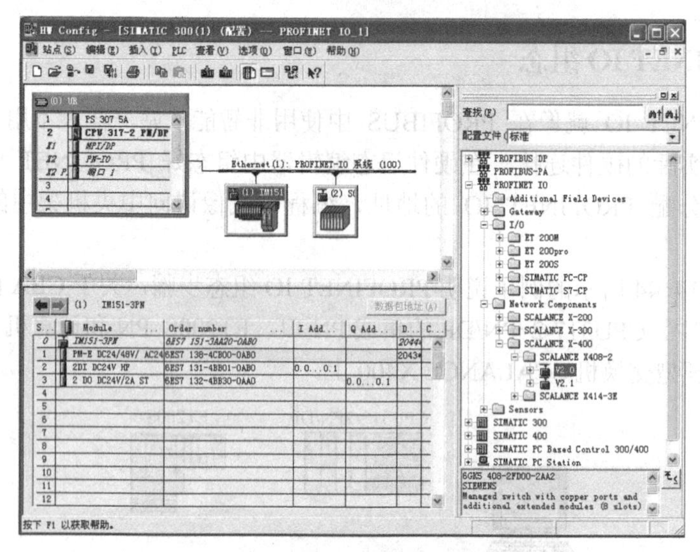


图 14-45 硬件组态

要为可用设备列表中的某个 I/O 设备分配设备名称，首先选中该设备，然后单击“分配名称”按钮，STEP 7 将“设备名称”框中选择的名称分配给可用设备列表中选择的 I/O 设备。已分配的设备名称将会显示在可用设备列表中。如果不能确认可用设备列表中的 MAC 地址对应的硬件 I/O 设备，选中该表中某台设备后，单击“闪烁”按钮，对应的硬件设备上的 LED 指示灯将会闪烁。

分配完设备名称后，通过菜单命令“PLC”→“Ethemet”→“验证设备名称”打开对话框，可以确认分配的设备名称是否正确。

在硬件组态编辑器中可以不组态以太网交换机，但是组态后可以查看网络的运行情况。在硬件组态编辑器中，单击工具栏中的（在线离线）按钮显示在线窗口，双击 SCALANCE 模块，弹出模块信息对话框，可以查看相关的信息。还可以通过 IE 浏览器查看以太网交换机的使用情况。

## 14.6 点对点通信

点对点（Point to Point）通信简称为 PtP 通信，使用带有 PtP 通信功能的 CPU 或通信处理器，可以与 PLC、计算机或其他带串口的设备通信，如打印机、机器人控制器、调制解调器、扫描仪和条形码阅读器等。

### 14.6.1 点对点通信的硬件

集成了 PtP 串口功能的 CPU 可以通过集成的 PtP 接口实现点对点通信，没有集成 PtP 串口功能的 S7-300 CPU 模块用通信处理器 CP340 或 CP341 实现点对点通信，S7-400 CPU 模块用 CP440 和 CP441 实现点对点通信。

**1．CP340 通信处理器**

CP340 通信处理器是串行通信较经济的解决方案，用于 S7-300 和 ET200M（S7 作为主站）的点对点串行通信，它有 1 个通信接口，有 4 种不同的型号，都有中断功能。一种模块的通信接口为 RS-232C（V.24），可以使用通信协议 ASCII 和 3964（R），另外三种模块的通信接口分别为 RS-232C（V.24）、20mA（TTY）和 RS-422/RS-485（X.27），可以使用的通信协议有 ASCII、3964（R）和打印机驱动软件。

**2．CP341 通信处理器**

CP341 是点对点的快速、功能强大的串行通信处理器，有一个通信接口，用于 S7-300 和 ET 200M（S7 作为主站），可以减轻 CPU 的负担。CP341 有 6 种不同的型号，可以使用的通信协议包括 ASCII、3964（R）、RS512 协议和可装载的驱动程序，包括 MODBUS 主站协议、MODBUS 从站协议和 Data Highway（DF1 协议），RK512 协议用于连接计算机。

CP341 有 3 种不同的传输接口：RS-232C（V.24）、20mA（TTY）和 RS-422/RS-485（X.27）。每种通信接口分别有两种类型的模块，其区别在于一种有中断功能，而另一种则没有。RS-232C（V.24）和 RS-422/RS-485（X.27）接口的传输速率最高为 76.8kbit/s，20mA（TTY）接口最高为 19.2kbit/s。通过装载单独购买的驱动程序，CP341 可以使用 RTU 格式的 MODBUS 协议，在 MODBUS 网络中可以作主站或从站。

**3．S7-300 集成的点对点通信接口**

CPU313-2 PtP 和 CPU314C-2 PtP 有一个集成的串行通信接口 X27（即 RS-422/RS-485），CPU313C-2 PtP 可以使用 ASCII 和 3964（R）通信协议；CPU314C-2 PtP 可使用 ASCII、3964（R）和 RS512 协议。它们都有诊断中断功能。最多可传输 1024B 的数据。全双工的传输速率为 19.2kbit/s，半双工的传输速率为 38.4kbit/s。

**4．CP440 点对点通信处理器**

CP440 用于点对点串行通信，物理接口为 RS-422/RS-485（X.27），最多有 32 个节点，最高传输速率为 115.2kbit/s，通信距离最长为 1200m。可以使用的通信协议为 ASCII 和 3964（R）。

**5．CP441-1/CP441-2 点对点通信处理器**

CP441-1 有 4 种不同的型号，通信处理器可以插入一块分别带一个 20mA（TTY）、RS-232C 或 RS-422/RS-485 接口的 IF 963 子模块。有一种只有 3964（R）通信协议，其余三种均有 ASCII、3964（R）和打印机通信协议，有两种有多 CPU 功能。只有一种模块同时有多 CPU 和诊断中断功能。CP441-1 的 20mA（TTY）接口的最大通信速率为 19.2kbit/s，其余的接口为 38.4kbit/s。最大通信距离同 CP340。

CP441-2 通信处理器有 4 种不同的型号，可以插入两块分别带 20mA（TTY）、RS-232C 和 RS-422/RS-485 的 IF 963 子模块。有一种只有 RK512 和 3964（R）通信协议，其余三种均有 RK512、ASCII、3964（R）和打印机通信协议，有多 CPU 功能，还可以实现用户定制的协议。只有一种模块同时有多 CPU 和诊断中断功能。CP441-2 的 20mA（TTY）接口的最大通信速率为 19.2kbit/s，其余的接口为 115.2kbit/s。最大通信距离同 CP340。

## 14.6.2 点对点通信的协议

S7-300/400 PLC 的点对点串行通信可以使用的通信协议主要有 ASCII Driver、3964（R）和 RK512。

**1．ASCII Driver 通信协议**

（1）ASCII Driver 的报文帧格式

ASCII Driver 用于控制 CPU 和一个通信伙伴之间的点对点连接的数据传输，可以将全部发送报文帧发送到 PtP 接口，提供一种开放式的报文帧结构。接收方必须在参数中设置一个报文帧的结束判据，发送报文帧的结构可能不同于接收报文帧的结构。

使用 ASCII Driver 可以发送和接收开放式的数据（所有可以打印的 ASCII 字符），8 个数据位的字符帧可以发送和接收所有 00～FFH 的其他字符。7 个数据位的字符帧可以发送和接收所有 00～7FH 的其他字符。

ASCII Driver 可以用结束字符、帧的长度和字符延迟时间作为报文帧结束的判据，可以在三个结束判据中选择一个。

（2）数据流控制/握手（Data Flow Control/Handshaking）

数字通信中常用“握手”方式控制两个通信伙伴之间的数据流。握手可以保证两个以不同速度运行的设备之间传输的数据不会丢失。有两种不同的握手方式：

1）软件方式，如通过向对方发送特定的字符（如 XON/XOFF）实现数据流控制，报文帧中不允许出现 XON 和 XOFF 字符。

2）硬件方式，如通过信号线 RTS/CTS 实现数据流控制，接口应使用 RS-232C 完整的接线。

**2．3964（R）通信协议**

3964（R）协议用于 CP 或 CPU31xC-2 PtP 和一个通信伙伴之间的点对点数据传输。

（1）3964（R）协议使用的控制字符与报文帧格式

3964（R）协议将控制字符添加到用户数据中，控制字符用来表示报文帧的开始和结束，它们也是通信双方的“握手”信号。通信伙伴使用这些控制字符来检查数据是否被正确和完整地接收。

3964（R）传输协议的报文帧有附加的块校验字符（BCC），用来增强数据传输的完整性，3964 协议的报文帧没有块校验字符。BCC 是所有正文中的字符（包括正文中连发的 DLE）和报文帧结束标志（DLE 和 ETX）的“异或”运算的结果。

3964（R）报文帧的传输过程首先用控制字符建立通信链路，然后用通信链路传输正文，最后在传输完成后用控制字符断开通信链路。

（2）建立发送数据的连接

为了建立连接，发送方首先应发送控制字符 STX。如果在“应答延迟时间（ADT）”到来之前，接收到接收方发来的控制字符 DLE，则表示通信链路已建立成功，切换到发送模式，可以开始传输正文。

如果通信伙伴返回 NAK 或返回除 DLE 和 STX 之外的其他控制代码，或应答延迟时间到时没有应答，那么程序将再次发送 STX，重试连接。若约定的重试次数到后，都没有成功建立通信链路，程序将放弃建立连接，并发送 NAK 给通信伙伴，同时通过输出参数“STATUS”报告出错。

（3）使用 3964（R）通信协议发送数据

成功建立连接后，将使用选择的传输参数，把发送缓冲区中的用户数据发送给通信伙伴。通信伙伴监控接收到的相邻两个字符之间的时间间隔，该时间间隔不能超过字符延迟时间。

在传输过程中，如果通信伙伴发送了控制代码 NAK，传输过程中止，并重试建立连接。如果接收到其他字符，也中止传输过程，并延时到“字符延迟时间”后发送 NAK 字符，将通信伙伴置于空闲状态。然后，通过再发送 STX，重新启动发送操作。

发送完缓冲区的内容后，自动加上代码 DLE、TX 和 BCC。发送完成后，等待接收方回送肯定应答字符 DLE。如果通信伙伴在应答延迟时间内发送了 DLE，即表示数据块被正确接收。发送缓冲区内的数据被删除，并断开通信链路。

如果通信伙伴返回 NAK 或返回除了 DLE 之外的其他控制代码或返回损坏的代码，或应答延迟时间到时没有应答，程序将再次发送 STX，重试连接。若约定的重试次数到后，都没有成功建立通信链路，程序将放弃建立连接，并发送 NAK 给通信伙伴，同时通过输出参数“STATUS”报告出错。

（4）使用 3964（R）通信协议接收数据

在准备操作时，3964（R）协议将发送一个 NAK 字符，以便将通信伙伴置于空闲状态。在空闲状态，如果没有发送请求被处理，程序将等待通信伙伴建立连接。

用 STX 建立连接时，如果没有空的接收缓冲区可用，则将等待 400ms。延时时间到后仍然没有空的接收缓冲区，将发送 NAIL 给对方，然后进入空闲状态。通信功能块的“STATUS”输出将报告出错。若延时后有接收缓冲区可用，将发送一个 DLE 字符，并进入接收状态。

如果在空闲状态接收到除 STX 或 NAK 之外的其他控制代码，将等待“字符延迟时间”到，然后发送 NAK 字符，同时通过输出参数“STATUS”报告出错。

成功建立连接后，接收到的字符被写入接收缓冲区。如果接收到两个连续的 DLE 字符，只有一个被保存在接收缓冲区中。接收到每个字符后，如果在字符延迟时间到时还没有接收到下一个字符，将发送一个 NAK 给通信伙伴。系统程序将通过输出参数“STATUS”报告出错，3964（R）程序不再重新初始化。

如果在接收过程中出现传输错误，如丢失字符、帧错误和奇偶校验错误等，将继续接收数据，直到连接被释放。然后将向通信伙伴发送 NAK 字符，期待对方再次建立通信链路，重发报文帧。如果在设置的重试次数后还没有正确地接收到报文帧，或者在规定的块等待时间内，通信伙伴没有重发报文帧，将取消接收操作。通过输出参数“STATUS”报告第一次错误的传输，最后中止接收。

**3．RK512 通信协议**

RK512 协议又称为 RK512 计算机连接，用于控制与一个通信伙伴之间的点对点数据传输。与 3964（R）协议相比，RK512 协议包括 ISO 参考模型的物理层（第 1 层）、数据链路层（第 2 层）和传输层（第 4 层），提供了较高的数据完整性和较好的寻址功能。

（1）RK512 的报文帧

RK512 协议用响应报文帧来响应每个正确接收到的命令帧。命令帧包括 SEND 或 FETCH 报文帧，分别用来将用户数据写入通信伙伴的数据区及读取通信伙伴的数据区。如果数据长度超过 128B，发送的报文帧将自动地分为 SEND（或 FETCH）报文帧和连续报文帧。对于 RK512，每个报文帧都有一个报文帧标题（Header），它包括报文帧标识符（ID）、数据源和数据目的地的信息以及一个错误编号。

RK512 寻址描述以字为单位的数据源和数据目标，在 SIMATIC S7 中，被自动地转换为字节地址。

（2）SEND 报文帧的数据传输过程

SEND 请求按下面的顺序执行：

1）主动通信伙伴（Active Partner）发送一个 SEND 报文帧，包括报文帧的标题和数据。

2）被动通信伙伴（Passive Partner）接收报文帧，检查标题和数据，将数据写入目标块后，用一个响应报文帧进行应答。

3）主动通信伙伴接收响应报文帧，如果用户数据长度超过 128B，它将发送连续 SEND 报文帧。

4）被动通信伙伴接收连续 SEND 报文帧，检查标题和数据，将数据传送入目标块后，用一个连续响应报文帧进行应答。

5）如果接收到一个错误的 SEND 报文帧，或者在报文帧的标题中出现错误，通信伙伴在响应报文帧的第 4 个字节中输入一个错误编号，这不适用于协议出错的情况。

如果用户数据长度超过 128B，将启动一个连续 SEND 报文帧。其处理方法与 SEND 报文帧相同。发送的字节如果超出 128B，多余的字节将自动地在一个或多个连续报文帧中发送。

（3）FETCH 报文帧的数据传输过程

FETCH 请求按下面的顺序执行：

1）主动通信伙伴发送一个包括标题的 FETCH 报文帧。

2）被动通信伙伴接收报文帧，检查报文帧的标题，从 CPU 中读取数据，并用一个带有数据的响应报文帧进行应答。

3）主动通信伙伴接收响应报文帧。如果用户数据长度超过 128B，它将发送一个连续 FETCH 报文帧，该报文帧的标题只有 1～4 个字节。

4）被动通信伙伴接收连续 FETCH 报文帧，检查报文帧的标题，从 CPU 中读取数据，并用一个包括剩余的数据的连续响应报文帧进行应答。

如果在第 4 个字节中有一个不等于 0 的出错编号，响应报文帧中不包含任何数据。如果被请求的数据超过 128B，将自动地用一个或多个连续报文帧读取额外的字节。

如果接收到一个错误的 FETCH 报文帧或者在报文帧的标题中出现一个错误，通信伙伴在响应报文帧的第 4 个字节中输入一个错误编号。

（4）伪全双工操作

伪全双工操作（Quasi-Full-Duplex Operation）是指只要其他伙伴没有发送报文，通信伙伴也可以在任何时候发送命令报文帧和响应报文帧。命令报文帧和响应报文帧的最大嵌套深度为 1，即只有前一个报文帧被响应报文帧应答后，才能处理下一个命令报文帧。在某些情况下，如果两个伙伴都请求发送，在响应报文帧之前，通信伙伴可以发送一个 SEND 报文帧。例如，在响应报文帧之前，通信伙伴的 SEND 报文帧已经进入了发送缓冲区。

### 14.6.3 S7-300/400 PLC 点对点通信组态与编程举例

利用 CPU 上的串行接口，可以与各种西门子模块或第三方产品之间进行 PtP 连接，通过专门的功能块来实现点对点串行通信。S7-31xC-2 PtP 用于点对点通信的系统功能块为 SFB60～SFB65，见表 14-8。SFB6～SFB62 用于 ASCII/3964（R）的通信，SFB63～SFB65 用于 RK512 的通信。

**表 14-8　CPU 31xC-2 PtP 用于点对点通信的系统功能块**

| 系统功能块 | | 功能描述 |
|---|---|---|
| SFB60 | SEND_PTP | 将整个数据块或部分数据块区发送给一个通信伙伴 |
| SFB61 | RCV_PTP | 从一个通信伙伴接收数据，并将它们保存在一个数据块中 |
| SFB62 | RES_PTP | 复位 CPU 的接收缓冲区 |
| SFB63 | SEND_RK | 将整个数据块或部分数据块区发送给一个通信伙伴 |
| SFB64 | FETCH_RK | 从一个通信伙伴处读取数据，并将它们保存在一个数据块中 |
| SFB65 | SERVE_RK | 从一个通信伙伴处接收数据，并将它们保存在一个数据块中；为通信伙伴提供数据 |

还可以通过 S7-300/400 PLC 的点对点通信处理器如 CP 340、CP 341、CP 440 和 CP 441 等来实现串行通信。通过 CP 模块实现串行通信需要安装 CP 模块的驱动程序，该驱动随购买模块一起提供或者从西门子公司网站下载。

安装了点对点通信模块的驱动程序后，会在 STEP 7 中集成通信编程需要的功能块。点对点通信功能块是 CPU 模块与点对点通信处理器的软件接口，用于建立和控制 CPU 和 CP 之间的数据交换。完成一次发送需要多个循环周期，在用户程序中它们必须被无条件连续调用，用于周期性的或定时程序控制的数据传输。

表 14-9 为 S7-300 PLC 的点对点通信处理器的通信功能块，表 14-10 为 S7-400 PLC 的点对点通信处理器的通信功能块。注意：因软件版本不同，功能块可能有差异。

**表 14-9　S7-300 PLC 的点对点通信处理器的通信功能块**

| 功能块 | | 功能描述 | 协议 | CP |
|---|---|---|---|---|
| FB2 | P_RCV | 接收通信伙伴的数据，并将它存储在数据块中 | ASCII 和 3964（R） | CP340 |
| FB3 | P_SEND | 将数据块中的全部或部分数据发送给通信伙伴 | ASCII 和 3964（R） | CP340 |
| FB4 | P_PRINT | 将包含最多 4 个变量的报文文本输出给打印机 | 打印机驱动器 | CP340 |
| FC5 | V24_STAT | 读取 CP341 RS-232C 模块接口的信号状态 | ASCII | CP340，CP341 |
| FC6 | V24_SET | 置位/复位 CP341 RS-232C 模块接口的输出 | ASCII | CP340，CP341 |
| FB7 | P_RCV_RK | 接收通信伙伴的数据，存储在数据块中，或准备传输给通信伙伴的数据 | ASCII，3964（R），RK512 | CP341 |
| FB8 | P_SND_RK | 将数据块中的全部或部分数据发送给通信伙伴或从通信伙伴读取数据 | ASCII，3964（R），RK512 | CP341 |

**表 14-10　S7-400 PLC 的点对点通信处理器的通信功能块**

| 功能块 | | 功能描述 | 协议 | CP |
|---|---|---|---|---|
| FB9 | RECV_440 | 接收通信伙伴的数据，并将它存储在数据块中 | ASCII driver 3964（R） | CP 440 |
| FB10 | SEND_440 | 将数据块中的全部或部分数据发送给通信伙伴 | ASCII driver 3964（R） | CP 440 |
| FB11 | RES_RECV | 复位 CP440 的接收缓冲区 | ASCII driver 3964（R） | CP 440 |
| SFB12 | BSEND | 从 S7 数据区将数据发送到固定的通信伙伴目的区 | ASCII driver 3964（R） | CP 441 |
| SFB13 | BRCV | 从通信伙伴接收数据，并发送到 S7 数据区 | ASCII driver 3964（R） | CP 441 |
| SFB14 | GET | 从通信伙伴读取数据 | RK 512 | CP 441 |
| SFB15 | PUT | 用动态可变的目的区将数据发送到通信伙伴 | RK 512 | CP 441 |
| SFB16 | PRINT | 将最多包含 4 个变量的报文文本输出到打印机 | PRINT Driver | CP 441 |
| SFB22 | STATUS | 查询通信伙伴的设备状态 | | CP 441 |

下面以一个例子说明通过点对点通信处理器进行串行通信的组态与编程步骤。本例中两台 CPU315-2 DP 通过各自的 CP341 RS-232C 模块和 CP340 RS-232C 模块应用 3964（R）协议对数据进行接收和发送，如图 14-46 所示。通过 RS-232C 电缆连接两个 CP 模块，如果电缆未接，则 CP 模块 SF 指示灯亮。

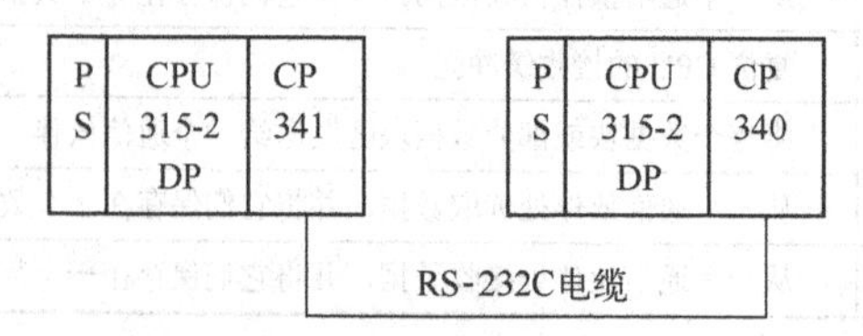


图 14-46　硬件连接示意图

新建项目，插入一个 S7-300 站。在硬件组态编辑器中，将 CP341 RS-232C 插入到机架上。双击 CP341 模块打开其属性对话框，单击属性对话框中的“参数”按钮，打开协议选择对话框，如图 14-47 所示，选择“3964（R）”协议，双击图 14-47 中的“Protocol”图标，打开图 14-48 所示的“协议”对话框，选择传输波特率为 9600bit/s，数据位为 8 位，停止位为 1 位，无校验，优先级高，其他参数为默认设置。

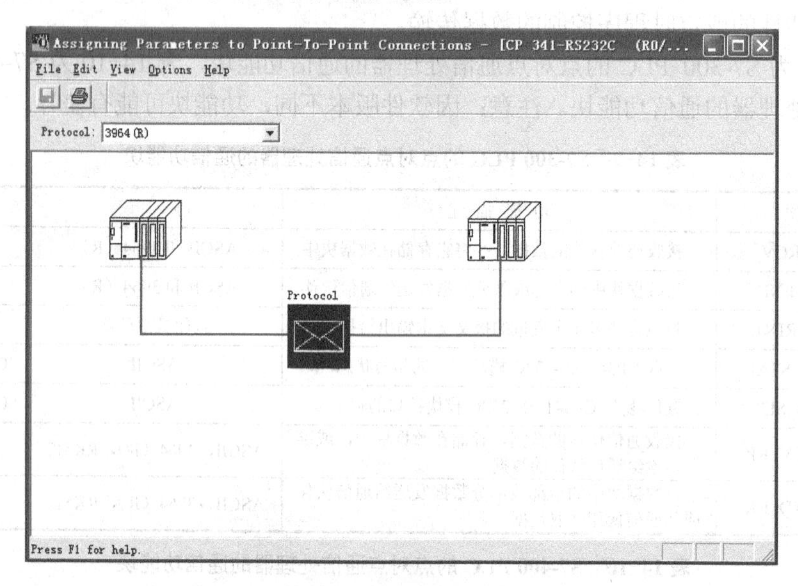


图 14-47　协议选择对话框

按照上述步骤组态另一个 S7-300 站，3694（R）通信协议对话框中设置优先级为低，其他与上同。

在 CPU 中调用通信功能块，按组态的串行通信协议发送和接收数据。注意：CP 不同，调用的通信功能块也是不同的。

本例中一个站使用 CP341，将调用 FB7 和 FB8 作为通信功能块，编写的 OB1 程序如图 14-49 所示，表示发送 DB1.DBB0 开始的 20 个字节；另一个站使用的是 CP340，调用 FB2、FB3 作为通信功能块，编写的 OB1 程序如图 14-50 所示，接收的数据将放在从 DB1.DBB0 开始的数据区中。注意：接收数据块的长度一定要大于或等于发送数据块的长度，否则会有数据溢出错误。

Protocol

3964(R) | Receiving Data

Protocol
With Block Check
Use Default Values

Protocol Parameters
Character Delay Time: 220 ms
Acknowledgement Delay 2000 ms
Setup Attempts: 6
Transmission Attempts: 6

Speed
Transmission 9600 bps

Character Frame
Data 8 Stop 1 Parit None Prigri High

确定 取消 帮助

图 14-48 “协议”对话框

**程序段 1：**调用FB8发送数据

DB2为FB8的背景数据块；参数“REQ”为发送请求，每个上升沿发送一帧数据；参数“LADDR”为CP的地址；参数“DB_NO”为发送区数据块号；参数“DBB_NO”为发送区在DB块中的起始字节；参数“LEN”为发送字节长度，参数“DONE”发送完成输出一个脉冲；参数“ERROR”为错误标志位，参数“STATUS”为状态字；其他参数可以不用

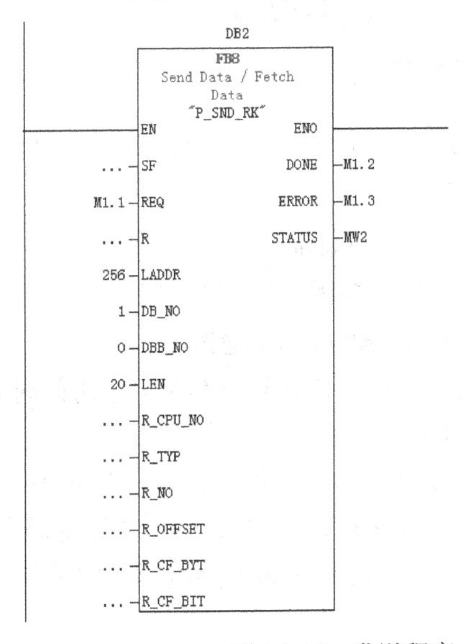


图 14-49 发送程序

**程序段 1：**调用FB2接收程序

DB10为FB2的背景数据块，参数“EN_R”为接收使能，参数“LADDR”为CP的地址；参数“DB_NO”为接收数据块号；参数“DBB_NO”为接收区在DB块中的起始字节；参数“LEN”为接收的字节长度；参数“NDR”接收新数据输出一个脉冲；参数“ERROR”为错误标志位，参数“STATUS”为状态字，其他参数可以不用

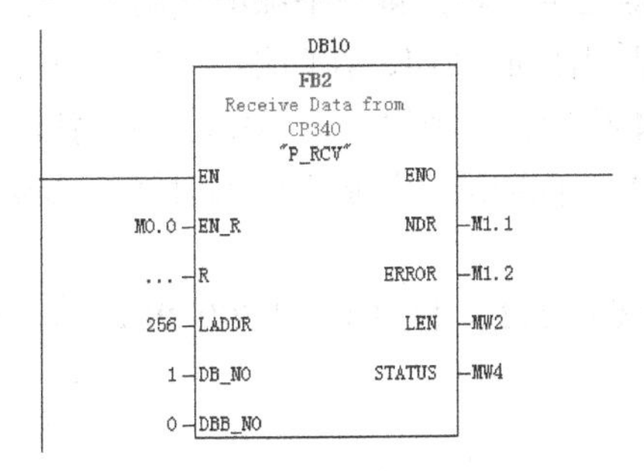


图 14-50 接收程序

## 14.7 AS-I 网络

AS-I 是执行器传感器接口（Actuator Sensor Interface）的缩写，是用于现场自动化设备的双向数据通信网络，位于工厂自动化网络的最底层。AS-I 特别适用于连接需要传送开关量的传感器和执行器，例如读取各种接近开关、光电开关、压力开关、温度开关、物料位置开关的状态，控制各种阀门、声光报警器、继电器和接触器等，AS-I 也可以传送模拟量数据。

### 14.7.1 AS-I 网络结构

AS-I 属于主从式网络，每个网段只能有一个主站，如图 14-51 所示。主站是网络通信的中心，负责网络的初始化以及设置从站的地址和参数等，具有错误校验功能，发现传输错误将重发报文。传输的数据很短，一般只有 4 位。

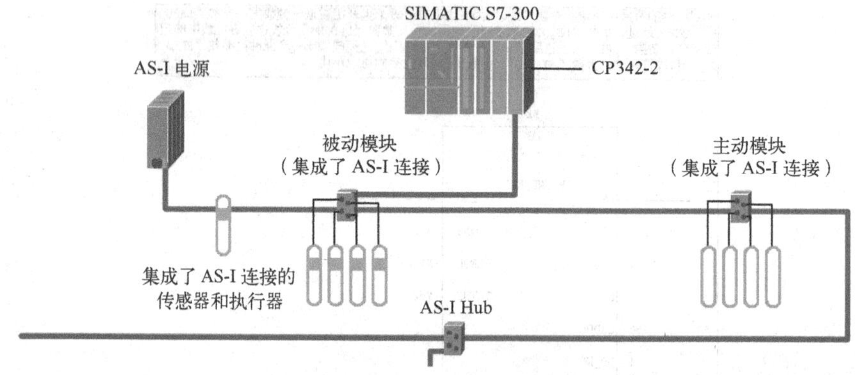


图 14-51　AS-I 网络示意图

AS-I 从站是 AS-I 系统的输入/输出通道，仅在被 AS-I 主站访问时才被激活。接到命令时，它们触发动作或将现场信息传送给主站。

AS-I 网络的电源模块的额定电压为 DC 24V，最大输出电流为 2A。AS-I 所有分支电路的最大总长度为 100m，可以通过中继器延长。传输介质可以是屏蔽的或非屏蔽的两芯电缆，支持总线供电，即两根电缆同时可以为信号线和电源线。网络的树形结构允许电缆中的任意点作为新的分支的起点。

### 14.7.2 AS-I 寻址模式

**1．标准寻址模式**

AS-I 的节点（从站）地址为 5 位二进制数，每一个标准从站占一个 AS-I 地址，最多可以连接 31 个从站，地址 0 仅供产品出厂时使用，在网络中应改用其他地址。每一个标准 AS-I 从站可以接收 4 位数据或发送 4 位数据，所以一个 AS-I 总线网段最多可以连接 124 个二进制输入点和 124 个输出点，对 31 个标准从站的典型轮询时间为 5ms，因此 AS-I 适用于工业过程开关量输入/输出的场合。

用于 S7-200 PLC 的通信处理器 CP 242-2 和用于 S7-300 PLC、ET200M 的通信处理器 CP342-2 属于标准 AS-I 主站。

**2．扩展的寻址模式**

在扩展的寻址模式中，两个从站分别作为 A 从站和 B 从站，使用相同的地址，这样使可寻址的从站的最大个数增加到 62 个。由于地址的扩展，使用扩展的寻址模式的每个从站的二进制输出减少到 3 个，每个从站最多占用 4 点输入和 3 点输出。一个扩展的 AS-I 主站可以操作 186 个输出点和 248 个输入点。使用扩展的寻址模式时对从站的最大轮询时间为 10ms。

用于 S7-200 PLC 的通信处理器 CP 243-2 和用于 S7-300 PLC、ET200M 的通信处理器 CP 343-2 属于扩展的 AS-I 主站。

### 14.7.3 AS-I 硬件模块

**1. 主站模块**

（1）CP 243-2

CP 243-2 是 S7-200 CPU 22x 的 AS-I 主站。通过连接 AS-I 可以显著地增加 S7-200 PLC 的数字量输入和输出点数，每个 CP 的 AS-I 上最多可以连接 124 个开关量输入和 124 个开关量输出。S7-200 PLC 同时可以处理最多两个 CP 243-2。它有两个端子直接连接 AS-I 接口电缆。

CP 243-2 前面板的 LED 指示灯用来显示模块的状态、所有连接的从站模块的状态以及监控 AS-I 网络的通信电压等。两个按钮用来切换运行状态。

在 S7-200 PLC 的映像区中，CP 243-2 占用 1 个数字量输入字节作为状态字节，1 个数字量输出字节作为控制字节。8 个模拟量输入字和 8 个模拟量输出字用于存放 AS-I 从站的数字量/模拟量输入/输出数据、AS-I 的诊断信息、AS-I 命令与响应数据等。

用户程序用状态字节和控制字节设置 CP 243-2 的工作模式。根据工作模式的不同，CP 243-2 在 S7-200 PLC 模拟地址区既可以存储 AS-I 从站的 I/O 数据或诊断值，也可以使能主站调用，例如改变一个从站地址。通过按钮，可以设置连接的所有 AS-I 从站。

CP 243-2 支持扩展 AS-I 特性的所有特殊功能。通过双重地址赋值，最多可以处理 62 个 AS-I 从站。由于集成了模拟量处理系统，CP 243-2 也可以访问模拟量。

（2）CP 343-2

CP 343-2 通信处理器是用于 S7-300 PLC 和分布式 I/O ET 200 的 AS-I 主站，它具有以下功能：最多连接 62 个数字量或 31 个模拟量 AS-I 从站。支持所有 AS-I 主站功能，在前面板上用 LED 显示从站的运行状态、运行准备信息和错误信息，例如 AS-I 电压错误和组态错误。通过 AS-I 接口，每个 CP 最多可以访问 248 个数字量输入和 186 个数字量输出，可以对模拟量进行处理。CP 342-2 占用 PLC 模拟区的 16 个输入字节和 16 个输出字节。通过它们来读写从站的输入数据和设置从站的输出数据。

（3）CP 142-2

AS-I 主站 CP 142-2 用于 ET 200X 分布式 I/O 系统。CP 142-2 通信处理器通过连接器与 ET 200X 模块相连，并使用其标准 I/O 范围。AS-I 网络无需组态，最多 31 个从站可以由 CP 142-2（最多 124 点输入和 124 点输出）寻址。

（4）DP/AS-I 接口网关模块

DP/AS-I 网关（Gateway）用来连接 PROFIBUS-DP 和 AS-I 网络。DP/AS-Interface Link 20 和 DP/AS-Interface Link 20E 可作为 DP/AS-I 的网关，后者具有扩展的 AS-I 功能。

CP 242-8 是标准的 AS-I 主站，它不仅有 CP 242-2 的功能，还可以作为 DP 从站连接到 PROFIBUSDP。DP/AS-I 20E 网络链接器以最高 12Mbit/s 的传输速率连接 PROFIBUS-DP 与 AS-I，它既是 PROFIBUS-DP 的从站，也是 AS-I 的集成主站。其防护等级为 IP20，由 AS-I

电缆供电，因此系统无需增加 DC24V 电源。

（5）SIMATIC C7 621 AS-I

SIMATIC C7 621 AS-I 把 AS-I 主站 CP 342-2、S7-300 的 CPU 以及 OP3 操作面板组合在一个外壳内，适合于高速方便地执行自动化任务，自带人机界面。这种紧凑型控制器可以直接访问和控制 31 个从站的 124 点数字量输入和 124 点数字量输出，无需在控制器内集成输入和输出，减小了控制器的体积。

（6）用于个人计算机的 AS-I 通信卡 CP 2413

CP 2413 是用于个人计算机的标准 AS-I 主站，一台计算机可以安装 4 块 CP 2413。因为在 PC 中还可以运行以太网和 PROFUBUS 总线接口卡，AS-I 从站提供的数据也可以被其他网络中其他的站使用。

SCOPE 是在计算机中运行的 AS-I 的诊断软件。它可以记录和评估在安装和运行过程中 AS-I 网络中的数据交换。

**2．AS-I 从站模块**

从站所有的功能都集成在一片专用的集成电路芯片中，这样 AS-I 连接器可以直接集成在执行器和传感器中，全部元件可以安装在约 $2cm^2$ 的空间内。从站中的 AS-I 集成电路包含下列元件：4 个可组态的输入/输出以及 4 个参数输出。可在 EEPROM 存储器中存储运行参数、指定 I/O 的组态数据、标识码和从站地址等。

使用 AS-I 从站的参数输出，AS-I 主站可以传送参数值，它们用于控制和切换传感器或执行器的内部操作模式，例如在不同的运行阶段修改标度值。

4 位输入/输出组态用来指定从站的哪根数据线用来作为输入、输出或双向输出，从站的类型用标识码来描述。

AS-I 从站模块最多可以连接 4 个传统的传感器和 4 个传统的执行器。带有集成的 AS-I 连接的传感器和执行器可以直接连接到 AS-I 上。

（1）“LOGO!”微型控制器

通过内置的 AS-I 模块，LOGO!可以作为 AS-I 网络中的智能型从站使用。LOGO!是一种微型 PLC，具有数字量或模拟量输入和输出、逻辑处理器和实时钟功能，LOGO!是 AS-I 网络中有分布式控制器功能的从站。使用 LOGO!面板上的按键和显示器，可以对它进行编程和参数设置。

LOGO!适合于简单的分布式自动化任务，如门控系统，又可以通过 AS-I 网络将它纳入高端自动化系统中。在高端控制系统出现故障时，可以继续进行控制。

（2）紧凑型 AS-I 模块

这是一种具有较高保护等级的新一代紧凑型 AS-I 模块，包括数字、模拟、气动和电动机起动器模块。模块具有两种尺寸，可以满足各种安装要求，其保护等级为 IP67。

通过一个集成的编址插孔可以对已经安装的模块编址。所有的模块都可以通过与 S7 系列 PLC 的通信实现参数设置。

西门子公司还提供了模拟量模块，每个模拟量模块有两个通道，有电流型、电压型、热电阻型传感器输入模块和电流型、电压型执行器输出模块。

（3）气动控制模块

西门子公司提供两种类型的 AS-I 气动模块，即带两个集成的 3/2 路阀门的气动用户模块和带两个集成的 4/2 路阀门的气动紧凑型模块。模块有单稳和双稳两种类型，集成了作为气动单元执行器的阀门，接收来自气缸的位置信号。

（4）电动机起动器

西门子公司有 3 种类型的电动机起动器，在 AS-I 中作标准从站。防护等级均为 IP65，有非熔断器保护，可以进行可逆启动。可以起动的异步电动机最大功率为 4～5.5 kW。

（5）DC 24V 电动机起动器

K60 AS-I DC 24V 电动机起动器可以驱动 70W 功率的电动机，它将 DC 24V 电动机起动器及其传感器直接连接到 AS-I 上。有的有制动器和可选的急停功能。

（6）能源与通信现场安装系统

能源与通信现场安装系统（ECOFAST）是一个开放的控制柜系统解决方案。所有的自动化和相应的安装器件应用标准和接口将数据和动力的传输有机地连成一体。与 AS-I 有关的下列元器件可以集成到 ECOFAST 中：所有的 I/O 模块；安装在电动机接线盒上或电动机附近的可逆起动器和软起动器；集成在电动机上的微型起动器；动力和控制装置（动力电源）与 PLC 和 AS-I 主站的组合装置。

（7）接近开关

BERO 接近开关可以直接连接到 AS-I 或接口模块上。特殊的感应式、光学和声纳 BERO 接近开关适合直接连接到 AS-I 上。它们集成有 AS-I 芯片，除了开关量输出之外，还提供其他信息，如开关范围和线圈故障。通过 AS-I 电缆可以对这些智能 BERO 设置参数。

（8）按钮和 LED

SIGNUM 3SB4 是一个具有 AS-I 接口的完整的操作员通信系统人机界面。带灯的指令按钮通过 AS-I 电缆供电，通过特殊的 AS-I 从站和独立的辅助电源，可以实现控制设备的单个连接，每个设备最多可以连接 28 个常开触点和 7 个信号输出点。

### 14.7.4 AS-I 通信方式

AS-I 是单主站系统，AS-I 通信处理器（CP）作为主站控制现场的通信过程。主从通信过程中，主站一个接一个地轮流询问每一个从站，询问后等待从站的响应。地址是 AS-I 从站的标识符。可以用专用的定址（Addressing）单元或主站来设置各从站的地址。

AS-I 使用电流调制的传输技术保证了通信的高可靠性。主站如果检测到传输错误或从站的故障，将会发送报文给 PLC，提醒用户进行处理。在正常运行时增加或减少从站，不会影响其他从站的通信。

AS-I 的报文主要有主站呼叫发送报文和从站应答（响应）报文，主站的请求帧由 14 个数据位组成，如图 14-52 所示。

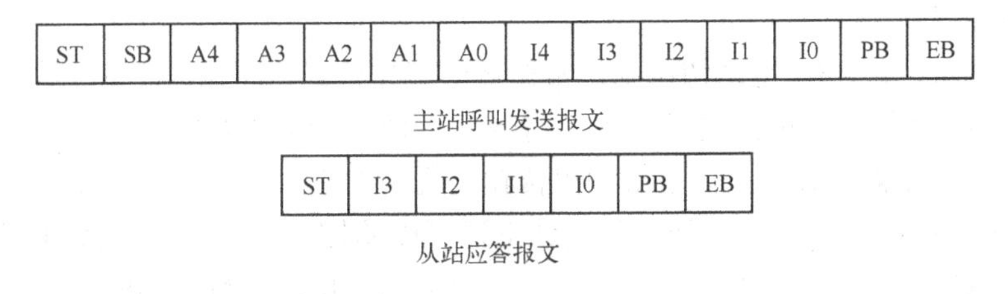


图 14-52　AS-I 的通信报文

在主站呼叫发送报文中，ST 是起始位，其值为 0。SB 是控制位，为 0 或为 1 时分别表示传送的是数据或命令。A4～A0 是从站地址，I4～I0 为数据位。PB 是奇偶校验位，在报文中不包括结束位在内的各位中 1 的个数应为偶数。EB 是结束位，其值为 1。在 7 个数据位组成的从站应答报文中，ST、PB 和 EB 的意义与取值与主站呼叫发送报文的相同。

主站通过呼叫发送报文，可以完成下列功能：

1）数据交换：主站通过报文把控制指令或数据发送给从站，或让从站把测量数据上传给主站。

2）设置从站的参数：例如设置传感器的测量范围、激活定时器和改变测量方法等。

3）删除从站地址：把被呼叫的从站地址暂时改为 0。

4）地址分配：只能对地址为 0 的从站分配地址。从站把新地址存放在 EEPROM 中。

5）复位功能：把被呼叫的从站恢复为初始状态时的地址。

6）读从站的 I/O 配置。

7）读取从站的 ID（标识符）代码。

8）状态读取：读取从站的 4 个状态位，以获得在寻址和复位时出现的错误的信息。

9）状态删除：读取从站的状态并删除其内容。

AS-I 的工作包括如下几个阶段。

（1）离线阶段

离线阶段又称为初始化模式，在该阶段设置主站的基本状态。模块上电后或被重新启动后被初始化。在初始化期间，所有从站的输入和输出数据的映像被设置为 0（未激活）。

电源接通后，组态数据被复制到参数区，后面的激活操作可以使用预置的参数。如果主站在运行中被重新初始化，参数区中可能已经变化的值被保持。

（2）启动阶段

在启动阶段，主站检测 AS-I 电缆上连接有哪些从站以及它们的型号。厂家制造 AS-I 从站时，通过组态数据将从站的型号永久性地保存在从站中，主站可以请求上传这些数据。组态文件中包含了 AS-I 从站的 I/O 分配情况和从站的类型（ID 代码）。主站将检测到的从站存放在检测到的从站表中。

（3）激活阶段

在激活阶段，主站检测到 AS-I 从站后，通过发送特殊的呼叫，激活这些从站。

主站处于组态模式时，所有地址不为 0 的被检测到的从站被激活。在这一模式，可以读取实际的值并将它们作为组态数据保存。

主站处于保护模式时，只有储存在主站的组态中的从站被激活。如果在网络上发现的实际组态不同于期望的组态，主站将显示出来。主站把激活的从站存入被激活的从站表中。

（4）工作模式

启动阶段结束后，AS-I 主站切换到正常循环的工作模式，即循环完成下面三个阶段：

1）数据交换阶段：在正常模式，主站将周期性地发送输出数据给各从站，并接收它们返回的应答报文，即输入数据。如果检测出传输过程中的错误，则主站重复发出询问。

2）管理阶段：在这一阶段，处理和发送下述可能的控制应用任务：将 4 个参数位发送给从站，例如设置门限值；改变从站的地址（如果从站支持这一特殊功能）。

3）包含（Inclusion）阶段：在这一阶段，新加入的 AS-I 从站被包含到已检测到的从站表中，如果它们的地址不为 0，将被激活。如果主站处于保护模式，则只有储存在主站的期望组态中的从站才能被激活。

### 14.7.5　AS-I 通信举例

下面通过一个例子说明 AS-I 通信的组态步骤及编程方法。本例包括的硬件有 S7-300 CPU315-2 DP、CP343-2 6GK7343-2AH10-0XA0、电源单元 3RX 9300-1AA00、数字量 4 输入/3 输出模块 3RK2400-1FQ03-0AA3（地址 9B）、数字量 8 输入模块 3RK1200-0DQ00-0AA3（地址 5/7）、数字量 2 输入/2 输出模块 3RKl400-1BQ20-0AA3（地址 10）。

**1．硬件组态**

使用手持编址单元对从站模块进行编址或在 STEP7 中调用通信功能块 FC ASI_3422，利用命令接口（命令代码 0DH）分配从站地址。将编好地址的从站模块连接到 ASI 总线上。

通信处理器 CP343-2P 可以安装在 S7-300 系列 PLC 中央机架上，也可以分布式安装于 ET200M 上。CP343-2P 同时支持标准从站、A/B 从站以及符合规范 7.3/7.4 的模拟量从站。通过使用 CP 前方面板上的组态按钮（SET），可以使主站识别 ASI 总线上从站的信息并存储到模块中。

ASI 总线上的所有使能的从站都可以被 CP343-2P 读取，CP 上的 LED 指示 AS-I 总线上从站的站地址，站地址是滚动显示的。

下面开始软件组态。新建项目，插入一个 S7-300 站，在硬件组态编辑器中，插入 CP343-2P 模块。双击 CP343-2 模块打开其属性对话框，在“地址”选项卡中组态通信区，选择起始地址，通信区为 16B 输入和 16B 输出，可以直接访问标准类型和 A 类型数字量从站，如图 14-53 所示。

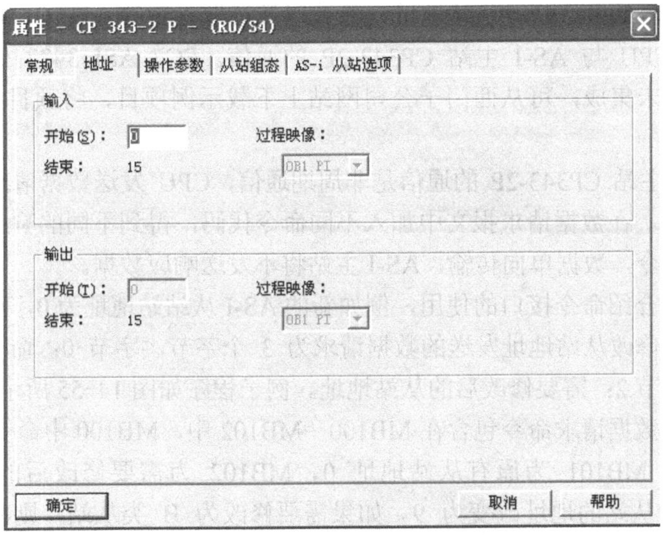

图 14-53　CP343-2 模块属性对话框

选择图 14-53 中“从站组态”选项卡组态从站信息，如图 14-54 所示。双击需要组态的从站地址栏，如标准从站 10，将打开图 14-54 所示的组态对话框。10 号站为标准从站，只能在 10A 栏组态，而且 10B 地址栏不能再插入 B 类从站。

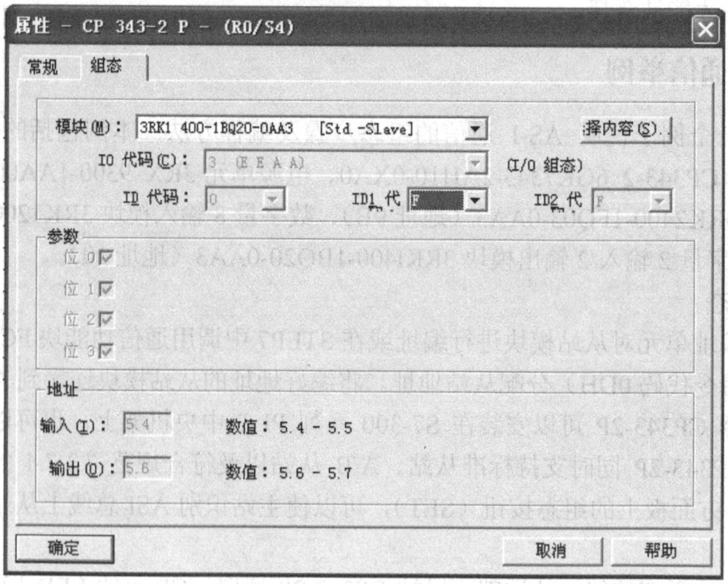

图 14-54　组态对话框

单击图 14-54“模块”项后的下拉列表或“选择内容”按钮选择相应的模块，根据需要可以修改 ID1 甚至 ID 和 ID2 等。单击“确定”按钮后，插入了一个标准从站。

按照相同的步骤可以插入其他从站。

**2．使用命令接口**

通过命令接口，可以利用用户程序完全控制 AS-I 主站的响应，如控制 AS-I 主站的操作模式或者通过 AS-I 主站修改从站地址、参数以及读取参数等。在 CPU 程序中调用 FC7 通信功能，建立 CPU 与 AS-I 主站 CP343-2P 的通信。FC7 ASI_3422 是现成的通信功能块，STEP 7 中并未集成，可从西门子公司网站上下载示例项目，将项目中的 FC7 复制到自己的项目中。

CPU 与 ASI 主站 CP343-2P 的通信是非周期通信，CPU 发送数据请求报文，CP343-2P 发送数据响应报文，在数据请求报文中加入不同命令代码，得到不同的响应数据，有的数据请求报文是发送命令，数据单向传输，AS-I 主站将不发送响应数据。

下面通过例子介绍命令接口的使用，例如新的 AS-I 从站站地址为 0，可以使用命令接口初始化从站地址。修改从站地址发送的数据请求为 3 个字节，字节 0：命令代码，字节 1：原有从站地址，字节 2：需要修改后的从站地址。例子程序如图 14-55 所示。

本例中发送的数据请求命令包含在 MB100～MB102 中，MB100 中命令代码为 0DH，表示修改从站地址，MB101 为原有从站地址 0，MB102 为需要修改后的从站地址 9，当 M110.1 为 1 时，从站的地址改变为 9。如果需要修改为 B 类从站，则将从站地址改变为 9B，所赋的值需要在标准从站的基础上加 32，即在 MB102 中送 41。

其他的命令代码请查看手册。

**程序段 1**：赋初值

MB100~MB102分别为命令代码、原地址和新地址

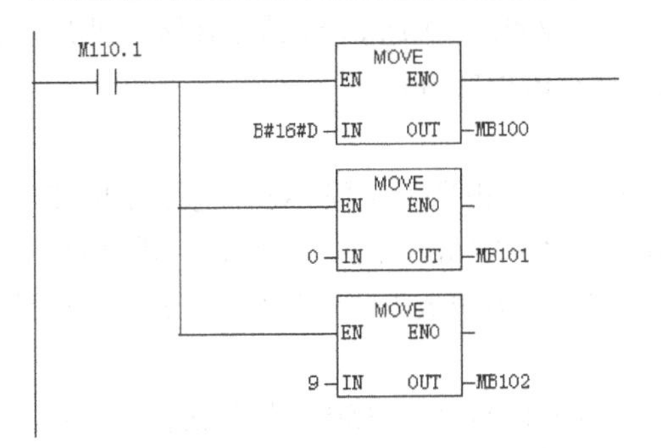


**程序段 2**：调用FC7

参数"ACT"使能FC7的调用；参数"STARTUP"暖启动时置位一次，在正常运行时必须复位；参数"LADDR"为CP343-2P的起始地址；参数"SEND"为发送数据请求命令接口区，此处为MB100~MB102；参数"RECV"为响应的数据区；参数"DONE"发送完成输出1；参数"ERROR"为错误位；参数"STATUS"为状态字

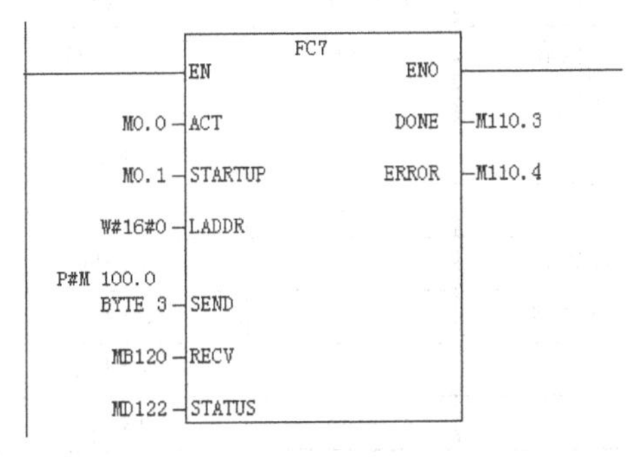


图 14-55 示例程序

### 3. 从站数据访问

主站访问各种类型从站的方法是不同的，下面将分别进行介绍。

（1）标准从站或 A 类从站

对于 AS-I 标准从站或 A 类从站，主站与从站的通信接口区就是 CP343-2P 占用 CPU 的地址区，大小为 16B 输入和 16B 输出，每个从站最多占用 4 个数字量输入和 4 个数字量输出，每个从站的地址分配见表 14-11（其中 $n$ 为主站 CP 的起始地址）。

**表 14-11 标准从站和 A 类从站的地址分配**

| I/O 字节号 | 7~4 位 | 3~0 位 | I/O 字节号 | 7~4 位 | 3~0 位 |
|---|---|---|---|---|---|
| $n$+0 | 状态位 | 1 号/1A 从站 | $n$+8 | 16 号/16A 从站 | 17 号/17A 从站 |
| $n$+1 | 2 号/2A 从站 | 3 号/3A 从站 | $n$+9 | 18 号/18A 从站 | 19 号/19A 从站 |
| $n$+2 | 4 号/4A 从站 | 5 号/5A 从站 | $n$+10 | 20 号/20A 从站 | 21 号/21A 从站 |
| $n$+3 | 6 号/6A 从站 | 7 号/7A 从站 | $n$+11 | 22 号/22A 从站 | 23 号/23A 从站 |
| $n$+4 | 8 号/8A 从站 | 9 号/9A 从站 | $n$+12 | 24 号/24A 从站 | 25 号/25A 从站 |
| $n$+5 | 10 号/10A 从站 | 11 号/11A 从站 | $n$+13 | 26 号/26A 从站 | 27 号/27A 从站 |
| $n$+6 | 12 号/12A 从站 | 13 号/13A 从站 | $n$+14 | 28 号/28A 从站 | 29 号/29A 从站 |
| $n$+7 | 14 号/14A 从站 | 15 号/15A 从站 | $n$+15 | 30 号/30A 从站 | 31 号/31A 从站 |

本例中，主站 CP 的初始地址为 0，10 号从站的输入地址为 15.4～15.7，输出地址为 Q5.4～Q5.7。如果 CP 的起始地址在过程映像区以外，如地址为 256，不能直接进行位操作，必须先将输入数据（如 PIW256～PIW270）传送到 M 或 DB 区，然后进行位逻辑运算，运算结果再传送到输出区（如 PQW256～PQW270）。

（2）B 类从站

对于具有 AS-I 扩展功能的 B 类从站，相当于访问 AS-I 总线上的 32～62 号从站，而 CP343-2P 的接口缓存区空间只有 16B 输入和 16B 输出，已经被标准从站或 A 类从站占用，主站与 B 类从站的通信接口区存储于 CP 内部的数据记录区中，CPU 需要调用 SFC58/SFC59 读写 CP 的数据记录区。

存储 B 类从站的数据记录区为 150（即 DSNR=150，十六进制为 96），长度为 16B，每个从站的地址分配见表 14-12（其中 $n$ 为指定数据区的起始地址）。

**表 14-12　标准从站和 A 类从站的地址分配**

| I/O 字节号 | 7～4 位 | 3～0 位 | I/O 字节号 | 7～4 位 | 3～0 位 |
|---|---|---|---|---|---|
| $n$+0 | 保留位 | 1B 从站 | $n$+8 | 16B 从站 | 17B 从站 |
| $n$+1 | 2B 从站 | 3B 从站 | $n$+9 | 18B 从站 | 19B 从站 |
| $n$+2 | 4B 从站 | 5B 从站 | $n$+10 | 20B 从站 | 21B 从站 |
| $n$+3 | 6B 从站 | 7B 从站 | $n$+11 | 22B 从站 | 23B 从站 |
| $n$+4 | 8B 从站 | 9B 从站 | $n$+12 | 24B 从站 | 25B 从站 |
| $n$+5 | 10B 从站 | 11B 从站 | $n$+13 | 26B 从站 | 27B 从站 |
| $n$+6 | 12B 从站 | 13B 从站 | $n$+14 | 28B 从站 | 29B 从站 |
| $n$+7 | 14B 从站 | 15B 从站 | $n$+15 | 30B 从站 | 31B 从站 |

本例中，访问 AS-I 上的 9B 号站，在 OBl 中调用示例程序如图 14-56 所示。从站 9B 的 4 个输入点对应的地址区为 DB20.DBX20.0～DB20.DBX20.3，3 个输出点对应的地址区为 DB20.DBX52.0～DB20.DBX52.2。

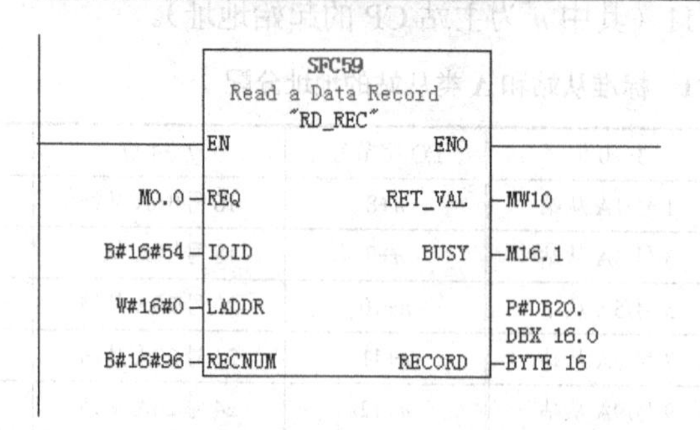


图 14-56　读写 B 类从站数据示例程序

**程序段 2**：调用SFC58，向B类从站写入二进制数据

参数“REQ”写请求；参数“IOID”为外设输入输出，B#16#55为外设输出，B#16#54为外设输入；参数“LADDR”为CP地址；参数“RECNUM”为数据记录区号DSNR=150；参数“RET_VAL”为返回值；参数“BUSY”为1则写操作未完成；参数“RECORD”为源数据地址区

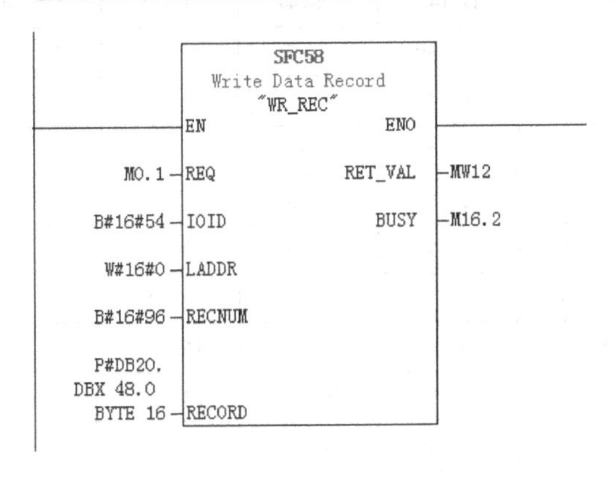


图 14-56　读写 B 类从站数据示例程序（续）

（3）模拟量从站

ASI 主站 CP343-2P 与符合规范 7.3/7.4 的模拟量从站模块的通信，与访问 B 类从站的方法类似，数据存储于主站 CP 的数据记录区中，在 CPU 中需要调用 SFC58/SFC59 访问 CP 数据记录区中从站数据。每个数据记录区存储不同 AS-I 从站的信息，从站与数据记录区的对应关系见表 14-13。

**表 14-13　模拟量从站对应数据记录区地址**

| 从站地址 | 数据记录区中模拟量的起始地址 | | | | | | | |
|---|---|---|---|---|---|---|---|---|
| | DS140 | DS141 | DS142 | DS143 | DS144 | DS145 | DS146 | DS147 |
| 1 | 0～7 | | | | | | | |
| 2 | 8～15 | | | | | | | |
| 3 | 16～23 | | | | | | | |
| 4 | 24～31 | | | | | | | |
| 5 | 32～39 | 0～7 | | | | | | |
| 6 | 40～47 | 8～15 | | | | | | |
| 7 | 48～55 | 16～23 | | | | | | |
| 8 | 56～63 | 24～31 | | | | | | |
| 9 | 64～71 | 32～39 | 0～7 | | | | | |
| 10 | 72～79 | 40～47 | 8～15 | | | | | |
| 11 | 80～87 | 48～55 | 16～23 | | | | | |
| 12 | 88～95 | 56～63 | 24～31 | | | | | |
| 13 | 96～103 | 64～71 | 32～39 | 0～7 | | | | |
| 14 | 104～111 | 72～79 | 40～47 | 8～15 | | | | |
| 15 | 112～119 | 80～87 | 48～55 | 16～23 | | | | |
| 16 | 120～127 | 88～95 | 56～63 | 24～31 | | | | |

（续）

| 从站地址 | 数据记录区中模拟量的起始地址 | | | | | | | |
|---|---|---|---|---|---|---|---|---|
| | DS140 | DS141 | DS142 | DS143 | DS144 | DS145 | DS146 | DS147 |
| 17 | | 96～103 | 64～71 | 32～39 | 0～7 | | | |
| 18 | | 104～111 | 72～79 | 40～47 | 8～15 | | | |
| 19 | | 112～119 | 80～87 | 48～55 | 16～23 | | | |
| 20 | | 120～127 | 88～95 | 56～63 | 24～31 | | | |
| 21 | | | 96～103 | 64～71 | 32～39 | 0～7 | | |
| 22 | | | 104～111 | 72～79 | 40～47 | 8～15 | | |
| 23 | | | 112～119 | 80～87 | 48～55 | 16～23 | | |
| 24 | | | 120～127 | 88～95 | 56～63 | 24～31 | | |
| 25 | | | | 96～103 | 64～71 | 32～39 | 0～7 | |
| 26 | | | | 104～111 | 72～79 | 40～47 | 8～15 | |
| 27 | | | | 112～119 | 80～87 | 48～55 | 16～23 | |
| 28 | | | | 120～127 | 88～95 | 56～63 | 24～31 | |
| 29 | | | | | 96～103 | 64～71 | 32～39 | 0～7 |
| 30 | | | | | 104～111 | 72～79 | 40～47 | 8～15 |
| 31 | | | | | 112～119 | 80～87 | 48～55 | 16～23 |

数据记录区 140 包含 1～16 号从站的数据，数据记录区 141 包含 5～20 号从站的数据。为了更方便从站的访问，从站数据在不同的数据记录区中会重叠。

每个从站最多有 4 路模拟量通道，每个通道占用 1 个字（2 个字节），访问具体某路通道请参考表 14-14。

**表 14-14　模拟量访问通道**

| 字节号（起始地址+偏移量） | 模拟量通道 | 字节号（起始地址+偏移量） | 模拟量通道 |
|---|---|---|---|
| 起始地址+0 | 通道 1/高位字节 | 起始地址+4 | 通道 3/高位字节 |
| 起始地址+1 | 通道 1/低位字节 | 起始地址+5 | 通道 3/低位字节 |
| 起始地址+2 | 通道 2/高位字节 | 起始地址+6 | 通道 4/高位字节 |
| 起始地址+3 | 通道 2/低位字节 | 起始地址+7 | 通道 4/低位字节 |

**4．ASI 从站的诊断**

使用 CP343-2P 作为 AS-I 系统的主站，通过读取主站的数据记录区获得故障从站的站地址。通过 CP343-2 不断更新数据记录区，可以实时地获得从站的故障信息。故障从站包括：未组态、丢失以及组态不正确的从站。根据表 14-15 对应字节的位状态可以判断故障从站的站地址，其中 0 为无故障，1 为有故障。

在 OB1 中调用系统功能块 SFC59“RD-REC”，读取数据记录区为 DSl，长度为 16 个字节。

表 14-15　故障从站对应的地址区

| 字　节 | 位 | 含　义 | 字　节 | 位 | 含　义 |
|---|---|---|---|---|---|
| 7 | 0～7 | 从站 0～7 有故障 | 12 | 0～7 | 从站 8B～15B 有故障 |
| 8 | 0～7 | 从站 8～15 有故障 | 13 | 0～7 | 从站 16B～23B 有故障 |
| 9 | 0～7 | 从站 16～23 有故障 | 14 | 0～7 | 从站 24B～31B 有故障 |
| 10 | 0～7 | 从站 24～31 有故障 | 15 | 0～7 | 保留 |
| 11 | 0～7 | 从站 OB～7B 有故障 | | | |

## 14.8　习题

1．S7-300/400 PLC 支持哪些网络？

2．举例应用 S7-300/400 PLC 的各种通信方式。

# 附　录

由于产品更新换代原因，此附录所列数据仅供参考。

对于不同测量电压和电流范围的具体对应关系见附表 1～附表 5。

附表 1　电压测量范围为±10V～±1V 的模拟值表示

| 系统 | | | 电压测量范围 | | | | |
|---|---|---|---|---|---|---|---|
| | 十进制 | 十六进制 | ±10 V | ±5 V | ±2.5 V | ±1 V | |
| 118.515% | 32767 | 7FFF | 11.851 V | 5.926 V | 2.963 V | 1.185 V | 上溢 |
| 117.593% | 32512 | 7F00 | | | | | |
| 117.589% | 32511 | 7EFF | 11.759 V | 5.879 V | 2.940 V | 1.176 V | 超出范围 |
| | 27649 | 6C01 | | | | | |
| 100.000% | 27648 | 6C00 | 10 V | 5 V | 2.5 V | 1 V | 正常范围 |
| 75.000% | 20736 | 5100 | 7.5 V | 3.75 V | 1.875 V | 0.75 V | |
| 0.003617% | 1 | 1 | 361.7 μV | 180.8 μV | 90.4 μV | 36.17 μV | |
| 0 % | 0 | 0 | 0 V | 0 V | 0 V | 0 V | |
| | −1 | FFFF | | | | | |
| −75.000% | −20736 | AF00 | −7.5 V | −3.75 V | −1.875 V | −0.75 V | |
| −100.000% | −27648 | 9400 | −10 V | −5 V | −2.5 V | −1 V | |
| | −27649 | 93FF | | | | | 低于范围 |
| −117.593% | −32512 | 8100 | −11.759 V | −5.879V | −2.940 V | −1.176 V | |
| −117.596% | −32513 | 80FF | | | | | 下溢 |
| −118.519% | −32768 | 8000 | −11.851 V | −5.926 V | −2.963 V | −1.185 V | |

附表 2　电压测量范围为±500mV～±80mV 的模拟值表示

| 系统 | | | 电压测量范围 | | | |
|---|---|---|---|---|---|---|
| | 十进制 | 十六进制 | ±500 mV | ±250 mV | ±80 mV | |
| 118.515 % | 32767 | 7FFF | 592.6 mV | 296.3 mV | 94.8 mV | 上溢 |
| 117.593 % | 32512 | 7F00 | | | | |
| 117.589 % | 32511 | 7EFF | 587.9 mV | 294.0 mV | 94.1 mV | 超出范围 |
| | 27649 | 6C01 | | | | |
| 100.000 % | 27648 | 6C00 | 500 mV | 250 mV | 80 mV | 正常范围 |
| 75.00 % | 20763 | 5100 | 375 mV | 187.5 mV | 60 mV | |
| 0.003617 % | 1 | 1 | 18.08 μV | 9.04 μV | 2.89 μV | |
| 0 % | 0 | 0 | 0 mV | 0 mV | 0 mV | |
| | −1 | FFFF | | | | |
| −75.00 % | −20763 | AF00 | −375 mV | −187.5 mV | −60 mV | |
| −100.000 % | −27648 | 9400 | −500 mV | −250 mV | −80 mV | |
| | −27649 | 93FF | | | | 低于范围 |
| −117.593 % | −32512 | 8100 | −587.9 mV | −294.0 mV | −94.1 mV | |
| −117.596 % | −32513 | 80FF | | | | 下溢 |
| −118.519 % | −32768 | 8000 | −592.6 mV | −296.3 mV | −94.8 mV | |

附表 3　电压测量范围为 1～5V 和 0～10V 的模拟值表示

| 系统 | | | 电压测量范围 | | |
|---|---|---|---|---|---|
| | 十进制 | 十六进制 | 1 ～ 5V | 0 ～ 10V | |
| 118.515 % | 32767 | 7FFF | 5.741 V | 11.852 V | 上溢 |
| 117.593 % | 32512 | 7F00 | | | |
| 117.589 % | 32511 | 7EFF | 5.704 V | 11.759 V | 超出范围 |
| | 27649 | 6C01 | | | |
| 100.000 % | 27648 | 6C00 | 5 V | 10 V | 正常范围 |
| 75 % | 20763 | 5100 | 3.75 V | 7.5 V | |
| 0.003617 % | 1 | 1 | 1 V + 144.7 μ V | 0 V + 361.7 μ V | |
| 0 % | 0 | 0 | 1 V | 0 V | |
| | −1 | FFFF | | 不可能是负值 | 低于范围 |
| −117.593 % | −4864 | ED00 | 0.296 V | | |
| | −4865 | ECFF | | | 下溢 |
| ≤−17.596 % | −32768 | 8000 | | | |

附表 4　电流测量范围为 ±20mA 和 ±3.2mA 的模拟值表示

| 系统 | | | 电流测量范围 | | | |
|---|---|---|---|---|---|---|
| | 十进制 | 十六进制 | ±20 mA | ± 10 mA | ± 3.2 mA | |
| 118.515 % | 32767 | 7FFF | 23.70 mA | 11.85 mA | 3.79 mA | 上溢 |
| 117.593 % | 32512 | 7F00 | | | | |
| 117.589 % | 32511 | 7EFF | 23.52 mA | 11.76 mA | 3.76 mA | 超出范围 |
| | 27649 | 6C01 | | | | |
| 100.000 % | 27648 | 6C00 | 20 mA | 10 mA | 3.2 mA | 正常范围 |
| 175% | 20736 | 5100 | 15 mA | 7.5 mA | 2.4 mA | |
| 0.003617 % | 1 | 1 | 723.4 nA | 361.7 nA | 115.7 nA | |
| 0 % | 0 | 0 | 0 mV | 0 mV | 0 mV | |
| | − 1 | FFFF | | | | |
| −75 % | −5100 | AF00 | − 15 mA | − 7.5 mA | − 2.4 mA | |
| −100.000 % | − 27648 | 9400 | −20 mA | −10 mA | −3.2 mA | |
| | − 27649 | 93FF | | | | 低于范围 |
| −117.593 % | − 32512 | 8100 | −23.52 mA | −11.76 mA | −3.76 mA | |
| −117.596 % | − 32513 | 80FF | | | | 下溢 |
| −118.519 % | − 32768 | 8000 | −23.70 mA | −11.85 mA | −3.79 mA | |

附表 5　电流测量范围为 0～20mA 和 4～20mA 的模拟值表示

| 系统 | | | 电流测量范围 | | |
|---|---|---|---|---|---|
| | 十进制 | 十六进制 | 0 ～ 20 mA | 4 ～ 20 mA | |
| 118.515 % | 32767 | 7FFF | 23.70 mA | 22.96 mA | 上溢 |
| 117.593 % | 32512 | 7F00 | | | |
| 117.589 % | 32511 | 7EFF | 23.52 mA | 22.81 mA | 超出范围 |
| | 27649 | 6C01 | | | |
| 100.000 % | 27648 | 6C00 | 20 mA | 20 mA | 正常范围 |
| 75 % | 20736 | 5100 | 15 mA | 15 mA | |
| 0.003617 % | 1 | 1 | 723.4 nA | 4 mA + 578.7 nA | |
| 0 % | 0 | 0 | 0 mA | 4 mA | |
| | −1 | FFFF | | | 低于范围 |
| −117.593 % | −4864 | ED00 | −3.52 mA | 1.185 mA | |
| | −4865 | ECFF | | | 下溢 |
| ≤−17.596 % | −32768 | 8000 | | | |

对于电阻型变送器的模拟值表示，其对应关系则与电压、电流的不同，附表 6 为 10kΩ 和 150～600Ω 电阻型变送器的模拟值表示。

附表 6　电阻型变送器（10kΩ 和 150～600Ω）的模拟值表示

| 系统 | | | 电压测量范围 | | | | |
|---|---|---|---|---|---|---|---|
| | 十进制 | 十六进制 | 10 kΩ | 150Ω | 300Ω | 600Ω | |
| 118.515% | 32767 | 7FFF | 11.852kΩ | 177.77Ω | 355.54Ω | 711.09Ω | 上溢 |
| 117.593% | 32512 | 7F00 | | | | | |
| 117.589% | 32511 | 7EFF | 11.759kΩ | 176.38Ω | 352.77Ω | 705.53Ω | 超出范围 |
| | 27649 | 6C01 | | | | | |
| 100.000% | 27648 | 6C00 | 10 kΩ | 150Ω | 300Ω | 600Ω | 正常范围 |
| 75.000% | 20736 | 5100 | 7.5 kΩ | 112.5Ω | 225Ω | 450Ω | |
| 0.003617 % | 1 | 1 | 361.7 mΩ | 5.43 mΩ | 10.85 mΩ | 21.70 mΩ | |
| 0 % | 0 | 0 | 0 Ω | 0 Ω | 0 Ω | 0 Ω | |
| | | | （不可能是负值） | | | | 低于范围 |

对于标准 Pt x00 RTD 温度传感器的模拟值表示见附表 7，气温型 Pt x00 RTD 温度传感器的模拟值表示见附表 8。

附表 7　标准型 RTD 温度传感器（PT100、PT200、PT500、PT1000）的模拟值表示

| Pt x00 标准 [°C]（1 个数位=0.1°C） | 单位 | | Pt x00 标准 /℉（1 个数位=0.1℉） | 单位 | | Pt x00 标准 /K（1 个数位=0.1 K） | 单位 | | 范围 |
|---|---|---|---|---|---|---|---|---|---|
| | 十进制 | 十六进制 | | 十进制 | 十六进制 | | 十进制 | 十六进制 | |
| > 1000.0 | 32767 | 7FFF$_H$ | > 1832.0 | 32767 | 7FFF$_H$ | > 1273.2 | 32767 | 7FFF$_H$ | 上溢 |
| 1000.0<br>⋮<br>850.1 | 10000<br>⋮<br>8501 | 2710$_H$<br>⋮<br>2135$_H$ | 1832.0<br>⋮<br>1562.1 | 18320<br>⋮<br>15621 | 4790$_H$<br>⋮<br>3D05$_H$ | 1273.2<br>⋮<br>1123.3 | 12732<br>⋮<br>11233 | 31BC$_H$<br>⋮<br>2BE1$_H$ | 超出范围 |
| 850.0<br>⋮<br>−200.0 | 8500<br>⋮<br>−2000 | 2134$_H$<br>⋮<br>F830$_H$ | 1562.0<br>⋮<br>−328.0 | 15620<br>⋮<br>−3280 | 3D04$_H$<br>⋮<br>F330$_H$ | 1123.2<br>⋮<br>73.2 | 11232<br>⋮<br>732 | 2BE0$_H$<br>⋮<br>2DC$_H$ | 正常范围 |
| −200.1<br>⋮<br>−243.0 | −2001<br>⋮<br>−2430 | F82F$_H$<br>⋮<br>F682$_H$ | −328.1<br>⋮<br>−405.4 | −3281<br>⋮<br>−4054 | F32F$_H$<br>⋮<br>F02A$_H$ | 73.1<br>⋮<br>30.2 | 731<br>⋮<br>302 | 2DB$_H$<br>⋮<br>12E$_H$ | 低于范围 |
| <−243.0 | −32768 | 8000$_H$ | <−405.4 | −32768 | 8000$_H$ | < 30.2 | 32768 | 8000$_H$ | 下溢 |

附表 8　气温型 RTD 温度传感器（PT100、PT200、PT500、PT1000）的模拟值表示

| Pt x00 气温 /℃（1 个数位=0.1℃） | 单位 | | Pt x00 气温 /℉（1 个数位=0.1℉） | 单位 | | 范围 |
|---|---|---|---|---|---|---|
| | 十进制 | 十六进制 | | 十进制 | 十六进制 | |
| > 155.00 | 32767 | 7FFF$_H$ | > 311.00 | 32767 | 7FFF$_H$ | 上溢 |
| 155.00<br>⋮<br>130.01 | 15500<br>⋮<br>13001 | 3C8C$_H$<br>⋮<br>32C9$_H$ | 311.00<br>⋮<br>266.01 | 31100<br>⋮<br>26601 | 797C$_H$<br>⋮<br>67E9$_H$ | 超出范围 |
| 130.00<br>⋮<br>−120.00 | 13000<br>⋮<br>−12000 | 32C8$_H$<br>⋮<br>D120$_H$ | 266.00<br>⋮<br>−184.00 | 26600<br>⋮<br>−18400 | 67E8$_H$<br>⋮<br>B820$_H$ | 正常范围 |
| −120.01<br>⋮<br>−145.00 | −12001<br>⋮<br>−14500 | D11F$_H$<br>⋮<br>C75C$_H$ | −184.01<br>⋮<br>−229.00 | −18401<br>⋮<br>−22900 | B81F$_H$<br>⋮<br>A68C$_H$ | 低于范围 |
| <−145.00 | −32768 | 8000$_H$ | < −229.00 | −32768 | 8000$_H$ | 下溢 |

对于标准 Ni x00 RTD 温度传感器的模拟值表示见附表 9，气温型 Ni x00 RTD 温度传感器的模拟值表示见附表 10。

附表 9　标准型 RTD 温度传感器（Ni100、Ni200、Ni500、Ni1000）的模拟值表示

| Ni x00 标准/℃（1 个数位=0.1℃） | 单位 | | Ni x00 标准/℉（1 个数位=0.1℉） | 单位 | | Ni x00 标准/K（1 个数位=0.1 K） | 单位 | | 范围 |
|---|---|---|---|---|---|---|---|---|---|
| | 十进制 | 十六进制 | | 十进制 | 十六进制 | | 十进制 | 十六进制 | |
| > 295.0 | 32767 | $7FFF_H$ | > 563.0 | 32767 | $7FFF_H$ | > 568.2 | 32767 | $7FFF_H$ | 上溢 |
| 295.0<br>⋮<br>250.1 | 2950<br>⋮<br>2501 | $B86_H$<br>⋮<br>$9C5_H$ | 563.0<br>⋮<br>482.1 | 5630<br>⋮<br>4821 | $15FE_H$<br>⋮<br>$12D5_H$ | 568.2<br>⋮<br>523.3 | 5682<br>⋮<br>5233 | $1632_H$<br>⋮<br>$1471_H$ | 超出范围 |
| 250.0<br>⋮<br>−60.0 | 2500<br>⋮<br>−600 | $9C4_H$<br>⋮<br>$FDA8_H$ | 482.0<br>⋮<br>−76.0 | 4820<br>⋮<br>−760 | $12D4_H$<br>⋮<br>$FD08_H$ | 523.2<br>⋮<br>213.2 | 5232<br>⋮<br>2132 | $1470_H$<br>⋮<br>$854_H$ | 正常范围 |
| −60.1<br>⋮<br>−105.0 | −601<br>⋮<br>−1050 | $FDA7_H$<br>⋮<br>$FBE6_H$ | −76.1<br>⋮<br>−157.0 | −761<br>⋮<br>−1570 | $FD07_H$<br>⋮<br>$F9DE_H$ | 213.1<br>⋮<br>168.2 | 2131<br>⋮<br>1682 | $853_H$<br>⋮<br>$692_H$ | 低于范围 |
| <−105.0 | −32768 | $8000_H$ | <−157.0 | −32768 | $8000_H$ | < 168.2 | 32768 | $8000_H$ | 下溢 |

附表 10　气温型 RTD 温度传感器（Ni100、Ni200、Ni500、Ni1000）的模拟值表示

| Ni x00 气温/℃（1 个数位=.1℃） | 单位 | | Ni x00 气温/℉（1 个数位=0.1℉） | 单位 | | 范围 |
|---|---|---|---|---|---|---|
| | 十进制 | 十六进制 | | 十进制 | 十六进制 | |
| > 295.00 | 32767 | $7FFF_H$ | > 325.11 | 32767 | $7FFF_H$ | 上溢 |
| 295.00<br>⋮<br>250.01 | 29500<br>⋮<br>25001 | $733C_H$<br>⋮<br>$61A9_H$ | 327.66<br>⋮<br>280.01 | 32766<br>⋮<br>28001 | $7FFE_H$<br>⋮<br>$6D61_H$ | 超出范围 |
| 250.00<br>⋮<br>−60.00 | 25000<br>⋮<br>−60.00 | $61A8_H$<br>⋮<br>$E890_H$ | 280.00<br>⋮<br>−76.00 | 28000<br>⋮<br>−7600 | $6D60_H$<br>⋮<br>$E250_H$ | 正常范围 |
| −60.01<br>⋮<br>−105.00 | −6001<br>⋮<br>−10500 | $E88F_H$<br>⋮<br>$D6FC_H$ | −76.01<br>⋮<br>−157.00 | −7601<br>⋮<br>−15700 | $E24F_H$<br>⋮<br>$C2AC_H$ | 低于范围 |
| < −105.00 | −32768 | $8000_H$ | <−157.00 | −32768 | $8000_H$ | 下溢 |

对于标准 Cu 10 RTD 温度传感器的模拟值表示见附表 11，气温型 Cu 10 RTD 温度传感器的模拟值表示见附表 12。

附表 11　标准型 Cu10 RTD 温度传感器的模拟值表示

| Cu 10 标准/℃（1 个数位=0.1℃） | 单位 | | Cu 10 标准/℉（1 个数位=0.1℉） | 单位 | | Cu 10 标准/K（1 个数位=0.1K） | 单位 | | 范围 |
|---|---|---|---|---|---|---|---|---|---|
| | 十进制 | 十六进制 | | 十进制 | 十六进制 | | 十进制 | 十六进制 | |
| > 312.0 | 32767 | $7FFF_H$ | > 593.6 | 32767 | $7FFF_H$ | > 585.2 | 32767 | $7FFF_H$ | 上溢 |
| 312.0<br>⋮<br>260.1 | 3120<br>⋮<br>2601 | $C30_H$<br>⋮<br>$A29_H$ | 593.6<br>⋮<br>500.1 | 5936<br>⋮<br>5001 | $1730_H$<br>⋮<br>$12D5_H$ | 585.2<br>⋮<br>533.3 | 5852<br>⋮<br>5333 | $16DC_H$<br>⋮<br>$14D5_H$ | 超出范围 |
| 260.0<br>⋮<br>−200.0 | 2600<br>⋮<br>−2000 | $A28_H$<br>⋮<br>$F830_H$ | 500.0<br>⋮<br>−328.0 | 5000<br>⋮<br>−3280 | $1389_H$<br>⋮<br>$F330_H$ | 533.2<br>⋮<br>73.2 | 5332<br>⋮<br>732 | $14D4_H$<br>⋮<br>$2DC_H$ | 正常范围 |
| −200.1<br>⋮<br>−240.0 | −2001<br>⋮<br>−2400 | $F82F_H$<br>⋮<br>$F6A0_H$ | −328.1<br>⋮<br>−400.0 | −3281<br>⋮<br>−4000 | $F32F_H$<br>⋮<br>$F060_H$ | 73.1<br>⋮<br>33.2 | 731<br>⋮<br>332 | $2DB_H$<br>⋮<br>$14C_H$ | 低于范围 |
| <−240.0 | −32768 | $8000_H$ | < −400.0 | −32768 | $8000_H$ | < 33.2 | 32768 | $8000_H$ | 下溢 |

附表 12　气温型 Cu10 RTD 温度传感器的模拟值表示

| Cu 10 气温/℃（1 个数位=0.1℃） | 单位 | | Cu 10 气温/℉（1 个数位=0.1℉） | 单位 | | 范围 |
|---|---|---|---|---|---|---|
| | 十进制 | 十六进制 | | 十进制 | 十六进制 | |
| > 180.00 | 32767 | $7FFF_H$ | > 325.11 | 32767 | $7FFF_H$ | 上溢 |
| 180.00<br>⋮<br>150.01 | 18000<br>⋮<br>15001 | $4650_H$<br>⋮<br>$3A99_H$ | 327.66<br>⋮<br>280.01 | 32766<br>⋮<br>28001 | $7FFE_H$<br>⋮<br>$6D61_H$ | 超出范围 |
| 150.00<br>⋮<br>−50.00 | 15000<br>⋮<br>−5000 | $3A98_H$<br>⋮<br>$EC78_H$ | 280.00<br>⋮<br>−58.00 | 28000<br>⋮<br>−5800 | $6D60_H$<br>⋮<br>$E958_H$ | 正常范围 |
| −50.01<br>⋮<br>−60.00 | −5001<br>⋮<br>−6000 | $EC77_H$<br>⋮<br>$E890_H$ | −58.01<br>⋮<br>−76.00 | −5801<br>⋮<br>−7600 | $E957_H$<br>⋮<br>$E250_H$ | 低于范围 |
| <−60.00 | −32768 | $8000_H$ | <−76.00 | −32768 | $8000_H$ | 下溢 |

对于各类热电偶温度探测器的模拟值表示则见附表 13～附表 21。

附表 13　B 型热电偶温度探测器的模拟值表示

| B 型/℃ | 单位 | | B 型/℉ | 单位 | | B 型/K | 单位 | | 范围 |
|---|---|---|---|---|---|---|---|---|---|
| | 十进制 | 十六进制 | | 十进制 | 十六进制 | | 十进制 | 十六进制 | |
| >2070.0 | 32767 | $7FFF_H$ | >3276.6 | 32767 | $7FFF_H$ | >2343.2 | 32767 | $7FFF_H$ | 上溢 |
| 2070.0<br>⋮<br>1821.0 | 20700<br>⋮<br>18210 | $50DC_H$<br>⋮<br>$4722_H$ | 3276.6<br>⋮<br>2786.6 | 32766<br>⋮<br>27866 | $7FFE_H$<br>⋮<br>$6CDA_H$ | 2343.2<br>⋮<br>2094.2 | 23432<br>⋮<br>20942 | $5B88_H$<br>⋮<br>$51CE_H$ | 超出范围 |
| 1820.0<br>⋮<br>0.0 | 18200<br>⋮<br>0 | $4718_H$<br>⋮<br>$0000_H$ | 2786.5<br>⋮<br>−32.0 | 27865<br>⋮<br>−320 | $6CD9_H$<br>⋮<br>$FEC0_H$ | 2093.2<br>⋮<br>273.2 | 20932<br>⋮<br>2732 | $51C4_H$<br>⋮<br>$0AAC_H$ | 正常范围 |
| ⋮<br>−120.0 | ⋮<br>−1200 | ⋮<br>$FB50_H$ | ⋮<br>−184.0 | ⋮<br>−1840 | ⋮<br>$F8D0_H$ | ⋮<br>153.2 | ⋮<br>1532 | ⋮<br>$05FC_H$ | 低于范围 |
| <−120.0 | −32768 | $8000_H$ | <−184.0 | −32768 | $8000_H$ | < 153.2 | 32768 | $8000_H$ | 下溢 |

附表 14　E 型热电偶温度探测器的模拟值表示

| E 型/℃ | 单位 | | E 型/℉ | 单位 | | E 型/K | 单位 | | 范围 |
|---|---|---|---|---|---|---|---|---|---|
| | 十进制 | 十六进制 | | 十进制 | 十六进制 | | 十进制 | 十六进制 | |
| >1200.0 | 32767 | $7FFF_H$ | >2192.0 | 32767 | $7FFF_H$ | >1473.2 | 32767 | $7FFF_H$ | 上溢 |
| 1200.0<br>⋮<br>1000.1 | 12000<br>⋮<br>10001 | $2EE0_H$<br>⋮<br>$2711_H$ | 2192.0<br>⋮<br>1833.8 | 21920<br>⋮<br>18338 | $55A0_H$<br>⋮<br>$47A2_H$ | 1473.2<br>⋮<br>1274.2 | 14732<br>⋮<br>12742 | $398C_H$<br>⋮<br>$31C6_H$ | 超出范围 |
| 1000.0<br>⋮<br>−270.0 | 10000<br>⋮<br>−2700 | $2710_H$<br>⋮<br>$F574_H$ | 1832.0<br>⋮<br>−454.0 | 18320<br>⋮<br>−4540 | $4790_H$<br>⋮<br>$EE44_H$ | 1273.2<br>⋮<br>0 | 12732<br>⋮<br>0 | $31BC_H$<br>⋮<br>$0000_H$ | 正常范围 |
| <−270.0 | <−2700 | <$F574_H$ | <−454.0 | <−4540 | <$EE44_H$ | < 0 | < 0 | <$0000_H$ | 下溢 |
| 若接线不正确（如极性接反或输入开路）或者传感器在负值区出错（如热电偶类型不对），模拟量输入模板在低于… | | | | | | | | | |
| … $F0C4_H$ 时发出下溢信号，并输出 $8000_H$ | | | … $FB70_H$ 时发出下溢信号，并输出 $8000_H$ | | | … $E5D4_H$ 时发出下溢信号，并输出 $8000_H$ | | | |

附表 15　J 型热电偶温度探测器的模拟值表示

| J 型/℃ | 单位 | | J 型/℉ | 单位 | | J 型/K | 单位 | | 范围 |
|---|---|---|---|---|---|---|---|---|---|
| | 十进制 | 十六进制 | | 十进制 | 十六进制 | | 十进制 | 十六进制 | |
| >1450.0 | 32767 | $7FFF_H$ | >2642.0 | 32767 | $7FFF_H$ | >1723.2 | 32767 | $7FFF_H$ | 上溢 |
| 1450.0<br>⋮<br>1201.0 | 14500<br>⋮<br>12010 | $38A4_H$<br>⋮<br>$2EEA_H$ | 2642.0<br>⋮<br>2193.8 | 26420<br>⋮<br>21938 | $6734_H$<br>⋮<br>$55B2_H$ | 1723.2<br>⋮<br>1474.2 | 17232<br>⋮<br>14742 | $4350_H$<br>⋮<br>$3996_H$ | 超出范围 |
| 1200.0<br>⋮<br>–210.0 | 12000<br>⋮<br>–2100 | $2EE0_H$<br>⋮<br>$F7CC_H$ | 2192.0<br>⋮<br>–346.0 | 21920<br>⋮<br>–3460 | $55A0_H$<br>⋮<br>$F27C_H$ | 1473.2<br>⋮<br>63.2 | 14732<br>⋮<br>632 | $398C_H$<br>⋮<br>$0278_H$ | 正常范围 |
| <–210.0 | <–2100 | <$F7CC_H$ | <–346.0 | <–3460 | <$F27C_H$ | < 63.2 | < 632 | <$0278_H$ | 下溢 |
| 若接线不正确（如极性接反或输入开路）或者传感器在负值区出错（如热电偶类型不对），模拟量输入模板在低于... | | | | | | | | | |
| ... $F31C_H$时发出下溢信号，并输出 $8000_H$ | | | ... $EA0C_H$ 时发出下溢信号，并输出 $8000_H$ | | | ... $FDC8_H$ 时发出下溢信号，并输出 $8000_H$ | | | |

附表 16　K 型热电偶温度探测器的模拟值表示

| K 型/℃ | 单位 | | K 型/℉ | 单位 | | K 型/K | 单位 | | 范围 |
|---|---|---|---|---|---|---|---|---|---|
| | 十进制 | 十六进制 | | 十进制 | 十六进制 | | 十进制 | 十六进制 | |
| >1622.0 | 32767 | $7FFF_H$ | >2951.6 | 32767 | $7FFF_H$ | >1895.2 | 32767 | $7FFF_H$ | 上溢 |
| 1622.0<br>⋮<br>1373.0 | 16220<br>⋮<br>13730 | $3F5C_H$<br>⋮<br>$35A2_H$ | 2951.6<br>⋮<br>2503.4 | 29516<br>⋮<br>25034 | $734C_H$<br>⋮<br>$61CA_H$ | 1895.2<br>⋮<br>1646.2 | 18952<br>⋮<br>16462 | $4A08_H$<br>⋮<br>$404E_H$ | 超出范围 |
| 1372.0<br>⋮<br>–270.0 | 13720<br>⋮<br>–2700 | $3598_H$<br>⋮<br>$F574_H$ | 2501.6<br>⋮<br>–454.0 | 25016<br>⋮<br>–4540 | $61B8_H$<br>⋮<br>$EE44_H$ | 1645.2<br>⋮<br>0 | 16452<br>⋮<br>0 | $4044_H$<br>⋮<br>$0000_H$ | 正常范围 |
| <–270.0 | <–2700 | <$F574_H$ | <–454.0 | <–4540 | <$EE44_H$ | < 0 | < 0 | <$0000_H$ | 下溢 |
| 若接线不正确（如极性接反或输入开路）或者传感器在负值区出错（如热电偶类型不对），模拟量输入模板在低于... | | | | | | | | | |
| ... $F0C4_H$ 时发出下溢信号，并输出 $8000_H$ | | | ... $E5D4_H$ 时发出下溢信号，并输出 $8000_H$ | | | ... $FB70_H$ 时发出下溢信号，并输出 $8000_H$ | | | |

附表 17　L 型热电偶温度探测器的模拟值表示

| L 型/℃ | 单位 | | L 型/℉ | 单位 | | L 型/K | 单位 | | 范围 |
|---|---|---|---|---|---|---|---|---|---|
| | 十进制 | 十六进制 | | 十进制 | 十六进制 | | 十进制 | 十六进制 | |
| >1150.0 | 32767 | $7FFF_H$ | >2102.0 | 32767 | $7FFF_H$ | >1423.2 | 32767 | $7FFF_H$ | 上溢 |
| 1150.0<br>⋮<br>901.0 | 11500<br>⋮<br>9010 | $2CEC_H$<br>⋮<br>$2332_H$ | 2102.0<br>⋮<br>1653.8 | 21020<br>⋮<br>16538 | $521C_H$<br>⋮<br>$409A_H$ | 1423.2<br>⋮<br>1174.2 | 14232<br>⋮<br>11742 | $3798_H$<br>⋮<br>$2DDE_H$ | 超出范围 |
| 900.0<br>⋮<br>–200.0 | 9000<br>⋮<br>–2000 | $2328_H$<br>⋮<br>$F830_H$ | 1652.0<br>⋮<br>–328.0 | 16520<br>⋮<br>–3280 | $4088_H$<br>⋮<br>$F330_H$ | 1173.2<br>⋮<br>73.2 | 11732<br>⋮<br>732 | $2DD4_H$<br>⋮<br>$02DC_H$ | 正常范围 |
| <–200.0 | <–200.0 | <$F830_H$ | <–328.0 | <–3280 | <$F330_H$ | < 73.2 | < 732 | <$02DC_H$ | 下溢 |
| 若接线不正确（如极性接反或输入开路）或者传感器在负值区出错（如热电偶类型不对），模拟量输入模板在低于... | | | | | | | | | |
| ... $F380_H$ 时发出下溢信号，并输出 $8000_H$ | | | ... $EAC0_H$ 时发出下溢信号，并输出 $8000_H$ | | | ... $FE2C_H$ 时发出下溢信号，并输出 $8000_H$ | | | |

附表 18　N 型热电偶温度探测器的模拟值表示

| N 型/℃ | 单位 | | N 型/℉ | 单位 | | N 型/K | 单位 | | 范围 |
|---|---|---|---|---|---|---|---|---|---|
| | 十进制 | 十六进制 | | 十进制 | 十六进制 | | 十进制 | 十六进制 | |
| >1550.0 | 32767 | $7FFF_H$ | >2822.0 | 32767 | $7FFF_H$ | >1823.2 | 32767 | $7FFF_H$ | 上溢 |
| 1550.0 | 15500 | $3C8C_H$ | 2822.0 | 28220 | $6E3C_H$ | 1823.2 | 18232 | $4738_H$ | |
| ⋮ | ⋮ | ⋮ | ⋮ | ⋮ | ⋮ | ⋮ | ⋮ | ⋮ | 超出范围 |
| 1300.1 | 13001 | $32C9_H$ | 2373.8 | 23738 | $5CBA_H$ | 1574.2 | 15742 | $3D7E_H$ | |
| 1300.0 | 13000 | $32C8_H$ | 2372.0 | 23720 | $5CA8_H$ | 1573.2 | 15732 | $3D74_H$ | |
| ⋮ | ⋮ | ⋮ | ⋮ | ⋮ | ⋮ | ⋮ | ⋮ | ⋮ | 正常范围 |
| −270.0 | −2700 | $F574_H$ | −454.0 | −4540 | $EE44_H$ | 0 | 0 | $0000_H$ | |
| <−270.0 | <−2700 | <$F574_H$ | <−454.0 | <−4540 | <$EE44_H$ | < 0 | < 0 | <$0000_H$ | 下溢 |
| 若接线不正确（如极性接反或输入开路）或者传感器在负值区出错（如热电偶类型不对），模拟量输入模板在低于… | | | | | | | | | |
| … $F0C4_H$ 时发出下溢信号，并输出 $8000_H$ | | | … $E5D4_H$ 时发出下溢信号，并输出 $8000_H$ | | | … $FB70_H$ 时发出下溢信号，并输出 $8000_H$ | | | |

附表 19　R、S 型热电偶温度探测器的模拟值表示

| R、S 型/℃ | 单位 | | R、S 型/℉ | 单位 | | R、S 型/K | 单位 | | 范围 |
|---|---|---|---|---|---|---|---|---|---|
| | 十进制 | 十六进制 | | 十进制 | 十六进制 | | 十进制 | 十六进制 | |
| >2019.0 | 32767 | $7FFF_H$ | >3276.6 | 32767 | $7FFF_H$ | >2292.2 | 32767 | $7FFF_H$ | 上溢 |
| 2019.0 | 20190 | $4EDE_H$ | 3276.6 | 32766 | $7FFE_H$ | 2292.2 | 22922 | $598A_H$ | |
| ⋮ | ⋮ | ⋮ | ⋮ | ⋮ | ⋮ | ⋮ | ⋮ | ⋮ | 超出范围 |
| 1770.0 | 17700 | $4524_H$ | 3218.0 | 32180 | $7DB4_H$ | 2043.2 | 20432 | $4FD0_H$ | |
| 1769.0 | 17690 | $451A_H$ | 3216.2 | 32162 | $7DA2_H$ | 2042.2 | 20422 | $4FC6_H$ | |
| ⋮ | ⋮ | ⋮ | ⋮ | ⋮ | ⋮ | ⋮ | ⋮ | ⋮ | 正常范围 |
| −50.0 | −500 | $FE0C_H$ | −58.0 | −580 | $FDBC_H$ | 223.2 | 2232 | $08B8_H$ | |
| −51.0 | −510 | $FE02_H$ | −59.8 | −598 | $FDAA_H$ | 222.2 | 2222 | $08AE_H$ | |
| ⋮ | ⋮ | ⋮ | ⋮ | ⋮ | ⋮ | ⋮ | ⋮ | ⋮ | 低于范围 |
| −170.0 | −1700 | $F95C_H$ | −274.0 | −2740 | $F54C_H$ | 103.2 | 1032 | $0408_H$ | |
| <−170.0 | −32768 | $8000_H$ | <−274.0 | −32768 | $8000_H$ | < 103.2 | < 1032 | $8000_H$ | 下溢 |

附表 20　T 型热电偶温度探测器的模拟值表示

| T 型/℃ | 单位 | | T 型/℉ | 单位 | | T 型/K | 单位 | | 范围 |
|---|---|---|---|---|---|---|---|---|---|
| | 十进制 | 十六进制 | | 十进制 | 十六进制 | | 十进制 | 十六进制 | |
| > 540.0 | 32767 | $7FFF_H$ | > 1004.0 | 32767 | $7FFF_H$ | > 813.2 | 32767 | $7FFF_H$ | 上溢 |
| 540.0 | 5400 | $1518_H$ | | | | | | | |
| ⋮ | ⋮ | ⋮ | 1004.0 | 10040 | $2738_H$ | 813.2 | 8132 | $1FC4_H$ | 超出范围 |
| 401.0 | 4010 | $0FAA_H$ | | | | | | | |
| 400.0 | 4000 | $0FA0_H$ | 752.0 | 7520 | $1D60_H$ | 673.2 | 6732 | $1AAC_H$ | |
| ⋮ | ⋮ | ⋮ | ⋮ | ⋮ | ⋮ | ⋮ | ⋮ | ⋮ | 正常范围 |
| −270.0 | −2700 | $F574_H$ | −454.0 | −4540 | $EE44_H$ | 3.2 | 32 | $0020_H$ | |
| <−270.0 | <−2700 | <$F574_H$ | <−454.0 | <−4540 | <$EE44_H$ | < 3.2 | < 3.2 | <$0020_H$ | 下溢 |
| 若接线不正确（如极性接反或输入开路）或者传感器在负值区出错（如热电偶类型不对），模拟量输入模板在低于… | | | | | | | | | |
| … $F0C4_H$ 时发出下溢信号，并输出 $8000_H$ | | | … $E5D4_H$ 时发出下溢信号，并输出 $8000_H$ | | | … $FB70_H$ 时发出下溢信号，并输出 $8000_H$ | | | |

附表 21　U 型热电偶温度探测器的模拟值表示

| U 型/℃ | 单位 |  | U 型/℉ | 单位 |  | U 型/K | 单位 |  | 范围 |
|---|---|---|---|---|---|---|---|---|---|
|  | 十进制 | 十六进制 |  | 十进制 | 十六进制 |  | 十进制 | 十六进制 |  |
| > 850.0 | 32767 | $7FFF_H$ | >1562.0 | 32767 | $7FFF_H$ | >1123.2 | 32767 | $7FFF_H$ | 上溢 |
| 850.0<br>⋮<br>601.0 | 8500<br>⋮<br>6010 | $2134_H$<br>⋮<br>$177A_H$ | 1562.0<br>⋮<br>1113.8 | 15620<br>⋮<br>11138 | $2738.0_H$<br>⋮<br>$2B82_H$ | 1123.2<br>⋮<br>874.2 | 11232<br>⋮<br>8742 | $2BE0_H$<br>⋮<br>$2226_H$ | 超出范围 |
| 600.0<br>⋮<br>−200.0 | 6000<br>⋮<br>−2000 | $1770_H$<br>⋮<br>$F830_H$ | 1112.0<br>⋮<br>−328.0 | 11120<br>⋮<br>−3280 | $2B70_H$<br>⋮<br>$F330_H$ | 873.2<br>⋮<br>73.2 | 8732<br>⋮<br>732 | $221C_H$<br>⋮<br>$02DC_H$ | 正常范围 |
| <−200.0 | <−2000 | $<F830_H$ | <−328.0 | <−3280 | $<F330_H$ | < 73.2 | < 732 | $<02DC_H$ | 下溢 |
| 若接线不正确（如极性接反或输入开路）或者传感器在负值区出错（如热电偶类型不对），模拟量输入模板在低于... |  |  |  |  |  |  |  |  |  |
| ... $F380_H$ 时发出下溢信号，并输出 $8000_H$ |  |  | ... $EAC0_H$ 时发出下溢信号，并输出 $8000_H$ |  |  | ... $FE2C_H$ 时发出下溢信号，并输出 $8000_H$ |  |  |  |

# 参 考 文 献

[1] 刘华波，张赟宁. 基于 SIMATIC S7 的高级编程[M]. 北京：电子工业出版社，2007.
[2] 廖常初. S7-200 PLC 编程及应用[M]. 北京：机械工业出版社，2007.
[3] 廖常初. S7-300/400 PLC 应用技术[M]. 北京：机械工业出版社，2005.
[4] 西门子（中国）有限公司自动化与驱动集团. 深入浅出 S7-300[M]. 北京：北京航空航天大学出版社，2004.
[5] 崔坚. 西门子工业网络通信指南（上）[M]. 北京：机械工业出版社，2005.
[6] 崔坚. 西门子工业网络通信指南（下）[M]. 北京：机械工业出版社，2005.
[7] 张运刚，等. 从入门到精通：西门子 S7-300/400PLC 技术与应用[M]. 北京：人民邮电出版社，2007.
[8] 刘华波，等. 组态软件 WinCC 及其应用[M]. 北京：机械工业出版社，2009.
[9] 刘华波，等. 西门子 S7-1200 PLC 编程与应用[M]. 北京：机械工业出版社，2011.
[10] 西门子（中国）有限公司自动化与驱动集团. SIMATIC STEP 7 V5.5 编程手册，2006.
[11] 西门子（中国）有限公司自动化与驱动集团. S7-300 PLC 模板规范手册，2001.
[12] 西门子（中国）有限公司自动化与驱动集团. SIMATIC S7-1200 可编程控制器系统手册，2012.
[13] 西门子（中国）有限公司自动化与驱动集团. 西门子 S7-200 SMART 系统手册，2014.
[14] 西门子（中国）有限公司自动化与驱动集团. SIMATIC S7-1500 手册大全，2013.